21 世纪全国高等教育应用型精品课规划教材

# AutoCAD 2008(中文版)
# 实用教程

主 编 曹昌林 王军民

副主编 宁艳花 李 力

U0336995

北京理工大学出版社
BEIJING INSTITUTE OF TECHNOLOGY PRESS

## 内 容 简 介

　　本书重点介绍 AutoCAD 2008 中文版的基本内容、操作方法和应用实例。全书分为 11 章，主要包括 AutoCAD 2008 界面组成及基本操作，基本绘图环境，基本绘图命令，图形编辑命令，查询图形信息及图形显示，文本、表格、块及外部参照，尺寸标注，三维绘图基础，轴测图的绘制，图形输出及图形数据交换，设计中心与工具选项板，AutoCAD 快捷命令的使用。在本书的每章后面都附有相应的思考与练习题，在每一章节中穿插了"应用举例"。

　　本书可供高等院校机械类及相关专业作为教材。也可供相关从业人员参考。

### 图书在版编目(CIP)数据

AutoCAD 2008(中文版)实用教程/曹昌林，王军民主编. —北京：北京理工大学出版社，2009. 8（2011. 7 重印）

ISBN 978 - 7 - 5640 - 2762 - 9

Ⅰ.A… Ⅱ.①曹…②王… Ⅲ. 计算机辅助设计-应用软件，AutoCAD 2008-高等学校：技术学校-教材　Ⅳ. TP391.72

中国版本图书馆 CIP 数据核字（2009）第 150550 号

出版发行 / 北京理工大学出版社

社　　址 / 北京市海淀区中关村南大街 5 号

邮　　编 / 100081

电　　话 / (010)68914775（办公室）　68944990（批销中心）　68911084（读者服务部）

网　　址 / http：// www.bitpress.com.cn

经　　销 / 全国各地新华书店

印　　刷 / 三河市南阳印刷有限公司

开　　本 / 710 毫米×1 000 毫米　1/16

印　　张 / 32.25

字　　数 / 608 千字

版　　次 / 2009 年 8 月第 1 版　2011 年 7 月第 2 次印刷

印　　数 / 4001～6000 册　　　　　　　　　　　　　　　责任校对 / 陈玉梅

定　　价 / 48.00 元　　　　　　　　　　　　　　　　　　责任印制 / 边心超

# 出 版 说 明

  21 世纪是科技全面创新和社会高速发展的时代，面临这个难得的机遇和挑战，本着"科教兴国"的基本战略，我国已着力对高等学校进行了教学改革。为顺应国家对于培养应用型人才的要求，满足社会对高校毕业生的技能需要，北京理工大学出版社特邀一批知名专家、学者进行了本系列规划教材的编写，以期能为广大读者提供良好的学习平台。

  本系列规划教材面向机电类相关专业。作者在编写之际，广泛考察了各校应用型学生的学习实际，本着"实用、适用、先进"的编写原则和"通俗、精炼、可操作"的编写风格，以学生就业所需的专业知识和操作技能为着眼点，力求提高学生的实际运用能力，使学生更好地适应社会需求。

## 一、教材定位

- 以就业为导向，培养学生的实际运用能力，以达到学以致用的目的。
- 以科学性、实用性、通用性为原则，以使教材符合机电类课程体系设置。
- 以提高学生综合素质为基础，充分考虑对学生个人能力的提高。
- 以内容为核心，注重形式的灵活性，以便学生易于接受。

## 二、编写原则

- 定位明确。本系列教材所列案例均贴合工作实际，以满足广大企业对于机电类专业应用型人才实际操作能力的需求，增强学生在就业过程中的竞争力。
- 注重培养学生职业能力。根据机电类专业实践性要求，在完成基础课的前提下，使学生掌握先进的机电类相关操作软件，培养学生的实际动手能力。

## 三、丛书特色

- 系统性强。丛书各教材之间联系密切，符合各个学校的课程体系设置，为学生构建牢固的知识体系。

- 层次性强。各教材的编写严格按照由浅及深，循序渐进的原则，重点、难点突出，以提高学生的学习效率。

- 先进性强。吸收最新的研究成果和企业的实际案例，使学生对当前专业发展方向有明确的了解，并提高创新能力。

- 操作性强。教材重点培养学生的实际操作能力，以使理论来源于实践，并最大限度运用于实践。

**北京理工大学出版社**

# 前　言

AutoCAD 是美国 Autodesk 公司推出的集二维绘图、三维设计、渲染及通用数据库管理和互联网通信功能为一体的计算机辅助设计与绘图软件。自 1982 年推出，二十多年来，从初期的 1.0 版本，经 2.17、2.6、R10、R12、R14、2000、2002、2004、2005、2006、2007 等多次典型版本更新和性能完善，现已发展到 AutoCAD 2008。它功能强大、命令简捷、操作方便，不仅在机械、电子和建筑等工程设计领域得到了大规模的应用，而且在地理、气象、航海等其他领域也得到了广泛的应用。目前已成为微机 CAD 系统中应用最为广泛和普及的图形软件。

本书重点介绍 AutoCAD 2008 中文版的基本内容、操作方法和应用实例。全书分为 11 章，主要包括 AutoCAD 2008 界面组成及基本操作，基本绘图环境，基本绘图命令，图形编辑命令，查询图形信息及图形显示，文本、表格、块及外部参照，尺寸标注，三维绘图基础，轴测图的绘制，图形输出及图形数据交换，设计中心与工具选项板，AutoCAD 快捷命令的使用。

在本书的每章后面都附有相应的思考与练习题，在每一章节中穿插了"应用举例"，旨在帮助学生理清基本概念、提高操作能力、满足理论教学与上机实践有机结合的要求。另外，作者结合教学实际，并根据工程图学的教学规律，设置了大型综合练习，体现了由零件图到装配图的绘制方法与步骤。通过这样的系统训练，读者将全面地了解 AutoCAD 知识，掌握图样的绘制过程，并从中领悟到 AutoCAD 的功能、特点和应用技巧。

参加本书编写的有李力（第 3 章、第 4 章、第 6 章、第 8 章）、曹昌林（第 1 章、第 2 章、第 5 章、第 7 章、第 9 章、第 10 章、第 11 章）、王炳、王军民、宁艳花（参与了部分章节的编写与修订），本书由李力、王军民任主编，宁艳花、王炳、曹昌林任副主编。

本书由华东交通大学机电工程学院何柏林教授主审，何教授对本书进行了认真审阅并提出了许多建设性的意见，在此表示忠心的感谢。

尽管作者在本书编写过程中花了大量时间和心血，力求完美，但由于我们水平有限，加之时间仓促，书中难免存在错误及不妥之处，恳请使用本书的广大读者批评指正。您可以将您的意见通过电子邮件传递给 liliecjtu@163.com，liliecjtu@21cn.com，编者将不胜感激。

编　者

# 目 录

# 第1章 AutoCAD 界面组成及基本操作

AutoCAD 是美国 Autodesk 公司推出的，集二维绘图、三维设计、渲染及关联数据库管理和互联网通信功能为一体的计算机辅助设计与绘图软件。自 1982 年推出，二十多年来，从初期的 1.0 版本，经 2.1、2.6、R10、R12、R14、2000、2002、2004、2005、2006、2007 等多次典型版本更新和性能完善，现已发展到 AutoCAD 2008，在机械、电子和建筑等工程设计领域得到了大规模的应用，目前已成为微机 CAD 系统中应用最为广泛和普及的图形软件。

AutoCAD 的主要功能：

## 1. 强大的二维绘图功能

AutoCAD 提供了一系列的二维图形绘制命令，可以方便地用各种方式绘制二维基本图形对象，如：点、直线、圆、圆弧、正多边形、椭圆、组合线、样条曲线等。并可对指定的封闭区域填充以图案（如剖面线、非金属材料、涂黑、砖、砂石、渐变色填充等）。

## 2. 灵活的图形编辑功能

AutoCAD 提供了很强的图形编辑和修改功能，如：移动、旋转、缩放、延长、修剪、倒角、倒圆角、复制、阵列、镜像、删除等，可以灵活方便地对选定的图形对象进行编辑和修改。

## 3. 实用的辅助绘图功能

为了绘图的方便、规范和准确，AutoCAD 提供了多种绘图辅助工具，包括绘图区光标点的坐标显示、用户坐标系、栅格、捕捉、目标捕捉、自动捕捉、正交方式等功能。

## 4. 方便的尺寸标注功能

利用 AutoCAD 提供的尺寸标注功能，用户可以定义尺寸标注的样式，为绘制的图形标注尺寸、尺寸公差、几何形状和位置公差、注写中文和西文字体。

## 5. 显示控制功能

AutoCAD 提供了多种方法来显示和观看图形。"缩放"及"鹰眼"功能可改变当前视口中图形的视觉尺寸，以便清晰地观察图形的全部或某一局部的细节；"扫视"功能相当于窗口不动，在窗口后上、下、左、右移动一张图纸，以便观看图形上的不同部分；"三维视图控制"功能可选择视点和投影方向，显示轴测图、透视图或平面视图，消除三维显示中的隐藏线，实现三维动态显示等；"多视窗控制"能将屏幕分成几个窗口，每个窗口可以单独进行各种显示并能定义独立的用户坐标系；重画或重新生成图形等。

### 6. 图层、颜色和线型设置管理功能

为了便于对图形的组织和管理，AutoCAD 提供了图层、颜色、线型、线宽及打印样式设置功能，可以对绘制的图形对象赋予不同的图层、用户喜欢的颜色、所要求的线型、线宽及打印控制等对象特性，并且图层可以被打开或关闭、冻结或解冻、锁定或解锁。

### 7. 图块和外部参照功能

为了提高绘图效率，AutoCAD 提供了图块和对非当前图形的外部参照功能，利用该功能，可以将需要重复使用的图形定义成图块，在需要时依不同的基点、比例、转角插入到新绘制的图形中，或将外部及局域网上的图形文件以外部参照的方式链接到当前图形中。

### 8. 三维实体造型功能

AutoCAD 提供了多种三维绘图命令，如创建长方体、圆柱体、球、圆锥、圆环、楔形体等，以及将平面图形经回转和平移分别生成回转扫描体和平移扫描体等，通过对立体间进行交、并、差等布尔运算，可以进一步生成更为复杂的形体。AutoCAD 提供的三维实体编辑功能可以完成对实体的多种编辑，如：倒角、倒圆角、生成剖面图和剖视图等。实体的查询功能可以方便地自动完成三维实体的质量、体积、质心、惯性矩等物性计算。此外，借助于对三维图形的消隐或阴影处理，可以帮助增强三维显示效果。若为三维造型设置光源、并赋以材质，经渲染处理后，可获得像照片一样非常逼真的三维真实感效果图。

### 9. 幻灯演示和批量执行命令功能

在 AutoCAD 下可以将图形的某些显示画面生成幻灯片，以供对其进行快速显示和演播。可以建立脚本文件，如同 DOS 系统下的批处理文件一样，自动地执行在脚本文件中预定义的一组 AutoCAD 命令及其选项和参数序列，从而提高绘图的自动化成分。

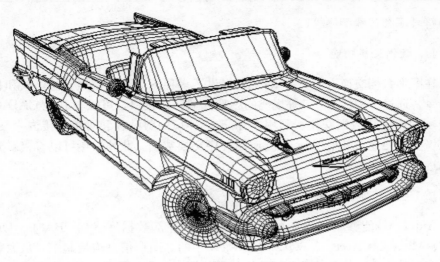

用 AutoCAD 绘制的"轿车"三维图形

用 AutoCAD 渲染生成的"轿车"三维真实感效果图

10. 用户定制功能

AutoCAD 本身是一个通用的绘图软件，不针对某个行业、专业和领域，但其提供了多种用户化定制途径和工具，允许将其改造为一个适用于某一行业、专业或领域并满足用户个人习惯和喜好的专用设计和绘图系统。可以定制的内容包括：为 AutoCAD 的内部命令定义用户便于记忆和使用的命令别名、建立满足用户特殊需要的线型和填充图案、重组或修改系统菜单和工具栏、通过形文件建立用户符号库和特殊字体等。

### 11. 数据交换功能

在图形数据交换方面，AutoCAD 提供了多种图形图像数据交换格式和相应的命令，通过 DXF、IGES 等规范的图形数据转换接口，可以与其他 CAD 系统或应用程序进行数据交换。利用 Windows 环境的剪贴板和对象链接嵌入技术，可以极为方便地与其他 Windows 应用程序交换数据。此外，还可以直接对光栅图像进行插入和编辑。

### 12. 连接外部数据库

AutoCAD 能够将图形中的对象与存储在外部数据库（如 dBASE、ORA-CLE、Microsoft Access、SQL Server 等）中的非图形信息连接起来，从而能够减小图形的大小、简化报表并可编辑外部数据库。这一功能特别有利于大型项目的协同设计工作。

### 13. 用户二次开发功能

AutoCAD 提供有多种编程接口，支持用户使用内嵌或外部编程语言对其进行二次开发，以扩充 AutoCAD 的系统功能。可以使用的开发语言包括：AutoLISP、Visual Lisp、Visual C++（ObjectARX）和 Visual BASIC（VBA）等。

### 14. 网络支持功能

利用 AutoCAD 绘制的图形，可以在 Internet/Intranet 上进行图形的发布、访问及存取，为异地设计小组的网上协同工作提供了强有力的支持。

### 15. 图形输出功能

在 AutoCAD 中可以以任意比例将所绘图形的全部或部分输出到图纸或文件中，从而获得图形的硬拷贝或电子拷贝。

### 16. 完善而友好的帮助功能

AutoCAD 提供了方便的在线帮助功能，可以指导用户进行相关的使用和操作，并帮助解决软件使用中遇到的各种技术问题。

## 1.1　AutoCAD 2008 的安装与启动

随着软件的不断更新，安装 AutoCAD 2008 已经变为一件很容易的事了。只要您根据计算机的提示，输入数据和单击按钮就可以完成。下面就安装软件所需的系统配置、软件安装作一个简单的介绍。

### 1.1.1　安装软件所需的系统配置

AutoCAD 所进行的大部分为制图操作，对系统的要求很高。以下列出了运行 AuotCAD 2008 所需的最低软件和硬件要求。

（1）Pentium（r）Ⅲ以上，或兼容处理器；

（2）1024×768 真彩色显示器，建议使用 1280×1024 或更高配置；

（3）CD-ROM 驱动器；

（4）Windows 支持的显示卡；

（5）256MB 内存，建议使用 512MB。

（6）300MB 剩余硬盘空间；

（7）鼠标、轨迹球或其他定点设备；

（8）Windows NT 4.0 或更高版本、Windows 2000、Windows XP Professional 等；

（9）可选硬件包括：打印机或绘图仪、数字化仪、串口或并口、网络卡、调制解调器或其他访问 Internet 的连接设备。

### 1.1.2　软件的安装

在安装 AutoCAD 2008 之前，需关闭所有正在运行的应用程序。要确保关闭了所有防毒软件，将 AutoCAD 2008 的安装盘插入 CD-ROM 驱动器，稍后即可出现 AutoCAD 2008 的安装界面。

### 1.1.3　启动 AutoCAD 2008

启动 AuctCAD 2008 的方法很多，以下介绍几种常用的方法。

（1）在 windows 桌面上双击 AutoCAD 2008 中文版快捷图标█。

（2）单击 Windows 桌面左下角的"开始"按钮，在弹出的菜单中选择"程序"→"Autodesk""AutoCAD 2008-Simplified Chinese"→"AutoCAD 2008"。

（3）双击已经存盘的任意一个 AutoCAD 图形文件（＊.dwg 文件）。

## 1.2　AutoCAD 2008 用户界面

启动 AutoCAD 2008 后，其用户界面如图 1-1 所示，主要由标题栏、绘图窗口、菜单栏、工具栏、命令提示窗口、滚动条和状态栏等组成，以下分别介绍各部分的功能。

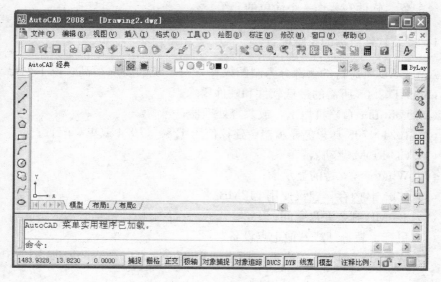

图 1-1　用户界面

## 1.2.1　标题栏

在大多数的 Windows 应用程序里面都有，AutoCAD 2008 的标题栏在应用程序的最上面，它的左侧用来显示当前正在运行的应用程序名称，它的右侧为最小化、最大化（还原）和关闭按钮。

## 1.2.2　绘图窗口

绘图窗口中的光标为十字光标，用于绘制图形及选择图形对象，十字线的交点为光标当前位置，十字线的方向与当前用户坐标系的 X 轴、Y 轴方向平行。

在绘图窗口的左下角有一个坐标系图标，它反映了当前所使用的坐标系形式和坐标系方向。在 AutoCAD 中绘制图形，可以采用两种坐标系：世界坐标系（WCS）和用户坐标系（UCS）。

## 1.2.3　下拉菜单及光标菜单

AutoCAD 就执行相应的命令。AutoCAD 菜单选项有以下 3 种形式：

（1）菜单项后面带有三角形标记。

（2）菜单项后面带有省略号标记"…"。

（3）单独的菜单项。

### 1.2.4　工具栏

工具栏是用户访问 AutoCAD 命令的快捷方式，它包含了许多命令按钮，只要单击某个按钮，AutoCAD 将会执行相应的命令，图 1-2 为绘图工具栏。

图 1-2　绘图工具栏

### 1.2.5　命令提示窗口

命令提示窗口在 AutoCAD 绘图窗口和状态栏的中间。命令行是 AutoCAD 与用户进行交互对话的地方，它用于显示系统的信息以及用户输入信息。可以使用"F2"键来显示该窗口，如图 1-3 所示。

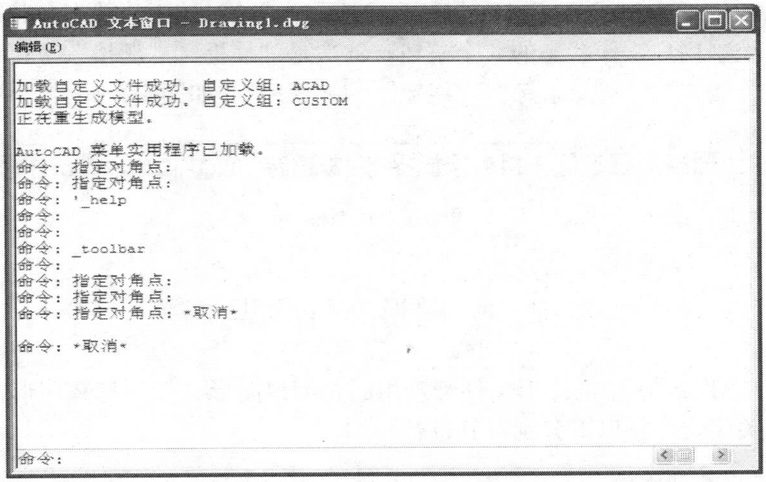

图 1-3　命令提示窗口

### 1.2.6　滚动条

在 AutoCAD 2008 中，用户可以同时打开多个绘图窗口，其中每个窗口的右边及底边都有滚动条。拖动滚动条上的滑块或单击两端的三角形箭头就可以使绘图窗口中的图形沿水平或垂直方向滚动显示，如图 1-4 所示。

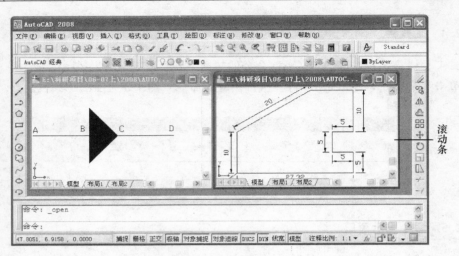

图 1-4　滚动条

### 1.2.7　状态栏

状态栏位于 AutoCAD 2008 的底部，它反映了此时的工作状态。状态栏右边是指示并控制用户工作状态的 8 个按钮，依次是"捕捉"、"栅格"、"正交"、"极轴"、"对象捕捉"、"对象追踪"、"线宽"和"模型"。如图 1-5 所示。

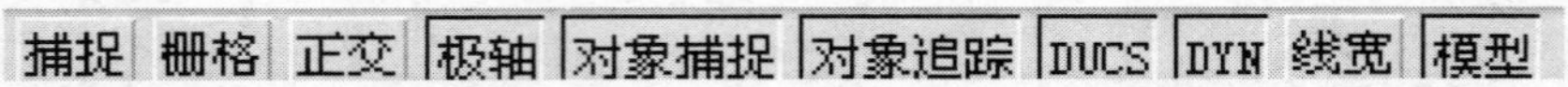

捕捉 栅格 正交 极轴 对象捕捉 对象追踪 DUCS DYN 线宽 模型

图 1-5　状态栏

## 1.3　图形文件管理

AutoCAD 2008 中的图形文件管理指的是创建图形文件、打开图形文件、保存文件和关闭文件，以下分别对其进行介绍。

### 1.3.1　建立图形文件

命令启动方法：
命令：NEW
下拉菜单：文件→新建
绘图工具栏："标准"工具栏中的▢按钮

### 1.3.2　打开图形文件

命令启动方法：

命令：OPEN

下拉菜单：文件→打开

绘图工具栏："标准"工具栏中的🔖按钮

### 1.3.3　保存图形文件

将图形文件保存时，一般采取两种方式：一种是按当前文件名保存；另一种是按新文件名保存。

1. 快速保存

命令启动方法：

命令：QSAVE

下拉菜单：文件→保存

绘图工具栏："标准"工具栏中的🔖按钮

2. 另存文件

命令启动方法：

命令：SAVEAS

下拉菜单：文件→另存为

### 1.3.4　关闭图形文件

由于 AutoCAD 从 2000 版开始支持多文档环境，因此提供了"close"命令来关闭当前的图形文件，而不影响其他已打开的文件。

命令启动方法：

命令行：close

菜单：文件→关闭

## 1.4　基　本　操　作

在本节将介绍 AutoCAD 的一些基本操作，如启动与撤销命令、缩放以及移动图形等。这些知识都是 AutoCAD 中绘图的一些基本知识，用户首先应当掌握。

### 1.4.1　撤销和重复命令

在 AutoCAD 中，当执行某一个命令时，可以随时使用 Esc 键来终止该命令，此时，AutoCAD 又回到了命令行。

而在绘图过程中，经常要重复使用某个命令，重复使用命令的方法就是直接按下回车键。

### 1.4.2　取消操作

在使用 AutoCAD 绘图的过程中，不可避免的会出现错误，如果要修正这些错误，可使用 UNDO 命令或单击标准工具栏中的 按钮。如果想取消前面执行的多个操作，可反复使用 UNDO 命令或反复单击 按钮。

### 1.4.3　快速缩放及移动图形

AutoCAD 的图形缩放及移动是很完善的，使用起来也很方便。绘图时，经常使用标准工具栏上的 （按住鼠标中键拖动不放）和 （滚动鼠标中键）按钮来完成这两项功能。

(1) 通过 按钮缩放图形。

(2) 通过 按钮平移图形。

## 1.5　AutoCAD 坐标系统

AutoCAD 系统在确定某点位置时使用坐标系统。AutoCAD 系统提供了两种坐标系统。

### 1.5.1　笛卡儿坐标系

AutoCAD 系统是采用笛卡儿坐标系来确定点的位置的，用 $X$、$Y$、$Z$ 表示三个坐标轴，坐标原点（0，0，0）位于绘图区的左下角，$X$ 轴的正向为水平向右，$Y$ 轴的正向为垂直向上，$Z$ 轴的正向为垂直屏幕指向外侧。用（$X$，$Y$，$Z$）坐标表示一个空间点。在二维平面作图时，用（$X$，$Y$）坐标表示一个平面点。在 AutoCAD 系统中的世界坐标系（World Coordinate System—WCS）与笛卡儿坐标系是相同的。它是恒定不变的，一般称为通用坐标系。

### 1.5.2　用户坐标系

用户在通用坐标系中，按照需要定义的任意坐标系统，称为用户坐标系（User Coordinate System—UCS）。这种坐标系统在通用坐标系统内任意一点上，可以以任意角度旋转或倾斜其坐标轴。该坐标系坐标轴符合右手定则。它在三维图形中应用十分广泛。

### 1.5.3　坐标系右手定则

AutoCAD 坐标系统的坐标轴方向和旋转角度方向是用右手定则来定义的。

规定如下:

(1) 坐标轴方向定义　伸出右手，沿大拇指方向为 X 轴的正方向，沿食指方向为 Y 轴的正方向，沿中指方向为 Z 轴正方向。

(2) 角度旋转方向定义　当坐标系统绕某一坐标轴旋转时，用右手"握住"旋转轴且使大拇指指向该坐标轴的正向，四指弯曲的方向就是绕坐标旋转的正旋转角方向。

# 1.6　命令的输入方法

在 AutoCAD 系统操作时，都是通过输入不同的命令来实现的。AutoCAD 系统提供了多种命令的输入方法。

### 1. 键盘输入

在命令提示区出现"命令:"提示时（在命令执行过程中，如果按"Esc"键，则可中断命令，返回到"命令:"状态），用键盘输入命令英文名，然后按回车键，执行该命令。

AutoCAD 系统中的一些命令可以省略输入，即输入命令的第一个英文字母即可。

### 2. 菜单输入

(1) 下拉菜单　在下拉菜单中，用光标拾取命令，完成命令的输入。

(2) 右键菜单　将光标放置在绘图区内任意位置，单击鼠标右键，弹出一个与当前操作状态相关的快捷菜单，选择相应选项，完成命令的输入。

(3) 图形输入板菜单输入　可用 AutoCAD 系统中提供的标准的 ACAD 图形输入板菜单，即 AutoCAD 全部命令都印在一张菜单上，可用触笔或游标指在某一菜单项上，按下拾取键，完成命令输入。

(4) 按钮菜单输入　如果所用的定标器有多个按钮，则除了指定的拾取按钮外，还可使用其他按钮设置对应常用命令，当按下某一按钮时，就可执行相应的命令。

### 3. 工具条输入

在工具条中，用光标点取工具条命令图标按钮，完成命令输入。

### 4. 自动完成功能输入

在命令提示中，可输入系统变量或命令的前几个字母，然后按 Tab 键循环显示所有的有效命令，查找需要的命令，回车完成命令的输入。

5. 命令的重复

在命令输入过程中，当完成一个命令的操作后，接着在命令提示符再现后，再按一下空格键或回车键，就可以重复刚刚执行的命令。

6. 嵌套命令的输入

嵌套（或称透明）命令是一种允许在一条命令运行中间执行另外一条命令。当执行完一条嵌套命令后，又继续执行被中断的原命令。输入嵌套命令的方法是在该命令名前加一个撇号（′）。

（1）使用方法　例如，在 LINE 命令的执行过程中，使用嵌套 ZOOM 命令，其操作过程如下：

命令：LINE↙

指定下一点或 [放弃（U）]：

指定下一点或 [放弃（U）]：

指定下一点或 [闭合/放弃（U）]：

指定下一点或 [闭合/放弃（U）]：′ZOOM↙

《指定窗口角点，输入比例因子（nX or nXP），或者

[全部（A）/中心（C）/动态（D）/范围（E）/上一个（P）/比例（S）/窗口（W）/对象（O）]〈实时〉：W↙

《指定第一角点：（输入窗口第一角点）》；指定对角点：（输入窗口第二个角点）

正在执行恢复 LINE 命令。

（2）说明　在 AutoCAD 命令列表清单中，只有前面带撇号（′）的命令才能作为嵌套（或称透明）命令使用；当系统要求输入文本时，则不允许使用嵌套命令；不允许同时执行两条或两条以上的嵌套命令；不允许使用与命令同名的嵌套命令。

# 1.7　数据的输入方法

AutoCAD 系统中执行一个命令时，通常还需要为命令的执行提供附加信息，如坐标点、数值和角度等。

在数据输入时，可以使用下列字符：

＋－0123456789E″′。

即正、负号（＋、－），字母 E，英文双引号（″）、单引号（′）、句号（。）。

以下介绍几种有关数据的输入方法。

### 1.7.1　点坐标的输入

当在"命令:"后出现提示"指定点"时,需要输入某个点坐标。可用不同的方式输入点坐标。

1. 绝对坐标输入

绝对坐标是指相对于当前坐标系原点的坐标。当以绝对坐标的形式输入一个点时,可以采用直角坐标、极坐标、球面坐标和柱面坐标的方式实现。

2. 相对坐标输入

相对坐标是指给定点相对于前一个已知点的坐标增量。相对坐标也有直角坐标、极坐标、球面坐标和柱面坐标四种方式,输入格式与绝对坐标相同,但要在相对坐标的前面加上符号"@"。例如,已知前一点的坐标为(10,13,8),如果在点输入提示时,输入:@3,-4,2,则等于输入该点的绝对坐标为(13,9,10)。

(1) 直角坐标　用直角坐标系中的 X、Y、Z 坐标值,即(X,Y,Z)表示一个点。在键盘上按顺序直接输入数值,各数之间用英文逗号(,)隔开。二维点可直接输入(X,Y)的数值,如图 1-6 所示。例如:某点的 X 轴坐标为 2、Y 轴坐标为 3,则该点的直角坐标的输入格式为:2,3。

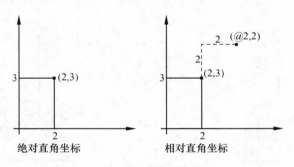

图 1-6　直角坐标

(2) 极坐标输入　对于一个二维点的输入,也可以采用极坐标输入。极坐标是通过输入某点距当前坐标系原点的距离及其在 XOY 平面中该点与坐标原点的连线与 X 轴正向的夹角来确定该点的位置,其形式为"距离<角度",如图 1-7 所示。例如:某点与原点的距离为 15、与 X 轴的正向夹角为 30°,则该点的极坐标的输入格式为:5<30,@3<80。

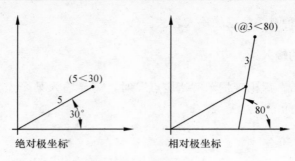

图 1-7　极坐标

（3）**球面坐标输入**　对于一个空间三维输入时，可以采用球面坐标输入。空间三维点的球面坐标表达形式为：空间点距当前坐标系原点的距离、该点在 XOY 平面的投影同坐标系原点的连线与 X 轴正向的夹角，以及该点与 XOY 坐标平面的夹角，同时三者之间用"＜"号隔开，如图 1-8 所示。例如：某点与原点的距离为 15、在 XOY 平面上与 X 轴的正向夹角为 45°，与 XOY 平面的夹角为 40°，则该点球面坐标的输入格式为：15＜45＜40。

（4）**柱面坐标**　对于一个空间三维点输入时，也可以采用柱面坐标输入。空间三维点的柱面坐标表达形式为：空间点距当前坐标系原点的距离、该点在 XOY 平面的投影同坐标系原点的连线与 X 轴正向的夹角，以及该点的 Z 坐标轴。距离与角度值之间用"＜"号隔开，角度值与 Z 坐标值之间以英文逗号（,）隔开，如图 1-9 所示。例如：某点与原点的距离为 10、在 XOY 平面上与 X 轴的正向为 45°，该点的 Z 坐标轴值为 15，则该点的柱面坐标的输入格式为：10＜45，30。

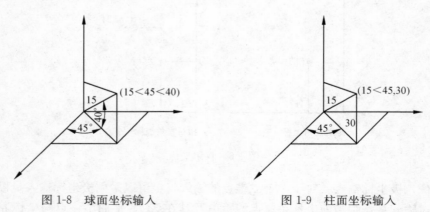

图 1-8　球面坐标输入　　　　　　　　图 1-9　柱面坐标输入

**3. 用光标直接输入**

移动光标到某一位置后，按下左键，就输入了光标所处位置点的坐标。

4. 目标捕捉输入

可用目标捕捉方式输入一些特殊点。

5. 直接距离输入

对于二维点，通过移动光标指定方向，然后直接输入距离，即完成该点坐标输入。

## 1.7.2　距离的输入

在 AutoCAD 系统中，许多提示符后面要求输入距离的数值，如：Height（高）、Column（列）、Width（宽）、Row（行）、Radius（半径）、Column Distance（列距）、Row Distance（行距）、Value（数值）等。

（1）直接输入一个数值　用键盘直接输入一个数值。

（2）指定一点的位置　当已知某一基点时，可在系统显示上述提示时，指定另外一点的位置。这时，系统自动测量该点到某一基点的距离。

## 1.7.3　位移量的输入

位移量是从一个点到另一个点之间的距离。一些命令需要输入位移量。

1. 从键盘上输入位移量。

输入两个位置点的坐标，这两点的坐标差即为位移量；输入一个点的坐标，用该点的坐标作为位移量。

2. 用光标确定位移量

在提示符下，用光标拾取一点，此时移动光标时，屏幕上出现与拾取点连接的一橡皮筋线，并出现提示符，此时用光标拾取另一点，则两点间的距离即为位移量。

## 1.7.4　角度的输入

当出现输入角度提示符时，需要输入角度值。一般规定，X 轴的正向为 0°方向，逆时针方向为正值，顺时针方向为负值。角度和方向的对应关系如图 1-10 所示。

1. 直接输入角度值

在角度提示符后，用键盘直接输入其数值，一般角度默认为度（°），根据需要也可设置为弧度。

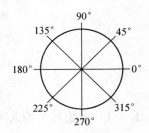

图 1-10　角度和方向的对应关系

### 2. 通过输入两点确定角度值

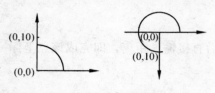

图 1-11　二点确定角度

通过输入第一点与第二点连线方向确定角度值，但注意其大小与输入的顺序有关。规定第一点为起始点，第二点为终点，角度数值是指从起点到终点的连线与起点为原点的 X 轴正向，逆时针转动所夹角度。例如，起始点为（0，0），终点为（0，10），其夹角为 90°；起始点为（0，10），终点为（0，0），其夹角为 270°。如图 1-11 所示。

### 1.7.5　最近的命令和数据的输入

在需要输入命令或数据时，如点、距离和字符串，可在命令行中按箭头的上、下键，或从右键菜单中选择"最近的输入"选项，可以输入最近使用的命令或数据，右键菜单如图 1-12 所示。

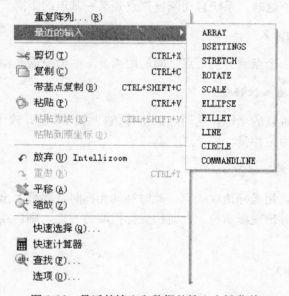

图 1-12　最近的输入和数据的输入右键菜单

## 1.8　精确绘图

### 1.8.1　点的基本输入方法

在 AutoCAD 中绘制工程图，既可按工程体的实际尺寸来绘图，也可按一定比例来绘图，这些都靠在绘图命令提示中输入点的位置来实现。如图的圆心、直线的起点、终点等。

AutoCAD 有多种输入点的方法，以下简要地介绍几种基本的输入方法。

（1）移动鼠标选点　当移动鼠标时，十字光标各坐标随着变化，状态行左边的坐标显示区将显示当前位置，单击左键确定。

（2）输入点的绝对直角坐标　输入点的绝对坐标（指相对于当前坐标系原点的直角坐标）"X，Y"。从原点 X 向右为正，Y 向上为正，反之为负，输入后按回车键确定。

（3）输入点的相对直角坐标　输入点的相对坐标（指相对于前一点的直角坐标）"@X，Y"，相对于前一点 X 向右为正，Y 向上为正，反之为负，输入后按回车键确定。

（4）直接距离　用鼠标导向，从键盘直接输入相对前一点的距离，按回车键确定。

### 1.8.2　常用辅助对象工具的设置

为了快速准确地绘图，AutoCAD 2000 提供了辅助绘图工具供用户选择。以下介绍常用的几种。它们位于屏幕底部的状态栏上，可以通过单击开启或关闭。

（1）捕捉　捕捉是 AutoCAD 约束鼠标每次移动的步长。即定鼠标每次在 X 轴或 Y 轴的移动距离，通过这个固定的间距可以控制绘图精度。如果这个固定间距是 1，在捕捉模式打开的状态下，用鼠标拾取点的坐标值都是 1 的整数倍。使用命令"Snap"或直接用鼠标单击状态栏上的"捕捉"或按下 F9 键可控制捕捉的开启或关闭。

（2）栅格　栅格是一种可见的位置参考图标，它是由一系列有规则的点组成，类似于在图形下放置栅格的纸。栅格有助于排列物体并可看清它们之间的距离。如与捕捉功能配合使用，对提高绘图的精确度作用更大。

（3）正交模式　当用户绘制水平或垂直直线时，可以使用 AutoCAD 的正交模式进行图形绘制。使用正交模式，还可以方便绘制或编辑水平或垂直的图形对象。使用"Ortho"命令或直接用鼠标单击状态栏上的"正交"或按下 F8（Ctrl＋L）键，即可打开或关闭正交状态。

（4）"草图设置"对话框　AutoCAD 2000 新提供了一个"草图设置"对话框。如图所示。用于设置栅格的各项参数和状态、捕捉的各项参数和状态及捕捉的样式和类型、对象捕捉的相应状态、角度追踪的相应参数等。打开方式：

1）"工具"菜单：在"工具"菜单下拉式菜单中选择"草图设置"选项，打开"草图设置"对话框。

2）快捷方式：用鼠标右键单击状态栏上的"捕捉"、"栅格"、"正交"、"极轴"、"对象捕捉"及"对象追踪"按钮，并从弹出的快捷菜单中选择"设置"选项。

在"草图设置"对话框中，共有 3 张选项卡："捕捉和栅格"、"极轴追踪"

和"对象捕捉"。各选项卡含义为

"捕捉和栅格"选项卡：如图 1-5 所示，用于设置栅格的各项参数和状态、捕捉的各项参数和状态及捕捉的类型和样式。

"极轴追踪"选项卡：如图 1-5 所示，用于设置角度追踪和对象追踪的相应参数。该功能可以在 AutoCAD 要求指定一个点时，按预先设置的角度增量显示一条辅助线，用户可以沿辅助线追踪得到光标点。

"对象捕捉"选项卡：如图 1-5 所示，用于设置对象捕捉的相应状态。

准确实用的定点方式是精确绘图时不可缺少的。对象捕捉方式可把点精确定位到可见图形的某特征点上。在 AutoCAD 中提供了两种对象捕捉方式：单一对象捕捉和固定对象捕捉。

1）单一对象捕捉方式：在任何命令中，当 AutoCAD 要求输入点时，可以通过以下方式激活单一对象捕捉方式。

① 从下拉弹出式工具栏中单击相应捕捉模式；

② 在绘图区任意位置，先按住"Shift"键，在单击鼠标右键，将弹出一右键菜单，可从该菜单中单击相应捕捉模式；

③ 从"对象捕捉"工具栏单击相应捕捉模式，它是激活单一对象捕捉的常用方式，按尺寸绘图时将该工具栏弹出放在绘图区旁。

利用 AutoCAD 的对象捕捉功能可以捕捉到实体上下列几点。

① 捕捉直线段或圆弧等实体的端点。

② 捕捉直线段或圆弧等实体的中点。

③ 捕捉直线段、圆弧、圆等实体之间的交点。

④ 捕捉实体延长线上的点；捕捉此点前，应先捕捉该实体上的某端点。

⑤ 捕捉圆或圆弧的圆心。

⑥ 捕捉圆或圆弧上 0°、90°、180°、270°位置上的点。

⑦ 捕捉所画线段与某圆弧的切点。

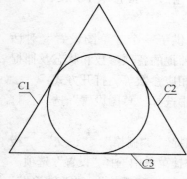

图 1-13　单一对象捕捉应用

⑧ 捕捉所画线段与某直线、圆、圆弧或其延长线垂直的点。

⑨ 捕捉与某线平行的点（不能捕捉绘制实体的起点）。

⑩ 捕捉图块的插入点。

⑪ 捕捉由 POINT 等命令绘制的点。

⑫ 捕捉直线、圆、圆弧等实体上最靠近光标方框中心的点。

例 1-1　如图 1-13 所示，画一个圆与已知的三角形相切。

**解**　命令：_ circle 指定圆的圆心或〔三点（3P）/两点（2P）/相切、相切、半径（T）〕：3P

指定圆上的第一点：{从"对象捕捉"工具栏单击图标——表示第一点要捕捉切点}_ tan 到（选择 C1）。

指定圆上的第一点：{从"对象捕捉"工具栏单击图标——表示第一点要捕捉切点}_ tan 到（选择 C2）。

指定圆上的第一点：{从"对象捕捉"工具栏单击图标——表示第一点要捕捉切点}_ tan 到（选择 C3）。

2）固定对象捕捉方式

通过以下方式可以打开或关闭"固定对象捕捉方式"。

① 单击状态栏上的"对象捕捉"按钮；

② 按 F3 功能键；

③ 按 Ctrl＋F 组合键。

固定对象捕捉方式与单一对象捕捉方式的区别：位置不同——单一对象捕捉位于工具栏上，固定对象捕捉位于状态栏上；单一对象捕捉方式是一种临时性的捕捉，选择一次捕捉模式只捕捉一个点，固定对象捕捉方式是固定在一种或数种捕捉模式下，打开它可自动执行所设置模式的捕捉，直至关闭。

绘图时，一般将常用的几种对象捕捉模式设置成固定对象捕捉，对不常用的对象捕捉模式使用单一对象捕捉。

（5）图形显示命令 AutoCAD 提供了多种显示方式，以满足用户观察图形的不同需要。Zoom 就是其中一个命令，它如同一个缩放镜，可按所指定的范围显示图形，而不改变图形的真实大小，具体操作如下：

1）启动命令：Zoom 或 Z。

2）在"视图"菜单中选择"缩放"子菜单。

3）"缩放"工具栏。

系统提示：

指定窗口角点，输入比例因子（NX or NXP），或〔全部（A）/中心点（C）/动态（D）/范围（E）/上一个〕（P）/比例（S）/窗口（W）〕＜实时＞：

各选项含义如下：

"A"选项：在当前视口显示整个图形。

"C"选项：用指定中心和高度的方法定义一个新的显示窗口。

"D"选项：用一方框动态地确定显示范围。

"E"选项：充满绘图区显示当前所绘图形（与图形界限无关）。

"P"选项：返回显示的前一屏。

"S"选项：输入缩放系数，按比例缩放显示图形。（系数大于 1 为放大，小于 1 为缩小）。直接输入系数为对图形界限作缩放；系数后带 "x" 表示对当前屏幕作缩放；系数后带 "xp" 表示对图纸空间作缩放。

"W" 选项：直接指定窗口大小，把指定窗口内的图形部分充满绘图区进行显示。

"实时" 选项：按住鼠标左键移动放大镜符号，可在 0.5～2 倍之间确定缩放的大小来显示图形。

# 1.9　AutoCAD 2008 的新功能介绍

AutoCAD 2008 软件增添了许多新功能，让用户的日常绘图工作变得更加轻松惬意。注解比例和不同视口特有的图层属性最大程度上优化了工作空间的使用，增强的文本、引线、表格功能充分显示了其无与伦比的美学精度和专业水准。

## 1.9.1　注解比例

AutoCAD 2008 引入了一个全新的概念——注解比例。作为对象的新增属性，注解比例允许设计人员为视口或模型空间视图设置当前缩放比例，并将这一比例应用到每个具体对象来重新确定对象的尺寸、位置和外观。换而言之，现在的注释比例功能实现了自动化。

## 1.9.2　每个视口的图层

AutoCAD 2008 中的图层管理器功能得到了增强，允许用户为不同布局视口中指定不同的颜色、线宽、线型或打印样式，这些图层特性可以被轻松地打开或关闭，并随着视口添加或移除。

## 1.9.3　增强表格

经过改进的表格允许用户将 AutoCAD 和 Excel 列表信息整合到一个 AutoCAD 表格中。此表可以进行动态链接，这样在更新数据时，AutoCAD 和 Excel 就会自动显示通知。然后，用户可以选中这些通知，对任何源文档中的信息及时更新。

## 1.9.4　增强的文本和表格功能

增强的多行文字在位编辑器可指明所需栏的数量，用户不仅可以在栏之间自由地输入新文本，而且每个文本栏和纸张边缘之间的空间设置也是可以指定的。

所有这些变量都可在对话框中进行调整，或使用新的多行文本在位编辑器进行交互式调整。

### 1.9.5　多引线

集成在"面板"控制台上的多引线控制台为我们带来了全新的增强工具，不仅可自动创建多条引线，而且能为带有注释的引线（首先是轨迹和内容）设定方向。

## 1.10　使用 AutoCAD 2008 绘制第一张图纸

本节内容将以绘制如图 1-14 所示的图形文件为例，介绍 AutoCAD 2008 绘制图形的基本方法和步骤，以便读者对使用 AutoCAD 绘图的过程有一个清晰的认识。

操作步骤：

图 1-14　太阳图形

**1. 启动 AutoCAD 2008**

双击桌面上的 AutoCAD 2008-Simplified Chinese 快捷方式图标，将会显示如图 1-1 所示的绘图界面，此时就可以在绘图区域开始绘图了。

**2. 设置图形界限**

AutoCAD 的绘图是很精确的，因此，首先要确定图形的界限。单击"格式"菜单下的"图形界限"。在命令显示窗口中输入图形界限的大小，左下角坐标设为（0，0），右上角为（40，40）。

**3. 绘制直线**

单击工具栏上的（多段线）按钮，在命令提示窗口中指定起点坐标为（10，10）。

**4. 绘制圆**

单击工具栏上的（圆）按钮，指定圆心坐标为（20，10），圆的半径为 5。

**5. 绘制太阳图形**

单击修改工具栏上的（阵列）按钮，将显示如图 1-15 所示的对话框。

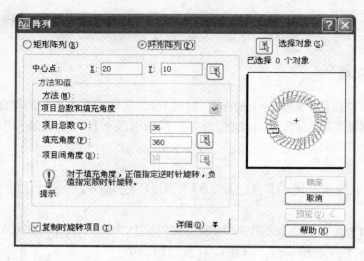

图 1-15　阵列对话框

6. 保存图形文件

单击（保存）█按钮，将图形文件保存为"太阳.dwg"。

7. 退出 AutoCAD 2008

单击 AutoCAD 2008 右上角上的关闭按钮，将退出 AutoCAD 系统。至此已经利用 AutoCAD 成功绘制了一幅图形。

## 1.11　使用 AutoCAD 2008 的在线帮助

在学习的过程出现问题难以解决时，一个最好的办法就是使用 AutoCAD 的在线帮助，以下将介绍使用 AutoCAD 2008 的在线帮助的方法。

### 1.11.1　AutoCAD 的帮助菜单

用户可以通过下拉菜单"帮助"→"帮助"查看 AutoCAD 命令、AutoCAD 系统变量和其他主题词的帮助信息。在"索引"选项卡中，用户按"显示"█按钮即可查阅相关的帮助内容。通过"帮助"菜单，用户还可以查询 AutoCAD 命令参考、用户手册、定制手册等有关内容。

### 1.11.2　AutoCAD 的帮助命令

命令启动方法

命令：HELP

下拉菜单：帮助→帮助

绘图工具栏："标准"工具栏中的█按钮或 F1

HELP 命令可以透明使用，即在其他命令执行过程中查询命令的帮助信息。帮助命令主要有以下两种应用。

（1）在命令的执行过程中调用在线帮助。

（2）在命令提示符下，直接检索与命令或系统变量有关的信息。

# 本 章 小 结

本章主要介绍了 AutoCAD 2008 的工作界面，图形文件管理以及一些基本的操作等。

AutoCAD 2008 的工作界面主要由 7 个部分组成：标题栏、绘图窗口、菜单栏、工具栏、命令提示窗口、滚动条和状态栏。进行绘图时，用户可以通过工具栏、下拉菜单或命令提示窗口来发出命令，在绘图区域中绘制图形，而状态栏中则可以显示制图过程中的各种信息，并提供各种辅助制图工具。

在 AutoCAD 2008 中，笛卡儿坐标系、用户坐标系的建立，命令的输入方法、数据的输入方法以及精确绘图等常规指令的运用。

在 AutoCAD 2008 中，当执行某一个命令时，可以随时使用 Esc 键来终止该命令；也经常要重复使用某个命令，重复使用命令的方法就是直接按下回车键。经常使用标准工具栏上的█和█ 按钮来实现 AutoCAD 的图形的缩放及移动。

AutoCAD 2008 是一个多文档设计环境，用户可以同时打开多个图形文件。这样可以在不同图形中复制几何元素、颜色、图层等信息，为设计图形带来了极大的方便。

# 习 题 一

一、问答题

1. 请指出 AutoCAD 2008 工作界面中菜单栏、命令行、状态栏、工具栏的位置及作用。

2. 命令输入的方式有哪些？各自的使用场合如何？

3. 工具栏有哪些显示方式？如何调整？

4. 菜单的操作方式有哪些？

5. 在不同区域右击鼠标其功能有哪些？

6. 点坐标输入有几种方式？如何输入位移量？如何输入角度？

7. 熟悉保存文件、打开文件及退出 AutoCAD 系统的操作方法。

二、选择题

1. AutoCAD 2008 默认打开的工具栏有（　　　）

A. "标准"工具栏　　　　　B. "绘制"工具栏　　　　　C. "修改"工具栏

D. "对象特性"工具栏　　　　E. "绘图次序"工具栏

2. 打开未显示工具栏的方法是（　　　）

A. 选择"工具"下拉菜单中的"工具栏"选项，在弹出的"工具栏"对话框中选中欲显示工具栏项前面的复选框

B. 用鼠标右击任一工具栏，在弹出的"工具栏"快捷菜单中选中欲显示的工具栏项

C. 在命令窗口输入 TOOLBAR 命令

D. 以上均可

3. 调用 AutoCAD 命令的方法有（　　　）

A. 在命令窗口输入命令名　　　B. 在命令窗口输入命令缩写字

C. 拾取下拉菜单中的菜单选项　D. 拾取工具栏中的对应图标

E. 以上均可

4. 正常退出 AutoCAD 的方法有（　　　）

A. Quit 命令　　　　　　　　B. Exit 命令

C. 屏幕右上角的关闭按钮　　　D. 直接关机

三、熟悉保存文件、打开文件及退出 AutoCAD 系统的操作方法。

# 第 2 章　基本绘图环境

在实际绘图时，首先要设置基本的绘图环境，如设置图形界限、图形单位、图层、线型、线宽等，以便顺利、准确地完成图形。

## 2.1　设置绘图环境

### 2.1.1　设置图形界限

图形界限是指用户所设定的绘制图的区域大小。在"启动"对话框中的"使用向导"选项设置图形区域。实际上，图形界限也可以通过 LIMITS 命令实现随时改变。

1. 功能

LIMITS 命令用于设置绘图区的界限，控制绘图边界的检查的功能。

2. 格式

(1) 下拉菜单："格式"→"图形界限"

(2) 命令：LIMITS↙

3. 命令及提示

命令：LIMITS↙
重新设置模型空间界限：
指定左下角点或 [开（ON）/关（OFF）] 〈0.0000，0.000〉：

4. 说明

(1) 指定左下角点：这是默认选项。当输入图纸左下角坐标并回车后，命令提示：指定右上角点 〈420.0000，297.0000〉：输入图纸右上角坐标。左下角点和右上角点可从键盘键入，也可用光标在屏幕上指定。

(2) 开（ON）：此项是打开图形界限检查功能。这时 AutoCAD 检查用户输入的点是否在设置的图形界限之内，超出图形界限的点不被接受，并有"＊＊超出图形界限"的提示，提醒操作者不要将图画到"图纸"外面去。

（3）关（OFF）：关闭图形界限检查。

## 2.1.2　设置图形单位

绘制不同类别的图样所采用的计数制及精度不尽相同，因而在开始绘一个新图时，应进行图形单位的设置。可通过 UNITS 命令的对话框来设置，而且在绘图过程中，用户可以随时更改。若没有设置，则采用 AutoCAD 的默认设置。

### 1. 功能

用来设置所绘图形的长度、角度单位及其精度和角度的度量方向等。

### 2. 格式

（1）下拉菜单："格式"→"单位"

（2）命令：UNITS✓

### 3. 提示及说明

命令：UNITS✓

图 2-1　"图形单位"

命令输入后，系统弹出"图形单位"对话框，如图 2-1 所示。

### 4. 说明

（1）"长度"区：设置长度单位类型和精度。

1）"类型"下拉列表框：用来设置测量长度单位的类型。其测量类型有分数、工程、建筑、科学和小数。

2）"精度"下拉列表框：用来设置当前长度单位的精度。

（2）"角度"区：设置角度单位类型和精度。

1）"类型"下拉列表框：用来设置测量角度单位的类型。其测量类型有百分度、度/分/秒、弧度、勘测单位、十进制度数。

2）"精度"下拉列表框：用来设置当前角度单位的精度。

3）"顺时针"复选框"用来确定角度的正方向。选择此项，顺时针方向为角度正向，否则逆时针方向为角度正向，为默认选项。

（3）"用于缩放插入内容的单位"下拉列表框：用来设置插入块或图形文件的单位。如果一个块在创建时定义的单位与列表框中所确定的单位不同，在插入时将会按照列表框中设置的单位进行插入与缩放。如果选择"无单位"选项，那么在插入块时，将不按指定的单位进行缩放。

（4）"方向"按钮：单击此按钮，在屏幕上弹出"方向控制"对话框，如图 2-2 所示。

图 2-2 "方向控制"对话框

AutoCAD 的缺省设置中，0°方向是指向右（即正东方或 3 点钟）的方向，逆时针方向为角度增加的正方向。可以选择 5 个单选按钮中的任意一个来确定基准角度的方向，也可以指定两点确定 AutoCAD 测量的基准方向。选择"其他"按钮后，选择"拾取角度"按钮，AutoCAD 允许用两点确定的方向作为测量的基准方向，然后选择"确定"按钮，关闭"方向控制"对话框。

在"图形单位"对话框中修改了必要的设置后，选择"确定"按钮，Auto-CAD 将所作的修改保存在当前图形中关闭"图形单位"对话框。

## 2.2 图层、线型、颜色

### 2.2.1 图层的概念及特性

#### 1. 图层的概念

用户绘图都是在图层上进行的，虽然前面没有接触图层的概念，但用户已经使用了 AutoCAD 提供的缺省层"0"层。

一幅图样可能有许多对象（如各种线型、符号、文字等），诸对象的属性不同，它们都绘制在图层上。可以把图层想象为一张没有厚度的透明纸，各层之间都具有相同的坐标系、绘图界限和缩放比例。在画图时，将图形中的对象进行分类，把具有相同属性的对象（如相同的线型、颜色、尺寸标注、文字等）放在同一图层，这些图层叠放在一起就构成一幅完整的图样，使绘图、编辑等操作变得十分方便。

图 2-3 给出了利用几个图层绘图的结果。

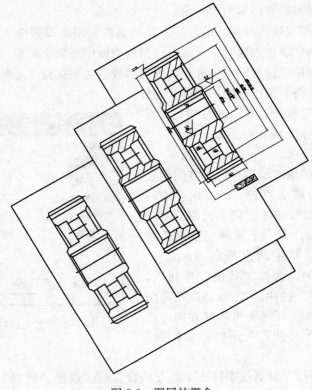

图 2-3　图层的概念

2. 图层的特性

　　（1）每个图层都赋予一个名称，其中"0"层是 AutoCAD 系统自动定义的，其余的图层用户根据需要自己定义。

　　（2）每个图层容纳的对象数量不受限制。

　　（3）用户使用的图层数量不受限制，一般应根据需要设定。

　　（4）层本身具有颜色、线宽和线型，用户可以使用图层的颜色、线宽和线型绘图，也可以使用不同于图层的线型、线宽和颜色进行绘图。

　　（5）同一图层上的对象处于同种状态，如可见或不可见。

　　（6）图层具有相同的坐标系、绘图界限和显示时的缩放倍数。

　　（7）图层具有打开（可见）/关闭（不可见）、解冻（可见）/冻结（不可见）、解锁（可编辑）/锁定（不可编辑）等特性，用户可以改变图层的状态。

　　（8）用户所画的线、圆等实体，被放在当前层上，用户可以编辑任何可见、解锁状态的图层上的实体。

### 2.2.2  图层的创建与管理

1. 功能

用于创建新图层并设置图层的颜色、线型和线宽，调出当前层和改变图层的状态。

2. 格式

(1) 工具栏："图层"→ 按钮。
(2) 下拉菜单："格式"→"图层"。
(3) 命令：LAYER↙。

3. 命令及提示

执行上述命令后，屏幕弹出"图层特性管理器"对话框，如图 2-4 所示。

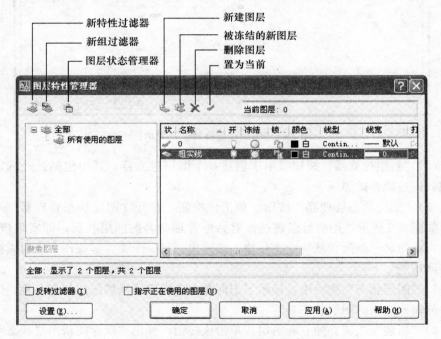

图 2-4  "图层特性管理器"对话框

4. 说明

该对话框上面的六个按钮分别是："新特性过滤器"、"新组过滤器"、"图层状态管理器"、"新建图层"、"删除图层"、"置为当前"按钮。按钮后面为"当前图层"文本框；中部有两个窗口，左侧为树状图窗口，右侧为列表框窗口；下面分别为"搜索图层"文本框、状态行和复选框。

　　（1）"新特性过滤器"按钮：用于打开"图层过滤器特性"对话框，如图 2-5 所示。该对话框可以对图层进行过滤，改进后的图层过滤功能大大简化了用户在图层方面的操作。在该对话框中，可以在"过滤器定义"列表框中设置图层名称、状态、颜色、线型及线宽等过滤条件。

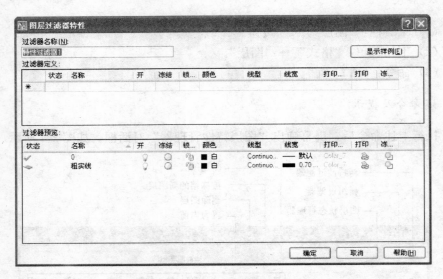

图 2-5　"图层过滤器特性"对话框

　　（2）"新组过滤器"按钮：用于创建一个图层过滤器，其中包括已经选定并添加到该过滤器的图层。

　　（3）"图层状态管理器"按钮：单击该按钮，打开"图层状态管理器"对话框，如图 2-6 所示，用户可以通过该对话框管理命名的图层状态，即实现恢复、编辑、重命名、删除、从一个文件输入或输出到另一个文件等操作。该对话框中的各项功能如下：

　　1）"图层状态"列表框：显示了当前图层已保存下来的图层状态名称，以及从外部输入进来的图层状态名称。

　　2）"新建"按钮：建立新图层。单击该按钮，弹出"保存的新图层状态"对话框，以创建新的图层状态，如图 2-7 所示。

　　3）"删除"按钮：单击该按钮，可以删除选中的图层状态。

　　4）"输入"按钮：单击该按钮，打开"输入图层状态"对话框，如图 2-8 所示，可以将外部图层状态输入到当前图层中。

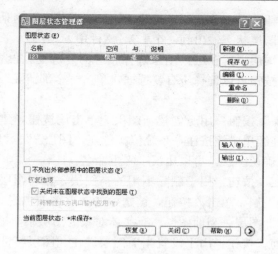

图 2-6　"图层状态管理器"对话框

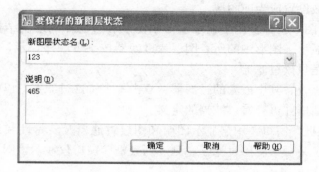

图 2-7　"保存的新图层状态"对话框

图 2-8　"输入图层状态"对话框

5）"输出"按钮：单击该按钮，打开"输出图层状态"对话框，可以将当前图形已保存下来的图层状态输出到一个 LAS 文件中。

6）"要恢复的图层设置"区：用来选择相应的复选框，设置图层状态特性。单击"全部选择"按钮可以选择所有复选框，单击"全部清除"按钮可以取消所有复选框的选择。

（4）"新建图层"按钮：用于创建新图层。单击该按钮，建立一个以"图层 1"为名的图层，连续单击该按钮，系统依次创建"图层 2"、"图层 3"、…为名的图层，为了方便确认图层，可以用汉字来重命名。

（5）"删除图层"按钮：用于删除不用的空图层，在"图层特性管理器"对话框中选择相应的图层，单击该按钮，被选中的图层名前出现"X"，按"确定"键后将被删除。"0"图层、当前图层、有实体对象的图层不能被删除。

（6）"置为当前"按钮：用于设置当前图层。在"图层特性管理器"对话框中选择某一层的图层名，然后单击该按钮，这时被选中的图层名前出现"√"，则这一层图层被设置成当前图层。

（7）"树状图"窗口：用于显示图形中图层和过滤器的层次结构列表。顶层节点"全部"显示了图形中的所有图层。过滤器按字母顺序显示，"所有使用的图层"过滤器是只读过滤器。

扩展节点以查看其中嵌套的过滤器。双击一个特性过滤器，以打开"图层过滤器特性"对话框并可查看过滤器的定义。

（8）"列表框"窗口：用于显示图层和图层过滤器及其特性和说明。如果在树状图中选定了某一个图层过滤器，则"列表框"窗口仅显示该图层过滤器中的图层。

树状图中的所有过滤器用于显示图形中的所有图层和图层过滤器。当选定了某一个图层特性过滤器且没有符合其定义的图层时，列表框将为空。

"列表框"窗口从左至右的各选项功能如下：

1）名称：显示对应符合过滤条件的各图层的层名。选定某图层后，单击该图层的层名后，在弹出的文本框中重新命名该图层；若快速双击某图层层名，则该层被设为当前层。

2）开：用于打开或关闭图层。单击对应图标可以进行打开或关闭图层的切换。关闭层上的对象在屏幕上不可见，用户无法对其进行编辑和输出，但可以绘制实体对象，因此起到保护作用。由于绘图机不能输出关闭层上的对象，利用这一点可以使用单色绘图机输出彩色图。如果用户绘制的图形较复杂，或不想输出图形中的某些对象，则可以关闭相应的图层。图 2-9 显示出图层打开、关闭对图形显示的影响，其中图 a、b、c 分别为打开三个图层、打开两个图层、打开一个图层时的情况。

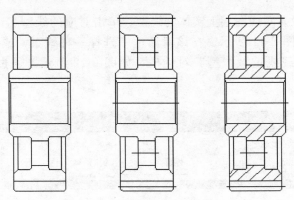

图 2-9 打开或关闭图层

3）冻结：用于图层冻结或解冻。单击其图标可以进行冻结和解冻之间的切换。图层被冻结后，该图层上的实体对象为不可见，其实体不参加图形之间的处理运算，无法对冻结图层上的实体进行编辑，也不能打印输出。当前层不能冻结。

4）锁定：用于图层的锁定或解锁。单击其图标可以进行锁定和解锁之间的切换。图层被锁定后，该层图形对象虽然可以显示出来。但不能对其进行编辑，在被锁定的当前图层上仍可以绘图和改变颜色、线型等。该图层上的实体图形可以打印输出。

5）颜色：设置对应图层上实体的颜色。单击对应图标，弹出"选择颜色"对话框，如图 2-10 所示。该对话框包括"索引颜色"、"真彩色"和"配色系统"三个选项卡，用于设置图层颜色。

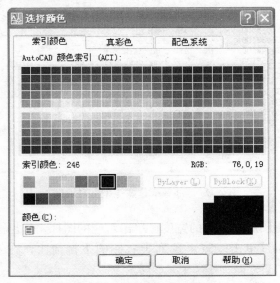

图 2-10 "选择颜色"对话框

6）线型：设置对应图层上实体的线型。单击对应的线型名，弹出"选择线型"对话框，如图 2-11 所示。在该对话框中选择一种线型，或者单击"加载"按钮，弹出"加载或重载线型"对话框，如图 2-12 所示。通过操作完成线型选择。

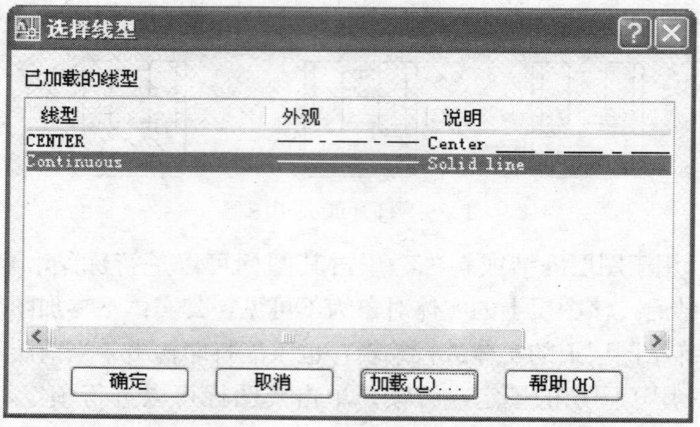

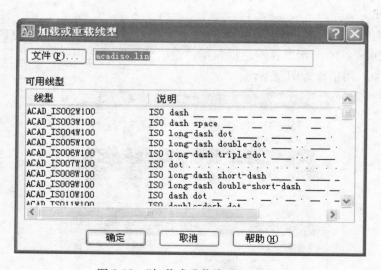

图 2-11　"加载或重载线型"对话框

图 2-12　"加载或重载线型"对话框

7）线宽：设置图层中线型的宽度。单击对应的图标，弹出"线宽"对话框，如图 2-13 所示。通过单击线宽下拉列表右侧的下拉箭头，在下拉列表中选择线宽。

8）打印样式：用于确定各图层的打印样式。

9）打印：设置图层的打印状态。单击对应
图标来控制该图层是否打印。默认状态的打印图
标是打开的，表明该图层为打印状态。如果要关
闭打印开关，则单击该图层的打印图标即可，此
时该图层的图形对象可以显示，但不能打印，该
功能对冻结和关闭的图层不起作用。

（9）"搜索图层"文本框：用于输入字符时，
按名称快速过滤图层列表。

（10）状态行：用于显示当前过滤器的名称，
列表框窗口中所显示图层的数量和图形中图层的
数量。

图 2-13　"线宽"对话框

值得注意的是，在"图层特性管理器"对话
框中，选中"反转过滤器"复选框，将只显示所有不满足选定过滤器中条件的图
层；选中"指示正在使用的图层"复选框，使用的图层"状标"颜色变深；选中
"应用到图层工具栏"复选框，则仅显示符合当前过滤器条件的图层。

### 2.2.3　颜色设置

颜色在图形中具有非常重要的作用，可用来表示不同的组件、功能和区域。
图层的颜色实际上是图层中图形对象的颜色，一般由图层设定的颜色来控制。不
同图层的颜色可以设置成相同或不同，但在同一图层上绘制图形对象时，对不同
的对象也可使用不同的颜色来加以区别，这时要采用颜色命令来设置新的颜色。
采用此方法进行颜色设置后，以后所绘制的图形对象全都为该颜色，即使改变当
前图层，所绘对象的颜色也不会改变。

#### 1．功能

用于设置颜色，使以后所绘图形象均为该颜色，与图层的颜色设置无关。

#### 2．格式

（1）下拉菜单："格式"→"颜色"。
（2）命令：COLOR✓。

#### 3．命令及提示

执行上述命令后，系统弹出"选择颜色"对话框，如图 2-10 所示。该对话
框包括"索引颜色"、"真颜色"和"配色系统"三个选项卡，用于设置图层

颜色。

4. 说明

（1）"索引颜色"选项卡（见图 2-10）：索引颜色是将 256 种颜色预先定义好且组织在一张颜色表中。在"索引颜色"选项卡中，用户可以在 256 种颜色中选择一种。用鼠标指针选取所希望的颜色或在"颜色"文本框中输入相应的颜色名或颜色号，来设置对象的一种颜色。BYBLOCK（随块）按钮表示颜色为随块方式。在此方式下绘制图形对象的颜色为白色。当把这样的实体对象制成块后，则在块插入时块的颜色会变为与所插入当前的颜色相同。BYLAYER（随层）按钮表示颜色为随层方式。在此方式下绘制实体对象的颜色与所在图层的颜色相同，同一层上的实体对象具有相同的颜色。该方式是系统的缺省方式。

（2）"真彩色"选项卡：单击"选择颜色"对话框中的"真彩色"选项卡，在该选项卡中的"颜色模式"下拉列表中有 RGB 和 HSL 两种颜色模式可以选择，如图 2-14 所示。虽然通过这两种颜色都可以调出我们想要的颜色，但是它们是通过不同的方式组合颜色的。

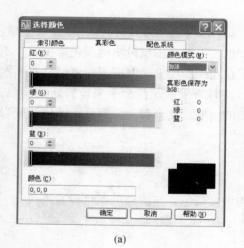 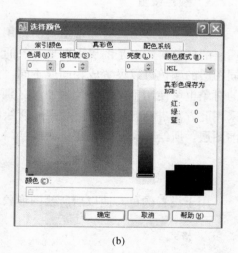

(a)        (b)

图 2-14 "真彩色"选项卡

RGB 颜色模式（见图 2-14（a））是源于有色光的三原色原理，其中，R 代表红色、G 代表绿色、B 代表蓝色。每种颜色都有 256 种不同的亮度值，因此 RGB 模式从理论上讲有 $256 \times 256 \times 256$ 共约 16 兆种颜色，这也是"真彩色"概念的下限。虽然 16 兆种颜色仍不能涵盖人眼所看到的整个颜色范围，自然界中的颜色也远远多于 16 兆种，但是这么多种颜色已经足够模拟自然界中的各种颜色了。RGB 模式是一种加色模式，即所有其他颜色都是通过红、绿、蓝三种颜色叠加而成的。

　　HSL 颜色模式（见图 2-14（b））是以人类对颜色的感觉为基础，描述了颜色的三种基本特征。H 代表色调，这是从物体反射或透过物体传播的颜色。在通常的使用中，色调由颜色名称标识，如红色、橙色或绿色。S 代表饱和度（有时称为彩度），是指颜色的强度或纯度，饱和度表示色相中灰色分量所占的比例，它使用从 0%（即灰度）到 100%（完全饱和）的百分比来度量。L 代表亮度，是颜色的相对明暗程度，通常用从 0%（黑色）至 100%（白色）的百分比来度量。

　　（3）"配色系统"选项卡：在"选择颜色"对话框中，单击"配色系统"选项卡，该对话框的形式如图 2-15 所示。在该对话框的"配色系统"下拉列表框中，提供了 9 种定义好的色库表，可以选择一种色库表，然后在下面的颜色条中选择需要的颜色。

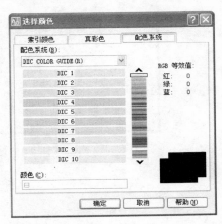

图 2-15　"配色系统"选项卡

## 2.2.4　线型设置

　　一幅图样往往由不同的线型构成，在绘图时根据需要可从系统的线型库中加载标准线型，也可自定义线型来满足使用需要。不同图层上的线型可设置成相同或不同。同一图层上的图形对象也可用不同的线型绘制，这就需要进行线型设置。线型设置后所绘制的图形对象全都用该线型，即使改变当前层，所绘实体的线型也不改变。

　　1. 功能

　　设置当前线型，加载线型文件库中线型和删除无用的线型。

　　2. 格式

　　（1）下拉菜单："格式"→"线型"。

　　（2）命令：LINETYPE↙。

　　（3）命令及提示：执行上述命令后，系统弹出"线型管理器"对话框，如图 2-16 所示。

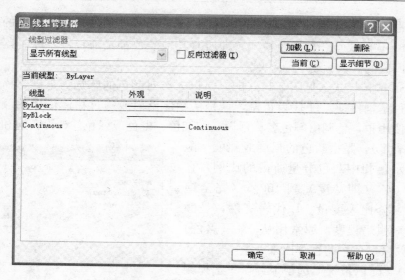

图 2-16　"线型管理器"对话框

3．说明

（1）"线型过滤器"下拉列表框：用于设置过滤条件，以确定在线型列表框中显示哪些线型。如果选中"反向过滤器"复选框，则显示与过滤器设置相反的线型。

（2）"加载"按钮：用于加载新的线型。单击该按钮后，系统弹出"加载或重载线型"对话框，如图 2-12 所示。选择要输入的新线型，单击"确定"按钮，完成加载线型操作，返回"线型管理器"。

（3）"当前"按钮：用于将在线型列表框中选中的线型设置为当前线型。

（4）"删除"按钮：用于删除在线型列表框中选中的线型。被删除的线型是在作图时没有用过的线型。

（5）"显示细节"按钮：用于显示或隐藏"线型管理器"对话框中的"详细信息"，如图 2-17 所示。

"详细信息"区用于对线型的一些属性的显示和设置，它包括：

1）"名称"文本框：显示所选线型名或更改线型名。

2）"说明"文本框：对所选线型的描述和形状显示，可以修改线型的描述和形状。

3）"缩放时使用图纸空间单位"复选框：控制图纸空间和模型空间是否使用相同的比例因子。

4）"全局比例因子"文本框：设置所有线型比例因子。

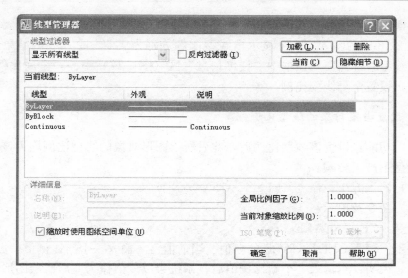

图 2-17　"加载或重载线型"对话框

5)"当前对象缩放比例"文本框：设置当前对象的线型比例因子。

6)"ISO 笔宽"列表框：将线型比例设置为标准 ISO 值列表中的一个，实际比例是"全局比例因子"值与当前对象的比例因子的乘积。

### 2.2.5　线型比例及线宽设置

**一、线型比例**

在 AutoCAD 定义的各种线型中，除了 CONTINUOUS 线型外，每种线型都是由线段、间隔、点或线段及文本所构成的序列。系统对线型中每小段的长度是按照绘图单位进行定义的，在屏幕上显示的长度与使用时设置的缩放倍数及线型比例成正比。因此，当屏幕上显示或从绘图仪输出的线型不合适时，可通过调整线型比例值来进行设置，使之符合工程制图的要求，同时与图形相协调。

1. 设置全局比例因子

(1)功能：用于确定图形中所有线型的比例，即调整线型中线段及其间隔的长度。

(2)格式：命令 LTSCALE↙。

(3)命令及提示：

命令：LTSCALE↙；

提示：输入新线型比例因子〈当前值〉：(输入一个新的比例值)↙。

(4)说明：当输入一个新的比例值后，系统以输入的新比例值乘以线型定义的每小段长度，然后将图形重新生成。显然线型比例值越大，线型中的要素也越大。图 2-18 中的图 a、b、c 显示出线型比例分别为 1.5、1、0.5 的结果。也可通过"线型管理器"对话框中"详细信息"区（图 2-17）中的"全局比例因子"文本框，设置全局线型比例。

　　2. 设置当前对象的线型比例

　　(1) 功能：设置该线型比例后，此后所绘图形对象的线型比例均为该值，对原有线型不产生影响。
　　(2) 输入方法：命令 CELTSCALE✓。
　　(3) 命令及提示：
　　命令：CELTSCALE✓；
　　提示：输入 CELTSCALE 的新值〈当前值〉：（输入一个新比例值）✓。
　　(4) 说明：当输入一个新比例值后，系统会以该值作为此后所绘图形对象的线型比例。也可通过"线型管理器"对话框中"详细信息"区（图 2-18）中的"当前对象缩放比例"文本框，设置当前对象的线型比例。

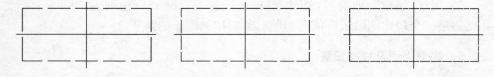

图 2-18　线型比例的作用

## 二、线宽设置

　　1. 功能

　　设置后续绘制对象的线型宽度，并在所有图层上均采用此线宽绘制图形，对原图形对象的线宽不产生影响。

　　2. 格式

　　(1) 下拉菜单："格式" → "线宽"。
　　(2) 命令：LWEIGHT ✓。
　　(3) 状态栏：在状态栏中，右键单击"线宽"按钮，在弹出的快捷菜单中选择"设置"选项。

　　3. 命令及提示

　　执行上述命令后，屏幕弹出"线宽设置"对话框，如图 2-19 所示。

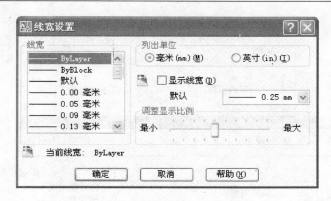

图 2-19　"线宽设置"对话框

4．说明

(1)"线宽"列表框：设置当前线宽。从列表中选择合适的线宽来作为当前线宽。

(2)"列出单位"区：通过"毫米"和"英寸"两个单选框来选择单位。

(3)"显示线宽"复选框：用于确定是否按设置的线宽显示图形。通过单击状态栏上的"线宽"按钮也可进行"显示"与"不显示"的切换。

(4)"默认"设置框：用于设置默认的线宽值。通过单击该设置框右边的下拉列表箭头，从下拉列表框中选择一个数值作为系统线宽的默认值。

(5)"调整显示比例"滑块：用于设置线宽的显示比例。

(6)"当前线宽"显示框：显示当前线宽值。

## 2.2.6　"图层"和"对象特性"工具栏

"图层"和"对象特性"工具栏可以让用户更为方便、快捷地对图层、颜色、线型、线宽进行设置和修改。

1．"图层"工具栏

"图层"工具栏如图 2-20 所示。

其功能如下：

(1)"图层特性管理器"按钮　用于图形的创建与管理。单击该按钮，系统弹出"图层特性管理器"对话框。

(2)"将对象的图层置为当前"按钮　选择实体对象所在的图层为当前层。

(3)"上一个图层"按钮　取消最后一次对图层的设置或修改，返回到上一次图层的设置。

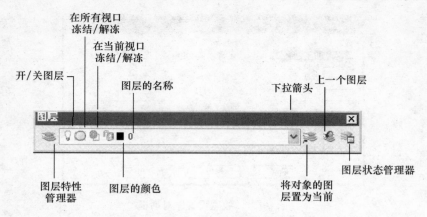

图 2-20　"图层"工具栏

（4）"图层状态"显示框　图层状态显示，单击该框中任意位置或右侧的下拉箭头，都会弹出一下拉列表。在弹出的下拉列表中，显示出所有的图层及状态。单击图层名，则该层被设置为当前层；单击除颜色外的相应图标可进行相应的切换。

2．"对象特性"工具栏

"对象特性"工具栏如图 2-21 所示。

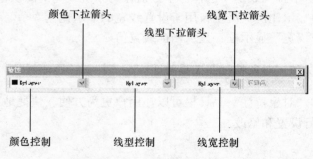

图 2-21　"对象特性"工具栏

其功能如下：

（1）"颜色控制"框　用于设置颜色。单击该框中任意位置或右侧的下拉箭头，会弹出下拉列表（见图 2-22）。从中可设置当前图形对象的颜色。

（2）"线型控制"框　用于设置线型。单击该框中任意位置或右侧的下拉箭头，会弹出下拉列表（见图 2-23）。从中可设置当前图形对象的线型。也可加载线型。

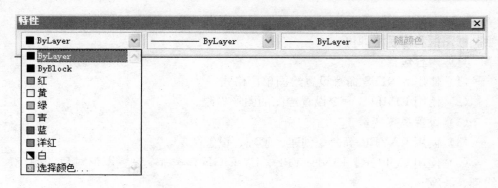

图 2-22　"颜色控制"框

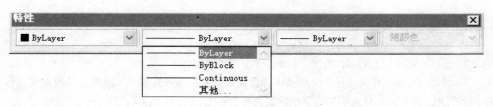

图 2-23　"线形控制"框

（3）"线宽控制"框　用于设置线宽。单击该框中任意位置或右侧的下拉箭头，会弹出下拉列表（见图 2-24）。从中可设置当前图形对象的线宽。

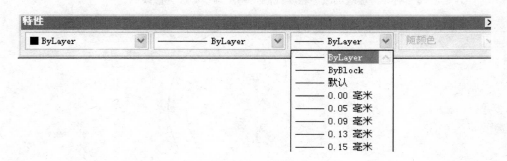

图 2-24　"线宽控制"框

（4）"打印样式控制"框　用于设置出图样式。若未设置，则该项为不再可选。

# 本 章 小 结

要绘制图样，应先创建一个新图形并设置好绘图环境，然后根据图纸的需要设置多个用颜色、线型和线宽来区别，并绘制出图形的绘制中心线或用作参考的辅助线，再使用绘图工具或命令绘制出图形的轮廓，绘制时还需要配合修改工具

（或命令）对图形进行编辑修改。最后，标注出必要的尺寸、添加上相关文字、绘制好图框和标题栏即可。

具体内容包括：

（1）使用 UNITS 命令设置绘图单位格式。

（2）使用 LIMITS 命令设置绘图的图形界限。

（3）设置系统变量。

（4）使用 LAYER 等命令创建、管理、设置图层。

（5）使用 COLOR、LINETYPE、LWEIGHT 等命令设置图形对象的颜色、线型、线宽。

# 习　题　二

1. 图层有哪些特性？

2. 有哪些方法可将所选择的图层设置为当前图层？

3. 怎样为同一层上的实体设置不同的颜色、线宽和线型？

4. 创建一个绘图样板文件，要求图样符合我国国家标准规定的 A3 图幅及其他要求（包括图形界限、单位、图线、图层、草图设置等环节）。

5. 绘制题图 2-1 所示的图形，并要求：

（1）图中的不同线型分别画在各自相应的图层中。

（2）开/关某层，观察图层的变化。

（3）利用改变图导将虚线圆改为粗实线圆，将点画线圆改为虚线圆。

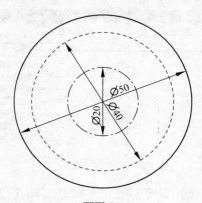

题图 2-1

# 第3章　基本绘图命令

任何一幅复杂的图形，都是由一些基本的图形要素组成的，比如：直线、圆、圆弧、多段线、椭圆、椭圆弧、点、样条曲线、面、三维实体、文字等。本章将介绍一些绘图的方法以及常用的绘图命令。

## 3.1　精确绘图

在 AutoCAD 中绘制工程图，需要按照工程形体的实际尺寸来绘图，或者以一定的比例来绘图，只有精确地绘制实物的形状与尺寸，才能将图形使用在加工程序中进行下一步处理。AutoCAD 软件绘图的最大功能也在于能快速、美观、准确地绘图。

打开 AutoCAD 绘图界面时，绘图区域左下角有一个标志，称作 WCS（世界坐标系）。AutoCAD 2008 提供了两个绘图坐标系：一个称为世界坐标系（WCS）的固定坐标系和一个称为用户坐标系（UCS）的可移动坐标系。绘图命令都是通过点的输入来完成图形的绘制，绘图时采用三维笛卡儿坐标系统（CCS）来确定点的位置。位于工作界面左下角的状态栏上显示的三个数值，就是当前十字光标所处位置的准确的笛卡儿坐标数值。

AutoCAD 可使用的坐标有多种，最常用的是平面直角坐标和极坐标。对应每种坐标形式，在输入定位数值时，又有绝对坐标和相对坐标两种。在三维绘图当中，常用的还有球面坐标和柱面坐标。

AutoCAD 有多种输入点的方法，以下是对几种常用的输入方法所作的介绍。

### 3.1.1　鼠标点选

移动鼠标时，十字光标各坐标值会随之变化，单击左键确定即选中当前点。但若要达到精确绘图，需配合捕捉或对象捕捉两种辅助绘图工具使用。

**例 3-1**　绘制已知矩形（见图 3-1）的对角线 $AB$。

操作步骤如下：

命令：L↙（直线命令）

LINE 指定第一点：END↙

指定下一点或〔放弃（U）〕：（移动鼠标到 $A$

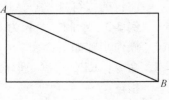

图 3-1

点上，出现黄色捕捉框后单击左键）

指定下一点或［放弃（U）］：END↙

指定下一点或［放弃（U）］：（移动鼠标到 B 点上，出现黄色捕捉框后单击左键）

指定下一点或［放弃（U）］：↙

（以上解题中，冒号前的为系统提示，冒号后的表示由用户输入，"↙"表示按回车键，圆括号内的为操作说明。全书同，以后不再说明）

### 3.1.2　绝对直角坐标输入法

在二维平面上绘图，当已知点的绝对坐标（指相对于当前坐标系原点的直角坐标）"$X$，$Y$"时可采用绝对的直角坐标输入法。从原点 $X$ 向右为正，$Y$ 向上为正，反之为负，输入后按回车键确定。

输入格式：$X$，$Y$↙

注：$X$，$Y$ 坐标值之间用英文状态下的逗号分开，否则 AutoCAD 提示二维点无效。

**例 3-2**　绘制 A3 图纸的外边框。

操作步骤如下：

命令：REC↙（矩形命令）

指定第一个角点或［倒角（C）/标高（E）/圆角（F）/厚度（T）/宽度（W）］：0，0

指定另一个角点或［尺寸（D）］：420，297↙

### 3.1.3　相对直角坐标输入法（增量坐标输入法）

当要确定的点是以前一个点的位置为基点，表示其坐标的增加量时，可以采用相对坐标（将前一点看成是坐标原点，此时当前点的直角坐标）$\Delta X$，$\Delta Y$ 的方法输入。由于是用坐标的增加量来表示，所以相对直角坐标输入法又称为增量坐标输入法。相对于前一点 $\Delta X$ 向右为正，$\Delta Y$ 向上为正，反之为负，输入后按回车键确定。

输入格式：@$\Delta X$，$\Delta Y$↙

注：前缀符号"@"是相对的意思。

**例 3-3**　绘制一个长为 80，高为 50 的矩形。

操作步骤如下：

命令：REC↙（矩形命令）

指定第一个角点或［倒角（C）/标高（E）/圆角（F）/厚度（T）/宽度（W）］：鼠标在任意位置点选一点

指定另一个角点或［尺寸（D）］：@80，50↙

### 3.1.4　绝对极坐标输入法

极坐标是以点到原点连线的长度及连线与极轴（X 轴正方向）的夹角两个参数来确定的。通常距离为正值；角度逆时针旋转时为正，顺时针旋转为负。

输入格式：长度 <角度

**例 3-4**　绘制一条从原点开始长为 50 且与水平成 30°的斜线。

操作步骤如下：

命令：L↙（直线命令）

LINE 指定第一点：0，0↙

指定下一点或［放弃（U）］：50<30↙

指定下一点或［放弃（U）］：↙

### 3.1.5　相对极坐标输入法

相对极坐标是将前一点看成是坐标原点，此时输入点与前一点的连线的长度与水平轴的夹角。

输入格式：@长度<角度

**例 3-5**　绘制一条从（5，5）点开始的长为 30 且与水平成 45°的斜线。

操作步骤如下：

命令：L↙（直线命令）

LINE 指定第一点：5，5↙

指定下一点或［放弃（U）］：@30<45↙

指定下一点或［放弃（U）］：↙

### 3.1.6　直接距离输入法

在知道后一点的方向与距离时，可采用直接距离输入法输入点，具体操作步骤如下：

指定第一点，然后使用鼠标导向，从键盘直接输入第二点相对于第一点的距离，按回车键确定。

注：输入距离为正时与鼠标选择方向相同，输入距离为负时与鼠标选择方向相反。

**例 3-6**　绘制 A3 图纸的外边框。

操作步骤如下：

命令：L↙（直线命令）

LINE 指定第一点：0，0↙

指定下一点或 ［放弃（U）］：（打开正交，将鼠标移动到原点右方）420 ✓
指定下一点或 ［放弃（U）］：（将鼠标移动到当前点上方）297 ✓
指定下一点或 ［闭合（C）/放弃（U）］：（将鼠标移动到当前点左方）420 ✓
指定下一点或 ［闭合（C）/放弃（U）］：（将鼠标移动到当前点下方）297 ✓
指定下一点或 ［闭合（C）/放弃（U）］：✓

# 3.2　二维基本绘图命令

　　实体是预先定义好的绘图元素，分为基本实体与复杂实体。基本实体又叫简单实体，如点、直线、圆、圆弧、椭圆、椭圆弧、单行文本等；复杂实体由基本实体组成，如多段线、矩形、多边形、多行文本、圆环、多线、块、三维实体等。它们都可以用相关的命令绘制出来，构成各种形状和要求的图形。本章主要介绍二维绘图命令，三维绘图命令将在以后的章节中予以介绍。

　　绘图命令可以通过以下方式进行调用。

图 3-2　绘图菜单

### 1. 在文本行输入绘图命令

　　在 AutoCAD 中，所有的命令都有键盘输入的方式，每个命令对应一个指令，可以在命令进入输入执行该命令。一些常用的命令有其快捷键。

### 2. 绘图命令下拉菜单

　　在 AutoCAD 工作界面的主菜单中，单击"绘图（D）"菜单，即会弹出绘图命令的下拉菜单列表，如图 3-2 所示，单击其中的选项即可完成命令的输入。

### 3. 绘图命令工具栏

　　单击在 AutoCAD 工作界面上显示的"绘图"命令工具栏中的每个图标按钮，即可完成对该命令的输入。如图 3-3 所示。

## 3.2.1　直线命令

### 1. 功能

　　直线命令可以画出一条线段，也可以不断

图 3-3 绘图工具栏

地输入下一点，画出连续的多根线段，直到用回车键、空格键或鼠标右键退出命令。用直线命令画出的线段都是单独的对象，可以对其中的某一段单独处理。

**2. 格式**

(1) 命令：LINE 或 L。
(2) 菜单：绘图→直线。
(3) 图标：绘图工具栏中∠。

**3. 说明**

命令：L↙
指定第一点：
指定下一点或［放弃（U）］：
指定下一点或［放弃（U）］：
指定下一点或［闭合（C）/放弃（U）］：

**4. 注释**

(1) 若在"指定第一点"的提示后输入空格或按回车键，AutoCAD 会自动将最后一次绘制的直线或圆弧的端点作为新直线的起点，其中圆弧和直线是相切的；

(2) 输入"U"命令，表示放弃上一条绘制的线段；

(3) 输入"C"命令，表示绘制一条线段，从当前命令的端点连接到此命令的起点；（当直线命令绘制了两段以上的线段时才会出现此命令）

(4) 在提示符后输入空格或按回车键或鼠标右键终止命令。

**例 3-7** 利用正交模式，使用 LINE 命令绘制如图 3-4 的图形。

［命令行］：
命令：＜正交 开＞

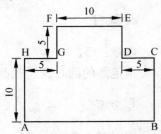

图 3-4 使用正交模式绘制图形

//打开正交模式

命令：line
指定第一点：10，20　　　　　　　　　　　　//输入起点 A
指定下一点或［放弃（U）］：10　　　　　　//绘制线段 AH
指定下一点或［放弃（U）］：5　　　　　　//绘制线段 HG
指定下一点或［闭合（C）/放弃（U）］：5　　//绘制线段 GF
指定下一点或［闭合（C）/放弃（U）］：10　//绘制线段 FE
指定下一点或［闭合（C）/放弃（U）］：5　　//绘制线段 ED
指定下一点或［闭合（C）/放弃（U）］：5　　//绘制线段 DC
指定下一点或［闭合（C）/放弃（U）］：10　//绘制线段 CB
指定下一点或［闭合（C）/放弃（U）］：c　　//闭合

### 3.2.2　圆命令

1. 功能

圆命令可以根据已知条件绘制出准确的圆。

2. 格式

(1) 命令：CIRCLE 或 C。
(2) 菜单：绘图→圆→圆心、半径
　　　　　　　　→圆心、直径
　　　　　　　　→两点
　　　　　　　　→三点
　　　　　　　　→相切、相切、半径
　　　　　　　　→相切、相切、相切。
(3) 图标：绘图工具栏中 ◎ 。

3. 说明

命令：C↙
指定圆的圆心或［三点（3P）/两点（2P）/相切、相切、半径（T）］：

4. 注释

用以下 6 种方法可以绘制圆。
(1) 圆心、半径：默认方式，先指定圆心，再输入半径，也可以用鼠标指定半径端点的位置，如绘制图 3-5 所示的图形，操作步骤如下：

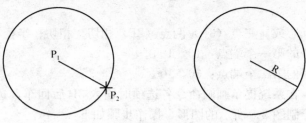

图 3-5　圆心、半径法绘圆

命令：C↙

指定圆的圆心或 [三点 (3P)/两点 (2P)/相切、相切、半径 (T)]：（指定 $P_1$ 点）

指定圆的半径或 [直径 (D)] <默认值>：R↙（或指定 $P_2$ 点，此时 $P_2P_1$ 的长度为圆的半径的长度）

注：<>中的数值为当前命令的默认值，可用空格、回车或鼠标右键确认该值，用此值绘图。全书同，以后不再说明。

（2）圆心、直径：在指定圆心后回车，命令会提示"指定圆的半径或 [直径 (D)]："，此时输入 D 回车表示选择直径方式，即可再输入直径，也可以用鼠标指定直径的长度来绘制此圆，如绘制图 3-6 所示的图形，操作步骤如下：

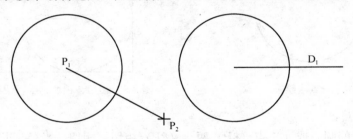

图 3-6　圆心、直径法绘圆

命令：C↙

指定圆的圆心或 [三点 (3P)/两点 (2P)/相切、相切、半径 (T)]：（指定 $P_1$ 点）

指定圆的半径或 [直径 (D)] <默认值>：D↙

指定圆的直径<默认值的两倍>：$D_1$ ↙
（或指定 $P_2$ 点，此时 $P_2P_1$ 的长度为圆的直径长度）

（3）两点：在系统提示画圆命令各选项时输入 2P 回车，选择直径的两个端点画圆，如绘制图 3-7 所示的图形，操作步骤如下：

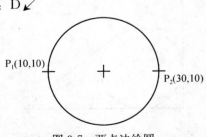

图 3-7　两点法绘圆

命令：C↙

指定圆的圆心或 ［三点（3P）/两点（2P）/相切、相切、半径（T）］：2P↙

指定圆直径的第一个端点：10，10↙

指定圆直径的第二个端点：30，10↙

（4）三点：在系统提示画圆命令各选项时输入 3P 后回车，选择圆周上的三个点画圆，如绘制图 3-8 所示的图形，操作步骤如下：

命令：C↙

指定圆的圆心或 ［三点（3P）/两点（2P）/相切、相切、半径（T）］：3P↙

指定圆上的第一个点：（指定 $P_1$）

指定圆上的第二个点：（指定 $P_2$）

指定圆上的第三个点：（指定 $P_3$）

（5）相切、相切、半径：在系统提示画圆命令各选项时输入 T 后回车，选择第一个相切的对象，再选择第二个相切的对象，最后输入半径，如绘制图 3-9 所示的图形，操作步骤如下：

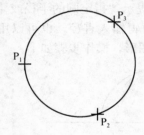

图 3-8　三点法绘圆

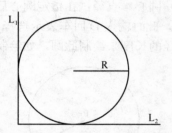

图 3-9　相切、相切、半径法绘圆

命令：C↙

指定圆的圆心或 ［三点（3P）/两点（2P）/相切、相切、半径（T）］：T↙

指定对象与圆的第一个切点：（在 $L_1$ 上拾取一点）

指定对象与圆的第二个切点：（在 $L_2$ 上拾取一点）

指定圆的半径：R↙

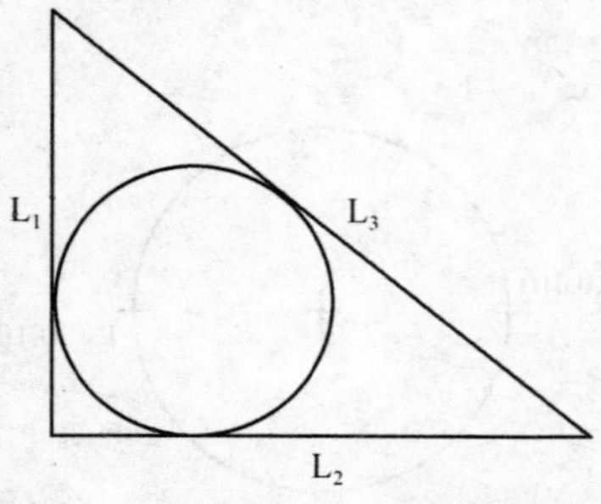

图 3-10　相切、相切、相切法绘圆

（6）相切、相切、相切：在系统提示下依次选择三个相切的对象，如绘制图 3-10 所示的图形，操作步骤如下：

命令：C↙

指定圆的圆心或 ［三点（3P）/两点（2P）/相切、相切、半径（T）］：3P↙

指定圆上的第一个点：tan↙

到　　　　　　　　（在 $L_1$ 上拾取一点）

指定圆上的第二个点：tan ↙　　　　　　　　（在 L₂ 上拾取一点）

到

指定圆上的第三个点：tan ↙　　　　　　　　（在 L₃ 上拾取一点）

到

**例 3-8**　已知三角形的三个顶点的坐标，如图 3-11 所示，绘制该三角形的内切圆和外接圆。

[分析]：首先可以利用 LINE 命令绘制三角形，然后利用绘制圆中的方法，3P 可以绘制三角形的外接圆，相切、相切、相切可以绘制三角形的内切圆。

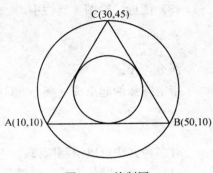

图 3-11　绘制圆

[步骤]：

（1）绘制三角形。

命令：LINE

（2）绘制外接圆。

命令：_ circle 指定圆的圆心或 [三点 （3P）/两点 （2P）/相切、相切、半径 （T）]：3P

（3）绘制内切圆。

命令：_ circle 指定圆的圆心或 [三点 （3P）/两点 （2P）/相切、相切、半径 （T）]：_ 3P 指定圆

### 3.2.3　圆弧命令

1. 功能

圆弧命令可以根据已知条件绘制出准确的圆弧。

2. 格式

（1）命令：ARC 或 A。

（2）菜单：绘图→圆弧→三点

　　　　　　　　　　→起点、圆心、端点

　　　　　　　　　　→起点、圆心、角度

　　　　　　　　　　→起点、圆心、长度

　　　　　　　　　　→起点、端点、角度

　　　　　　　　　　→起点、端点、方向

　　　　　　　　　　→起点、端点、半径

　　　　　　　　　　　　→圆心、起点、端点
　　　　　　　　　　　　→圆心、起点、角度
　　　　　　　　　　　　→圆心、起点、长度
　　　　　　　　　　　　→继续。
（3）图标：绘图工具栏中⌒。

3. 说明

命令：A↙
指定圆弧的起点或 ［圆心（C）］：

4. 注释

有多种方法可以绘制圆弧：
（1）三点：默认方式，通过指定圆弧的起点、第二点、端点来绘制圆弧；操作步骤如下：
命令：A↙
指定圆弧的起点或 ［圆心（C）］：（指定第一点）
指定圆弧的第二个点或 ［圆心（C）/端点（E）］：（指定第二点）
指定圆弧的端点：（指定第三点）

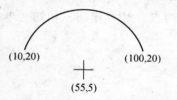

(10,20)　　　　　　(100,20)

(55,5)

图 3-12　起点、圆心、端点法绘圆弧

（2）起点、圆心、端点：通过指定圆弧的起点、圆心、终点来绘制圆弧，如绘制图 3-12 所示的图形，操作步骤如下：
命令：A↙
指定圆弧的起点或 ［圆心（C）］：10，20↙
指定圆弧的第二个点或 ［圆心（C）/端点（E）］：C↙
指定圆弧的圆心：55，5↙
指定圆弧的端点或 ［角度（A）/弦长（L）］：100，20↙
注：圆弧是沿逆时针方向绘制的。
（3）起点、圆心、角度：通过指定圆弧的起点、圆心、圆弧的圆心角来绘制圆弧，如绘制图 3-13 所示的图形，操作步骤如下：
命令：A↙
指定圆弧的起点或 ［圆心（C）］：100，0↙
指定圆弧的第二个点或 ［圆心（C）/端点（E）］：C↙

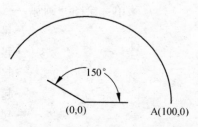

150°

(0,0)　　　　　A(100,0)

图 3-13　起点、圆心、角度法绘圆弧

指定圆弧的圆心：0，0 ↙

指定圆弧的端点或［角度（A）/弦长（L）］：A ↙

指定包含角：150 ↙

注：当圆弧的包含角输入正值时，圆弧是沿逆时针方向绘制的；输入负值时，沿顺时针方向绘制。

（4）起点、圆心、长度：通过指定圆弧的起点、圆心、弧的弦长来绘制圆弧，如绘制图 3-14，操作步骤如下：

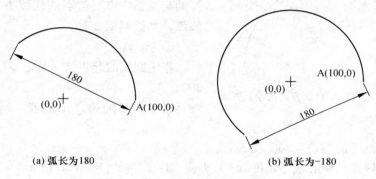

(a) 弧长为180　　　　　　　　　　　　(b) 弧长为-180

图 3-14　起点、圆心、弦长法绘圆弧

命令：A ↙

指定圆弧的起点或［圆心（C）］：100，0 ↙

指定圆弧的第二个点或［圆心（C）/端点（E）］：C ↙

指定圆弧的圆心：0，0 ↙

指定圆弧的端点或［角度（A）/弦长（L）］：L ↙

指定弦长：180 ↙（见图 3-14（a））　　　指定弦长：-180 ↙（见图 3-14（b））

注：① 对于起点、圆心、弦长法，不管弦长是正还是负，圆弧都是按逆时针绘制的。

② 弦长不能大于圆弦的直径。

（5）起点、端点、角度：通过指定圆弧的起点、终点、圆弧的圆心角来绘制圆弧，如绘制图 3-15 所示的图形，操作步骤如下：

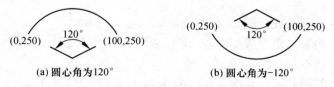

(a) 圆心角为120°　　　　　　　　　　(b) 圆心角为-120°

图 3-15　起点、端点、角度法绘圆弧

命令：A ↙

指定圆弧的起点或［圆心（C）］：100，250 ✓

指定圆弧的第二个点或［圆心（C）/端点（E）］：E ✓

指定圆弧的端点：0，250 ✓

指定圆弧的圆心或［角度（A）/方向（D）/半径（R）］：A ✓

指定包含角：120 ✓（见图 3-15（a））；　指定包含角：−120 ✓（见图 3-15（b））

注：当包含角为正时，逆时针绘制圆弧；为负时，顺时针绘制。

(200,300)　　　　　　　　　　(500,300)

图 3-16　起点、端点、方向法绘圆弧

（6）起点、端点、方向：通过指定圆弧的起点、终点、起点的切线方向来绘制圆弧，如绘制图 3-16：

命令：A ✓

指定圆弧的起点或［圆心（C）］：500，300 ✓

指定圆弧的第二个点或［圆心（C）/端点（E）］：E ✓

指定圆弧的端点：200，300 ✓

指定圆弧的圆心或［角度（A）/方向（D）/半径（R）］：D ✓

指定圆弧的起点切向：90 ✓

（7）起点、端点、半径：通过指定圆弧的起点、终点、半径来绘制圆弧，如绘制图 3-17 所示的图形，操作步骤如下：

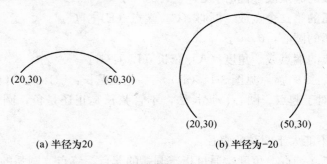

(20,30)　　　(50,30)　　　　　　　　　　(20,30)　　　(50,30)

(a) 半径为20　　　　　　　　　(b) 半径为−20

图 3-17　起点、端点、半径法绘圆弧

命令：A ✓

指定圆弧的起点或［圆心（C）］：50，30 ✓

指定圆弧的第二个点或［圆心（C）/端点（E）］：E ✓

指定圆弧的端点：20，30 ✓

指定圆弧的圆心或［角度（A）/方向（D）/半径（R）］：R ✓

指定圆弧的半径：20 ✓（见图 3-17a）　指定圆弧的半径：−20 ✓（见图 3-17（b））

注：当圆弧的半径为正值时，绘制劣弧；当半径为负值时，绘制优弧。

（8）圆心、起点、端点：通过指定圆弧的圆心、起点、终点来绘制圆弧，方法与（2）同。操作步骤如下：

命令：A↙

指定圆弧的起点或［圆心（C）］：C↙

指定圆弧的圆心：（指定圆心）

指定圆弧的起点：（指定起点）

指定圆弧的端点或［角度（A）/弦长（L）］：（指定端点）

（9）圆心、起点、角度：通过指定圆弧的圆心、起点、角度来绘制圆弧，方法与（3）同。操作步骤如下：

命令：A↙

指定圆弧的起点或［圆心（C）］：C↙

指定圆弧的圆心：（指定圆心）

指定圆弧的起点：（指定起点）

指定圆弧的端点或［角度（A）/弦长（L）］：A↙

指定包含角：（输入圆心角）

（10）圆心、起点、长度：通过指定圆弧的圆心、起点、弦长来绘制圆弧，方法与（4）同。操作步骤如下：

命令：A↙

指定圆弧的起点或［圆心（C）］：C↙

指定圆弧的圆心：（指定圆心）

指定圆弧的起点：（指定起点）

指定圆弧的端点或［角度（A）/弦长（L）］：L↙

指定弦长：（输入弦长）

（11）继续：从最后一次绘制的直线、圆弧或多段线的最后一个端点作为新圆弧的起点，以最后所绘线段方向或圆弧终点的切线方向为新圆弧的起始点处的切线方向，然后指定圆弧的端点来绘制圆弧。

操作方法如下：

命令：A↙

指定圆弧的起点或［圆心（C）］：↙

指定圆弧的端点：

**例 3-9**　已知圆弧 *AB*、圆弧 *BC* 起点和端点的坐标，且 *AB*、*BC* 角度为 180 度，如图 3-18 所示，请按要求绘制圆弧。

［分析］：已知圆弧的起点、端点以及角度，因此可以使用"绘图"下拉菜单"圆弧"的二

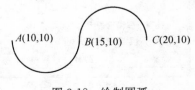

图 3-18　绘制圆弧

级菜单中第（5）种方法绘制圆弧。

［步骤］：

（1）单击"绘图"下拉菜单，选择"圆弧"的二级菜单中的"起点（S）、端点（E）、角度（A）"绘制圆弧 AB

（2）单击"绘图"下拉菜单，选择"圆弧"的二级菜单中的"起点（S）、端点（E）、角度（A）"绘制圆弧 BC

## 3.2.4　点命令

### 1. 功能

点命令可以创建点对象。

### 2. 格式

（1）命令：POINT 或 PO。

（2）菜单：绘图→点→单点
　　　　　　　　→多点。

（3）图标：绘图工具栏中 。

### 3. 说明

命令：PO↙

当前点模式：PDMODE＝0 PDSIZE＝0.0000（此行为系统提示，显示当前点的模式）

指定点：

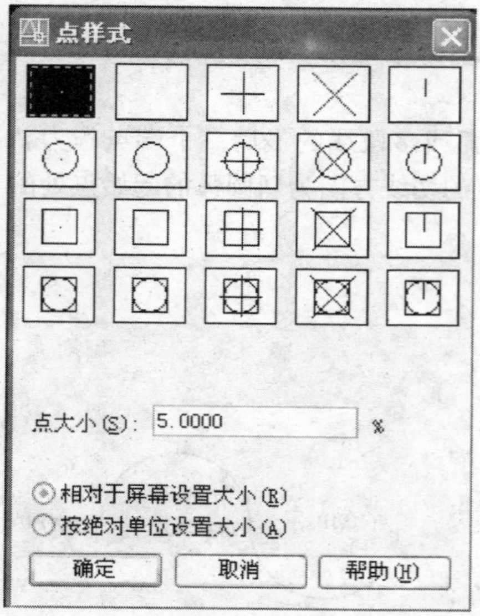

### 4. 注释

在缺省状态下，点对象仅仅被显示为一个小圆点，这是与点的样式有关。可以通过重新设置点的样式来改变点的类型和大小。

选择"格式"菜单中的"点样式"选项或在命令输入"DDPTYPE"命令回车，将调出点样式对话框，如图 3-19 所示。通过该对话框选择点的类型和大小。

## 3.2.5　椭圆命令

### 1. 功能

椭圆命令可以创建椭圆或椭圆弧。

图 3-19　点样式对话框

2. 格式

(1) 命令：ELLIPSE 或 EL。
(2) 菜单：绘图→椭圆→中心点
　　　　　　　　　→轴、端点
　　　　　　　　　→圆弧。
(3) 图标：绘图工具栏中 ⬭。

3. 说明

命令：EL ↙
指定椭圆的轴端点或 [圆弧 (A)/中心点 (C)]：

4. 注释

当系统变量 PELLIPSE＝0 时，生成真正的椭圆或椭圆弧；当系统变量 PELLIPSE＝1 时，是用多段线近似生成的椭圆；当用椭圆偏移生成新的椭圆时，生成的椭圆是用样条曲线绘制的近似椭圆。

(1) 按轴、端点方式生成椭圆：此方法默认方式，先用两个端点指定椭圆一个轴的长度，然后再指定另一半轴长度或用另一个点确定椭圆另一个半轴的长度，它到椭圆中心（也就是前两个端点连线的中点）的距离即为该轴的半轴长度。如绘制图 3-20 所示的图形，操作步骤如下：

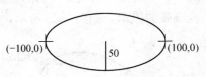

图 3-20　轴、端点方法绘椭圆

命令：EL ↙
指定椭圆的轴端点或 [圆弧 (A)/中心点 (C)]：100, 0 ↙
指定轴的另一个端点：－100, 0 ↙
指定另一条半轴长度或 [旋转 (R)]：50 ↙
注：此时若选择旋转的方式，则是以刚指定的两端点之间的距离作为圆的直径，并使圆绕该直径旋转一定角度后向显示平面投影，得到椭圆。

**例 3-10**　绘制经过 (30, 0)、(－30, 0) 两点，旋转角度为 60°的椭圆，如图 3-21 所示。

操作步骤如下：

命令：EL ↙

指定椭圆的轴端点或 [圆弧 (A)/中心点 (C)]：30, 0 ↙

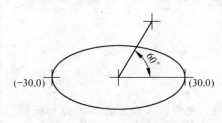

图 3-21　轴、端点方法旋转绘椭圆

　　指定轴的另一个端点：—30，0 ✓

　　指定另一条半轴长度或［旋转（R）］：R ✓

　　指定绕长轴旋转的角度：60 ✓

　　（2）按中心点方式生成椭圆：先指定椭圆中心点，再指定一个轴的端点，然后再用另一个点确定椭圆另一个半轴的长度，它到椭圆中心的距离即为该轴的半轴长度，也可以用旋转方式绘制椭圆。

　　**例 3-11**　绘制圆心在（50，50），长轴一端点在（100，100），并过（80，10）点的椭圆，如图 3-22 所示。

　　操作步骤如下：

　　命令：EL ✓

　　指定椭圆的轴端点或［圆弧（A）/中心点（C）］：C ✓

　　指定椭圆的中心点：50，50 ✓

　　指定轴的端点：100，100 ✓

　　指定另一条半轴长度或［旋转（R）］：80，10 ✓

　　（3）绘制椭圆弧：单击"椭圆弧"图标按钮 ⊃ 或选择"绘图"菜单→"椭圆"→"圆弧"选项，开始的步骤与绘制椭圆相同，直到椭圆绘制完成后，开始椭圆弧的提示，如图 3-23 所示，操作步骤如下：

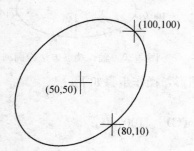

图 3-22　中心点方法绘椭圆

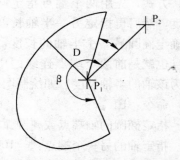

图 3-23　椭圆弧的绘制

　　命令：（单击"椭圆弧"图标按钮 ⊃）

　　指定椭圆的轴端点或［圆弧（A）/中心点（C）］：$P_1$ ✓

　　指定轴的另一个端点：$P_2$ ✓

　　指定另一条半轴长度或［旋转（R）］：D ✓

　　指定起始角度或［参数（P）］：$\alpha$ ✓

　　指定终止角度或［参数（P）/包含角度（I）］：$\beta$ ✓

　　注：角度方式为用椭圆弧的起点和椭圆长轴的夹角以及椭圆弧的终点与椭圆弧长轴夹角来确定椭圆弧的长度；参数方式为用起点和终点的参数来完成椭圆弧

的绘制，系统将使用以下矢量参数方程式创建椭圆弧：$P(u) = c + a * \cos(u) + b * \sin(u)$

式中，$c$ 是椭圆的中心点参数；$a$ 和 $b$ 分别是椭圆的长轴和短轴长度。

# 3.3 高级绘图命令

## 3.3.1 射线命令

### 1. 功能

射线命令用于创建一条由某个起点开始沿确定方向无限延长的直线。在图中主要用作辅助线。

### 2. 格式

(1) 命令：RAY。
(2) 菜单：绘图→╱射线。

### 3. 说明

命令：RAY↙
指定起点：（指定射线的开始点）
指定通过点：（用点确定射线的方向）
指定通过点：（可以继续指定另一射线，若键入回车则结束命令）

## 3.3.2 构造线命令

### 1. 功能

构造线命令与射线命令相似，它可以创建过一点向两个方向无限延长的直线。它常用于作角平分线、建筑或机械制图中用于画透视图。构造线与射线均可以用编辑命令进行编辑。经过修剪命令编辑后，线的类型可能变成射线或线段。

### 2. 格式

(1) 命令：XLINE 或 XL。
(2) 菜单：绘图→构造线。
(3) 图标：绘图工具栏中╱。

### 3. 说明

命令：XL↙

指定点或 ［水平（H）/垂直（V）/角度（A）/二等分（B）/偏移（O）］：

4. 注释

（1）指定点：默认选项，直接指定构造线通过的两个点来确定构造线。如图 3-24（a）所示。操作步骤如下：

命令：XL↙

指定点或 ［水平（H）/垂直（V）/角度（A）/二等分（B）/偏移（O）］：（指定 P₁ 点）

指定通过点：（指定 P₂ 点）

指定通过点：↙

（2）水平：过一点绘制一条双向无限延长的水平线。如图 3-24（b）所示。操作步骤如下：

命令：XL↙

指定点或 ［水平（H）/垂直（V）/角度（A）/二等分（B）/偏移（O）］：H↙

指定通过点：（指定 P₁ 点）

指定通过点：↙

（3）垂直：过一点绘制一条双向无限延长的垂直线。如图 3-24（c）所示。操作步骤如下：

命令：XL↙

指定点或 ［水平（H）/垂直（V）/角度（A）/二等分（B）/偏移（O）］：V↙

指定通过点：（指定 P₂ 点）

指定通过点：↙

（4）角度：过一点绘制一条某一方向的无限延长的直线。如图 3-24（d）所示。操作步骤如下：

命令：XL↙

指定点或 ［水平（H）/垂直（V）/角度（A）/二等分（B）/偏移（O）］：A↙

输入构造线的角度（0）或 ［参照（R）］：（输入与 X 轴的夹角或输入参照命令 R）α↙

指定通过点：（指点 P₃ 点）

指定通过点：↙

注：当输入参照命令 R 时，系统会提示："选择直线对象：（此时选择要参照的直线）输入构造线的角度<0>：（再输入与参照直线的夹角回车，后面操作如上）"

（5）二等分：绘制平分给定角的无限延长的直线。如图 3-24（e）所示。操作步骤如下：

命令：XL↙

指定点或［水平（H）/垂直（V）/角度（A）/二等分（B）/偏移（O）］：B↙

指定角的顶点：（指定 $P_2$ 点）

指定角的起点：（指定 $P_1$ 点或 $P_2P_1$ 连线上任一点）

指定角的端点：（指定 $P_3$ 点或 $P_2P_3$ 连线上任一点）

指定角的端点：↙

（6）偏移：绘制相对于某直线偏移某一距离的一条无限延长的直线。如图 3-24（f）所示。操作步骤如下：

命令：XL↙

指定点或［水平（H）/垂直（V）/角度（A）/二等分（B）/偏移（O）］：O↙

指定偏移距离或［通过（T）］＜通过＞：（输入偏移距离）D1↙

选择直线对象：（选择要相对于哪条直线偏移）

指定向哪侧偏移：（选择直线的某一侧确定构造线偏移的方向）

选择直线对象：↙

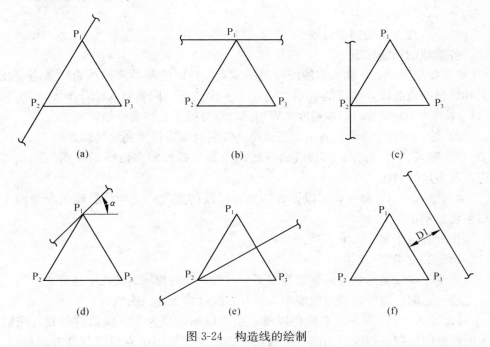

图 3-24　构造线的绘制

### 3.3.3　多段线命令

1. 功能

多段线命令用于生成二维多段线。多段线又名多义线，是由直线段与圆弧线段连接而成的一个复杂实体。它可以由不同的线型、不同的线宽组成，而且可以进行各种编辑，也有专门的多段线编辑命令对其进行编辑。

2. 格式

（1）命令：PLINE 或 PL。
（2）菜单：绘图→多段线。
（3）图标：绘图工具栏中 。

3. 说明

命令：PL↙
指定起点：（输入多段线起点）
当前线宽为 0.0000
指定下一个点或［圆弧（A）/半宽（H）/长度（L）/放弃（U）/宽度（W）]：

4. 注释

（1）直线方式绘制多段线。
各选项的功能如下：
1）指定下一点：输入多段线的另一端点，此时绘制的多段线为一条当前线宽和线型的直线段，系统再提示"指定下一个点或［圆弧（A）/闭合（C）/半宽（H）/长度（L）/放弃（U）/宽度（W）]："，重复提示直到命令结束。
2）输入"A"命令，表示多段线将从绘制直线段转换到绘制圆弧段。
3）输入"C"命令，多段线命令将用一条直线段将多段线的端点与起点相连，使多段线封闭。
4）输入"H"命令，可以设置当前直线段的宽度的一半值。输入命令回车后系统显示：
指定起点半宽＜0.0000＞：
指定端点半宽＜0.0000＞：
指定完半线宽后命令回到"指定下一点……"的提示继续往下执行。
注：当起点宽度与端点宽度不一样时，线段表示为箭头状。
5）输入"L"命令，系统将以前一条线段的端点为下一线段的起点，按输入的长度值绘制直线段。当前一条线段为直线时，绘出的直线段与其方向相同；当前一条线段为圆弧时，绘出的直线段与该圆弧相切。
6）输入"U"命令，表示放弃绘制的前一条线段。
7）输入"W"命令，可以设置当前直线段的宽度。输入命令回车后系统显示：
指定起点宽度＜0.0000＞：

指定端点宽度＜0.0000＞：

指定完线宽后命令回到"指定下一点……"的提示继续往下执行。

（2）圆弧方式绘制多段线

在直线方式绘制多段线的提示符下，输入"A"命令即可切换到绘制圆弧段的方式，系统提示为："指定圆弧的端点或［角度（A）/圆心（CE）/闭合（CL）/方向（D）/半宽（H）/直线（L）/半径（R）/第二个点（S）/放弃（U）/宽度（W）］："。圆弧模式下的各选项功能如下：

1）指定圆弧的端点：用当前线宽和线型绘制圆弧段。

2）输入"A"命令，指定圆弧的圆心角。如果角度为正值，圆弧按逆时针绘制；为负值时，圆弧按顺时针绘制。

3）输入"CE"命令，指定圆弧的圆心。此时圆弧不一定与前一段线段相切。

4）输入"CL"命令，系统将用一圆弧将多段线的端点与起点相连，使多段线封闭。

5）输入"D"命令，可以改变圆弧的起始方向。默认情况下，多段线命令所绘制的圆弧的起始方向为前一段直线或圆弧的切线方向。

6）输入"H"命令，设置圆弧线的半宽，该选项与直线方式的功能相同。

7）输入"L"命令，系统将从绘圆弧段方式切换回绘直线段方式。

8）输入"R"命令，设置所绘制圆弧的半径。

9）输入"S"命令，用三点方式绘制圆弧段，第一点为上一线段的端点，输入第二点、第三点即完成圆弧段的绘制。

10）输入"U"命令，放弃上一条圆弧段的绘制，该选项与直线方式的功能相同。

11）输入"W"命令，可以设置当前圆弧段的宽度，该选项与直线方式的功能相同。

**例 3-12**　用 PLINE 命令绘制一宽度为 20、起始点为（100，100）、终点为（200，100）的直线，接着绘制一个长度为 100、起点宽度为 50、终点宽度为 0 的箭头，然后用一半径为 100、宽度为 20 的圆包含直线与箭头，如图 3-25 所示。操作步骤如下：

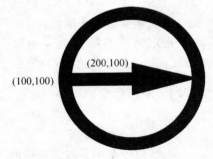

命令：PL ↙

指定起点：100，100 ↙

当前线宽为 0.0000

图 3-25　多段线实例

指定下一个点或［圆弧（A）/半宽（H）/长度（L）/放弃（U）/宽度（W）］：
W ↙

指定起点宽度＜0.0000＞：20 ✓

指定端点宽度＜20.0000＞：✓

指定下一个点或［圆弧（A）/半宽（H）/长度（L）/放弃（U）/宽度（W）］：200，100 ✓

指定下一个点或［圆弧（A）/闭合（C）/半宽（H）/长度（L）/放弃（U）/宽度（W）］：W ✓

指定起点宽度＜20.0000＞：50 ✓

指定端点宽度＜50.0000＞：0 ✓

指定下一个点或［圆弧（A）/闭合（C）/半宽（H）/长度（L）/放弃（U）/宽度（W）］：L（或直接输入100）✓

指定直线的长度：100 ✓

指定下一个点或［圆弧（A）/闭合（C）/半宽（H）/长度（L）/放弃（U）/宽度（W）］：A ✓

指定圆弧的端点或［角度（A）/圆心（CE）/闭合（CL）/方向（D）/半宽（H）/直线（L）/半径（R）/第二个点（S）/放弃（U）/宽度（W）］：W ✓

指定起点宽度＜0.0000＞：20 ✓

指定端点宽度＜20.0000＞：✓

指定圆弧的端点或［角度（A）/圆心（CE）/闭合（CL）/方向（D）/半宽（H）/直线（L）/半径（R）/第二个点（S）/放弃（U）/宽度（W）］：A ✓（此时可以使用多种方法绘制半圆段，如指定角度、圆心、方向、半径等，此处仅列举角度的方式）

指定包含角：180 ✓

指定圆弧的端点或［圆心（CE）/半径（R）］：100，100（或打开端点捕捉，用鼠标点选多段线起点）

指定圆弧的端点或［角度（A）/圆心（CE）/闭合（CL）/方向（D）/半宽（H）/直线（L）/半径（R）/第二个点（S）/放弃（U）/宽度（W）］：（打开端点捕捉，用鼠标点选箭头端点）

指定圆弧的端点或［角度（A）/圆心（CE）/闭合（CL）/方向（D）/半宽（H）/直线（L）/半径（R）/第二个点（S）/放弃（U）/宽度（W）］：✓

### 3.3.4　矩形命令

1. 功能

矩形命令是用多段线根据两个角点或者矩形的长度和宽度画出一个矩形。

2. 格式

（1）命令：RECTANGLE 或 REC。

（2）菜单：绘图→矩形。

（3）图标：绘图工具栏中▭。

3. 说明

命令：REC↙

当前矩形模式：倒角＝（当前值）×（当前值）旋转＝（当前值）（此行为系统提示）

指定第一个角点或［倒角（C）/标高（E）/圆角（F）/厚度（T）/宽度（W）］：

4. 注释

各选项功能如下：

（1）指定第一个角点：默认选项，指定完第一个角点后，系统出现提示："指定另一个角点或［面积（A）/尺寸（D）/旋转（R）］："。

1）指定另一个角点：此时再输入另一个角点的位置，矩形绘制完成。

2）面积：输入"A"命令后，系统出现提示：

输入以当前单位计算的矩形面积<当前值>：（输入矩形面积）↙

计算矩形标注时依据［长度（L）/宽度（W）］<长度>：L（或 W）↙

输入矩形长度（或宽度）<当前值>：（输入数值）↙

3）尺寸：输入"D"命令后，系统出现提示：

指定矩形的长度<当前值>：（输入数值）↙

指定矩形的宽度<当前值>：（输入数值）↙

指定另一个角点或［面积（A）/尺寸（D）/旋转（R）］：（选择另一个角点方位以确定矩形的位置）

4）旋转：输入"R"命令后，系统出现提示：

指定旋转角度或［拾取点（P）］<当前值>：（指定旋转角度或通过拾取某点确定旋转角度）

（2）输入"C"命令，可以设置矩形倒角的倒角距离，绘制图形如图 3-26（a）。

（3）输入"E"命令，可以设置矩形在三维空间中 $Z$ 方向上的高度，即矩形离开 $XY$ 平面的高度。

（4）输入"F"命令，可以设置矩形圆角的半径，绘制图形如图 3-26（b）。

（5）输入"T"命令，可以设置矩形在 $Z$ 方向上的厚度。绘制图形如图 3-26（c）。

（6）输入"W"命令，可以设置矩形的线宽。绘制图形如图 3-26（d）。

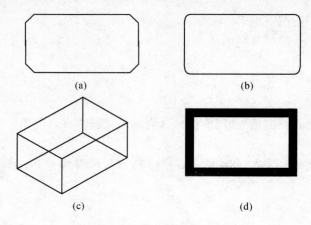

图 3-26　矩形的绘制

注：当设置了这些参数后，再次绘制矩形，这些参数将变成当前值，因此在使用这些选项更改了系统参数后，应当将其改回默认值以方便下一次使用矩形命令。

图 3-27　绘制矩形

**例 3-13**　过点 A（40，105）和点 B（165，190）两点作一个矩形，如图 3-27 所示。

操作步骤如下：

命令：RECTANG

指定第一个角点或［倒角（C）/标高（E）/圆角（F）/厚度（T）/宽度（W）］：40，105　　　　　　　　//指定 A 点

指定另一个角点或［面积（A）/尺寸（D）/旋转（R）］：165，190　//指定 B 点

### 3.3.5　正多边形命令

1. 功能

正多边形命令是用多段线绘制一个封闭的等边多边形。

2. 格式

（1）命令：POLYGON 或 POL。

（2）菜单：绘图→正多边形。

（3）图标：绘图工具栏中 ⬠。

3. 说明

命令：POL↙

输入边的数目<4>：（输入多边形的边数）✓

指定正多边形的中心点或［边（E）］：

4. 注释

正多边形命令可以绘制 3～1024 边的正多边形，其大小由其内接圆或外切圆的半径或边长确定。

（1）用外接圆的方式绘制正多边形：此方式为默认方式。操作步骤如下：

命令：POL✓

输入边的数目<4>：（输入正多边形的边数）✓

指定正多边形的中心点或［边（E）］：（指定多边形的中心点）

输入选项［内接于圆（I）/外切于圆（C）］<I>：✓

指定圆的半径：（输入正多边形的外切圆半径）✓

注：正多边形内接于圆指正多边形在圆的内部，因此圆为正多边形的外接圆。

（2）用内切圆的方式绘制正多边形：与（1）操作相似。具体操作步骤如下：

命令：POL✓

输入边的数目<4>：（输入正多边形的边数）✓

指定正多边形的中心点或［边（E）］：（指定多边形的中心点）

输入选项［内接于圆（I）/外切于圆（C）］<I>：C✓

指定圆的半径：（输入正多边形的内切圆半径）✓

（3）用边的方式绘制正多边形：当知道正多边形的某条边时，可以用指定边端点的方式绘制正多边形。操作步骤如下：

命令：POL✓

输入边的数目<4>：（输入正多边形的边数）✓

指定正多边形的中心点或［边（E）］：E✓

指定边的第一个端点：（指定边的第一个端点的位置）

指定边的第二个端点：（指定边的第二个端点的位置）

**例 3-14**　以原点为圆心，绘制一个半径为 50 的圆，再绘制此圆的外切正六边形和内接正六边形，如图 3-28 所示。操作步骤如下：

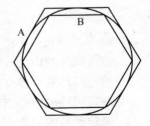

命令：C✓

指定圆的圆心或［三点（3P）/两点（2P）/相切、相切、半径（T）/］：0，0✓

指定圆的半径或［直径（D）］<10.0000>：50✓（圆绘制完成）

图 3-28　正多边形实例一

命令：POL✓

输入边的数目＜4＞：6 ✓

指定正多边形的中心点或 ［边（E）］：0，0（或捕捉圆的圆心）✓

输入选项 ［内接于圆（I）/外切于圆（C）］＜I＞：✓

指定圆的半径：50 ✓（正六边形 B 绘制完成）

命令：POL ✓（或按回车、空格键，或单击鼠标右键选择"重复多边形"，此为重复执行命令的三种方式，"Esc"键为取消命令。）

输入边的数目＜6＞：✓

指定正多边形的中心点或 ［边（E）］：0，0 ✓

输入选项 ［内接于圆（I）/外切于圆（C）］＜I＞：C ✓

指定圆的半径：50 ✓（正六边形 A 绘制完成）

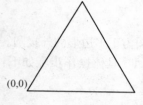

(0,0)

图 3-29　正多边形实例二

例 3-15　在原点绘制一边长为 30 的正三角形，如图 3-29 所示。操作步骤如下：

命令：POL ✓

输入边的数目＜4＞：3 ✓

指定正多边形的中心点或 ［边（E）］：E ✓

指定边的第一个端点：0，0 ✓

指定边的第二个端点：（打开正交，将十字光标移到 X 轴正方向上）30 ✓

### 3.3.6　圆环命令

1. 功能

圆环命令可以创建空心的或实心的圆环。

2. 格式

（1）命令：DONUT 或 DO。

（2）菜单：绘图→圆环。

3. 说明

命令：DO ✓

指定圆环的内径＜默认值＞：（输入内径长度）✓

指定圆环的外径＜默认值＞：（输入外径长度）✓

确定圆环的中心点或＜退出＞：（指定圆环的中心点位置）

确定圆环的中心点或＜退出＞：✓

4. 注释

（1）圆环的内径和外径指的是圆环内侧圆的直径和圆环外侧圆的直径。

（2）当圆环的内径为零时，绘制的是实心圆。

（3）当系统变量 FILLMODE＝0 时，生成空心圆环；当系统变量 FILLM-ODE＝1 时，生成实心圆环。如图 3-30 所示。

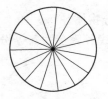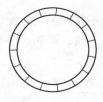

内径为0的空心圆环　　　　空心圆环　　　　内径为0的实心圆环　　　　实心圆环
FILLMODE=0　　　　　　　　　　　　FILLMODE=1

图 3-30　圆环的绘制

**例 3-16**　以点（10，10）为圆心，作一个内径为 5，外径为 10 的圆环，如图 3-31 所示。

［命令行］：

命令：donut

指定圆环的内径＜0.5000＞：5
　　　　　　//指定圆环的内径

指定圆环的外径＜1.0000＞：10
　　　　　　//指定圆环的外径

指定圆环的中心点或＜退出＞：10，10
　　　　　　//拾取圆环的中心点

图 3-31　绘制圆环

### 3.3.7　定数等分命令

1. 功能

定数等分命令将一已知对象用点或块对象分为 N 个相等的部分。

2. 格式

（1）命令：DIVIDE。
（2）菜单：绘图→点→定数等分。

3. 说明

命令：DIVIDE↙
选择要定数等分的对象：（用光标拾取要等分的对象）
输入线段数目或［块（B）］：（输入数目或键入 B）

4. 注释

（1）当用点等分对象时，应当使用非小圆点来进行标记，否则在图形上不能直观地显示。

（2）当在命令下键入 B 时，系统将用块对象替代点来等分物体。

**例 3-17**　分别将如图 3-32 所示的直线、圆、圆弧、多段线各等会为 5 等份。

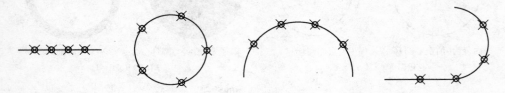

图 3-32　定数等分实例

操作步骤如下：

命令：DDPTYPE↙

（弹出点样式对话框，选择其中某一种非小圆点样式，确定点的尺寸）

命令：DIVIDE↙

选择要定数等分的对象：（用光标拾取要等分的对象）

输入线段数目或［块（B）］：5↙

### 3.3.8　定距等分命令

1. 功能

定距等分命令用点或块对象按输入的长度将一已知对象等分。

2. 格式

（1）命令：MEASURE。

（2）菜单：绘图→点→定距等分。

3. 说明

命令：MEASURE↙

选择要定距等分的对象：（用光标拾取要等分的对象）

输入线段长度或［块（B）］：（输入数目或键入 B）

4. 注释

在用光标选择要等分的对象时，光标点选在对象的哪一侧，系统就从哪一侧开始按一定距离等分对象。

　　**例 3-18**　分别将如图 3-33 所示的直线、圆弧、多段线从左开始分成 50 一段。

图 3-33　定距等分实例

操作步骤如下：

命令：MEASURE ↙

选择要定距等分的对象：（用光标拾取要等分的对象的左侧部分）

输入线段长度或［块（B）］：50 ↙

### 3.3.9　边界命令

1. 功能

边界命令用多段线将一封闭区域的边界连接起来或将封闭区域转换为面域。

2. 格式

（1）命令：BOUNDARY 或 BO。

（2）菜单：绘图→边界。

3. 说明

命令：BO ↙

（显示"边界创建"对话框，如图 3-34 所示）

单击"拾取点"按钮

选择内部点：

（在一封闭区域内拾取一点，此时图形边界变为虚线）↙

单击"确定"按钮

4. 注释

所点选的区域必须是封闭区域。此

图 3-34　"边界创建"对话框

命令常用在三维绘图中创建封闭区域的边界物体。

图 3-35　"边界创建"实例

例 **3-19**　求如图 3-35 所示三角形与圆相交的面积。操作步骤如下：

命令：BOUNDARY ↙

（显示"边界创建"对话框，如图 3-34 所示，单击"拾取点"按钮）

选择内部点：（在圆与三角形相交区域中点选一下）

（再次显示"边界创建"对话框，单击"确定"按钮）

### 3.3.10　面域命令

**1. 功能**

面域命令可以从现有对象的选择集中创建面域对象。面域是以封闭边界创建的二维封闭区域。边界可以是一条曲线或一系列相关的曲线，组成边界的对象可以是直线、多段线、圆、圆弧、椭圆、椭圆弧、样条曲线、三维面、宽线或实体。这些对象或者是自选封闭的，或者与其他对象有公共端点从而形成封闭的区域，但它们必须共面，即在同一平面上。此命令常用在三维绘图中创建封闭的区域。

**2. 格式**

（1）命令：REGION。

（2）菜单：绘图→面域。

（3）图标：绘图工具栏中 。

**3. 说明**

命令：REGION ↙

选择对象：（选择构成面域的实体对象）

选择对象：↙

已提取 $n$ 个环。

已创建 $n$ 个面域。

**4. 注释**

（1）若选择的实体对象不是封闭的区域或这些对象的端点不是首尾相连的，此时创建失败。

（2）创建的面域可以进行实体拉伸或实体旋转成三维实体造型。

（3）多个面域之间还可以进行并集（UNION）、差集（SUBTRACT）、交集（INTERSECTION）布尔运算。

**例 3-20**　利用面域及布尔运算、填充等命令绘制图 3-36 所示的地漏图例。

操作步骤如下：

（1）设置中心线、细实线两个图层。画中心线，并捕捉交点为圆心，画直径为 100 的圆，然后画一个长为 5，宽为 120 的矩形，将矩形的中心与圆心对齐，如图 3-37 所示。

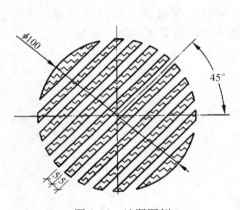

图 3-36　地漏图例

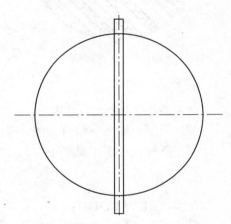

图 3-37　中心线、圆和矩形

（2）将矩形阵列，设置列间距为 10，阵列结果如图 3-38 所示。

（3）将圆和所有矩形创建为 10 个面域，然后从下拉菜单"修改"→"实体编辑"→"差集"，对面域进行差集布尔运算。选择圆作为要从中减去的面域，选择 9 个矩形作为要减去的面域，得到如图 3-39 所示的图形。

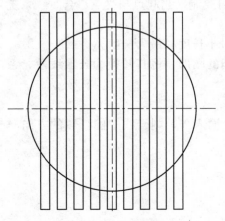

图 3-38　阵列矩形

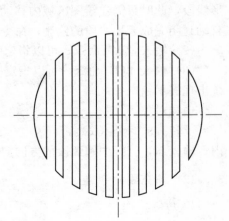

图 3-39　布尔运算后的图形

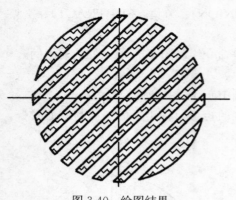

图 3-40　绘图结果

（4）用"ZIGZAG"图案对布尔运算后的面域进行填充，然后将除中心线以外的图形进行旋转－45°，完成作图，即得如图 3-40 所示的图形。

### 3.3.11　修订云线命令

1. 功能

修订云线命令通过移动鼠标用一系列相连的小圆弧来绘制云形线段。

2. 格式

（1）命令：REVCLOUD。
（2）菜单：绘图→修订云线。
（3）图标：绘图工具栏中🖉。

3. 说明

命令：REVCLOUD↙
最小弧长：默认值　最大弧长：默认值
指定起点或［弧长（A）/对象（O）］＜对象＞：

4. 注释

各选项功能如下：
（1）指定起点：此为系统默认选项，系统将使用当前默认的弧线长度绘制云形线段，此时只需在绘图区域内移动光标即可绘制，当起点与终点重合时，系统自动封闭完成云形线段的绘制，命令结束。
（2）输入"A"命令，可以指定弧线的最小长度和最大长度。
（3）输入"O"命令，可以指定一个封闭的图形，将其转换为云形线段，系统出现提示：
选择对象：
反转方向［是（Y）/否（N）］＜否＞：（输入 Y，则云线中圆弧段的方向向内；输入 N，云线中圆弧段的方向向外）

### 3.3.12　填充线命令

1. 功能

填充线命令又叫等宽线命令，可以绘制一定线宽的实心或空心线段。各段都是一个独立的实体，只能在二维平面内绘制。该命令不常用。

2. 格式

命令：TRACE

3. 说明

命令：TRACE↙
指定宽线宽度<默认值>：（输入线宽）
指定起点：（输入线段的起点）
指定下一点：（输入线段的下一点）
指定下一点：↙

### 3.3.13  区域覆盖

1. 功能

区域覆盖对象是一块多边形区域，它可以使用当前背景色屏蔽底层的对象。此区域由区域覆盖边框进行绑定，可以打开此区域进行编辑，也可以关闭此区域进行打印。

2. 格式

（1）命令：Wipeout。
（2）菜单：绘图→区域覆盖。

3. 操作步骤

使用空白区域覆盖现有对象的步骤如下：
（1）依次单击绘图（D）菜单→区域覆盖（W）或在命令提示下，输入 wipeout。
（2）在定义被屏蔽区域周边的点序列中指定点。
（3）按回车键结束。
将所有区域覆盖边框打开或关闭的步骤如下：
（1）依次单击绘图（D）菜单→区域覆盖（W）或在命令提示下，输入 wipeout。
（2）在命令提示下，输入 f（边框）。
（3）输入 on 或 off 并按回车键。

4. 注释

创建多边形区域，该区域将用当前背景色屏蔽其下面的对象。该区域四周带有区域覆盖边框。编辑时可以打开区域覆盖边框，打印时可将其关闭。

　　指定第一点或［边框（F）/多段线（P）］＜多段线＞：指定点或输入选项

　　第一点：根据一系列点确定区域覆盖对象的多边形边界。

　　下一点：指定下一点或按回车键退出

　　边框：确定是否显示所有区域覆盖对象的边。

　　输入模式［开（ON）/关（OFF）］：＜多种＞输入 on 或 off

　　输入 on 将显示所有区域覆盖边框。输入 off 将禁止显示所有区域覆盖边框。

　　多段线：根据选定的多段线确定区域覆盖对象的多边形边界。

　　选择闭合多段线：使用对象选择方法选择闭合的多段线

　　是否要删除多段线？［是/否］＜否＞：输入 y 或 n

　　输入 y 将删除用于创建区域覆盖对象的多段线。输入 n 将保留多段线。

### 3.3.14　螺旋

　1. 功能

　　使用 SWEEP 命令可以将螺旋用作路径。例如，可以沿着螺旋路径来扫掠圆，以创建弹簧实体模型。

　2. 格式

　　（1）命令：Helix。

　　（2）菜单：绘图→螺旋。

　　（3）图标：绘图工具栏中 。

　3. 创建螺旋的步骤

　　（1）依次单击绘图（D）菜单→螺旋或在命令提示下，输入 Helix。

　　（2）指定螺旋底面的中心点。

　　（3）指定底面半径。

　　（4）指定顶面半径或按回车键以指定与底面半径相同的值。

　　（5）指定螺旋高度。

　4. 注释

　　创建螺旋时，可以指定以下特性：

　　（1）底面半径。

　　（2）顶面半径。

　　（3）高度。

（4）圈数。

（5）圈高。

（6）扭曲方向。

如果指定一个值来同时作为底面半径和顶面半径，将创建圆柱形螺旋。默认情况下，为顶面半径和底面半径设置的值相同。不能指定"0"来同时作为底面半径和顶面半径。

如果指定不同的值来作为顶面半径和底面半径，将创建圆锥形螺旋。

如果指定的高度值为"0"，则将创建扁平的二维螺旋。

注意：螺旋是真实螺旋的样条曲线近似。长度值可能不十分准确。然而，当使用螺旋作为扫掠路径时，结果将是准确的（忽略近似值）。

**例 3-21**　如图 3-41 所示，绘制一底面半径为 10，顶面半径为 10，高为 50，圈数为 3，方向为逆时针的螺旋线。

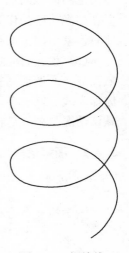

操作步骤如下：

命令：_ Helix

圈数＝3.0000 扭曲＝CCW

指定底面的中心点：

指定底面半径或［直径（D）］＜1.0000＞：10

指定顶面半径或［直径（D）］＜10.0000＞：10

指定螺旋高度或［轴端点（A）/圈数（T）/圈高（H）/扭曲（W）］＜1.0000＞：50

图 3-41　螺旋线

# 3.4　图案填充命令

在工程图纸中，常常要对图形中的某些区域填入阴影或图案。这种阴影或图案俗称为剖面线：在机械图纸中表示机械零件的材料、反映零件的内部结构、表明装配关系；在建筑图纸中表示土木、混凝土结构。合理地使用剖面线可以清晰地表达设计思想，增强图纸的可阅读性。

图案填充是在很多 AutoCAD 图形中经常用到的。在 2008 版中进行了很大的增强，可以让用户更有效地创建图案填充。边界填充和填充（另名为阴影和渐变）以及填充编辑对话框都进行了改进。它提供了更多更容易操作的选项，包括可伸缩屏来访问高级选项。

AutoCAD 的图案填充（Hatch）命令可以用于绘制剖面符号和剖面线，表现表面纹理或涂色。在机械图、建筑图、地质构造图、艺术绘图等各种图样中广泛应用。

### 3.4.1　基本概念

（1）阴影图案是一些特定的图案，其阴影线可以是连续的线段，也可以是特殊的线型。阴影图案可以按需要临时定义生成。AutoCAD 系统提供了一个名为 ACAD.PAT 的图案文件，在其预定义标准图案中每个图案都有一个可供选择的名字，还可以自定义一些图案。

（2）图案填充是将所选图案按一点的比例和角度填充到某个区域中去。图案在指定的区域内重复或剪裁，以便能够精确地填充到指定的区域。在默认情况下，图案一般是作为一个块对象填充到指定的区域中去的，当选中图案中任一实体时，整个图案即被选中，若要选中其中一实体，则需将其分解。

（3）填充时先选择好要填充的图案，再确定填充的边界，由系统分析填充区域孤岛。所谓孤岛就是填充区域内的封闭边界，它除了可以是一般构成边界的实体如直线、圆、多段线、样条曲线等外，也可以是字符串的外框。AutoCAD 在默认情况下把孤岛作为填充区域的内边界，不填充。

### 3.4.2　图案填充命令的使用

1. 功能

图案填充命令将一确定区域填充入特定的图案或渐变色。

2. 格式

（1）命令：BHATCH 或 H。
（2）菜单：绘图→图案填充。
（3）图标：绘图工具栏中▨或▩（渐变色按钮）。

3. 说明

命令：H↙
（弹出"图案填充和渐变色"对话框，如图 3-42 所示）

4. 注释

在"图案填充和渐变色"对话框中，有两个选项卡，一个是"图案填充"，一个是"渐变色"，用于设置图案填充时的图案类型、比例、角度、填充边界、填充方式和创建一种或两种颜色形成的渐变色等。

（1）"图案填充"选项卡

在"图案填充和渐变色"对话框中，"图案填充"选项卡为默认状态，如图

图 3-42　"图案填充和渐变色"对话框

3-42 所示。

1) 图案填充的"类型和图案"选项组，可以设置图案的类型和图案。

① "类型（Y）"：下拉列表框，用于设置填充的图案类型，单击右侧的下拉箭头，在弹出的下拉列表框中的"预定义"、"用户定义"和"自定义"三个选项中，选择图案的类型。其中，"预定义"选项，可以使用系统提供的图案；"用户定义"选项，则需要在使用时临时定义图案，该图案是一组平行线或相互垂直线的两组平行线组成；"自定义"选项，可以使用已定义好的图案。

② "图案（P）"：下拉列表框，当选择"预定义"选项时，该下拉框才可用，并且该下拉列表框主要用于设置填充的图案。单击右侧下拉箭头，在弹出的图案名称下拉列表框中选择图案。另外，也可以单击右侧的"填充图案选项板"按钮，此时，弹出"填充图案选项板"对话框。在该对话框中，包括"ANSI"（见图 3-43（a））、"ISO"（见图 3-43（b））、"其他预定义"（见图 3-43（c））和"自定义"（见图 3-43（d））四个选项卡。

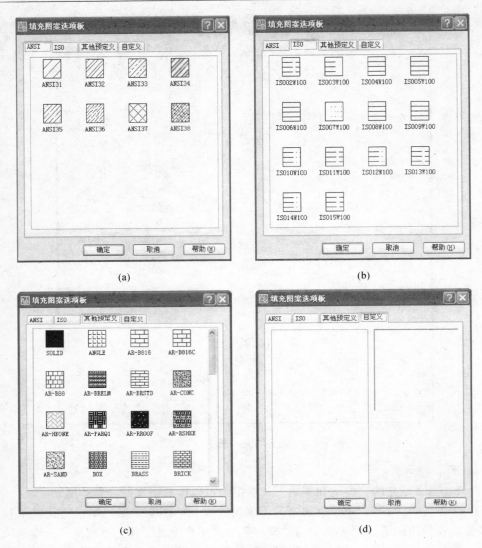

(a)　　　　　　　　　　　　　　(b)

(c)　　　　　　　　　　　　　　(d)

图 3-43　"填充图案选项板"对话框

③"样例"：预览选择的图案样式。单击该窗口的样例图案，也可以弹出
"填充图案选项板"对话框。

④"自定义图案（M）"：下拉列表框，当填充的图案彩"自定义"类型时，
该选项才能用。可以在下拉列表中选择图案，也可以单击相应的按钮，从弹出的
"填充图案选项板"对话框的"其他预定义"选项卡形式中选择。

2）"角度和比例"选项组，可以设置填充图案的角度和比例等参数。

①"角度（G）"：下拉列表框，用于设置填充的图案的旋转角度，每种图案

在定义时的旋转角度为零。例如 ANSI31 ▨的图案的旋转角度为 0°时，其图案中的线条角度为 45°；当 ANSI31 的图案旋转角度为 90°时，其图案中的线条角度为 135°◹。

②"比例（S）：下拉列表框，用于设置图案填充时的比例。每种图案的初始比例均为 1，可以根据需要或填充的效果放大或缩小比例。选择的比例值大于 1 为放大，小于 1 为缩小。如果在"类型"下拉列表框中选择了"用户定义"选项，则该比例选项不可选。

③"双向（U）"：复选框，当在"图案填充"选项卡中的"类型"下拉列表框中选择"用户定义"选项时，选中该复选框，可以使用相互垂直的两组平行线填充图形；否则为一组平行线。

④"相对图纸空间（E）"：复选框，用于设置该比例因子是否是相对图纸空间的比例。

⑤"间距（C）"：文本框，用于"用户定义"图案时，设置填充平行线之间的距离，当在"类型"下拉列表框中选择"用户定义"选项时，该选项才可以使用。

⑥"ISO 笔宽"：下拉列表框，用于设置笔的宽度，当填充图案采用 ISO 图案时，该选项才可以使用。

3)"图案填充原点"选项组，可以设置图案填充原点的位置。在创建填充图案时，图案的外观与 UCS 原点有关。这种默认的行为创建的图案的外观很难预知，而且经常是自己不希望的结果。要更改它的外观只能通过使用不同位置的边界。在 2008 版本中，在创建和编辑填充图案时可以指定填充原点。新的填充原点可以在填充以及填充和渐变对话框中控制。用户可以使用当前的原点，通过单击一个点来设置新的原点，或利用边界的范围来确定。甚至可以指定这些选项中的一个做为默认的行为用于以后的填充操作。

①"使用当前原点（T）"：选择按钮，选中此按钮，可以使用当前 UCS 的原点作为图案填充的原点。

②"指定的原点"：选择按钮，选中此按钮，可以通过指定点的方式选择图案填充的原点。

③"单周以设置新原点"：功能按钮，可以从绘图窗口中选择某一点作为图案填充的原点。

④"默认为边界范围（X）"：复选框，可以在下面的下拉列表框中选择填充边界的左下角、右下角、左上角、右上角、正中点作为图案填充的原点。

⑤"存储为默认原点（F）"：复选框，可以将指定的点存储为系统默认的填充原点，以备下一次调用。

4)"边界"选项组，在 AutoCAD 中指定填充区域在以前有许多的限制，只能拾取区域中边界内的一个点，而且整个边界都必须在当前屏幕显示范围内可见。所以，只能缩放或平移到整个边界可见或将边界分成多个部分。在创建完填充后，不能利用其他的对象重新定义边界，这样只能删除原来的填充重来一次。

在 2008 版本中，填充得到了很大的改进，用户只需要花很少的时间在调整填充边界上。用户可以在范围不完全在当前屏幕中的区域中选取一个点来填充。新的边界选项允许用户添加、删除、重新创建边界以及查看当前边界。

①"添加：拾取点"：功能按钮，可以拾取填充区域内一点确定填充边界。单击该按钮切换到绘图窗口，在需要填充的区域内任意指定一点，系统会分析包围该点的封闭填充边界，同时亮显该边界。

②"添加：选择对象"：功能按钮，单击该按钮切换到绘图窗口，可以通过选择对象的方式来定义填充区域边界。

③"删除边界（D）"：功能按钮，当填充的区域内包含有其他的封闭区域时，单击该按钮切换到绘图窗口，拾取边界，此时在填充时将不考虑该边界分析填充的边界。

④"重新创建边界（R）"：功能按钮，可以重新指定要填充的边界。

⑤"查看选择集（V）"：功能按钮，单击该按钮切换到绘图窗口，将已定义好的填充边界亮显给用户方以便用户查看。

5）"选项"选项组，可以设置填充图案的关联性和图案的绘图次序。

①"关联（A）"：复选框，用于创建填充的图案与填充边界是否保持关联关系，当选择该复选框时，对填充边界进行某些编辑操作时，例如拉伸边界，系统会自动重新生成图案填充；否则图案填充与填充边界没有关联关系。

②"创建独立的图案填充（H）"：复选框，用于创建独立的图案填充。

③"绘图次序（W）"：下拉列表框，用于指定图案填充时的绘图顺序，包含"不指定"、"后置"（所有对象之后）、"前置"（所有对象之前）、"置于边界之后"、"置于边界之前"五种方式，默认为"置于边界之后"。

6）"继承特性"：功能按钮，可以将现有的图案填充或填充对象的特性应用到其他图案填充或填充对象。单击该按钮切换到绘图窗口，选择已存在的图案填充或填充对象，即可确定填充图案的特性。

7）"预览"：功能按钮，单击该按钮可以在绘图窗口中预览使用当前设置填充的图案填充状态，单击图形或 Esc 键返回对话框，可重新调整图案填充设置，右击或按回车键接受该图案填充结束图案填充命令。

8）"确定"：功能按钮，单击该按钮确定用当前设置完成命令。

9）"取消"：功能按钮，单击该按钮将取消命令，不进行图案填充。

10）"帮助"：功能按钮，单击该按钮将调出系统帮助。

11）"更多选项（ALT＋＞）" ◉：功能按钮，单击该按钮将出现更多选项，且图标变换为"更少选项（ALT＋<）" 。

12）"孤岛"选项组，可以设置孤岛的填充方式。此选项组需要单击"图案填充和渐变色"对话框右下角的"更多选项"按钮才会显示该选项组，如图3-44 所示。

图 3-44　"填充图案和渐变色"对话框更多选项显示形式

①"孤岛检测（L）"：复选框，选中该框，才可以指定在最外层边界内选择用何种方式对对象进行填充。

②"孤岛显示样式"：包括三个选择按钮"普通（N）"、"外部"、"忽略（I）"，表示三种填充的方式。

13）"边界保留"选项组，设置边界的保留形式。

①"保留边界（S）"：复选框，选中该框，可以将填充的边界以对象的形式保留下来。

②"对象类型"：下拉列表框，用于指定保留的边界的类型，包括"面域"、"多段线"两种类型，"多段线"为默认类型。

14）"边界集"选项组，用于定义填充边界的对象集，系统将根据设置的边界集对象来确定填充边界。默认情况下，系统根据"当前视口"中的所有可见对象确定填充边界。也可以单击"新建"按钮切换到绘图窗口，通过指定对象定义边界集，此时"边界集"下拉列表框中将显示为"现有集合"选项。

15）"允许的间隙"选项组，通过设定公差的单位数设置允许的间隙大小。在该参数范围内，可以将一个几乎封闭的区域看作是一个闭合的填充边界。默认值为 0，这时填充对象要求是完全封闭的区域。

16）"继承选项"选项组，用于确定在使用继承属性创建图案填充原点的位置，可以是当前原点或源图案填充的原点。

（2）渐变色选项卡

在图 3-42"图案填充和渐变色"对话框中单击"渐变色"选项卡，对话框将切换到"渐变色"对话框，可以使用一种或两种颜色形成的渐变色来填充图形，如图 3-45 所示。该项功能经常使用在艺术绘图中使用。除"颜色"选项组和"方向"选项组与"图案填充"选项卡不同外，其余相同。

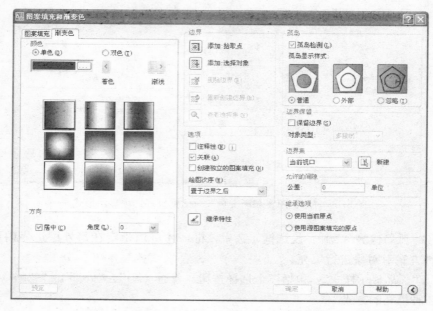

图 3-45　"填充图案和渐变色"对话框更多选项显示形式

1）"颜色"选项组，可以设置填充渐变色的颜色种类。

①"单色"：选择按钮可以选择下拉列表框中的颜色产生渐变色来填充。此时，在右侧颜色显示框中双击鼠标左键或单击右侧的"选择颜色"按钮，将弹出"选择颜色"对话框（如图 3-46 所示），在该对话框中可选所需要的渐变色，并能够通过"渐深/渐浅"滑块，来调整渐变色的渐变程度。

②"双色"：选择按钮，可以使用两种颜色产生的渐变色来填充图案。

③"渐变图案"预览窗口，显示当前设置的渐变色效果。

2）"方向"选项组，设置渐变色填充的位置和角度。

图 3-46　"选择颜色"对话框中三个选项卡

①"居中（C）"：复选框，设置创建的渐变色从区域的中心开始渐变。如果没有选定此选项，渐变填充将朝左上方变化，创建光源在对象左边的图案。

②"角度（L）"：下拉列表框，设置渐变色渐变的角度。

**例 3-22**　填充如图 3-47 所示的图形。

操作步骤如下：

命令：H ↙

（弹出"图案填充和渐变色"对话框）

（点选"图案（P）"下拉列表框中，选择 ANSI31 图案）

（单击"添加：拾取点"功能按钮，系统显示：）

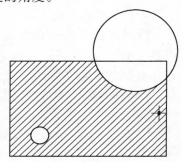

图 3-47　图案填充实例一

拾取内部点或［选择对象（S）/删除边界（B）]：

（用十字光标在如图示位置拾取边界的内部一点，系统显示：）

正在选择所有对象……

正在选择所有可见对象……

正在分析所选数据……

正在分析内部孤岛……

拾取内部点或［选择对象（S）/删除边界（B）］：↙（系统再次弹出"图案填充和渐变色"对话框）（单击"确定"功能按钮完成填充）

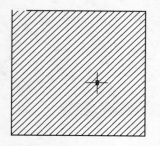

图 3-48　图案填充实例二

例 **3-23**　填充如图 3-48 所示图形。

操作步骤如下：

命令：H↙

（弹出"图案填充和渐变色"对话框）

（点选"图案（P）"下拉列表框中，选择 ANSI31 图案）

（单击"更多选项"按钮，更改"允许的间隙"选项组中的"公差"数值，使此数值大于缺口位置长度）

（单击"添加：拾取点"功能按钮，系统显示：）

拾取内部点或［选择对象（S）/删除边界（B）］：

（用十字光标在如图示位置拾取边界的内部一点，系统显示：）

正在选择所有对象……

正在选择所有可见对象……

正在分析所选数据……

（系统弹出如图 3-49 所示对话框，单击"确定"）

正在分析内部孤岛……

拾取内部点或［选择对象（S）/删除边界（B）］：↙（系统再次弹出"图案填充和渐变色"对话框）

（单击"确定"功能按钮完成填充）

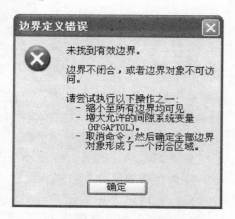

图 3-49　"边界定义错误"对话框

# 3.5　样条曲线命令

## 3.5.1　样条曲线基础理论

通常在设计和绘制诸如构成机动车车体部分、漂亮的电话机、手机或船壳的断面、建筑物的造型、地形外貌轮廓等图形时，会碰到一些复杂曲线和流线的问题，其精确性和重复性的问题在计算机模型中同样会碰到。由圆弧和直线组成的简单曲线，很容易用相对简单、标准的函数来表示。在计算机曲线图中最成功的复杂曲线代表就是 B-样条曲线。虽然有几种不同类型的 B-样条曲线，但它们都有以下三部分。

（1）曲线被称为节点的点分成段。它允许用相对简单的函数表示曲线的段，而不是用复杂的函数表示整个曲线。通常，这些节点把曲线均匀地分隔。但是也有一些类型的 B-样条曲线被非均匀地分隔。它们被称为非均匀 B-样条曲线。AutoCAD 不显示节点。

（2）通常曲线外的点被用作拖拉曲线成形，这些点称为控制点，它们的作用是在平面内绘制样条曲线类似于用重量拉压易弯曲的钢板或塑料。具有不等权的控制点的样条曲线被称为有理的 B-样条曲线。样条曲线被不同值的节点非均匀地分隔，使得一些控制点比另外一些点有更强的拖拉能力，这种样条曲线称为非均匀有理 B-样条曲线（Non-Uniform Rational B-Spline——NURBS）。

（3）数学的作用是建立段的曲线形状。这些作用具有称为阶（order）的特性，控制曲线段能够改变曲率的最高次数。一条二阶函数的曲线没有曲率（就是直线），一条三阶函数的曲线将有一恒定的曲率（就是圆弧），四阶函数则能够有一次曲率的改变。

AutoCAD 允许控制样条曲线的阶数。阶可以增加到 26，但是通常四阶函数就能产生光滑曲线，这也是样条曲线对象的缺省阶数。

### 3.5.2　样条曲线命令

1. 功能

AutoCAD 用样条曲线命令创建基于 ACIS 的"真实"的样条曲线即 NURBS 曲线，也可以把多段线转换为样条曲线。当然用户也可以使用 PEDIT（多段线编辑）命令对多段线进行平滑处理，以创建近似于样条曲线的线条。但是，与之相比，创建真正的样条曲线有以下三个优点。

（1）通过对曲线路径上的一系列点进行平滑拟合，可以创建样条曲线。进行二维制图或三维建模时，用这种方法创建的曲线边界远比多段线精确。

（2）使用 SPLINEDIT 命令或夹点可以很容易地编辑样条曲线，并保留样条曲线定义。如果使用 PEDIT 命令编辑，就会丢失这些定义，成为平滑多段线。

（3）带有样条曲线的图形比带有平滑多段线的图形占据的磁盘空间和内存要小。因而 AutoCAD 把样条曲线用于椭圆和曲线的指引线。

可指定坐标点来创建样条曲线，也可封闭样条曲线使起点和端点重合。绘制样条曲线时可改变拟合样条曲线的公差（tolerance），这样便于查看拟合效果。公差是指样条曲线与指定拟合点之间的接近程度。公差越小，样条曲线与拟合点越接近。公差为 0，样条曲线将通过拟合点。如图 3-50 所示。

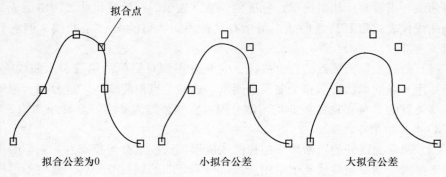

图 3-50　公差决定的拟合效果

2. 格式

（1）命令：SPLINE 或 SPL。
（2）菜单：绘图→样条曲线。
（3）图标：绘图工具栏中 ~ 。

3. 说明

命令：SPL↙
指定第一个点或［对象（O）］：（指定样条曲线的第一点或选择选项命令）
指定下一点：（指定样条曲线第二点）
指定下一点或［闭合（C）/拟合公差（F）］＜起点切向＞：（指定下一点或
选择选项命令或回车选择起点切线方向）↙
指定起点切向：（指定方向）
指定端点切向：（指定方向）

4. 注释

各选项功能如下：
（1）输入"O"命令，可以将多段线编辑命令（PEDIT）得到的二次或三次
拟合样条曲线转换成等价的样条曲线。
（2）指定下一点：此为系统默认选项，输入样条曲线的关键点。
（3）输入"C"命令，可以从样条曲线的终点绘制切线连接到样条曲线的起
点，形成一封闭的样条曲线，系统会提示用户"指定切向："，即样条曲线的起点
切线方向。
（4）输入"F"命令，可以设置拟合的公差值，系统提示用户"指定拟合公
差＜0.0000＞："，输入公差数值回车后回到"指定下一点或［闭合（C）/拟合公

差（F）］＜起点切向＞："提示符下。

（5）起点切向：在"指定下一点或［闭合（C）/拟合公差（F）］＜起点切向＞："提示符下键入回车键，系统提示"指定起点切向："，此时可指定样条曲线起点处的切线方向。经常用起点附近的某一点来确定起点处的切线方向。

（6）端点切向：指定样条曲线终点处的切线方向。经常用终点附近的某一点来确定终点处的切线方向。

注：（1）当绘制一条样条曲线时，就该仅用几个关键点，使曲线成形。若使用太多的点将导致曲线发生出人意料的变化。

（2）起点和终点切线方向对曲线的形状有重大的影响。

（3）相关系统变量：

1）DELOBJ 系统变量：控制用 SPLINE 命令"对象（O）"选项转变一样条曲线对象时，是保留还是删除最初的二维或三维多段线。当 DELOBJ＝0 时，原始对象保留；当 DELOBJ＝1（默认值）时，原始的对象被删除。

2）SPLFRAME 系统变量：控制样条曲线拟合点的显示方式。当 SPLFRAME＝0 时，用亮显的方格显示控制点的位置；当 SPLFRAME＝1 时，用相互连接的直线显示控制点的位置（如图 3-51 所示），AutoCAD 称之为控制多边形（control polygon）。

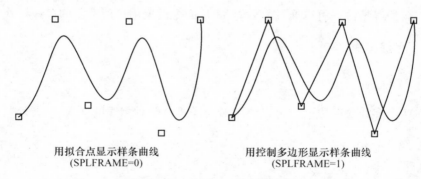

用拟合点显示样条曲线　　　　　　用控制多边形显示样条曲线
（SPLFRAME=0）　　　　　　　　　　（SPLFRAME=1）

图 3-51　系统变量 SPLFRAME 控制的样条曲线显示

**例 3-24**　绘制如图 3-52 所示的二维样条曲线。

操作步骤如下：

命令：SPL✓

指定第一个点或［对象（O）］：0，0✓

指定下一点：1，0✓

指定下一点或［闭合（C）/拟合公差（F）］＜起点切向＞：2，1✓

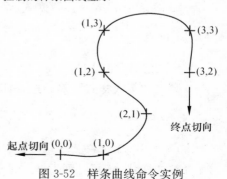

图 3-52　样条曲线命令实例

指定下一点或［闭合（C）/拟合公差（F）］＜起点切向＞：1，2↙

指定下一点或［闭合（C）/拟合公差（F）］＜起点切向＞：1，3↙

指定下一点或［闭合（C）/拟合公差（F）］＜起点切向＞：3，3↙

指定下一点或［闭合（C）/拟合公差（F）］＜起点切向＞：3，2↙

指定下一点或［闭合（C）/拟合公差（F）］＜起点切向＞：↙（选择指定起点切向的方式）

指定起点切向：@－1，0↙（用起点正左方 1 的点来确定起点切线方向水平向左）

指定端点切向：@0，－1↙（用终点正下方 1 的点来确定起点切线方向垂直向下）

# 3.6　多线命令

在各种工程领域中，经常要绘制平行线，例如在建筑图中绘制墙体、电子线路图等。AutoCAD 系统除了提供 OFFSET（偏移）命令实现平行线的绘制外，还提供了一种功能更强、更专业的多线 MLINE 命令。多线命令允许用户一次创建最多 16 条平行线，其中每条线称为一个"元素"，每个元素有各自的偏移量、颜色、线型等特性，可以通过 MLSTYLE 命令设置用户所需要的多线样式。

## 3.6.1　多线样式

1. 功能

在使用多线命令之前，可以使用多线样式命令对多线的样式进行设置。

2. 格式

（1）命令：MLSTYLE。
（2）菜单：格式→多线样式。

3. 说明

命令：MLSTYLE↙
（弹出"多线样式"对话框，如图 3-53 所示）

4. 注释

（1）"当前多线样式"选项组：显示当前使用的多线样式。
（2）"样式（S)"：列表框，显示已加载的多线样式。

图 3-53　"多线样式"对话

（3）"置为当前（U）"：功能按钮，在"样式"列表框中选择需要使用的多线样式后，单击该按钮，可以将其设置为当前样式。当"样式"列表框中只有一种多线样式或选中的多线样式就是当前样式时，不可用。

（4）"新建（N）"：功能按钮，单击该按钮，弹出"创建新的多线样式"对话框，可以命名新的多线样式名字，选择新创建多线样式的参考样式，如图 3-54 所示。

图 3-54　"创建新的多线样式"对话框

　　在该对话框中，单击"继续"按钮，打开"新建多线样式"对话框可以创建多线样式的封口、填充、元素特性等内容，如图 3-55 所示。

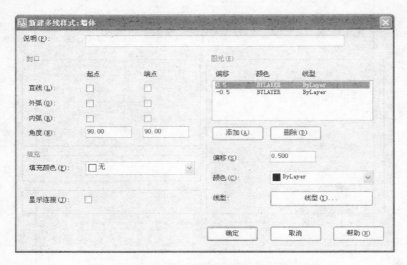

图 3-55　"新建多线样式"对话框

　　1）"说明（P）"：在此文本框中用于输入多线样式的说明信息。当在"多线样式"对话框的"样式（S）"列表框中选中该多线样式，说明信息就会显示在"说明"选项组中。

　　2）"封口"选项组：在该选项组内，可以设置多线起点和端点的封口类型。系统默认为无封口的类型。在该选项组中，有四种封口类型。"直线（L）"类型是用一条直线封闭多线的端点；"外弧（O）"类型是用一圆弧连接多线最外层元素的端点；"内弧（R）"类型是用圆弧将除最外层元素外的元素两两连接，如果元素数目为奇数，则中心线不相连。"角度（N）"可以设置封口的角度。具体形状如图 3-56 所示。

　　3）"填充"选项组：用于设置是否对多线各元素形成的区域进行填充。在"填充颜色"下拉列表框中选择所需的填充颜色，对多线各元素形成的区域进行填充。如果不使用填充颜色，则选择"无"，系统默认为无填充颜色。

　　4）"显示连接（J）"：复选框选中它，可以在多线的拐角处显示连接线，反之不显示，如图 3-57 所示。

　　5）"元素（E）"选项组：用于设置多线样式中的元素的特性，包括多线的线条数目、线的颜色、线的线型、线的元素相对于多线中心线的偏移量。

　　①"元素"列表框：列举了当前多线样式中各元素的特性，包括元素的偏移量、颜色、线型。

　　②"添加（A）"：功能按钮，单击此按钮，可以添加元素，在"元素"列表

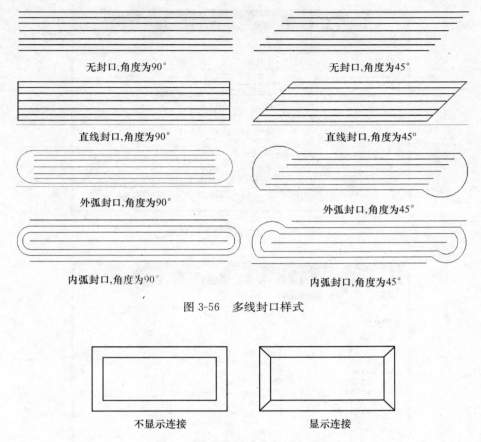

无封口,角度为90°　　　　　　　　　　　　　无封口,角度为45°

直线封口,角度为90°　　　　　　　　　　　　直线封口,角度为45°

外弧封口,角度为90°　　　　　　　　　　　　外弧封口,角度为45°

内弧封口,角度为90°　　　　　　　　　　　　内弧封口,角度为45°

图 3-56　多线封口样式

不显示连接　　　　　　　　　　　　　显示连接

图 3-57　"显示连接"复选框示例

框中将加入一偏移量为 0 的新线条元素。

③"删除（D）"：功能按钮，删除某一元素。

④"偏移（S）"：文本框，可以设置线条元素相对于多线中心线的偏移量。

⑤"颜色（C）"：下拉列表框，可以选择线条元素的颜色。

⑥"线型（Y）"：功能按钮，单击此按钮，打开"选择线型"对话框，如图 3-58 所示，在该对话框中选择需要的线型。若在"已加载的线型"列表框中没有需要的线型，则单击"加载（L）"按钮，弹出"加载或重载线型"对话框（见图 3-59），加载需要的线型，再选择。

（5）"修改（M）"：功能按钮，单击该按钮，弹出"修改多线样式"对话框，可以修改创建的多线样式，该对话框与"新建多线样式"对话框内容完全相同。

（6）"重命令（R）"：功能按钮，单击该按钮，即可在"样式"列表框中更改选中多线样式的名称。

图 3-58　"选择线型"对话框

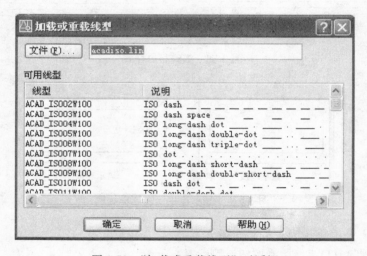

图 3-59　"加载或重载线型"对话框

　　（7）"删除（D）"：功能按钮，单击该按钮，可以删除"样式"列表框中选中的多线样式。

　　（8）"加载（L）"：功能按钮，单击该按钮，弹出"加载多线样式"对话框，如图 3-60 所示。可以从中选取多线样式将其加载到当前图形中，也可以单击"文件"按钮，打开"从文件加载多线样式"对话框，选择多线样式文件，如图 3-61 所示。

　　（9）"保存（A）"：功能按钮，单击该按钮，弹出"保存多线样式"对话框，可以将当前多线样式保存为一个多线文件，多线文件的后缀为".mln"。"保存多线样式"对话框与"从文件加载多线样式"对话框内容完全相同。

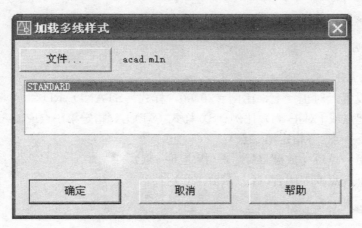

图 3-60　"加载多线样式"对话框

图 3-61　"从文件加载多线样式"对话框

（10）"预览"选项组：在预览区域，可以观看到当前选择的多线样式的形状。

### 3.6.2　多线命令

1. 功能

利用多线命令，可以一次将多条平行线绘出。

2. 格式

（1）命令：MLINE 或 ML。

（2）菜单：绘图→多线。

3．说明

命令：ML↙
当前设置：对正＝上，比例＝20.00，样式＝STANDARD
指定起点或［对正（J）/比例（S）/样式（ST）］：（指定第一点或输入选项命令）
指定下一点：（指定第二点）
指定下一点或［放弃（U）］：（指定下一点）
指定下一点或［闭合（C）/放弃（U）］：

4．注释

各选项功能如下：
（1）指定起点：系统默认选项，系统一直提示输入点，直到用回车键结束命令。
（2）输入"J"命令，可以设定多线的对齐方式。系统提示：
输入对正类型［上（T）/无（Z）/下（B）］＜上＞：
1）输入"T"命令，以多线的顶部线为基准，使有最大正偏移量的那个元素通过输入的指定点。
2）输入"Z"命令，以多线的中心线为基准，使多线的中心通过输入的指定点。
3）输入"B"命令，以多线的底部线为基准，使有最大负偏移量的那个元素通过输入的指定点。
（3）输入"S"命令，可以设置多线的比例，放大或缩小多线各元素的偏移量。
（4）输入"ST"命令，可以切换多线的样式。系统提示：
输入多线样式名或［?］：（输入多线的样式名称或键入"?"，当键入"?"时，系统弹出文本窗口列举所有的多线样式）
（5）输入"U"命令，放弃上一条绘制的多线。
（6）输入"C"命令，将多线的起点和终点连接起来，形成封闭的多线。

**例 3-25**　绘制如图 3-62 所示的墙体，中心线宽度为 0.35，线型为 CENTER，边线线宽为 0.7，线型为实线。墙体厚度为 250，长度为 5，宽度为 3。

操作步骤如下：

命令：MLSTYLE↙

（弹出"多线样式"对话框，如图 3-53 所示）

图 3-62　多线命令实例

（单击"新建（N）"按钮，弹出"创建新的多线样式"对话框，如图 3-54 所示）

（输入新样式名称，单击"继续"按钮，弹出如图 3-55 所示"新建多线样式"对话框）

（单击"添加（A）"按钮，再单击"线型（Y）"，弹出"选择线型"对话框，如图 3-58 所示）

（单击"加载（L）"按钮，弹出"加载或重载线型"对话框，如图 3-59 所示）

（选择 CENTER 回车线型，单击"确定"按钮，回到"选择线型"对话框）

（选择刚加载好的 CENTER 线型，单击"确定"完成多线中心线的设定，回到"新建多线样式"对话框）

（单击"确定"按钮回到"多线样式"对话框，将刚设定的多线样式"置为当前"，单击"确定"完成多线样式的设置）

命令：ML↙

当前设置：对正＝上，比例＝20.00，样式＝＜当前样式＞

指定起点或［对正（J）/比例（S）/样式（ST）］：S↙

输入多线比例：250↙

当前设置：对正＝上，比例＝250.00，样式＝＜当前样式＞

指定起点或［对正（J）/比例（S）/样式（ST）］：J↙

输入对正类型［上（T）/无（Z）/下（B）］＜上＞：B↙

当前设置：对正＝下，比例＝250.00，样式＝＜当前样式＞

指定起点或［对正（J）/比例（S）/样式（ST）］：0，0↙

指定下一点：5000，0↙

指定下一点或［放弃（U）］：5000，3000↙

指定下一点或［闭合（C）/放弃（U）］：0，3000↙

指定下一点或［闭合（C）/放弃（U）］：C↙

# 本 章 小 结

本章主要介绍绘制线段、圆、圆弧、椭圆、正多边形的方法，具体内容包括：

（1）使用 LINE 命令，并通过输入坐标来创建一系列连续的线段。

（2）使用对象捕捉、正交模式、极坐标模式来创建连续的线段。

（3）使用 PER 命令来绘制某条线段的垂线，使用 TAN 命令来绘制圆的切线。

（4）使用 PLINE 命令绘制多段线。

（5）使用 CIRCLE 命令绘制圆，使用 ARC 命令绘制圆弧。

（6）使用 RECTANG 命令绘制矩形。

（7）使用 POLYGON 命令绘制正多边形。

（8）使用 ELLIPSE 命令绘制椭圆。

（9）使用 DONUT 命令绘制圆环。

# 习　题　三

一、简答题

1. 在 AutoCAD 中用户常用的坐标类型有哪些？如何使用？

2. 在 AutoCAD 中绘制圆和圆弧的方法有哪些？

3. 如何设置点的类型？点的标记符号有多少种？

4. 如何绘制椭圆？

5. 如何创建正多边形和矩形？它们是由什么实体构成？

6. 在 AutoCAD 中射线和构造线各有哪些用途？

7. 如何绘制圆环？

8. 在 AutoCAD 中点有哪些妙用？

9. 在 AutoCAD 中有哪些命令可以将封闭区域的边界创建出来？

10. 如何进行图案填充？

11. 叙述样条曲线的绘制方法。

12. 叙述多线的绘制方法。

二、绘图题

1. 按题图 3-1 中给出的圆心点的坐标和半径绘圆，再绘制两圆的外公切线和内公切线。

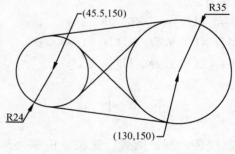

题图 3-1

2. 请用两种以上的办法绘制如题图 3-2 所示的图形，直线 BC 是弧 AB 和弧 CD 的切线，且长度为 50，弧 AB 的圆心角为 180°。

3. 过点 A（45，55）和点 B（130，195）作一直线，再过点 A 作直线 AC，使 AC＝AB，且∠CAB＝45°，再过点 B 和 C 作一圆相切于直线 AB 和 AC。如题图 3-3 所示。

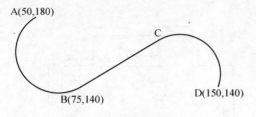

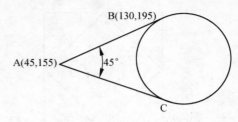

题图 3-2　　　　　　　　　　　　　　　　　　题图 3-3

4. 绘制一个长轴为 100、短轴为 60 的椭圆，在椭圆中绘制一个三角形，三角形的三个顶点分别为：椭圆最上端的象限点、椭圆左下四分之一椭圆弧的中点以及椭圆右下四分之一椭圆弧的中点；再绘制该三角形的内切圆。如题图 3-4 所示。

5. 绘制一个 150 长的水平线，将其等分为四等分。绘制多段线，其中 A、D 两点线宽为 0，B、C 两点线宽为 10，如题图 3-5 所示。

6. 绘制如题图 3-6 所示图形，墙体厚度为

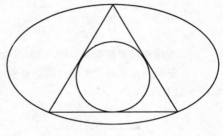

题图 3-4

250，长度为 3，宽度为 2，柱子为边长为 400 的正方形，填充颜色为红色，线的颜色为绿色。

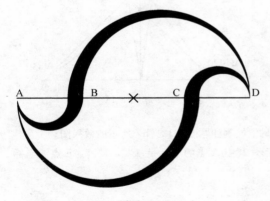

题图 3-5

题图 3-6

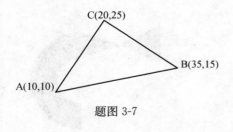

题图 3-7

7. 已知 A、B、C 三点的绝对坐标如题图 3-7 所示，现用 LINE 命令绘制此图形。

8. 已知正方形的边长为 10 和 A 的绝对坐标，使用对象捕捉以正方形的四条边的中点作一个新的正方形，如题图 3-8 所示。

9. 使用正交模式，使用 LINE 命令绘制如题图 3-9 所示的图形。

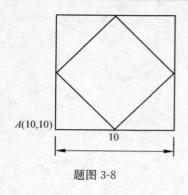

题图 3-8

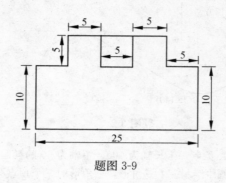

题图 3-9

10. 使用极轴追踪模式，使用 LINE 命令绘制如题图 3-10 所示的图形。

11. 已知三角形的三个顶点的绝对坐标，绘制经过三条边上的垂足所形成的三角形，如题图 3-11 所示。

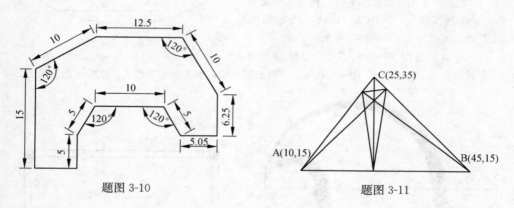

题图 3-10　　　　　　　　　　　　　　　　题图 3-11

12. 如题图 3-12（a）所示，在该图的基础上绘制如题图 3-12（b）所示的效果图。

13. 用多段线绘制如题图 3-13 所示的图形，其中 A 点的坐标是（30，175），E 点的坐标

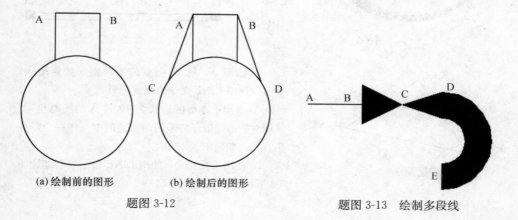

(a) 绘制前的图形　　　　(b) 绘制后的图形

题图 3-12　　　　　　　　　　　　　　题图 3-13　绘制多段线

为（130，120），A、B、C、D 在同一水平线上，线段 AB 的长度为 40，线宽为 0，线段 BC 的长度为 30，B 点的线宽为 40，C 点的线宽为 0，线段 CD 的长度为 30，D 点的线宽为 20，弧 DE 的宽度为 20，线段 CD 在 D 点与弧 DE 相切。

14. 绘制如题图 3-14 所示的图形。

15. 绘制如题图 3-15 所示的图形，圆弧的角度均为 180 度。

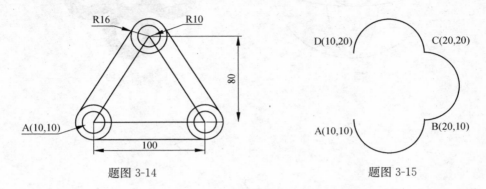

题图 3-14　　　　　　　　　　　　　　　　　　题图 3-15

16. 绘制一个长为 100，宽为 60 的矩形，并绘制出该矩形的外接圆，如题图 3-16 所示。

17. 绘制一个边长为 60 的正方形，并画出它的外接圆，然后绘制出该圆的外接正五边形，并且正五边形的底边与正方形的底边平行，如题图 3-17 所示。

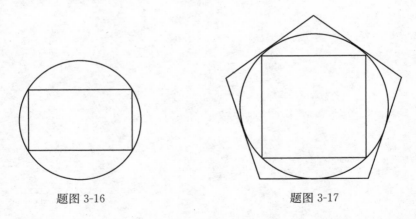

题图 3-16　　　　　　　　　　　　　　　　题图 3-17

18. 以点（30，30）为圆心绘制一个半径为 20，再作一个半径为 60 的同心圆，并以圆心为中心，绘制两个相互正交的椭圆，椭圆的长轴为大圆半径，短轴为小圆半径，如题图 3-18 所示。

19. 以点（10，10）为圆心，作一个内径为 20，外径为 40 的圆环。然后在该圆环的四个四分点上作四个大小相同的圆环，外圆环均为一个四分点与内圆环的四分点重叠，排列如题图 3-19 所示。

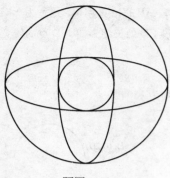

题图 3-18

题图 3-19

# 第4章 图形编辑命令

图形编辑是对已有图形进行移动、旋转、缩放、复制、删除等修改操作。在绘图和设计时，经常需要对绘制的图形进行编辑处理，对绘制的产品重新设计以构成所需图形。AutoCAD 具有强大的图形编辑功能，使图形的编辑十分方便、快捷，在设计绘图中发挥了重要作用，也是手工绘图达不到的功能。它可以帮助用户合理地构造与组织图形，保证作图准确性，减少重复的绘图操作，从而提高设计绘图效率，缩短了产品的设计周期。本章主要介绍如何选择和编辑二维平面图形对象。

## 4.1 构造选择集

AutoCAD 的编辑命令是要求用户选择一个或多个对象进行编辑。当选择了对象之后，AutoCAD 用虚线显示它们以示加亮，这样为图形编辑而选择的一组对象叫选择集。AutoCAD 提供了多种选择对象的方法。

### 4.1.1 设置对象的选择模式

1. 功能

用于设置选择对象时的各种模式。

2. 格式

(1) 命令：DDSELECT。
(2) 菜单：工具→选项→选择。
(3) 在绘图区域右键选择"选项"→"选择"。

3. 说明

命令：DDSELECT ↙
（系统弹出"选项"对话框，选择"选择"选项卡，如图 4-1 所示）

4. 注释

各选项功能如下：

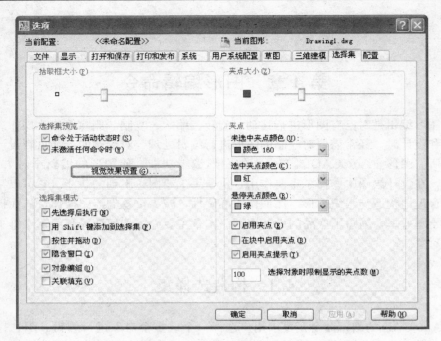

图 4-1　"选项"对话框中的"选项"选项卡

（1）"拾取框大小（P）"选项组：通过移动滑块，可以设置选择对象时的拾取框的大小，滑块向左移动，拾取框变小，向右移动，拾取框变大。

（2）"选择预览"选项组：用于设置是否显示选择预览。

1）"命令处于活动状态时（S）"：复选框，选中表示命令处于激活状态时，显示选择预览。

2）"未激活任务命令时（W）"：复选框，选中表示命令处于未激活状态时，显示选择预览。

3）"视觉效果设置（G）..."：功能按钮，单击弹出"视觉效果设置"对话框，如图 4-2 所示。在该对话框中，可以设置预览效果和选择有效区域的颜色。在"选择预览效果"选项组，可以设置选择的物体以哪种方式显示，包括"划（D）"、"加厚（T）"、"两者都（B）"，单击"高级选项（A）"功能按钮，弹出"高级预览选项"对话框（如图 4-3 所示），可以设置需要排除在选择集中的对象。在"区域选择效果"选项组，可以设置区域的效果。默认状态下，当采用"窗口"选择对象时，选择区域显示蓝色且边界为实线；采用"交叉窗口"选择对象时，选择区域显示绿色且边界为虚线。

（3）"选择模式"选项组：用于设置构造选择集的模式。

1）"先选择后执行（N）"：复选框，用于设置是否可以先选择对象再执行命

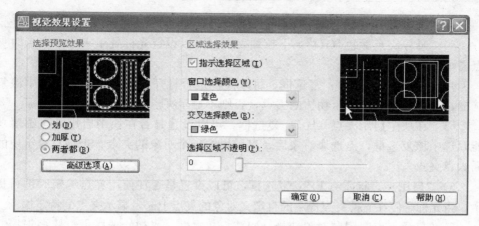

图 4-2　"视觉效果设置"对话框

令，选中该复选框，可以先选择要编辑的对象，然后再执行编辑命令，也可以先执行编辑命令，再选择要编辑的对象。否则，只能先执行编辑命令，再选择要编辑的对象。

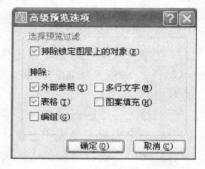

图 4-3　"高级预览选项"对话框

2）"用 Shift 键添加到选择集（F）"：复选框，选中该复选框，当要给已存在的选择集添加对象时，必须先按住 Shift 键，才能单击要添加的对象，否则，将会用添加的对象替换原来的选择集。

3）"按住并拖动（D）"：复选框，选中该复选框，此时用窗口选择物体时，必须用鼠标拖动的方式才能形成窗口。

4）"隐含窗口（I）"：复选框，选中该复选框，系统将窗口方式和交叉窗口方式与直接点选方式都作为默认的选择方式。否则在"选择对象："提示符下，键入 W 或 C 才能用窗口方式或交叉窗口方式选择实体。

5）"对象编组（O）"：复选框，选中该复选框，当选择某个对象组中的一个对象时，将会选中该对象组的所有对象。

6）"关联填充（V）"：复选框，选中该复选框，确定在选择关联填充剖面线时，也选中剖面线的边界线。

（4）"夹点大小（Z）"选项组：用于设置对象夹点标记的大小。移动滑块向左，对象的夹点标记变小，向右移动，对象的夹点标记变大。

（5）"夹点"选项组：用于设置夹点的特性。

1）"未选中夹点颜色（U）"：下拉列表框，可以设置选中对象后，夹点显示的颜色。

2）"选中夹点颜色（C）"：下拉列表框，可以设置单击夹点后夹点显示的颜色。

3）"悬停夹点颜色（R）"：下拉列表框，可以设置光标处于未选中夹点时夹点显示的颜色。

4）"启用夹点（E）"：复选框，可以设置是否打开夹点编辑功能，选中该复选框，点选物体后，显示物体的夹点，否则不显示夹点。

5）"在块中启用夹点（B）"：复选框，可以设置是否在块中启用夹点编辑功能，选中该复选框，点选块对象后，显示块中每个对象的夹点，否则只显示块的插入点夹点。

6）"启用夹点提示（T）"：复选框，可以设置是否在使用夹点编辑时进行提示。当光标悬停在支持夹点提示的自定义对象的夹点上时，显示夹点的特定提示。

7）"显示夹点时限制对象选择（M）"：文本框，当初始选择集包括多于指定数目的对象时，抑制夹点的显示。有效值的范围从 1 到 32767，默认设置是 100。

### 4.1.2　选择物体的方式

在系统默认状态下，当光标移动到对象上时，该对象会加厚亮显，这是 AutoCAD 2008 版新增加的功能，这样在选择对象时，可以非常直观地选择要选择的对象。

当输入一个图形编辑命令后，系统会出现"选择对象："的提示符，此时屏幕上的十字光标变换成小方框，称为"拾取框"，用该框或其他方式选择要编辑的对象即可。选择对象的方式有很多种，在"选择对象："的提示符下键入"?"回车后，系统将列举 17 种选择对象的方法（如下显示），输入相应的命令，即可以用特定的选择方式选取对象。

选择对象：? ↙

＊无效选择＊

需要点或窗口（W）/上一个（L）/窗交（C）/框（BOX）/全部（ALL）/栏选（F）/圈围（WP）/圈交（CP）/编组（G）/添加（A）/删除（R）/多个（M）/前一个（P）/放弃（U）/自动（AU）/单个（SI）

选择对象：

AutoCAD 提供的常用对象选取方法如下：

#### 1. 点选方式

这是默认的选择物体方式。当系统提示"选择对象："时，将拾取框直接移动到要选择对象上，单击鼠标左键，系统自动扫描画面，搜索出被光标选中的对象以"虚线"方式显示，并且在文本栏继续提示"选择对象："，这种方式只能一次选择一个对象。

### 2. "窗口（W）"方式

通过定义一个矩形窗口来框选要编辑的对象，凡包含在此窗口内的对象被选中，一次可选择多个对象。默认状态下，屏幕上的选择窗口显示蓝色且边界为实线框。操作方法如下：

选择对象：W↙

指定第一个角点：（输入矩形窗口的一个角点坐标，也可以用光标拾取）

指定对角点：（输入矩形窗口的另一角点坐标，也可以用光标拾取）

### 3. "上一个（L）"方式

又叫做最后方式，在"选择对象："提示符下输入"L"回车，即可选中在编辑命令之前最后一次绘制的对象作为编辑对象。

### 4. "窗交（C）"方式

又称为交叉窗口方式，该方式也是定义一个矩形窗口来框选要编辑的对象，凡此窗口经过的对象被选中。默认状态下，屏幕上的选择窗口显示绿色且边界为虚线框。操作方法如下：

选择对象：C↙

指定第一个角点：（输入矩形窗口的一个角点坐标，也可以用光标拾取）

指定对角点：（输入矩形窗口的另一角点坐标，也可以用光标拾取）

### 5. "框（BOX）"方式

该方式实现的是窗口和交叉窗口两种方式的选择。在"选择对象："提示符下，输入"BOX"命令回车，此时，拾取框变换成十字光标，系统提示"指定第一个角点："，此时通过指定一个窗口的两个角点来框选物体，若拾取的对角点位于第一个角点的右方时为窗口方式；若拾取的对角点位于第一个角点的左方时为交叉窗口方式。

### 6. "全部（ALL）"方式

在"选择对象："提示符下，输入"ALL"命令回车，即可选中该图形文件中所有的对象。

### 7. "栏选（F）"方式

在"选择对象："提示符下，输入"F"命令回车，可以绘制一条多段折线选择对象，凡是与多段折线相交的对象即被选中。

8. "圈围（WP）"方式

又称为多边形窗口方式，通过指定圈围点，用一个多边形窗口来选择对象，其使用方法、功能与窗口方式相似。

9. "圈交（CP）"方式

又称为交叉多边形窗口方式，通过指定圈围点，用一个多边形窗口来选择对象，其使用方法、功能与交叉窗口方式相似。

10. "编组（G）"方式

在"选择对象："提示符下，输入"G"命令回车，系统提示"输入编组名："，输入已经定义好的要编辑的组的名称，即选中该组中所包含的所有对象，或在"选择对象："提示符下直接用点选方式选中已编好的选择集组中的某一个对象。

在执行此命令之前，必须先将要编组的对象创建成一个选择集组。用户可以通过对象编组命令（GROUP）来执行。

（1）调用方式。

命令：GROUP 或 G

（2）说明。

命令：G↙

（系统弹出"对象编组"对话框，如图 4-4 所示）

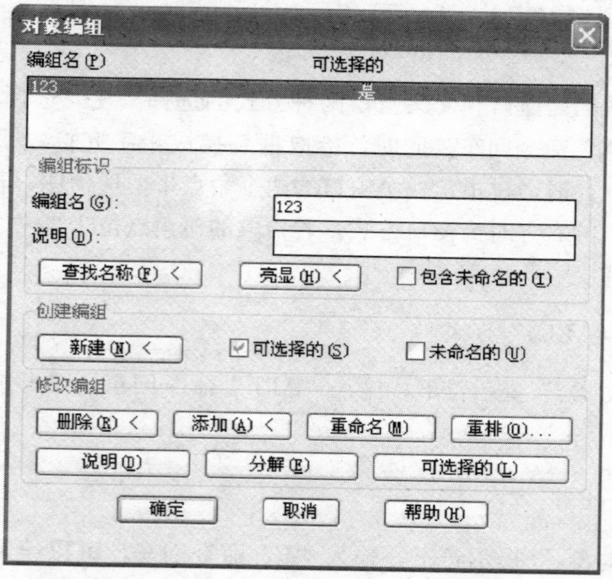

图 4-4 "对象编组"对话框

（3）注释。各选项功能如下：

1）"编组名（P）"：列表框，显示当前图形中已存在的选择集组的名称。其中"可选择的"表示选择集组是否可选。如果一个选择集组是可选的，当选择该选择集组的一个对象时，整个选择集组被选中，否则只有该对象被选中。

2）"编组标识"选项组：用于设置编组的名称及说明。

① "编组名（G）"：文本框，显示选择集组的名称。

② "说明（D）"：文本框，显示选择集组的说明。

③ "查找名称（F）＜"：功能按钮，单击该按钮，将切换到绘图窗口，拾取了要查找的对象后，该对象所属的选择集组名即显示在"编组成员列表"对话框中，如图 4-5 所示。

④ "亮显（H）＜"：功能按钮，在"编组名（P）"列表框中选择一个对象编组，单击该按钮，可以在绘图窗口中亮显选择集组中的所有对象。

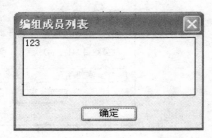

图 4-5 "编组成员列表"对话框

⑤ "包含未命名的（I）"：复选框，用于控制是否在"编组名（P）"列表框中列出未命名的选择集组。

3）"创建编组"选项组：用于创建命名的或未命名的新选择集组。

① "新建（N）＜"：功能按钮，单击该按钮，切换到绘图窗口，可选择要创建编组的图形对象。

② "可选择的（S）"：复选框，用于确定创建的选择集组是否可选。

③ "未命名的（U）"：复选框，用于确定是否要创建未命名的选择集组。

4）"修改编组"选项组：用于修改选择集组的单个对象或选择集组本身。

① "删除（R）"：功能按钮，单击该按钮，切换到绘图窗口，选择要从选择集组中删除的对象。

② "添加（A）"：功能按钮，单击该按钮，切换到绘图窗口，选择要添加到选择集组中的对象。

③ "重命名（M）"：功能按钮，单击该按钮，可以重新命名选择集组的名字。

④ "重排（O）"：功能按钮，单击该按钮，弹出"编组排序"对话框，如图 4-6 所示。在该对话框中，可以重排编组中的对象顺序。

在该对话框中，"删除的位置"文本框，用于输入要删除的对象位置；"输入对象新位置编号"文本框，用于输入对象的新位置；"对象数目"文本框，用于输入对象的数目；"重排序（R）"和"逆序（O）"功能按钮可以按指定数字改变

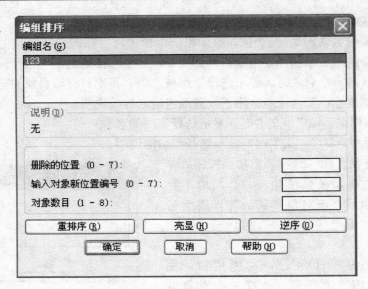

图 4-6　"编组排序"对话框

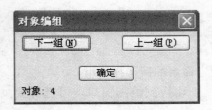

图 4-7　"对象编组"对话框

对象的次序或按相反的次序排序；"亮显（H）"功能按钮可以将对象亮显，单击该按钮，弹出"对象编组"对话框，如图 4-7 所示。

⑤"说明（D)"：功能按钮，单击该按钮，可以更新选择集组的说明。

⑥"分解（E）"：功能按钮，单击该按钮，可以删去所选的选择集组，但不删除图形对象。

⑦"可选择的（L）"：功能按钮，单击该按钮，可以更改选择集组的可选择性。

11. "添加（A)"方式

在"选择对象："提示符下，输入"A"命令回车，可以拾取对象将其添加到当前选择集组中。

12. "删除（R)"方式

在"选择对象："提示符下，输入"R"命令回车，系统提示符将发生改变，"选择对象："提示符变为"删除对象："提示符，此时可以拾取对象将其从当前选择集组中剔除出去；在"删除对象："提示符下，输入"A"命令回车，系统将切换回"选择对象："提示符。

### 13. "多个 (M)" 方式

在"选择对象:"提示符下,输入"M"命令回车,进入该方式选择对象。在每次出现"选择对象:"提示符时,用光标拾取对象,反复选取,所选择的对象不立即亮显选中,当再次出现"选择对象:"提示符时,按回车键确认,此时所有被选取的对象同时变为虚线显示。这种方式与直接点选方式的区别在于减少画面搜索次数,从而节省了时间。

### 14. "前一个 (P)" 方式

在"选择对象:"提示符下,输入"P"命令回车,即可调用编辑命令之前构造好的选择集组作为当前编辑的对象。

在绘图中,还可以使用 SELECT 命令来构造一个供编辑用的选择集组。操作方式如下:

在命令输入 SELECT 命令回车,用各种选择方式选择对象,确认后完成选择集组的构造,所有对象恢复正常显示。在调用编辑命令时,在"选择对象:"提示符下,键入"P"命令即可调用该选择集组。

### 15. "放弃 (U)" 方式

在"选择对象:"提示符下,输入"U"命令回车,将取消最后一次进行的对象选择操作。

### 16. "自动 (AU)" 方式

这是 AutoCAD 系统默认的选择方式,也是最常用的一种选择方式,其功能包括点选方式、窗口方式和交叉窗口方式。在"选择对象:"提示符下,用光标拾取一点,若该点选中了一个对象,即为点选方式;若拾取的点未选中目标,则自动转变为 BOX 方式。

### 17. "单个 (SI)" 方式

在"选择对象:"提示符下,输入"SI"命令回车,选择一个对象进行编辑。

### 18. 循环选择方式

当几个对象重叠在一起时,要从中选择某一个对象十分困难,这时可以使用循环选择方式,即在"选择对象:"提示符下,按下 Ctrl 键,将光标移至重叠点,单击鼠标左键,光标由拾取框转变为十字光标,同时在命令出现提示"循环开",表明循环方式被打开,此时可以重复单击重叠在一起的对象以选择要选择的对象。

### 4.1.3　快速选择对象

在 AutoCAD 中还有一种快速选择对象生成选择集组的办法。

1. 功能

根据设置的对象的特性过滤条件，快速、准确地生成对象选择集组。

2. 格式

（1）命令：QSELECT。
（2）菜单：工具→快速选择。

3. 说明

命令：QSELECT ↙
（系统弹出"快速选择"对话框，如图 4-8 所示）

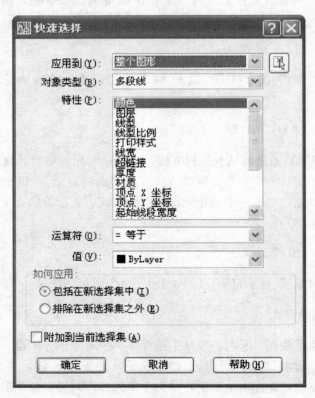

图 4-8　"快速选择"对话框

4．注释

各选项功能如下：

（1）"应用到（Y）"：下拉列表框，显示和确定过滤条件的适用范围。默认范围是全部图形，也可以应用到当前选择集中。也可用实体选择（SELECT OB-JECTS）按钮，即在单击该列表框右侧带有箭头的"选择对象"图标按钮，可以根据当前所指定的过滤条件来选择对象，构造一个新的选择集组。此时，应用的图形范围被当前选择集组所代替。

（2）"对象类型（B）"：下拉列表框，用于指定要过滤的对象类型，如果当前没有选择集组，在该下拉列表框中将包含所有 AutoCAD 可用的对象类型；如果已有一个选择集组，则包含所选对象的类型。

（3）"特性（P）"：列表框，用于指定作为过滤条件的对象特性。

（4）"运算符（O）"：下拉列表框，用于控制过滤的范围。运算符包括：＝、＜＞、＞、＜、全部选择等。其中，＞、＜操作符对某些对象特性是不可用的。

（5）"值（V）"：下拉列表框，用于输入过滤的特性值。

（6）"如何应用"选项组：设置满足条件的对象是包含在新选择集中还是排除在选择集中，用两个选择按钮来控制。

（7）"附加到当前选择集（A）"：复选框，用于指定由 QSELECT 命令所创建的选择集是追加到当前选择集中，还是替代当前选择集。

当在该对话框中完成各项的设置后，单击"确定"按钮，屏幕上与指定属性相匹配的对象被选中，以虚线显示。

### 4.1.4　对象选择过滤器

1．功能

先指定编辑对象属性，后选择编辑对象，只有包含在指定属性之内的对象才能被选中，即使用该命令"过滤掉"指定属性之外的对象。

2．格式

命令：FILTER 或 FI ↙
（系统弹出"对象选择过滤器"对话框，如图 4-9 所示）

3．注释

各选项功能如下：
（1）对话框上部的属性列表框是用来显示当前设置的过滤条件的。

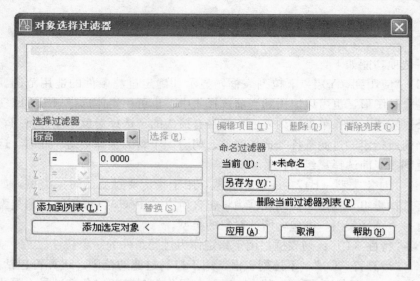

图 4-9　"对象选择过滤器"对话框

（2）"选择过滤器"选项组：用于设置过滤器。

1）"选择过滤器"下拉列表框，用于选择过滤器的类型。

2）"选择（E）"功能按钮，当设置的过滤器类型可供选择时，可以单击该按钮进行选择。

3）"X、Y、Z"下拉列表框，对于具有参数特性的对象，可对其参数 X、Y、Z 进行赋值，并且对此值还可以进行 =、! =、>、>=、<=、* 等运算符的设定，从而确定属性参数的范围。

4）"添加到列表（L）："功能按钮，可以将设置的对象属性添加到属性列表框中。

5）"替换（S）"功能按钮，可以将设置的对象属性替换属性列表框中所选中的列表内容。

6）"添加选定对象<"功能按钮，单击该按钮，将切换到绘图窗口，可选择上一个或多个对象，回车后，将所选对象的属性添加到属性列表框中。

（3）"编辑项目（I）"：功能按钮，单击该按钮，可编辑过滤器列表框中选中的内容。

（4）"删除（D）"：功能按钮，单击该按钮，可删除过滤器列表框中选中的项目。

（5）"清除列表（C）"：功能按钮，单击该按钮，删除过滤器列表中所有的内容。

（6）"命名过滤器"选项组：用于选择已命名的过滤器。

1)"当前（U）"：下拉列表框，显示可用的已命名的过滤器。

2)"另存为（V）"：功能按钮，单击该按钮，可以在其后的文本框中输入名称，也可以保存当前设置的过滤器。

3)"删除当前过滤器列表（F）"：功能按钮，单击该按钮，可从 Filter. nfl 文件中删除当前的过滤器集。

## 4.2　二维基本编辑命令

AutoCAD 2008 提供了丰富的图形编辑功能，包括删除、复制、镜像、偏移、阵列、移动、旋转、缩放、拉伸、拉长、修剪、延伸、打断、合并、倒角、圆角等，通过这些编辑功能可以大幅提高绘图的效率和质量。

编辑命令可以通过以下方式进行调用。

### 1. 在文本行输入修改命令

在 AutoCAD 中，每一个修改命令都对应一个或多个指令，可以在命令行输入执行该命令。一些常用的命令有其快捷键。

### 2. 修改命令下拉菜单

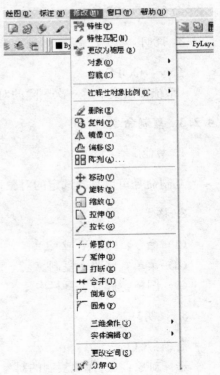

在 AutoCAD 工作界面的主菜单中，单击"修改（M）"菜单，即会弹出修改命令的下拉菜单列表，如图 4-10 所示，单击其中的选项即可完成命令的输入。

### 3. 修改命令工具栏

单击在 AutoCAD 工作界面上显示的"修改"命令工具栏中的每个图标按钮，即可完成对该命令的输入。如图 4-11 所示。

### 4.2.1　删除命令

#### 1. 功能

删除图形中选择的对象。

#### 2. 格式

(1) 命令：ERASE 或 E。

(2) 菜单：修改→删除。

图 4-10　修改菜单

图 4-11　修改工具栏

（3）图标：修改工具栏中。

3. 说明

命令：E↙
选择对象：（选择要删除的对象）

### 4.2.2　删除恢复命令

1. 功能

恢复最后一次用删除命令删除的对象，但只能恢复一次。

2. 格式

命令：OOPS（或 Ctrl＋Z）

3. 说明

命令：OOPS↙
（系统即恢复最后一次删除的对象）

### 4.2.3　复制命令

1. 功能

复制命令可以复制选定的对象，并可作多重复制。

2. 格式

（1）命令：COPY 或 CO。
（2）菜单：修改→复制。
（3）图标：修改工具栏中。

3. 说明

命令：CO↙
选择对象：（选择要复制的对象）
选择对象：↙

指定基点或［位移（D）］＜位移＞：（输入基点或位移量）

指定第二个点或＜使用第一个点作位移＞：（输入位移量的第二点或将输入的第一点作为位移量）

指定第二个点或［退出（E）/放弃（U）］＜退出＞：（指定第二点或输入 E 为退出，输入 U 放弃复制对象，并可重新复制对象）

指定第二个点或［退出（E）/放弃（U）］＜退出＞：（可以再进行复制，默认为多重复制状态，若输入回车键则完成命令）

**例 4-1**　如图 4-12 所示，将图中的圆复制到矩形的四个角点上。

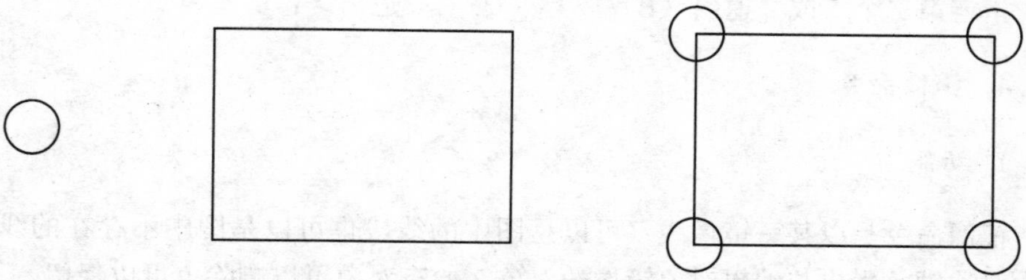

图 4-12　复制命令实例一

操作步骤如下：

命令：CO↙

选择对象：（选取圆）

选择对象：↙

指定基点或［位移（D）］＜位移＞：（单击圆的圆心）

指定第二个点或＜使用第一个点作位移＞：（单击矩形的一个角点）

指定第二个点或［退出（E）/放弃（U）］＜退出＞：（依次单击其他三个角点）

指定第二个点或［退出（E）/放弃（U）］＜退出＞：↙

**例 4-2**　绘制间距为 50 的 10 条等长水平线，如图 4-13 所示。

操作步骤如下：

命令：CO↙

选择对象：（选取最底端的水平线）

选择对象：↙

指定基点或［位移（D）］＜位移＞：

（点选一点，然后用光标选择向上的方向）

指定第二个点或＜使用第一个点作位移＞：

图 4-13　复制命令实例二

指定第二个点或［退出（E）/放弃（U）］＜退出＞：100✓
指定第二个点或［退出（E）/放弃（U）］＜退出＞：150✓
指定第二个点或［退出（E）/放弃（U）］＜退出＞：200✓
指定第二个点或［退出（E）/放弃（U）］＜退出＞：250✓
指定第二个点或［退出（E）/放弃（U）］＜退出＞：300✓
指定第二个点或［退出（E）/放弃（U）］＜退出＞：350✓
指定第二个点或［退出（E）/放弃（U）］＜退出＞：400✓
指定第二个点或［退出（E）/放弃（U）］＜退出＞：450✓
指定第二个点或［退出（E）/放弃（U）］＜退出＞：✓

### 4.2.4　镜像命令

1. 功能

镜像命令是以某一镜像线（可以是图中的线段也可以是图中不存在的线段）作为对称轴，生成与编辑对象镜像的对象，原有对象可以删除也可以保留。

2. 格式

（1）命令：MIRROR 或 MI。
（2）菜单：修改→镜像。
（3）图标：修改工具栏中⚠。

3. 说明

命令：MI✓
选择对象：（选择要镜像的对象）
选择对象：✓
指定镜像线的第一点：（指定对称轴上的一点）
指定镜像线的第二点：（指定对称轴上的另一点）
要删除源对象吗？［是（Y）/否（N）］＜N＞：（输入"Y"则原来的对象删除；输入"N"或回车则不删除源对象）

4. 注释

（1）所指定的镜像线是图形对象被镜像的轴线，它可以是任意角度的。
（2）对于文本镜像来说，系统将文本镜像后得到的文本并不像在镜子里看到的样子，这是因为系统默认文本的局部镜像状态。在 AutoCAD 中用系统变量

MIRRTEXT 来控制文本镜像的状态。MIRRTEXT＝0 时，局部镜像，文本的位置镜像，文字不镜像；MIRRTEXT＝1 时，全部镜像，文本的位置、文字都镜像，如图 4-14 所示。

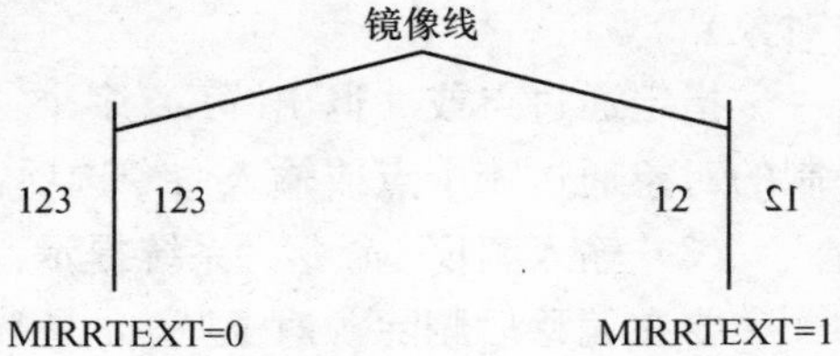

图 4-14　文本镜像示例

### 4.2.5　偏移命令

**1. 功能**

偏移命令可以创建同心圆、同心圆弧、平行线、等距曲线等。该命令可以在不退出的情况下，进行多次偏移操作。

**2. 格式**

（1）命令：OFFSET 或 O。
（2）菜单：修改→偏移。
（3）图标：修改工具栏中⊯。

**3. 说明**

命令：O↙
当前设置：删除源＝否 图层＝源 OFFSETGAPTYPE＝0
指定偏移距离或 ［通过（T）/删除（E）/图层（L）］＜通过＞：（指定距离或输入命令选项）

**4. 注释**

各选项功能如下：
（1）指定偏移距离：默认选项，当输入偏移距离后回车，系统提示：
选择要偏移的对象，或 ［退出（E）/放弃（U）］＜退出＞：（选取要偏移的对象）
指定要偏移的那一侧上的点，或 ［退出（E）/多个（M）/放弃（U）］＜退出＞：
1）用光标点选对象的某一侧，确定向哪个方向偏移对象。
2）输入 "E" 命令，退出命令，也可以直接回车退出。
3）输入 "M" 命令，可以连续偏移复制多个对象。
4）输入 "U" 命令，取消上一次偏移复制的操作。
（2）输入 "T" 命令，或回车确认 "通过" 命令，系统提示：
选择要偏移的对象，或 ［退出（E）/放弃（U）］＜退出＞：（选取要偏移的

对象）

指定通过点或［退出（E）/多个（M）/放弃（U）］＜退出＞：（指定偏移复制的对象通过哪个点或输入命令选项，该选项功能与（1）中各选项命令相同）

（3）输入"E"命令，系统提示：

要在偏移后删除源对象吗？［是（Y）/否（N）］＜否＞：（输入"Y"命令，偏移对象后删除源对象；输入"N"命令，偏移对象后保留源对象）

指定偏移距离或［通过（T）/删除（E）/图层（L）］＜通过＞：

（4）输入"L"命令，系统提示：

输入偏移对象的图层选项［当前（C）/源（S）］＜源＞：（输入"C"命令，偏移的对象放置在当前图层；输入"S"命令，偏移对象放置在源对象所在的图层上）

**例 4-3**　绘制如图 4-13 所示的图形。

操作步骤如下：

命令：O↙

当前设置：删除源＝否 图层＝源 OFFSETGAPTYPE＝0

指定偏移距离或［通过（T）/删除（E）/图层（L）］＜通过＞：50↙

选择要偏移的对象，或［退出（E）/放弃（U）］＜退出＞：（选择最底部的水平线）

指定要偏移的那一侧上的点，或［退出（E）/多个（M）/放弃（U）］＜退出＞：（单击水平线上方一点）

选择要偏移的对象，或［退出（E）/放弃（U）］＜退出＞：（选择刚创建的水平线）

指定要偏移的那一侧上的点，或［退出（E）/多个（M）/放弃（U）］＜退出＞：（单击水平线上方一点，连续偏移 8 次）

选择要偏移的对象，或［退出（E）/放弃（U）］＜退出＞：↙

### 4.2.6　阵列命令

**1. 功能**

阵列命令可以按指定方式复制排列多个对象副本。排列方式分为矩形阵列和环形阵列。

**2. 格式**

（1）命令：ARRAY 或 AR。

（2）菜单：修改→阵列。

（3）图标：修改工具栏中■■。

3．说明

命令：AR↙

（系统弹出"阵列"对话框，如图 4-15 所示）

4．注释

在弹出的"阵列"对话框中，有两个选择按钮：一个是"矩形阵列（R)"，一个是"环形阵列（P)"。

选择"矩形阵列（R)"，对话框显示如图 4-15 所示。

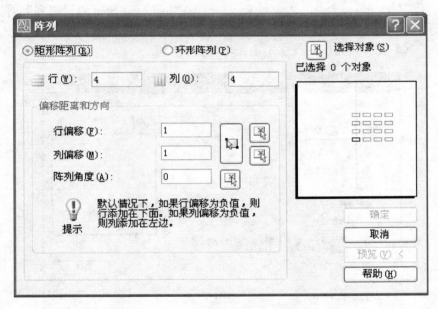

图 4-15　"阵列"对话框中的"矩形阵列"形式

（1）"行（W)"文本框：指定对象需阵列的行数。

（2）"列（O)"文本框：指定对象需阵列的列数。

（3）"偏移距离和方向"选项组：设置偏移方向和距离。

1）"行偏移（F)"、"列偏移（M)"：文本框，设置矩形阵列中行和列之间的间距，输入正值，沿 Y 轴或 X 轴正方向偏移；输入负值，沿 Y 轴或 X 轴负方向偏移。单击在文本框右侧的大按钮，将切换到绘图窗口，指定两点，用两点之间的 Y 轴增加量和 X 轴增加量来确定行偏移量和列偏移量。单击"行偏移（F)"或"列偏移（M)"文本框后对应的小按钮，可以切换到绘图窗口，分别指定两点，用两点的长度确定行或列的偏移量，用两点次序确定阵列的方向。

　　2）"阵列角度（A）"：文本框，如果输入正的旋转角度，则逆时针旋转；如果为负值则顺时针旋转。单击右侧相应的小按钮，可以切换到绘图窗口，指定两点，用两点连线与 X 轴的夹角确定阵列的角度。

　　（4）"选择对象（S）"：功能按钮，单击该按钮，切换到绘图窗口，选择要阵列的对象，回车确认后返回"阵列"对话框。

图 4-16　"阵列"接受对话框

　　（5）"预览（V）＜"：功能按钮，单击该按钮，可以预览阵列的效果，系统弹出"阵列"接受对话框，如图 4-16 所示。

　　在如图 4-15 所示的"阵列"对话框中单击"环形阵列"选择按钮，将切换到"环形阵列"形式，如图 4-17 所示。"环形阵列"在一定角度内按一定半径均匀复制对象。

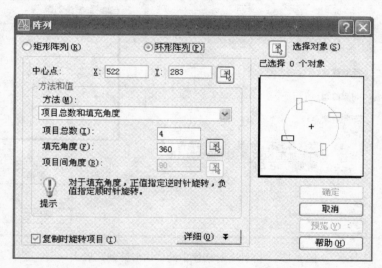

图 4-17　"阵列"对话框中的"环形阵列"形式

　　（1）"中心点"：文本框，指定环形阵列中心点的坐标，也可单击文本框右侧的小按钮，切换到绘图窗口，在窗口内拾取环形阵列的中心点。

　　（2）"方法和值"选项组：确定环形阵列的方法和参数。其中，"方法（M）"下拉列表框，可以指定用何种方式确定环形阵列的参数设置，包括"项目总数和填充角度"、"项目总数和项目间的角度"、"填充角度和项目间的角度"三种方式，在每个对应的参数文本框中输入值，也可以通过单击相应的按钮切换到绘图窗口指定。

（3）"复制时旋转项目（T）"：复选框，用于设置在阵列时是否将复制出的对象旋转。

（4）"详细（O）"：功能按钮，单击该按钮，将显示对象的基点信息，可以设置对象的基点。如图 4-18 所示。

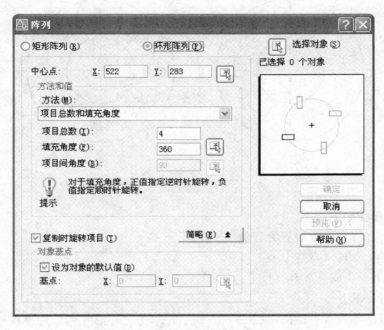

图 4-18　"环形阵列"形式的详细按钮显示结果

**例 4-4**　绘制如图 4-19 所示的图形。

操作步骤如下：

命令：REC↙

指定第一个角点或［倒角（C）/标高（E）/圆角（F）/厚度（T）/宽度（W）］：（在屏幕上随意指定一点）

指定另一个角点或［面积（A）/尺寸（D）/旋转（R）］：@80，80↙

命令：AR↙

（弹出如图 4-15 所示"阵列"对话框，在"行"、"列"文本框分别输入数值 4，在"行偏移"文本框中输入 200，在"列偏移"文本框中输入 150，在"阵

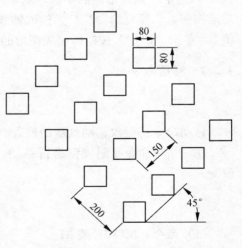

图 4-19　矩形阵列命令实例

列角度"文本框中输入 45，单击"选择对象"功能按钮，拾取刚绘制的正方形，回车返回"阵列"对话框，单击"确定"按钮即完成图形的绘制）

**例 4-5**　将如图 4-20（a）所示的图形绘制成如图 4-20（b）所示的图形。

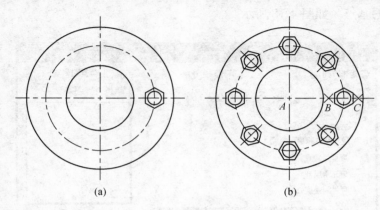

图 4-20　环形阵列命令实例

操作步骤如下：

命令：（将点画线层置为当前层）L↙

指定第一点：（点选 B 点）

指定下一点或［放弃（U）］：（点选 C 点）

命令：AR↙

（弹出"阵列"对话框，如图 4-15 所示，单击"环形阵列"选择按钮，显示如图 4-17 所示，单击"选择对象（S）"功能按钮，切换到绘图窗口，选择直线 BC、六边形、六边形内的小圆，确定返回"环形阵列"对话框，单击"中心点"功能按钮，切换到绘图窗口，拾取轴线交点 A，在"项目总数"文本框内输入数值 8，单击"确定"按钮即完成图形的绘制）

## 4.2.7　移动命令

### 1. 功能

移动命令将对象移动到新的位置。与平移命令不同。

注：平移命令是对视窗进行移动，图中对象在坐标系内的位置并没有发生改变。

### 2. 格式

（1）命令：MOVE 或 M。

（2）菜单：修改→移动。

（3）图标：修改工具栏中✛。

3．说明

命令：M↙
选择对象：（选择要移动的对象）
指定基点或［位移（D）］＜位移＞：（指定基点或输入位移量）
　　指定第二个点或＜使用第一个点作为位移＞：（输入位移量的第二点或将输入的第一点作为位移量，若直接键入回车键则以在第一个提示下输入的坐标为位移量；如果输入一个点的坐标再确认，则系统确认的位移量为第一点和第二点间的矢量差）
　　图 4-21 显示正在执行移动命令的对象，其中虚线表示对象原来的位置，实线表示正在移动的对象，另外还有表示移动方位和距离的指示线，指引线的起点表示命令开始确定的基点的位置；十字光标表示将要输入的点位置。

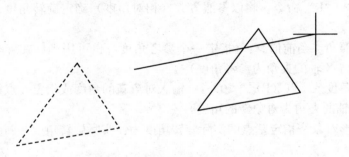

图 4-21　移动过程中的对象示例

## 4.2.8　旋转命令

1．功能

旋转命令可以使图形对象围绕某一基点按指定的角度和方向旋转，改变图形对象的方向及位置。

2．格式

（1）命令：ROTATE 或 RO。
（2）菜单：修改→旋转。
（3）图标：修改工具栏中◐。

3．说明

命令：RO↙

UCS 当前的正角方向：ANGDIR＝逆时针 ANGBASE＝0

选择对象：（选择要旋转的对象）

选择对象：↙

指定基点：（拾取旋转的基点）

指定旋转角度，或［复制（C）/参照（R）］＜当前值＞：（指定角度或输入选项命令）

4. 注释

各选项功能如下：

（1）指定旋转角度：默认选项，直接输入一个角度值，系统用此角度值旋转对象，值为正时逆时针旋转；值为负时顺时针旋转。

（2）输入"C"命令，系统将先复制对象，再将复制的对象按设定的旋转角度旋转。这是 AutoCAD 2008 新添加的功能。

（3）输入"R"命令，将以参照方式（相对角度）确定旋转角度。回车后系统提示：

指定参照角＜当前值＞：（指定一个参考角度，也可用光标在屏幕点选两点以两点连线与 X 轴的夹角为参考角度）

指定新角度或［点（P）］＜0＞：（输入对象新的角度或指定一点以这点和基点连线与 X 轴的夹角为对象新的角度）

此时图形对象绕指定基点的实际旋转角度为：实际旋转角度＝新角度－参考角度。

例 4-6　将图 4-22（a）中的矩形以 A 点为基点，从虚线位置旋转 45°，结果如图 4-22（a）所示。再将图 4-22（b）中 B 点的矩形以 A 点为基点，复制旋转到 C 点，结果如图 4-22（b）所示。

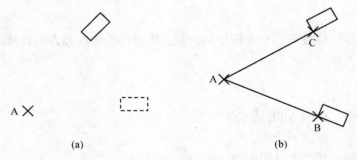

(a)　　　　　　　　　　　　　　　　(b)

图 4-22　旋转命令实例

图（a）操作步骤如下：

命令：RO↙

UCS 当前的正角方向：ANGDIR＝逆时针 ANGBASE＝0

选择对象：（选择在虚线位置的矩形）

选择对象：↙

指定基点：（拾取 A 点）

指定旋转角度，或 ［复制 （C）/参照 （R）］ ＜0＞：45 ↙

图 （b） 操作步骤如下：

命令：RO↙

UCS 当前的正角方向：ANGDIR＝逆时针 ANGBASE＝0

选择对象：（选择在 B 点位置的矩形）

选择对象：↙

指定基点：（拾取 A 点）

指定旋转角度，或 ［复制 （C）/参照 （R）］ ＜0＞：C↙

旋转一组选定对象。

指定旋转角度，或 ［复制 （C）/参照 （R）］ ＜0＞：R↙

指定参照角＜0＞：（用光标依序点选 A 点和 B 点）

指定新角度或 ［点 （P）］ ＜0＞：（用光标点选 C 点）

### 4.2.9　缩放命令

1. 功能

比例命令又称缩放命令，用于将指定对象按给定的基点和一定的比例放大或缩小。与视窗缩放命令不同。

注：视窗缩放命令是对视窗进行缩放，图中对象的大小并没有发生改变。

2. 格式

（1）命令：SCALE 或 SC。

（2）菜单：修改→缩放。

（3）图标：修改工具栏中□。

3. 说明

命令：SC↙

选择对象：（选择要缩放的对象）

选择对象：↙

指定基点：（拾取缩放的基点）

指定比例因子，或 ［复制 （C）/参照 （R）］ ＜1.0000＞：（指定缩放的比例

或输入选项命令）

4. 注释

各选项功能如下：

（1）指定比例因子：默认选项，直接输入一个比例值，系统用此值缩入对象，当值大于 1 时放大对象；小于 1 时缩小对象。也可以用鼠标移动光标来指定。

（2）输入"C"命令，系统将先复制对象，再将复制的对象按设定的比例缩放。这是 AutoCAD 2008 新添加的功能。

（3）输入"R"命令，将以参照方式（相对比例）确定缩放比例。回车后系统提示：

指定参照长度<1.0000>：（指定一个参考长度，也可用光标在屏幕点选两点以两点距离为参考长度）

指定新的长度或［点（P）］<1.0000>：（输入对象新的长度或指定一点以这点和基点长度为对象新的长度）

此时系统根据用户指定的参考长度和新长度计算出缩放比例因子，对图形进行缩放。图形对象围绕指定基点的实际缩放比例为：实际缩放比例＝新长度/参考角度。如果新长度大于参考长度，则图形被放大；否则，图形被缩小。

**例 4-7**　将如图 4-23 所示的矩形沿矩形中心点复制放大一倍。

操作步骤如下：

命令：SC↙

选择对象：（选择小矩形）

选择对象：↙

指定基点：（拾取矩形的中心点）

指定比例因子，或［复制（C）/参照（R）］<1.0000>：C↙缩放一组选定对象。

指定比例因子，或［复制（C）/参照（R）］<1.0000>：2↙

**例 4-8**　将如图 4-24 所示的矩形的长边修改成 100。

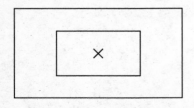

图 4-23　比例命令实例一

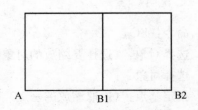

图 4-24　比例命令实例二

操作步骤如下：

命令：SC✓

选择对象：（选择矩形）

选择对象：✓

指定基点：（拾取 A 点）

指定比例因子，或［复制（C）/参照（R）］＜1.0000＞：R✓

指定参照长度＜1.0000＞：

（用光标点选 A 点和 B1 点）

指定新的长度或［点（P）］＜1.0000＞：100✓（AB1 将变为 AB2）

### 4.2.10　拉伸命令

1. 功能

拉伸命令可以拉伸或移动对象。它可以拉伸图形中指定部分，使图形沿某个方向改变尺寸，同时保持与图形中不动部分相连接。

2. 格式

（1）命令：STRETCH 或 S。

（2）菜单：修改→拉伸。

（3）图标：修改工具栏中▨。

3. 说明

命令：S✓

以交叉窗口或交叉多边形选择要拉伸的对象 …（此处省略了关键的提示，完整的提示应为"以交叉窗口或交叉多边形选择要拉伸的对象的端点"）

选择对象：（使用圈交或交叉选择方法选择要拉伸或移动对象的端点）

选择对象：✓

指定基点或［位移（D）］＜位移＞：（指定基点或输入选项命令）

4. 注释

各选项功能如下：

（1）指定基点：默认选项，指定一点作为拉伸的基点，系统提示：

指定第二个点或＜使用第一个点作为位移＞：（指定第二点确定位移量，或直接回车用第一点的坐标矢量作为位移量）

（2）输入"D"命令，系统提示：

指定位移＜0.0000，0.0000，0.0000＞：（以输入的一个坐标矢量作为位移量）

**例 4-9** 将如图 4-25（a）所示的图形编辑成图 4-25（b）所示的图形。

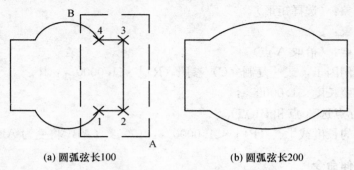

(a) 圆弧弦长100　　　　　　　　　(b) 圆弧弦长200

图 4-25　拉伸命令实例

操作步骤如下：

命令：S↙

以交叉窗口或交叉多边形选择要拉伸的对象…

选择对象：（使用交叉选择方法从 A 到 B 指定一矩形窗口，此时，系统将对象的 1、2、3、4 四个端点选中）

选择对象：↙

指定基点或［位移（D）］＜位移＞：（在屏幕上随意指定一点，或输入"D"命令，或键入回车确认"位移"选项）

方法一：（若是在屏幕上随意指定一点，系统出现提示）

指定第二个点或＜使用第一个点作为位移＞：（打开正交，将光标移到刚指定点的正右方某处）100↙

方法二：（若选择"位移"选项，系统出现提示）

指定位移＜0.0000，0.0000，0.0000＞：100，0，0↙

对于右侧的半个矩形，因为交叉窗口将其所有端点选中，所以其拉伸的效果是向右移动 100；对于上、下的圆弧，交叉窗口仅选中右侧要拉伸的端点，所以其拉伸的效果是拉长图形，未拉伸的左侧端点保持原位置不变。

## 4.2.11　拉长命令

**1. 功能**

拉长命令可以改变直线或圆弧的长度。

**2. 格式**

（1）命令：LENGTHEN 或 LEN。

（2）菜单：修改→拉长。

3. 说明

命令：LEN ✓

选择对象或［增量（DE）/百分数（P）/全部（T）/动态（DY）］：

4. 注释

各选项功能如下：

（1）指定对象：默认选项，拾取要编辑的对象，此时系统显示该对象的长度、包含角等信息。

（2）输入"DE"命令，以增量的方式改变直线或圆弧的长度，回车后系统提示：

输入长度增量或［角度（A）］＜0.0000＞：

1）输入长度值，若输入正值则可以增加线段的长度，负值则缩短线段的长度，若是编辑圆弧，则是修改圆弧的弧长。

2）输入"A"命令，切换到角度方式，系统提示：

输入角度增量＜0＞：（输入圆弧圆心角的增量，正值增加圆弧的圆心角，负值减少圆心角）

输入增量值回车后，系统出现提示：

选择要修改的对象或［放弃（U）］：（此时选择编辑圆弧的某一端，则系统加长或缩短某一端以增加或减少圆心角）

选择要修改的对象或［放弃（U）］：✓

（3）输入"P"命令，将以要编辑对象的总长的百分比值来改变对象的长度，新长度等于原长度与该百分比的乘积，回车后系统提示：

输入长度百分数＜100.0000＞：（输入百分数值回车）

选择要修改的对象或［放弃（U）］：（选择对象的某一端）

选择要修改的对象或［放弃（U）］：✓（此时若继续单击对象的某一端，系统将会以增长后的对象的长度为原长度）

（4）输入"T"命令，通过指定对象新的总长度来替换对象原来的长度，回车后系统提示：

指定总长度或［角度（A）］＜1.0000＞：

1）指定总长度，默认选项，输入直线的总长度值或圆弧的总弧长，回车后系统显示：

选择要修改的对象或［放弃（U）］：（选择对象的某一端）

选择要修改的对象或［放弃（U）］：✓（此时若继续单击对象的某一端，系统将会改变此端使对象的长度改变为新长度）

2）输入"A"命令，切换到角度方式，系统提示：

指定总角度＜当前值＞：（输入圆弧的总圆心角值回车）

选择要修改的对象或［放弃（U）］：（选择圆弧的某一端）

选择要修改的对象或［放弃（U）］：✓

（5）输入"DY"命令，可以用光标拖动的方式改变对象的长度。回车后系统提示：

选择要修改的对象或［放弃（U）］：（选择对象的某一端，此时这端将可以改变，移动光标，该端点随之移动，系统出现提示）

指定新端点：（确定对象新的端点）

选择要修改的对象或［放弃（U）］：✓

**例 4-10**    如图 4-26（a）所示，要将中心线分别拉长 3，结果如图 4-26（b）所示。

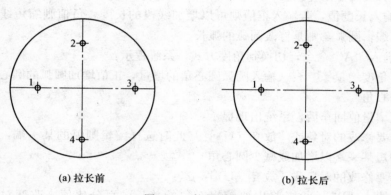

(a) 拉长前                       (b) 拉长后

图 4-26    拉长中心线

操作步骤如下：

命令：len 或 LENGTHEN

选择对象或［增量（DE）/百分数（P）/全部（T）/动态（DY）］：de

输入长度增量或［角度（A）］＜20.0000＞：3

选择要修改的对象或［放弃（U）］：用鼠标选取 1 点

选择要修改的对象或［放弃（U）］：用鼠标选取 2 点

选择要修改的对象或［放弃（U）］：用鼠标选取 3 点

选择要修改的对象或［放弃（U）］：用鼠标选取 4 点

选择要修改的对象或［放弃（U）］：✓

## 4.2.12    修剪命令

1. 功能

修剪命令以某一对象作为剪切边界，将其他对象超过此边界的那部分删除。

2. 格式

(1) 命令：TRIM 或 TR。
(2) 菜单：修改→修剪。
(3) 图标：修改工具栏中┮。

3. 说明

命令：TRIM✓
当前设置：投影＝UCS，边＝无
选择剪切边 …
选择对象或＜全部选择＞：（选择某一对象或键入回车选择所有对象做剪切边）
选择对象或＜全部选择＞：✓
选择要修剪的对象，或按住 Shift 键选择要延伸的对象，或
［栏选（F）/窗交（C）/投影（P）/边（E）/删除（R）/放弃（U）］：（选择要修剪对象相对于剪切边的某一侧部分，或输入选项命令）
选择要修剪的对象，或按住 Shift 键选择要延伸的对象，或
［栏选（F）/窗交（C）/投影（P）/边（E）/删除（R）/放弃（U）］：✓

4. 注释

各选项功能如下：
(1) 选择要修剪的对象：默认选项，通过选择要修剪对象相对于剪切边的某一侧来修剪掉多余的部分。
(2) 按住 Shift 键选择要延伸的对象：如果剪切边和要剪切对象没有相交，按住 Shift 键，可以选择要剪切对象，用修剪命令作延伸效果，将要剪切对象延伸到剪切边界。
(3) 输入 "F" 命令，可以用栏选的方式一次选择多个要修剪的对象作修剪命令。
(4) 输入 "C" 命令，可以用交叉窗口选择方式选择多个要修剪对象作修剪命令。
(5) 输入 "P" 命令，用来确定修剪执行的空间。这时可以将空间两个对象投影到某一平面上执行修剪操作。回车后系统提示：
输入投影选项［无（N）/Ucs（U）/视图（V）］＜Ucs＞：
1) 输入 "N" 命令，系统按三维方式修剪，该选项只对空间相交的对象有效。

2）输入"U"命令，系统在当前用户坐标系（UCS）的 XY 平面上修剪，此时可以在修剪在三维空间中没有相交但投影在 XY 平面上相交的对象。

3）输入"V"命令，系统在当前视图平面上修剪。

（6）输入"E"命令，可以确定修剪方式，回车后系统提示：

输入隐含边延伸模式［延伸（E）/不延伸（N）］＜不延伸＞：

1）输入"E"命令，系统按延伸的方式修剪，当要修剪的对象与剪切边未相交时依然能进行修剪命令。

2）输入"N"命令，系统按不延伸的方式修剪，当要修剪的对象与剪切边未相交时不能修剪。这种方式是系统的默认方式。

（7）输入"R"命令，可以删除对象，回车后系统提示：

选择要删除的对象或＜退出＞：（此时选择要删除的对象，回车即可删除对象）

（8）输入"U"命令，可以取消前一次操作，可连续返回直到取消命令。

**例 4-11** 已知图 4-27（a）所示，要用修剪命令修剪掉中间的四条直线，结果如图 4-27（b）所示。

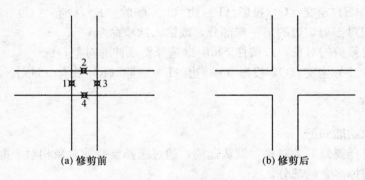

图 4-27　修剪线段

操作步骤如下：

命令：_ trim

当前设置：投影＝UCS，边＝无

选择剪切边 ...　　　　　　　//图 4-27 所示的从右往左框中四条直线

选择对象或＜全部选择＞：指定对角点：找到 4 个

选择对象：↙

选择要修剪的对象，或按住 Shift 键选择要延伸的对象，或

［栏选（F）/窗交（C）/投影（P）/边（E）/删除（R）/放弃（U）］：

　　　　　　　　　　　　　　　　　　　　　　　　　　　　　//选取 1 点

选择要修剪的对象，或按住 Shift 键选择要延伸的对象，或

［栏选（F）/窗交（C）/投影（P）/边（E）/删除（R）/放弃（U）］：

//选取 2 点
选择要修剪的对象，或按住 Shift 键选择要延伸的对象，或
［栏选（F）/窗交（C）/投影（P）/边（E）/删除（R）/放弃（U）]：
//选取 3 点
选择要修剪的对象，或按住 Shift 键选择要延伸的对象，或
［栏选（F）/窗交（C）/投影（P）/边（E）/删除（R）/放弃（U）]：
//选取 4 点
选择要修剪的对象，或按住 Shift 键选择要延伸的对象，或
［栏选（F）/窗交（C）/投影（P）/边（E）/删除（R）/放弃（U）]：✓

### 4.2.13　延伸命令

**1. 功能**

延伸命令以某一对象作为延伸边界，将其他对象延伸到此边界。

**2. 格式**

(1) 命令：EXTEND 或 EX。
(2) 菜单：修改→延伸。
(3) 图标：修改工具栏中-/。

**3. 说明**

命令：EX✓
当前设置：投影＝UCS，边＝无
选择剪切边...
选择对象或＜全部选择＞：（选择某一对象或键入回车选择所有对象做延伸边界）
选择对象或＜全部选择＞：✓
选择要延伸的对象，或按住 Shift 键选择要修剪的对象，或
［栏选（F）/窗交（C）/投影（P）/边（E）/删除（R）/放弃（U）]：

**4. 注释**

延伸命令与修剪命令使用方法、各选项命令功能均相似。
**例 4-12**　已知图 4-28（a）所示，要用延伸修剪命令延伸直线 $l_1$ 至 $l_2$ 的位置，结果如图 4-27（b）所示。

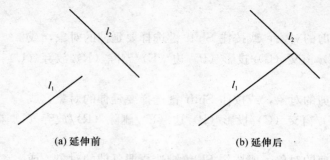

(a) 延伸前　　　　　　　　　　(b) 延伸后

图 4-28　延伸直线

命令：_ extend

当前设置：投影＝UCS，边＝无

选择边界的边 …　　　　　　　　　　　　　　　　　　　　//选择 $l_2$

选择对象或＜全部选择＞：找到 1 个

选择对象：↙

选择要延伸的对象，或按住 Shift 键选择要修剪的对象，或

［栏选（F）/窗交（C）/投影（P）/边（E）/放弃（U）］：　　//选择 $l_1$

选择要延伸的对象，或按住 Shift 键选择要修剪的对象，或

［栏选（F）/窗交（C）/投影（P）/边（E）/放弃（U）］：↙

### 4.2.14　打断命令

1. 功能

打断命令可以去除图形对象或图形对象的某一部分，或将图形对象一分为二。

2. 格式

（1）命令：BREAK 或 BR。

（2）菜单：修改→打断。

（3）图标：修改工具栏中█。

3. 说明

命令：BR↙

选择对象：（选择要打断的对象，此时拾取对象的点即为打断的第一点）

指定第二个打断点或［第一点（F）］：

4. 注释

（1）指定第二个打断点：默认选项，输入第二个打断点，系统将删除对象处于两打断点间的部分。

（2）输入"F"命令，将重新指定第一个打断点。

注：①若第一个打断点与第二个打断点重合，则对象从该点一分为二，对应的命令是修改工具栏中的▢打断于点命令。此命令还可以用另一种方法来实现，在"指定第二个打断点或［第一点（F）］:"提示下输入"@"回车，也可以完成打断于点的功能。②打断命令还可以做修剪、缩短功能，指定第一个打断点后，第二个打断点指定在该对象端点以外即可把该物体第一断点一侧删除。③对于圆的打断，其打断的部分是以输入的两打断点逆时针方向打断的。

**例 4-12**　如图 4-29 所示，将直线 AB 超出矩形的那部分除去。

操作步骤如下：

方法一：（用修剪命令）

命令：TRIM↙

当前设置：投影＝UCS，边＝无

选择剪切边 …

选择对象或＜全部选择＞：（选择矩形）

选择对象或＜全部选择＞：↙

选择要修剪的对象，或按住 Shift 键选择要延伸的对象，或

［栏选（F）/窗交（C）/投影（P）/边（E）/删除（R）/放弃（U）］:（选择直线 AB 超出矩形的部分）

选择要修剪的对象，或按住 Shift 键选择要延伸的对象，或

［栏选（F）/窗交（C）/投影（P）/边（E）/删除（R）/放弃（U）］:↙

方法二：（用打断命令）

命令：BR↙

选择对象：（选择直线 AB）

指定第二个打断点或［第一点（F）］:F↙

指定第一个打断点：（选择直线 AB 与矩形的交点）

指定第二个打断点：（选择 B 端点以外的某点）

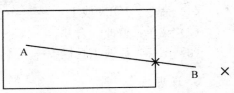

图 4-29　修剪、打断命令实例

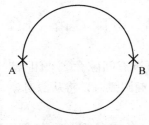

图 4-30　打断命令实例

**例 4-13**　将如图 4-30 所示的圆的上半部分去除。

操作步骤如下：

命令：BR↙

选择对象：（选择圆）

指定第二个打断点或［第一点（F）］:F↙

指定第一个打断点：（选择 B 点）

指定第二个打断点：（选择 A 点）

注：此时，若先选择 A 点，再选择 B 点，则系统将圆的下半部分删去。所以，在对圆作打断处理时，要注意指定的打断点的次序。

### 4.2.15 合并命令

#### 1. 功能

将图形上某一连续的两条线段连接成一个对象，或者将某段圆弧闭合成整圆。

#### 2. 格式

(1) 命令：JOIN 或 J。
(2) 菜单：修改→合并。
(3) 图标：修改工具栏中 ➔➔ 。

#### 3. 说明

命令：J↙
选择源对象：（选择一条直线、多段线、圆弧、椭圆弧或样条曲线）

#### 4. 注释

根据选定的源对象，系统显示以下提示之一：

(1) 直线。选择要合并到源的直线：（选择一条或多条直线回车）

注：直线对象必须共线（位于同一无限长的直线上），但是它们之间可以有间隙。

(2) 多段线。选择要合并到源的对象：（选择一个或多个对象回车）

注：对象可以是直线、多段线或圆弧。对象之间不能有间隙，并且必须位于与 UCS 的 XY 平面平行的同一平面上。

(3) 圆弧。选择圆弧，以合并到源或进行 ［闭合（L）］：（选择一个或多个圆弧回车，或输入"L"命令）

注：①圆弧对象必须位于同一假想的圆上，但是它们之间可以有间隙。②"闭合"选项可将源圆弧转换成圆。③合并两条或多条圆弧时，将从源对象开始按逆时针方向合并圆弧。

(4) 椭圆弧。选择椭圆弧，以合并到源或进行 ［闭合（L）］：（选择一个或多个椭圆弧回车，或输入"L"命令）

注：①椭圆弧必须位于同一椭圆上，但是它们之间可以有间隙。②"闭合"选项可将源椭圆弧闭合成完整的椭圆。③合并两条或多条椭圆弧时，将从源对象开始按逆时针方向合并椭圆弧。

(5) 样条曲线。选择要合并到源的样条曲线：（选择一条或多条样条曲线回

车)

注：样条曲线对象必须位于同一平面内，并且必须首尾相邻（端点到端点放置）。

**例 4-14**　已知如图 4-31（a）所示，要用合并命令完成图 4-31（b）和 4-31（c）所示图形。

命令：_ join 选择源对象：　　　　　　//选择圆弧 1

选择圆弧，以合并到源或进行 [闭合（L)]：

　　　　　　　　　　　　　　　　//选择圆弧 2

选择要合并到源的圆弧：找到 1 个

已将 1 个圆弧合并到源

　　　　　　　　　　　　//可得到如图 4-31（b）所示的效果

命令：JOIN 选择源对象：

　　　　　　　　　　　　//选择圆弧 1（或圆弧 2）

选择圆弧，以合并到源或进行 [闭合（L)]：L

已将圆弧转换为圆。　　　　　　//可得到如图 4-32（c）所示的效果

注：若合并时选择圆弧 2 为源对象，再选择圆弧 1 进行合并，则会得到图 4-32 所示效果

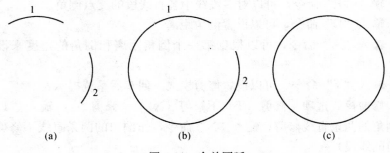

图 4-31　合并圆弧

## 4. 2. 16　倒角命令

### 1. 功能

倒角命令在机械制图中经常应用，许多机械零件加工时都有倒角。倒角命令可以将两条相交的直线倒棱角，也可以对多段线进行倒角。

图 4-32　"圆弧 2"为源对象的圆弧合并

### 2. 格式

（1）命令：CHAMFER 或 CHA。

（2）菜单：修改→倒角。

（3）图标：修改工具栏中　。

3．说明

命令：CHA↙

（"修剪"模式）当前倒角距离 1＝0.0000，距离 2＝0.0000
选择第一条直线或
［放弃（U）/多段线（P）/距离（D）/角度（A）/修剪（T）/方式（E）/多个（M）］：

选择第二条直线，或按住 Shift 键选择要应用角点的直线：

4．注释

各选项功能如下：

（1）选择第一条直线：默认选项，要求选择进行倒角的两条直线，这两条直线不能平行，然后按当前倒角距离对这两条直线倒棱角，选择的第一条直线用倒角距离 1 倒角，第二条直线用倒角距离 2 倒角。

（2）输入"U"命令，可以取消上一次倒角操作。

（3）输入"P"命令，可以对多段线中各直线段的交点倒角。

（4）输入"D"命令，可以设置倒角距离。

（5）输入"A"命令，可以根据第一个倒角距离和倒角的角度来设置倒角尺寸。

（6）输入"T"命令，可以设置修剪模式。回车后系统提示：
输入修剪模式选项［修剪（T）/不修剪（N）］＜修剪＞：（输入"T"命令，此时作倒角的两条直线修剪；输入"N"命令，作倒角的两条直线不修剪而创建一根棱角的线段）

（7）输入"E"命令，可以选择倒角的方式。回车后系统提示：
输入修剪方式［距离（D）/角度（A）］＜距离＞：

（8）输入"M"命令，可以对多个对象倒角，而不用重复启动倒角命令。

（9）按住 Shift 键选择要应用角点的直线：可以快速创建零距离倒角。

例 4-15　如图 4-33 所示，将两垂直相交的直线作倒角处理，倒角尺寸为 C50。

操作步骤如下：

命令：CHA↙

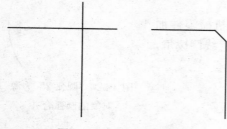

图 4-33　倒角命令实例

("修剪"模式) 当前倒角距离 1＝0.0000，距离 2＝0.0000

选择第一条直线或

〔放弃（U）/多段线（P）/距离（D）/角度（A）/修剪（T）/方式（E）/多个（M）〕：D↙

指定第一个倒角距离＜0.0000＞：50↙

指定第二个倒角距离＜50.0000＞：↙

选择第一条直线或

〔放弃（U）/多段线（P）/距离（D）/角度（A）/修剪（T）/方式（E）/多个（M）〕：（选择一条直线）

选择第二条直线，或按住 Shift 键选择要应用角点的直线：（选择另一条直线）

### 4.2.17　圆角命令

1. 功能

圆角命令在机械制图中也经常应用，许多铸造零件都有圆角。圆角命令用指定的半径，对两个对象或多段线进行光滑的圆弧连接。

2. 格式

(1) 命令：FILLET 或 F。

(2) 菜单：修改→圆角。

(3) 图标：修改工具栏中 。

3. 说明

命令：F↙

当前设置：模式＝修剪，半径＝0.0000

选择第一个对象或〔放弃（U）/多段线（P）/半径（R）/修剪（T）/多个（M）〕：

选择第二个对象，或按住 Shift 键选择要应用角点的直线：

4. 注释

(1) 圆角命令各选择项功能与操作基本与倒角命令相似。

(2) 执行倒角或圆角命令时，如果修改了修剪方式，则倒角命令和圆角命令的修剪方式都会同时发生改变，这是由系统变量 TRIMMODE 控制的。TRIM-MODE＝1 时为"修剪"模式，TRIMMODE＝0 时为"不修剪"模式。

　　**例 4-16**　已知如图 4-34（a）所示，要用倒圆角命令分别倒半径为 20 的圆角，得到如图 4-34（b）所示的效果。

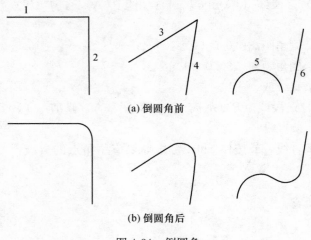

(a) 倒圆角前

(b) 倒圆角后

图 4-34　倒圆角

　　操作步骤如下：
　　命令：_ fillet
　　当前设置：模式＝修剪，半径＝0.0000
　　选择第一个对象或［放弃（U）/多段线（P）/半径（R）/修剪（T）/多个（M）］：r
　　指定圆角半径＜0.0000＞：20
　　选择第一个对象或［放弃（U）/多段线（P）/半径（R）/修剪（T）/多个（M）］：　　　　　　　　　　　　　　　　　　　　　　　//选择直线 1
　　选择第二个对象，或按住 Shift 键选择要应用角点的对象：　　//选择直线 2
　　命令：FILLET
　　当前设置：模式＝修剪，半径＝20.0000
　　选择第一个对象或［放弃（U）/多段线（P）/半径（R）/修剪（T）/多个（M）］：　　　　　　　　　　　　　　　　　　　　　　　//选择直线 3
　　选择第二个对象，或按住 Shift 键选择要应用角点的对象：　　//选择直线 4
　　命令：FILLET
　　当前设置：模式＝修剪，半径＝20.0000
　　选择第一个对象或［放弃（U）/多段线（P）/半径（R）/修剪（T）/多个（M）］：　　　　　　　　　　　　　　　　　　　　　　　//选择圆弧 5
　　选择第二个对象，或按住 Shift 键选择要应用角点的对象：　　//选择直线 6

#### 4.2.18　分解命令

1. 功能

将复杂对象分解为各组成部分。

2. 格式

(1) 命令：EXPLODE 或 X。
(2) 菜单：修改→分解。
(3) 图标：修改工具栏中。

3. 说明

命令：X↙
选择对象：

**例 4-17**　已知对一个已经进行内部填充的圆，分解前选取 A 点时，将得到图 4-35（a）所示的效果；分解后选取 A 点时，将得到图 4-35（b）所示的效果。

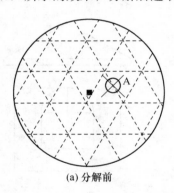 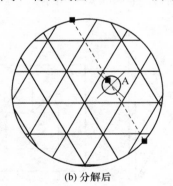

(a) 分解前　　　　　　　　　　　　(b) 分解后

图 4-35　分解

#### 4.2.19　对齐命令

1. 功能

对齐命令可以应用在二维平面绘图，也可以应用在三维立体空间。它是通过移动、旋转对象来使对象与另一个对象对齐。

2. 格式

(1) 命令：ALIGN 或 AL。
(2) 菜单：修改→三维操作→对齐。

3. 说明

命令：AL✓

选择对象：（选择要对齐的对象）

指定第一个源点：

指定第一个目标点：

指定第二个源点：

指定第二个目标点：

指定第三个源点＜继续＞：✓

是否基于对齐点缩放对象？［是（Y）/否（N）］＜否＞：

4. 注释

对齐二维对象，只需要指定两对对齐点即可；对齐三维对象，则需要指定三对对齐点。

**例 4-18**　将如图 4-36（a）所示房顶对齐到如图 4-36（b）所示的房屋主体上，完成后如图 4-36（c）所示。

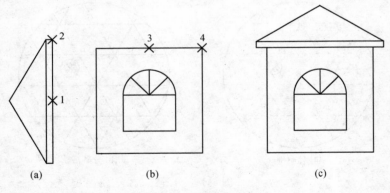

图 4-36　对齐命令实例

操作步骤如下：

命令：AL✓

选择对象：（选择图（a）的房顶）

指定第一个源点：（选择房顶下沿中点 1）

指定第一个目标点：（选择图（b）房屋主体上沿中点 3）

指定第二个源点：（选择房顶端点 2）

指定第二个目标点：（选择房屋端点 4）

指定第三个源点＜继续＞：✓

是否基于对齐点缩放对象？［是（Y）/否（N）］＜否＞：↙

### 4.2.20　编辑图案填充命令

1. 功能

填充图案或渐变色是一种特殊的对象，因此其编辑具有一些特殊性。未被分解的填充图案或渐变色为一对象，可将其整体像其他对象一样编辑，但有一些编辑命令对其无效，如"拉伸"、"修剪"、"延伸"、"拉长"等命令。若想对图案填充的特性进行修改，则需要使用编辑图案填充命令。

2. 格式

（1）命令：HETCHEDIT 或 HE。
（2）菜单：修改→对象→图案填充。
（3）图标：修改Ⅱ工具栏中 。

3. 说明

命令：HE ↙
（弹出"图案填充编辑"对话框，在该对话框中更改图案填充的设置。该对话框与"图案填充和渐变色"对话框完全一样，只是有些选项不能使用。）

**例 4-19**　对如图 4-37（a）所示的图形进行图案填充。

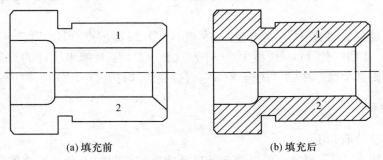

(a) 填充前　　　　　　　　　　　　　　(b) 填充后

图 4-37　图案填充

操作步骤如下：
命令：_ bhatch
拾取内部点或［选择对象（S）/删除边界（B）］：正在选择所有对象…

//选取区域 1

正在选择所有可见对象…
正在分析所选数据…
正在分析内部孤岛…
拾取内部点或［选择对象（S）/删除边界（B）］：　　　　　　//选取区域 2

正在分析内部孤岛 …

拾取内部点或［选择对象（S）/删除边界（B）］：

### 4.2.21　编辑多段线命令

**1. 功能**

对多段线对象进行编辑，或将对象合并成多段线加以编辑。此命令经常应用在三维绘图中创建封闭二维平面对象。

**2. 格式**

(1) 命令：PEDIT 或 PE。

(2) 菜单：修改→对象→多段线。

(3) 图标：修改Ⅱ工具栏中 。

**3. 说明**

命令：PE↙

选择多段线或［多条（M）］：（选择多段线、直线或圆弧，或输入"M"命令选择多个对象，可以同时包括多段线、直线、圆弧）

选定的对象不是多段线（若所选对象不是多段线才会出现）

是否将其转换为多段线？＜Y＞（输入"Y"则将对象转变为多段线，输入"N"则不转换）

输入选项［闭合（C）/合并（J）/宽度（W）/编辑顶点（E）/拟合（F）/样条曲线（S）/非曲线化（D）/线型生成（L）/放弃（U）］：（如果所选的对象是封闭多段线，则选项命令中的"闭合（C）"将会变为"打开（O）"）

**4. 注释**

各选项功能如下：

(1) 输入"C"命令，可以使一条打开的多段线封闭，若多段线的最后一段是线段，则用这条多段线的最后一个线段的规则完成封闭段；或最后一段是圆弧，则以圆弧的规则完成封闭段。

(2) 输入"O"命令，可以使一条封闭的多段线打开，删除多段线的最后一段。

(3) 输入"J"命令，可以将多个首尾相连的线段、圆弧、多段线转换并连接到当前多段线上。

(4) 输入"W"命令，可以设置整条多段线的宽度，使多段线具有统一的宽度。

(5) 输入"E"命令，可以编辑多段线的各顶点，这是一个十分灵活的各选项，系统用斜十字叉"X"标记当前顶点，并出现以下提示：

输入顶点编辑选项

[下一个（N）/上一个（P）/打断（B）/插入（I）/移动（M）/重生成（R）/拉直（S）/切向（T）/宽度（W）/退出（X）]＜N＞：

1）使用"N"和"P"命令可以依次遍历多段线的所有顶点，并把所访问的顶点设置为当前顶点。

2）输入"B"命令，系统以当前顶点为第一断开点，并出现提示以确定第二断开点：

输入选项［下一个（N）/上一个（P）/执行（G）/退出（X）]＜N＞：（确定第二点后，选择"G"命令执行打断选项，则系统将删除第一断开点至第二断开点之间的所有线段）

3）输入"I"命令，可以在当前顶点前插入一个新的顶点。系统出现提示：

指定新顶点的位置：

4）输入"M"命令，可以移动当前顶点到新的位置。系统出现提示：

指定标记顶点的新位置：

5）输入"R"命令，重新生成该多段线，但并不重新生成整个图形。

6）输入"S"命令，此选项与"打断（B）"选项的用法相似，区别在于此命令是以一条直线取代用户选中的第一个顶点和第二个顶点之间的所有线段。

7）输入"T"命令，可以为当前顶点增加切线方向或者给定角度，当进行曲线拟合时，PEDIT 命令的"拟合（F）"选项使用这个切线方向，所生成的曲线在该顶点处与给定角度相切。所增加的切线方向对样条拟合（SPLINE）没有影响。

8）输入"W"命令，可以设置多段线各顶点的宽度，将多段线的各线段设置为宽度不同的线段。以当前顶点为起点，下一点为终点设置多段线某段的起始线宽和终点线宽，功能与操作与 PLINE 命令的 WIDTH 选项相同。系统出现提示：

指定下一条线段的起点宽度＜0.0000＞：

指定下一条线段的端点宽度＜0.0000＞：

9）输入"X"命令，将退出编辑顶点命令。

（6）输入"F"命令，系统采用圆弧拟合的方式绘制一条通过多段线各顶点的光滑曲线。

（7）输入"S"命令，系统以多段线的各顶点控制点用 B 样条拟合多段线，所生成的曲线与用 SPLINE 命令生成的精确的样条曲线有一定的区别。多段线的拟合效果受以下三个系统变量的控制：

1）SPLFRAME：默认值为 0，禁止控制框架显示；设置为 1 时显示控制框架，如第三章图 3-40 所示。

2）SPLINETYPE：默认值为 6，生成三次 B 样条曲线；设置为 5，生成二次 B 样条曲线。如图 4-38 所示。

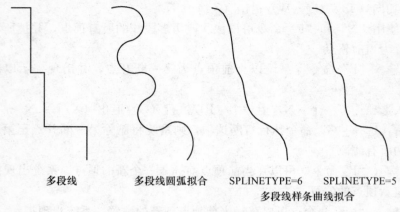

多段线　　　　　多段线圆弧拟合　　SPLINETYPE=6　　SPLINETYPE=5
多段线样条曲线拟合

图 4-38　多段线曲线拟合示例

3）SPLINESEGS：控制产生样条曲线的精度，默认值为 8，即每个曲线段用 8 段直线逼近。

（8）输入"D"命令，系统恢复多段线原来的形状，或者用直线段取代多段线中所有的曲线，包括 PLINE 命令创建的圆弧、PEDIT 命令拟合的光滑曲线。

（9）输入"L"命令，控制多段线线型的生成方式，系统出现提示：

输入多段线线型生成选项［开（ON）/关（OFF）］＜关＞：

如果选择"ON"命令，则按整条多段线分配线型；如果选择"OFF"，则按多段线的每段线段分配线型，这样可能导致一些过短的线段不能体现出所使用的线型。如图 4-39 所示，分别为选择"ON"和"OFF"时的多段线绘制效果。"OFF"为默认选项。

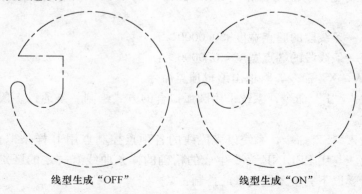

线型生成"OFF"　　　　　　　　　线型生成"ON"

图 4-39　多段线线型生成示例

（10）输入"U"命令，取消 PEDIT 命令的最后一次操作。

### 4.2.22 编辑样条曲线命令

1. 功能

对样条曲线对象进行编辑。

2. 格式

（1）命令：SPLINEDIT 或 SPE。
（2）菜单：修改→对象→样条曲线。
（3）图标：修改Ⅱ工具栏中 ✎。

3. 说明

命令：SPE↙

选择样条曲线：（选择要编辑的样条曲线，此时样条曲线上的控制点会显示出来，如图 4-40（a）所示。）

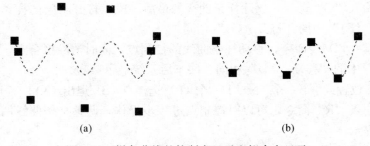

图 4-40　样条曲线的控制点显示和拟合点显示

输入选项 ［拟合数据（F）/闭合（C）/移动顶点（M）/精度（R）/反转（E）/放弃（U）］：（如果所选的对象是封闭样条曲线，则选项命令中的"闭合（C）"将会变为"打开（O）"）

4. 注释

各选项功能如下：

（1）输入"F"命令，将样条曲线的控制点显示变为拟合点显示。如图 4-40（b）所示。回车后系统提示：

输入拟合数据选项

［添加（A）/闭合（C）/删除（D）/移动（M）/清理（P）/相切（T）/公差（L）/退出（X）］＜退出＞：

输入这些拟合数据选项可以对样条曲线的拟合点进行修改，从而改变样条曲线的形状。

1）输入"A"命令，添加一个拟合点。

2）输入"C"命令，用一条光滑的样条曲线连接选中样条曲线的首尾拟合点，使样条曲线闭合。若选中的是封闭样条曲线，则此时是"打开（O）"命令，系统将删除样条曲线的最后一段。

3）输入"D"命令，系统将删除选定的拟合点，用剩余的点调整样条曲线。

4）输入"M"命令，移动拟合点到一个新的位置上。

5）输入"P"命令，删除样条曲线的拟合点，样条曲线回到控制点显示状态，回到上一级命令。

6）输入"T"命令，改变样条曲线起点和终点的切线方向。

7）输入"L"命令，改变样条曲线允许公差值。若公差值为0，则样条曲线通过每个拟合点；若公差值大于0，则样条曲线与拟合点的距离在该公差范围内。

8）输入"X"命令，退回到上一级命令。

（2）输入"C"命令，用一条光滑的样条曲线连接选中样条曲线的首尾拟合点，使样条曲线闭合，与"拟合数据（F）"中的"闭合（C）"相同。

（3）输入"O"命令，删除样条曲线的最后一段，打开封闭的样条曲线，与"拟合数据（F）"中的"打开（O）"相同。

（4）输入"M"命令，移动样条曲线的控制点，同时清除拟合点，与"拟合数据（F）"中的"移动（M）"相同。回车后系统显示：

指定新位置或［下一个（N）/上一个（P）/选择点（S）/退出（X）］＜下一个＞：

（5）输入"R"命令，可以对控制点进一步操作，调整样条曲线的形状。回车后系统提示：

输入精度选项［添加控制点（A）/提高阶数（E）/权值（W）/退出（X）］＜退出＞：

1）输入"A"命令，增加控制点的数量，改变样条曲线形状使样条曲线更精确。

2）输入"E"命令，改变样条曲线的阶数来控制样条曲线的精度。样条曲线的阶数是样条曲线多项式的次数加一。阶数越高，控制点越多，样条曲线越精确。

3）输入"W"命令，改变样条曲线的权值来控制样条曲线的精度。增加控制点的权值将把样条曲线进一步拉向该点。

4）输入"X"命令，退回到上一级命令。

（6）输入"E"命令，使样条曲线反转方向，起点变终点，终点变起点。

（7）输入"U"命令，取消最后一次操作，可以重复使用。

（8）输入"X"命令，退出编辑样条曲线命令。

### 4.2.23　编辑多线命令

1. 功能

多线比直线、多段线要复杂一些，AutoCAD 中许多命令对多线都不能编辑，例如修剪、延伸、倒角、圆角、打断等，若要使用这些命令，必须先将多线对象分解成单一实体。AutoCAD 专门提供了编辑多线命令对多线对象进行编辑，将多线对象进行连接。此命令在建筑图形中经常用于绘制墙体连接或编辑窗和门的位置。

2. 格式

(1) 命令：MLEDIT。
(2) 菜单：修改→对象→多线。

3. 说明

命令：MLEDIT↙

(系统弹出"多线编辑工具"对话框，如图 4-41 所示)

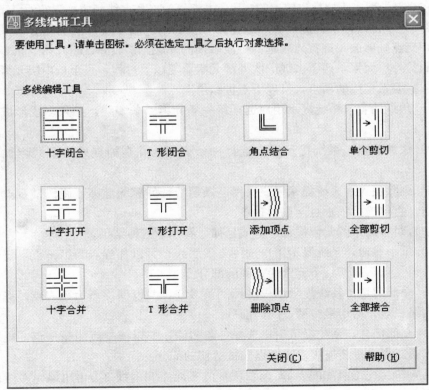

图 4-41　"多线编辑工具"对话框

4. 注释

各工具按钮功能如下：

（1）形成两条多线的十字形交点，有以下三种结果。

1）十字闭合，系统提示用户选择第一条和第二条多线，第二条多线不变，第一条多线在交点处被切断，该交点为第一条多线与第二条多线的外层元素相交的交点。

2）十字打开，系统提示用户选择第一条和第二条多线，第一条多线的所有元素在交点处全部断开，第二条多线只有外层元素被断开。

3）十字合并，系统提示用户选择第一条和第二条多线，两条多线的外层元素断开，内层元素不受影响。

（2）形成两条多线的 T 字形交点，有以下三种结果。

1）T 形闭合，系统提示用户选择第一条和第二条多线，系统修剪第一条多线，在交点处剪去距捕捉点较远的一段，第二条多线不变。

2）T 形打开，系统提示用户选择第一条和第二条多线，系统修剪第一条多线，在交点处剪去距捕捉点较远的一段，并断开第二条多线相应一侧的外层元素。

3）T 形合并，系统提示用户选择第一条和第二条多线，系统修剪第一条多线，在交点处剪去距捕捉点较远的一段多线的外层元素，并且断开第二条多线相应一侧的外层元素，两条多线的次外层元素重复以上过程，直至最内层元素。

（3）编辑多线的顶点，有以下三种结果。

1）角点结合，系统提示用户选择第一条和第二条多线，两条多线形成角形交线。

2）添加顶点，系统提示用户选择一条多线，并在捕捉处为多线增加一个顶点。

3）删除顶点，系统提示用户选择一条多线，并删除该多线距离捕捉点最近的顶点，直接连接该顶点两侧的顶点。

（4）对多线中的元素进行修剪或延伸，有以下三种结果。

1）单个剪切，系统提示用户选择一条多线，并以捕捉点为第一点，提示用户输入第二点，剪切一个元素两点间的部分。

2）全部剪切，系统提示用户选择一条多线，并以捕捉点为第一点，提示用户输入第二点，剪切多线两点间的部分。

3）全部接合，系统提示用户选择一条多线，并以捕捉点为第一点，提示用户输入第二点，重新连接多线两点间被剪切的部分。

**例 4-20**　先绘制如图 4-42（a）所示的多线 1 和多线 2，再用编辑多线的 T 形打开方式达到如图 4-42（b）所示的效果。

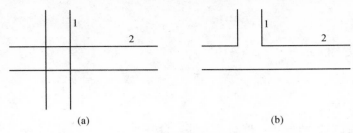

图 4-42　编辑多线

操作步骤如下：

命令：_ mledit　　　　　　　　　　//在编辑多线工具中选择 T 形打开

选择第一条多线：　　　　　　　　　//选择多线 1

选择第二条多线：　　　　　　　　　//选择多线 2

选择第一条多线　或　［放弃（U）］：✓　//完成如图 4-42（b）所示的效果

# 4.3　CAD 编辑命令

在 AutoCAD 中，还有些常用的编辑命令。这些命令基本上都包含在"编辑"下拉菜单中，如图 4-43 所示。

## 4.3.1　放弃命令

### 1. 功能

取消上一次命令操作并显示命令。可重复使用，依次向前取消已完成的命令操作。

### 2. 格式

（1）命令：U。

（2）菜单：编辑→放弃。

（3）图标：标准工具栏中 ↶ 。

### 3. 说明

命令：U✓

（系统取消上一次操作的结果）

## 4.3.2　多重放弃命令

### 1. 功能

一次取消 N 个已完成的命令操作。

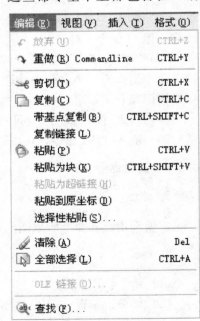

图 4-43　"编辑"菜单

2. 格式

命令：UNDO

3. 说明

命令：UNDO✓

当前设置：自动＝开，控制＝全部，合并＝是

输入要放弃的操作数目或［自动（A）/控制（C）/开始（BE）/结束（E）/标记（M）/后退（B）］＜1＞：

4. 注释

各选项功能如下：

（1）输入要放弃的操作数目：默认选项，输入数值 N，就可以放弃已完成的 N 个命令操作。

（2）输入"A"命令，可以设置是否将一次菜单选择项操作作为一个命令。回车后系统提示：

输入 UNDO 自动模式［开（ON）/关（OFF）］＜开＞：

（3）输入"C"命令，可关闭 UNDO 命令或将其限制为只能一次取消一个操作，像 U 命令一样。

（4）"BE"、"E"命令，可以将多个命令设置为一个命令组，UNDO 命令将这个命令组作为一个命令来处理。用"BE"命令来标记命令组开始，用"E"命令来标记命令组结束。

（5）输入"M"命令，可以在命令的输入过程中设置标记。

（6）输入"B"命令，可以取消用"M"命令标记的命令后的全部命令。

### 4.3.3　重做命令

1. 功能

重做刚用放弃命令所取消的命令操作。

2. 格式

（1）命令：REDO。

（2）菜单：编辑→重做。

（3）图标：标准工具栏中 ↷ ·。

3. 说明

命令：REDO✓

（系统重做刚放弃的命令操作）

### 4.3.4　剪切命令

1. 功能

将对象复制到剪贴板并从图中删除此对象。

2. 格式

（1）命令：CUTCLIP。
（2）菜单：编辑→剪切。
（3）图标：标准工具栏中 。
（4）光标菜单：在不执行命令的情况下，在绘图区单击鼠标右键，在显示的光标菜单中选择"剪切"。

3. 说明

命令：CUTCLIP✓
选择对象：（选择要剪切的对象）

### 4.3.5　粘贴命令

1. 功能

将对象粘贴到剪贴板。

2. 格式

（1）命令：PASTECLIP。
（2）菜单：编辑→粘贴。
（3）图标：标准工具栏中 。
（4）光标菜单：在不执行命令的情况下，在绘图区单击鼠标右键，在显示的光标菜单中选择"粘贴"。

3. 说明

命令：PASTECLIP✓
指定插入点：

4. 注释

在 AutoCAD "编辑"菜单中，"粘贴为块"命令（PASTEBLOCK）将对象粘贴为块对象，其他操作方式与"粘贴"命令相同。

### 4.3.6　剪贴板复制命令

1. 功能

将对象复制到剪贴板。

2. 格式

（1）命令：COPYCLIP。
（2）菜单：编辑→复制。
（3）图标：标准工具栏中 。
（4）光标菜单：在不执行命令的情况下，在绘图区单击鼠标右键，在显示的光标菜单中选择"复制"。

3. 说明

命令：COPYCLIP✓
选择对象：（选择要复制的对象）

4. 注释

在 AutoCAD "编辑"菜单中，"带基点复制"命令（COPYBASE）复制对象时需要指定基点，其他操作方式与"复制"命令相同。

**例 4-21**　已知图形如图 4-44（a）所示，要求用复制命令将 A 点的圆均复制到 B、C、D、E 和 F 点，结果如图 4-21（b）所示。

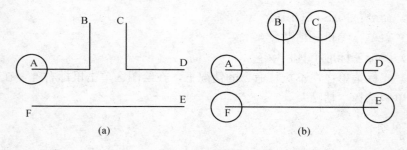

(a)　　　　　　　　　　　　(b)

图 4-44　复制圆

操作步骤如下：
命令：_ copy
选择对象：找到 1 个　　　　　　　　　　　　　　　　　　//选择圆 A
选择对象：

当前设置：复制模式＝多个
指定基点或［位移（D）/模式（O）］＜位移＞：　　　　　//选取 A 点
指定第二个点或＜使用第一个点作为位移＞：　　　　　//选取 B 点
指定第二个点或［退出（E)/放弃（U）］＜退出＞：　　　//选取 C 点
指定第二个点或［退出（E)/放弃（U）］＜退出＞：　　　//选取 D 点
指定第二个点或［退出（E)/放弃（U）］＜退出＞：　　　//选取 E 点
指定第二个点或［退出（E)/放弃（U）］＜退出＞：　　　//选取 F 点
指定第二个点或［退出（E)/放弃（U）］＜退出＞：↙

### 4.3.7　复制链接命令

1. 功能

将当前视图复制到剪贴板上，以便链接到其他应用程序上。

2. 格式

(1) 命令：COPYLINK。
(2) 菜单：编辑→复制链接。

### 4.3.8　粘贴为超链接命令

1. 功能

向选定的对象粘贴超级链接。

2. 格式

(1) 命令：PASTEASHYPERLINK。
(2) 菜单：编辑→粘贴为超链接。

### 4.3.9　选择性粘贴命令

1. 功能

插入剪贴板数据并控制数据格式。

2. 格式

(1) 命令：PASTESPEC。
(2) 菜单：编辑→选择性粘贴。

3. 说明

命令：PASTESPEC↙

（系统弹出"选择性粘贴"对话框，如图 4-45 所示）

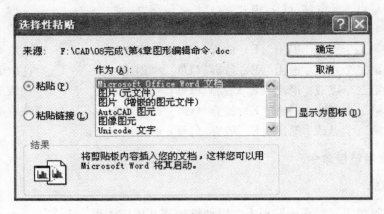

图 4-45 "选择性粘贴"对话框

**4. 注释**

（1）来源：显示包含已复制信息的文档名称。还显示已复制文档的特定部分。

（2）粘贴：将剪贴板内容粘贴到当前图形中作为内嵌对象。

（3）粘贴链接：将剪贴板内容粘贴到当前图形中。如果源应用程序支持 OLE 链接，程序将创建与原文件的链接。

（4）作为：显示有效格式，可以以这些格式将剪贴板内容粘贴到当前图形中。如果选择"AutoCAD 图元"，程序将把剪贴板中的图元文件格式的图形转换为 AutoCAD 对象。如果没有转换图元文件格式的图形，图元文件将显示为 OLE 对象。

（5）显示为图标：插入应用程序图标的图片而不是数据。要查看和编辑数据，请双击该图标。

# 4.4 使用夹点编辑图形

在未执行命令时选择对象，此时对象会出现一些蓝色的小方框标记，这些小方框标记称之为夹点。用户可以通过对夹点的操作来编辑图形。

## 4.4.1 夹点的显示

系统默认夹点的显示状态，也可以通过"工具"菜单中的"选项"对话框的"选择"选项卡（见图 4-1），设置夹点的显示、大小、颜色等。不同的对象用来控制其特征的夹点的位置和数量也不相同。在 AutoCAD 系统中，常见对象的夹点特征，如表 4-1 所示。

表 4-1　AutoCAD 中对象的夹点特征

| 序　号 | 对象类型 | 夹点特征 |
|---|---|---|
| 1 | 直线 | 起点、中点和端点 |
| 2 | 射线 | 起点和射线上一点 |
| 3 | 构造线 | 控制点和附近两点 |
| 4 | 多线 | 控制线上的两个端点 |
| 5 | 多段线 | 直线段的端点、圆弧段的端点和中点 |
| 6 | 圆 | 圆心和四个象限点 |
| 7 | 圆弧 | 起点、中点和端点 |
| 8 | 椭圆 | 中心点和四个象限点 |
| 9 | 椭圆弧 | 端点、中点、中心点 |
| 10 | 图案填充 | 中心点 |
| 11 | 单行文字 | 插入点和对正点 |
| 12 | 多行文字 | 对正点和区域的四个角点 |
| 13 | 属性 | 插入点 |
| 14 | 三维网格 | 网格上的各个顶点 |
| 15 | 三维面 | 周边顶点 |
| 16 | 线性标注、对齐标注 | 尺寸线和尺寸界线端点、尺寸文字中心点 |
| 17 | 角度标注 | 尺寸界线端点、尺寸标注弧一点、尺寸文字中心点 |
| 18 | 半径标注、直径标注 | 半径、直径标注的端点、尺寸文字中心点 |
| 19 | 坐标标注 | 被标注点、引出线端点、尺寸文字中心点 |
| 20 | 引线标注 | 引线端点、文字对正点 |

## 4.4.2　利用夹点编辑对象

在系统的默认状态下，在不执行命令的情况下选择对象，此时对象的夹点亮显成蓝色，把十字光标移动到对象的夹点上，此时夹点默认显示成绿色，单击该夹点，夹点变为实心的红色方块，表示此夹点被激活，可以对该夹点进行操作来编辑对象。如果在选择夹点时按住 Shift 键，则可以同时选中多个夹点，激活这些夹点，然后再单击这些夹点中的某一个夹点以其做为基点，对这些夹点同时进行操作。

只能对激活的夹点进行操作，系统默认操作的效果是拉伸命令，如以下所示提示：

∗∗拉伸∗∗

指定拉伸点或［基点（B）/复制（C）/放弃（U）/退出（X）］：

此时，进入夹点编辑的第一种模式——拉伸，若单击空格或回车键，则切换到下一种编辑模式，循环切换。也可以在激活夹点后单击鼠标右键，弹出右键菜

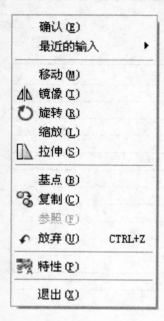

图 4-46　夹点右键菜单

单，如图 4-46 所示。在该实体夹点快捷菜单中，可选择相应选项，完成对对象的编辑。

下面对夹点操作的各命令选项作个说明：

1. 拉伸命令

＊＊拉伸＊＊

指定拉伸点或［基点（B）/复制（C）/放弃（U）/退出（X）]：

（1）指定拉伸点：默认选项，指定夹点要拉伸到的位置。对于不同夹点，拉伸的效果也不一样。例如对于直线，拉伸两个端点是对直线作拉伸处理，若是拉伸中点则是移动直线。还有文字的插入点、对正点、块的插入点、圆的圆心、椭圆的中心点等，拉伸这些夹点都是移动效果。

（2）输入"B"命令，重新指定拉伸的基点拉伸夹点，而不以当前夹点作基点。

（3）输入"C"命令，确定一系列的拉伸点，拉伸产生新的对象。

（4）输入"U"命令，放弃上一次的操作。

（5）输入"X"命令，退出当前操作，回到选择对象时的状态。

2. 移动命令

＊＊移动＊＊

指定移动点或［基点（B）/复制（C）/放弃（U）/退出（X）]：

用夹点作为基点移动对象，各选项功能、操作与拉伸命令相似。

3. 旋转命令

＊＊旋转＊＊

指定旋转角度或［基点（B）/复制（C）/放弃（U）/退出（X）]：

用夹点作为基点旋转对象，各选项功能、操作与拉伸命令相似。

4. 缩放命令

＊＊比例缩放＊＊

指定比例因子或［基点（B）/复制（C）/放弃（U）/退出（X）]：

用夹点作为基点缩放对象，各选项功能、操作与拉伸命令相似。

5. 镜像命令

＊＊镜像＊＊

指定第二点或 ［基点（B）/复制（C）/放弃（U）/退出（X）］:

用夹点和第二点的连线为镜像线镜像对象，各选项功能、操作与拉伸命令相似。

## 4.5 编辑对象特性

在 AutoCAD 中，用户可以对图形对象预先指定相关特性，还可以对已绘制图形进行特性编辑，查看和修改对象特性，主要形式有以下三种。

1. "图层"工具栏和"对象特性"工具栏

这两种工具栏（见图 4-47）提供了快速查看和修改所有对象都具有的通用特性的选项。所谓通用特性，指对象所在的图层、图层特性、颜色、线型、线宽以及打印样式等。此方式不能改变锁定图层上的对象的特性。

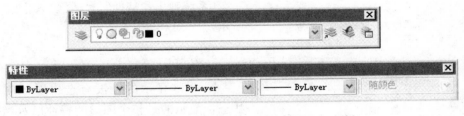

图 4-47 "图层"工具栏和"对象特性"工具栏

2. 特性命令

执行命令会弹出"对象特性"对话框，该对话框提供了快速查看和修改所有对象特性的一个完整列表，包括对象的通用特性和独有特性。

3. 特性匹配命令

此命令可以将一个物体的特性匹配到其他对象上。

### 4.5.1 "图层"工具栏和"对象特性"工具栏

在绘图过程中，若绘制的图形没有放在预先设定的图层上，此时可以先将绘制的图形选中，然后单击"图层"工具栏中的下拉列表框，选择对象应在的图层，则对象移动至新的图层。在"对象特性"工具栏内还可以更改对象的颜色、线型、线宽、打印样式。

注：一般来说，在绘图过程中，对象的通用特性都应该是随层（BYLAY-ER）的特性，这样，在移动对象至某一图层时，对象才会拥有该图层的特性。

### 4.5.2　特性命令

1. 功能

查询和修改对象的特性。

2. 格式

（1）命令：PROPERTIES、DDMODIFY 或 CH。
（2）菜单：修改→特性。
（3）图标：标准工具栏中。
（4）光标菜单：选中对象，单击右键，选择"特性"选项或者双击对象。

3. 说明

命令：CH✓

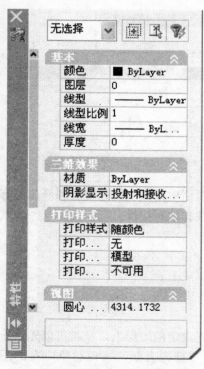

图 4-48　"特性"对话框

（系统弹出"特性"对话框，如图 4-38 所示）

4. 注释

图 4-48 显示的是没有选中对象时的状态，显示的是整个图形的特性以及当前的设置；当选中了某一个对象后，对话框首先在下拉列表框中显示对象的名称，然后显示对象的基本特性，以及对象的独有特性，例如，直线、圆、圆弧、椭圆的独有特性是几何图形的特性；多段线、矩形、正多边形的独有特性是其多段线的顶点、线宽、标高等特性；单行文字的独有特性是文字的宽度比例、字高、文字样式、倒置、反向等特性；多行文字的独有特性是行距、字高、区域宽度、方向等特性；尺寸标注的独有特性是直线和箭头、文字、调整、主单位、公差等特性。不同类型的对象有不同的独有特性。

用户可以根据"特性"对话框中各特性对应的文本框来修改对象的特性值，比如修改圆的半径值或面积值来编辑圆对象。在修改某一个特性值时，颜色为灰色的表示不可以修改，颜色为黑色表示可以修改。

当选择多个对象时，对话框会列出包含了多少对象，且各种类型的对象有多少个，以及这些对象的基本特性和相同的特性。

### 4.5.3 "特性匹配"命令

**1. 功能**

将一个源对象的特性匹配到其他目标对象上，如图层的特性。

**2. 格式**

(1) 命令：MATCHPROP、PRINTER 或 MA。
(2) 菜单：修改→特性匹配。
(3) 图标：标准工具栏中 。

**3. 说明**

命令：MA↙
选择源对象：(选择要将特性匹配给其他对象的对象，此时拾取框变为小刷子形状)
当前活动设置：颜色、图层、线型、线型比例、线宽、厚度、打印样式、文字、标注、填充图案、多段线、视口、表格
选择目标对象或 [设置 (S)]：

**4. 注释**

(1) 选择目标对象：默认选项，可以选择一个或多个对象作为目标对象，将特性修改成与源对象一样。
(2) 输入"S"命令，可以设置匹配的内容。此时，弹出一个"特性设置"对话框，如图 4-49 所示。
该对话框设置匹配的内容，包括颜色、图层、线型、线型比例、线宽、厚度、打印样式、标注、文字、填充图案、多段线、视口、表格。
特性匹配不仅可以将源对象的特性匹配给同一个图形文件中的目标对象，也可以匹配给其他图形文件中的目标对象。

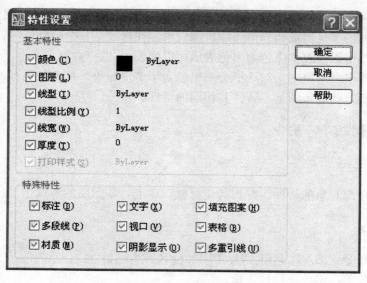

图 4-49　"特性设置"对话框

# 本 章 小 结

本章主要介绍 AutoCAD 2008 的二维图形编辑功能，具体内容包括：

（1）选择对象的几种方法以及使用 ESASE 命令删除选择的对象。

（2）使用 MOVE 命令移动对象和使用 COPY 命令复制对象。

（3）使用 MIRROR 命令镜像对象和使用 OFFSET 偏移对象。

（4）使用 ARRAY 命令阵列对象。

（5）使用 TRIM 命令修剪对象和使用 EXTEND 延伸对象。

（6）使用 CHAMFER 命令创建倒角和使用 FILLET 创建圆角。

（7）使用 BREAK 命令打断对象和使用 JOIN 合并对象。

（8）使用 SCALE 命令缩放对象和使用 STRETCH 拉伸对象。

（9）使用 ROTATE 命令旋转对象。

（10）使用 BHATCH 命令填充对象。

## 习 题 四

1. 在对象选择方式上，窗口选择方式与交叉窗口选择方式有什么区别？

2. 选择对象时，拾取框的大小如何调整？

3. 选择对象有哪些方式？

4. 要恢复刚执行的删除命令删除的对象有几种办法？

5. 移动命令和平移命令有什么区别?

6. 比例命令和视窗缩放命令有什么区别?

7. 创建一组等间距的等长铅垂线有几种办法?

8. 拉伸命令如何使用?

9. 用编辑命令绘制如题图 4-1 所示的图形。

10. 绘制如题图 4-2 所示的图形，其中每条线之间的间距为 10。

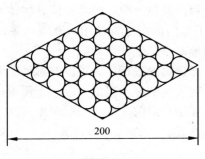

题图 4-1

题图 4-2

11. 绘制一个大正三角形，外接圆半径为 100，再在大正三角形外部绘制一个三角形，与大正三角形的边距为 10，再绘制三个小正三角形，外接圆半径为 70，且小正三角形的中心点处于大正三角形的三个顶点，在三个小正三角形内部绘制三个正三角形，边距也为 10，对这些对象进行编辑，编辑后如题图 4-3 所示。

题图 4-3

# 第 5 章　查询图形信息及图形显示

在 AutoCAD 中，利用查询命令可以了解 AutoCAD 的运行状态、查询图形对象的数据信息、计算距离和面积等。在工程产品设计中，经常要计算物体的表面积、体积、周长等信息。AutoCAD 提供了专门的命令方便用户获得对象的数据，这些命令既不生成任何对象，也不对图形对象产生任何影响。

对象的绘制及编辑操作都在屏幕绘图区即视窗内进行。为了能够看到图形的各个部分，经常使用控制图形显示命令来改变视窗的显示范围大小，方便用户从不同角度观看图形，从而使图形直观都展现在用户眼前。显示控制命令只改变图形显示的效果，并不改变图形的实际大小和位置。

## 5.1　查询图形信息

查询命令可以用以下方式调用：

### 1. 在文本行输入查询命令

在 AutoCAD 中，每一个查询命令都对应一个指令，可以在命令输入执行该命令。

### 2. 工具下拉菜单中的查询选项

在 AutoCAD 工作界面的主菜单中，单击"工具（T）"菜单，即会弹出工具下拉菜单列表，选择"查询（Q）"选项，如图 5-1 所示，单击其中的选项即可完成相应命令的输入。

### 3. 查询工具栏

调出查询命令工具栏，单击其中的每个图标按钮，即可完成相应命令的输入。如图 5-2 所示。

### 5.1.1　查询距离

#### 1. 功能

用于测量两点之间的距离和两点连线的夹角。这两个点可以在屏幕上拾取，也可以从键盘输入。

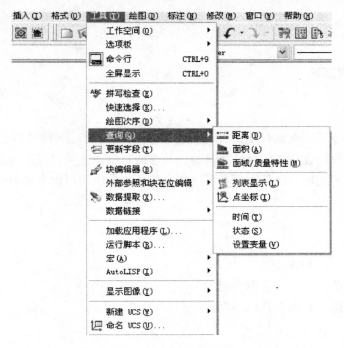

图 5-1　"查询（Q）"选项

**2. 格式**

（1）命令：DIST 或 DI。

（2）菜单：工具→查询→距离。

（3）图标：查询工具栏中 。

图 5-2　查询工具栏

**3. 说明**

命令：DI ↙

指定第一点：（拾取第一点）

指定第二点：（拾取第二点）

距离＝（拾取的两点的距离），XY 平面中的倾角＝（两点连线在 XY 平面内的投影与 X 轴的夹角），与 XY 平面的夹角＝（两点连线与 XY 平面的夹角）

X 增量＝（后一点相对于前一点 X 轴的增加量），Y 增量＝（后一点相对于前一点 Y 轴的增加量），Z 增量＝（后一点相对于前一点 Z 轴的增加量）

**4. 注释**

该命令可以透明使用，即在执行其他命令时，不终止其他命令，查询两点间的距离。若要透明使用某命令，只需要在命令前添加"'"即可。很多命令都可以透明使用。

### 5.1.2　查询面积

1. 功能

面积命令可以查询封闭的几何图形的面积和长度，图形可以包括圆、多边形、封闭多段线或一组闭合的并且端点相连的对象，还可以指定一系列的点把它看作封闭的多边形并计算面积。可以从当前已测量出的面积中加上或减去其后面测量的面积。

2. 格式

（1）命令：AREA。
（2）菜单：工具→查询→面积。
（3）图标：查询工具栏中 ▰。

3. 说明

命令：AREA ↙
指定第一个角点或［对象（O）/加（A）/减（S）］：

4. 注释

各选项功能如下：
（1）指定第一个角点：默认选项，指定第一个点后系统提示：
指定下一个角点或按 Enter 键全选：（选择下一个点直至选择完毕按回车结束）
面积＝（以各点依次连接所形成的封闭区域的面积）周长＝（各点连线的总长）
（2）输入"O"命令，可以计算指定对象的面积和周长，回车后系统提示：
选择对象：
注：此选项查询的对象只能是圆、椭圆、矩形、正多边形、多段线、样条曲线。若对象是未封闭的多段线或样条曲线，则系统用一条看不见的辅助直线连接多段线或样条曲线的起点和端点形成封闭区域，计算区域的面积和多段线或样条曲线的实际长度。
（3）输入"A"命令，可以将后面测量的面积累加到前面计算出的面积中，回车后系统提示：

指定下一个角点或［对象（O）/减（S）］：（选择下一点）

指定下一个角点或按 Enter 键全选（"加"模式）：（选择下一点直至完毕回车结束）

面积＝（当前以各点依次连接的封闭区域的面积）周长＝（当前各点连线的总长）

总面积＝累加的总面积

（4）输入"S"命令，从总面积中扣除通过选择角点或对象所计算出的面积，系统显示当前所选区域的面积和周长以及扣除这个面积后得到的面积。与"A"命令操作相似。

注：若要计算区域的边界对象有直线、圆弧，可以将轮廓编辑成多段线，再进行计算，否则要分割成几部分计算再累加。

**例 5-1**　计算如图 5-3 所示工件的面积。

命令：AREA ↙

指定第一个角点或［对象（O）/加（A）/减（S）］：A ↙

指定第一个角点或［对象（O）/减（S）］：O ↙

（"加"模式）选择对象：（选择矩形）

面积＝15781.6903，周长＝515.2435

总面积＝15781.6903

图 5-3　查询面积实例

（"加"模式）选择对象：↙

指定第一个角点或［对象（O）/减（S）］：S ↙

指定第一个角点或［对象（O）/加（A）］：O ↙

（"减"模式）选择对象：

面积＝2103.1850，圆周长＝162.5712

总面积＝13678.5053

（"减"模式）选择对象：（键入 Esc）＊取消＊

## 5.1.3　查询面域/质量特性

### 1. 功能

用于面域和实体造型的物理特性，包括质量、体积、边界、惯性转矩、重心、转矩半径、旋转轴等特性信息。

### 2. 格式

（1）命令：MASSPROP。

（2）菜单：工具→查询→面域/质量特性。

（3）图标：查询工具栏中 📖。

**3. 说明**

命令：MASSPROP ↙

选择对象：（选择面域或实体对象）

**4. 注释**

如果用户选择了多个面域，AutoCAD 只接受那些与第一个选定面域共面的

面域。选择完毕后回车，MASSPROP 命令在文本窗口中显示质量特性，并出现提示询问用户是否将质量特性写入到文本文件中。

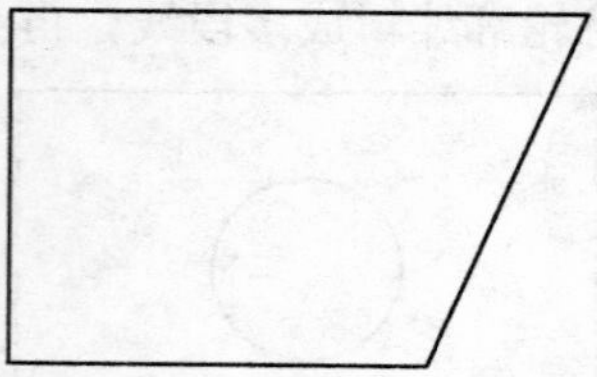

**例 5-2**　查询如图 5-4 所示的面域的质量特性。

操作步骤如下：

命令：MASSPROP ↙

图 5-4　查询面域实例

选择对象：（选择对象）

选择对象：↙

（弹出文本窗口，显示如下）

---------------------　　面域　　---------------------

| | |
|---|---|
| 面积： | 13604.5184 |
| 周长： | 480.8298 |
| 边界框： | X：251.7272-- 409.0083 |
| | Y：212.8259-- 313.1666 |
| 质心： | X：320.0976 |
| | Y：265.6725 |
| 惯性矩： | X：971549729.2735 |
| | Y：1415856380.6531 |
| 惯性积： | XY：1159390994.1442 |
| 旋转半径： | X：267.2335 |
| | Y：322.6027 |

主力矩与质心的 X-Y 方向：

$I$：10778712.3993 沿 [0.9766 0.2148]

$J$：22442042.0605 沿 [-0.2148 0.9766]

是否将分析结果写入文件？[是（Y）/否（N）] <否>：↙

AutoCAD 为共面的面域和不共面的面域显示如表 5-1 所列的质量特性。

**表 5-1　AutoCAD 显示的质量特性**

| 特　性 | 意　义 |
|---|---|
| 面积 | 实体的表面面积或面域的封闭面积 |
| 周长 | 面域的内环和外环的总长度。AutoCAD 不计算实体的周长 |
| 边界框 | 显示用于定义边界框的两个坐标。对于与当前用户坐标系的 XY 平面共面的面域，边界框由包含该面域的矩形的对角点定义。对于与当前用户坐标系的 XY 平面不共面的面域，边界框由包含该面域的三维框的对角点定义 |
| 质心 | 代表面域中心点的二维或三维坐标。对于与当前用户坐标系的 XY 平面共面的面域，质心是一个二维点。对于与当前用户坐标系的 XY 平面不共面的面域，质心是一个三维点 |

如果所选面域与当前用户坐标系的 XY 平面共面，AutoCAD 将显示如表 5-2 所列的几个附加特性。

**表 5-2　AutoCAD 显示的附加特性**

| 特　性 | 意　义 |
|---|---|
| 惯性矩 | 面域的面积惯性矩，这个值在计算分布载荷（例如计算一块板上的流体压力）、弯曲或扭曲梁的内部应力时将要用到 |
| 惯性积 | 用来确定导致对象运动的力，通常通过两个正交平面计算 |
| 旋转半径 | 表示实体惯性矩的另一种方法 |
| 主力矩和质心的 X、Y、Z 轴 | 在对象的质心处有一个确定的轴，对应这个轴的惯性矩最大。另有一个轴与第一个轴相垂直，并且也通过质心，对应它的惯性矩最小。由此导出第三个轴，其惯性矩介于最大值与最小值之间。这些主力矩都是由惯性积得出的，它们具有相同单位 |

对于实体，AutoCAD 将显示如表 5-3 所列的质量特性。

**表 5-3　AutoCAD 显示的质量特性**

| 特　性 | 意　义 |
|---|---|
| 质量 | 用于度量物体的惯性。AutoCAD 使用的密度为 1，所以质量和体积的值相同 |
| 体积 | 实体包容的三维空间总量 |
| 边界框 | 由包含实体的三维框的对角点定义 |
| 质心 | 代表实体质量中心的一个三维点。AutoCAD 假定实体具有一致的密度 |
| 惯性矩 | 质量惯性矩，用来计算绕给定的轴旋转对象（例如车轮绕车轴旋转）时所需的力 |
| 惯性积 | 用来确定导致对象运动的力，通常通过两个正交平面计算 |
| 旋转半径 | 表示实体惯性矩的另一种方法 |
| 主力矩和质心的 X、Y、Z 轴 | 在对象的质心处有一个确定的轴，对应这个轴的惯性矩最大。另有一个轴与第一个轴相垂直，并且也通过质心，对应它的惯性矩最小。由此导出第三个轴，其惯性矩介于最大值与最小值之间。这些主力矩都是由惯性积得出的，它们具有相同单位 |

### 5.1.4　点坐标显示

用户在绘图过程中可以显示图形中指定点的坐标或通过指定坐标直观地定位

点。在 AutoCAD 2008 中可以使用定位点命令取得选定点的坐标，此命令可以在其他命令中透明使用。

**1. 功能**

用于查询指定点的坐标。

**2. 格式**

(1) 命令：ID。
(2) 菜单：工具→查询→点坐标。
(3) 图标：查询工具栏中 。

**3. 说明**

命令：ID ↙
指定点：（选择一点，则系统显示该点的坐标）
X=＜当前点 X 坐标值＞　　Y=＜当前点 Y 坐标值＞　　Z=＜当前点 Z 坐标值＞

**4. 注释**

ID 列出了指定点的 X、Y 和 Z 值并将指定点的坐标存储为最后一点。可以通过在要求输入点的下一个提示中输入@来引用最后一点。

### 5.1.5　列表显示

**1. 功能**

用于查询指定对象在图形数据库中所存储的数据信息。

**2. 格式**

(1) 命令：LIST 或 LI。
(2) 菜单：工具→查询→列表显示。
(3) 图标：查询工具栏中 。

**3. 说明**

命令：LI ↙
选择对象：

**4. 注释**

选择对象后键入回车，系统弹出文本窗口显示信息。LIST 命令显示的信息包括：

（1）所选对象的位置、图层、对象类型、空间（图纸或模型）以及颜色和线型等。

（2）直线端点间的距离。

（3）圆的面积和周长以及闭合的多段线的面积。

（4）所选文字对象的插入点、高度、旋转角度、样式、字体、倾斜角度、宽度比例等信息。

（5）对象句柄。

## 5.1.6　时间显示

1. 功能

显示当前图形的日期和时间统计信息。

2. 格式

（1）命令：TIME。

（2）菜单：工具→查询→时间。

3. 说明

命令：_ time（弹出文本窗口，显示如下）

当前时间：　　　　　　　2009 年 5 月 7 日　18：50：48：593

此图形的各项时间统计：

创建时间：　　　　　　　2009 年 5 月 7 日　16：58：27：421

上次更新时间：　　　　　2009 年 5 月 7 日　16：58：27：421

累计编辑时间：　　　　　0 days 01：52：21：969

消耗时间计时器（开）：　0 days 01：52：21：375

下次自动保存时间：　　　　　＜尚未修改＞

输入选项［显示（D）/开（ON）/关（OFF）/重置（R）］：

4. 注释

（1）输入"D"命令，显示时间信息。

（2）输入"ON"命令，打开计时器。

（3）输入"OFF"命令，关闭计时器。

（4）输入"R"命令，将计时器重置为零。

### 5.1.7　状态显示

**1. 功能**

查询当前图形文件的状态信息。包括实体数量、文件保存位置、绘图界限、实际绘图范围、当前屏幕显示范围、各种绘图环境设置情况、当前图层的设置情况及磁盘空间的利用情况等。

**2. 格式**

（1）命令：STATUS。
（2）菜单：工具→查询→状态。

**3. 注释**

各选项功能与 TIME 命令一样。

### 5.1.8　设置变量

**1. 功能**

该命令可以查询和修改变量值。AutoCAD 用一组系统变量来记录绘图环境和一些命令参数的设置，其变量数据可能是整型数、实型数、点、开关值或字符串，其中有些变量是只读的，不能用 SETVAR 命令修改。

**2. 格式**

（1）命令：SETVAR。
（2）菜单：工具→查询→设置变量。

**3. 说明**

命令：SETVAR↙
输入变量名或［?］＜当前系统变量名＞：

**4. 注释**

（1）输入变量名，则可以查询、修改变量的值。
（2）输入"?"，回车后系统出现提示：
输入要列出的变量＜＊＞：（回车可显示所有系统变量）

## 5.2　图　形　显　示

图形显示的控制命令可以从"视图"菜单中调用，如图 5-5 所示。

### 5.2.1　视图缩放

**1. 功能**

视图缩放命令可以用指定的比例、位置、方向等确定一个视图，它好似一个放大镜，选择不同倍数的放大镜，看到同一物体的大小不同。

**2. 格式**

(1) 命令：ZOOM 或 Z。

(2) 菜单：视图→缩放→实时（R）。

　　　　　　　　　　→上一步（P）

　　　　　　　　　　→窗口（W）

　　　　　　　　　　→动态（D）

　　　　　　　　　　→比例（S）

　　　　　　　　　　→中心点（C）

　　　　　　　　　　→对象

　　　　　　　　　　→放大（I）

　　　　　　　　　　→缩小（D）

　　　　　　　　　　→全部（A）

　　　　　　　　　　→范围（E）。

(3) 图标：标准工具栏中 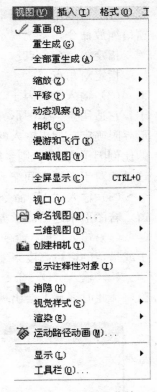。

图 5-5　"视图"菜单

(4) 缩放工具栏（见图 5-6）。

图 5-6　缩放工具栏

**3. 说明**

命令：Z↙

指定窗口的角点，输入比例因子（nX 或 nXP），或者

[全部（A）/中心（C）/动态（D）/范围（E）/上一个（P）/比例（S）/窗口（W）/对象（O）]＜实时＞：

**4. 注释**

(1) 指定窗口的角点：默认选项，指定一个矩形窗口，把窗口内的图形放大到全屏。可以用矩形框来选择想观看的图形区域。也可以输入"W"命令来执行窗口缩放命令，系统提示：

指定第一个角点：

指定对角点：

（2）输入比例因子（nX 或 nXP）：也是默认选项，输入的数值作为比例因子，它适用于整个图形界限内的区域。比例因子为 1 时，显示整个视图，它由图形界限确定；如果输入的比例因子小于 1，则系统以原图尺寸缩小 n 倍。若输入的比例因子为 nX，则系统将当前显示尺寸缩放 n 倍。若输入的比例因子为 nXP，这是相对于图纸空间缩放图形。该命令也可以输入"S"来执行。

（3）输入"A"命令，系统将当前图形文件中的所有图形对象显示在当前视窗，若图形未超出图形界限，则将图形界限显示在当前视窗。

（4）输入"C"命令，在图形中指定中心点，以此点为中心按指定的比例因子或指定的窗口高度来缩放视窗。

（5）输入"D"命令，系统将全部图形显示出来，以动态方式在屏幕上建立窗口。此时屏幕上会出现 3 个视图框，如图 5-7 所示。

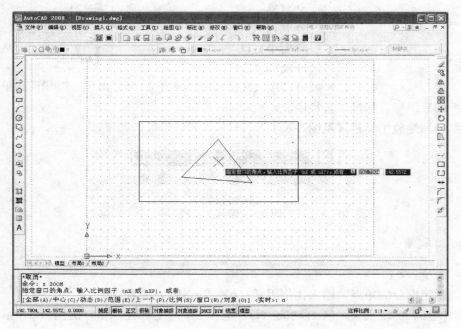

图 5-7　动态缩放示例

1）蓝色虚线框表示的是图形界限的大小；

2）绿色虚线框表示的是当前屏幕区；

3）黑色实线框表示是的选取窗口，它可以改变大小及位置，中心有"╳"标记。在操作时，实线框的位置和大小由"╳"和"→"来控制，键入回车或空格确定选择框。

（6）输入"E"命令，将当前图形文件中的所有图形充满整个视窗。

（7）输入"P"命令，回到前一个视窗。

（8）输入"O"命令，可以将选取的对象充满整个视窗。这是 AutoCAD 2008 新添加的功能。

（9）键入回车，执行实时缩放。此时在屏幕上按住鼠标左键，向上拖动则放大视图，向下拖动则缩小视图，按回车或 Esc 键退出缩放命令。实时缩放命令缩放到一定程度就不能再缩小，此时需要使用重生成命令，才能再次缩放视图。

在"视图"菜单的"缩放"子菜单中，还有"放大"和"缩小"两个选项。"放大"是将当前图形放大一倍，相当于输入比例因子 2X；"缩小"是将当前图形缩小一倍，相当于输入比例因子 0.5X。

在执行视图缩放命令时，在绘图区域内单击鼠标右键会弹出一快捷菜单，如图 5-8 所示。在该菜单中，可以选择视图缩放命令的各个选项完成视图的缩放。

在执行实时缩放命令时，在绘图区域内单击鼠标右键也会弹出一快捷菜单，如图 5-9 所示。在该菜单中，可单击退出命令或切换至其他命令。

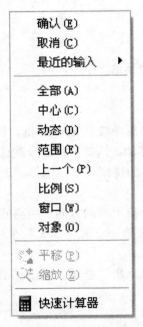

图 5-8　缩放快捷菜单

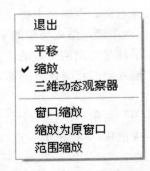

图 5-9　实时缩放快捷菜单

### 5.2.2　视图平移

在绘图过程中，还可以使用视图平移命令移动视图而不改变视图的大小，以方便用户观看。

**1. 功能**

在不改变视图的缩放比例的情况下，移动视图以便观察当前视窗中图形的不同部位。

**2. 格式**

(1) 命令：PAN 或 P。
(2) 菜单：视图→平移→实时
　　　　　　　　　　→定点
　　　　　　　　　　→左
　　　　　　　　　　→右
　　　　　　　　　　→上
　　　　　　　　　　→下。
(3) 图标：标准工具栏中 ⚒。

**3. 说明**

命令：P↙
按 Esc 或 Enter 键退出，或单击右键显示快捷菜单。

**4. 注释**

(1) 此时在屏幕上，十字光标变换成小手图形，按住鼠标左键，则可上、下、左、右拖动鼠标，带动视图上、下、左、右移动，这是平移命令默认的实时平移。单击鼠标右键，在屏幕上弹出如图 6-3 所示的快捷菜单，选择"退出"或键入"Esc"或回车键，结束视图的平移操作。

(2) 定点平移是确定两个点的位置，以这两个点之间的方向和距离使视图平移。若在要求输入第二点时键入回车，则将图形按第一点的坐标矢量平移视图。具体操作如下：

单击"视图"菜单"平移"子菜单中的"定点（P）"选项，系统提示：
指定基点或位移：（指定第一点）
指定第二点：

(3) "上"、"下"、"左"、"右"将图形沿上、下、左、右方向平移一段距离。

### 5.2.3　鸟瞰视图

**1. 功能**

鸟瞰视图是观察图形的辅助工具，用户可以选择在鸟瞰视图中的图形的任何一部分并可视地缩放或平移，而在绘图区域就显示出相应的效果，如图 5-10所示。

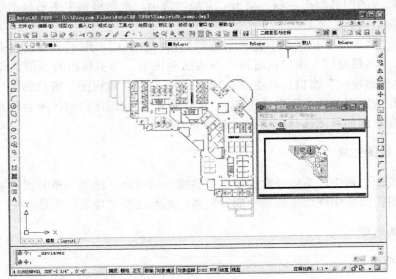

图 5-10　鸟瞰视图与视图窗口示例

**2. 格式**

(1) 命令：DSVIEWER 或 AV。

(2) 菜单：视图→鸟瞰视图。

**3. 说明**

命令：AV↙

(弹出"鸟瞰视图"窗口，如图 5-11所示)

**4. 注释**

(1) 缩放、平移框：在"鸟瞰视图"窗口中，单击鼠标左键，弹出细实线缩放、平移矩形框，在中心有"✕"标记，移动

图 5-11　"鸟瞰视图"窗口

鼠标，完成实时平移操作；单击鼠标左键，在该框的右侧边界处出现"→"标记，移动鼠标，改变矩形框的大小，视图大小也随着框的变化而变化。单击回车键，完成缩放操作。

（2）当前显示范围框：粗黑实线框，显示当前图形显示范围。

（3）"视图"下拉菜单中含有"放大"、"缩小"、"全局"选项。单击"放大"选项，将"鸟瞰视图"窗口内的图形放大一倍；单击"缩小"选项，将"鸟瞰视图"窗口内的图形缩小一倍；单击"全局"选项，重新将整个图形显示于"鸟瞰视图"窗口内。

（4）"选项"下拉菜单中有三个选项："自动视口"，用于多视窗设置，选择该项后，"鸟瞰视图"窗口内将显示当前活动视图，当主视窗的当前活动视口变化时，"鸟瞰视图"窗口自动更新；"动态更新"，"鸟瞰视图"窗口的图形会随绘图区中相应图形的修改而自动更新；"实时缩放"，绘图区内的图形会随着"鸟瞰视图"窗口内的视图选择框进行动态的缩放和平移。

### 5.2.4　视图生成

在绘图过程中，系统经常会留下一些操作的痕迹，比如编辑时留下来的点标记，这时需要使用视图生成命令刷新屏幕，删除这些"垃圾"信息。

## 一、重画命令

1. 功能

刷新当前视窗内的图形，删除屏幕上使用编辑命令后残留的点标记。

2. 格式

（1）命令：REDRAW 或 R。
（2）菜单：视图→重画。

## 二、全部重画命令

1. 功能

刷新全部视窗内的图形。

2. 格式

命令：REDRAWALL

3. 说明

点标记是由系统变量 BLIPMODE 控制的，它可以控制点标记是否可见。

BLIPMODE＝0 时关闭点标记；BLIPMODE＝1 时打开点标记。

## 三、重生成命令

### 1. 功能

重新生成当前视窗内的图形。

### 2. 格式

(1) 命令：REGEN 或 RE。
(2) 菜单：视图→重生成。

### 3. 说明

在绘图时，系统自动将所绘制对象的数据信息存入数据库，在执行重生成命令时，系统将图形对象的原始数据全部重新计算一遍，形成新的显示文件，再以相应的屏幕尺寸重新显示出来。

## 四、全部重生成命令

### 1. 功能

重新生成所有视窗内的图形。

### 2. 格式

(1) 命令：REGENALL。
(2) 菜单：视图→全部重生成。

## 五、自动重生成命令

### 1. 功能

在对图形进行编辑时，可以控制是否自动重新生成整个图形。

### 2. 格式

命令：REGENAUTO↙
输入模式［开（ON)/关（OFF)］＜开＞：
注：系统变量 REGENMODE 控制自动重新生成的状态，REGENMODE＝0 时不自动重生成；REGENMODE＝1 时自动重新生成。

## 六、清除屏幕命令

AutoCAD 还有个清除屏幕的功能，它由命令 CLEANSCREENON 和

CLEANSCREENOFF 控制，快捷键为"Ctrl＋O"。它可以将工作界面的标题栏、工具栏以及 WINDOWS 操作系统的状态栏打开或隐藏，如图 5-12 所示。

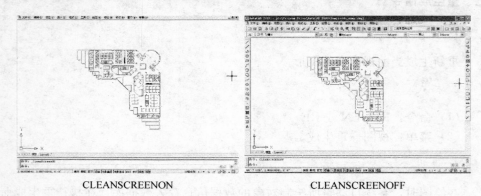

CLEANSCREENON　　　　　　　　　　　　CLEANSCREENOFF

图 5-12　清除屏幕

### 5.2.5　模型空间视图与视口

**一、视图操作**

所谓视图是指当前绘图区域中显示的图形状态。用户可以将图形中经常要用到的部分作为视图加以保存，以后需要编辑或查看这部分图形时，将其恢复，以加快操作速度提高效率。在保存视图的同时也可以将当前的 UCS 与视图一起保存，这样当恢复某一个视图的同时会将与其关联的 UCS 一起恢复。AutoCAD 提供 VIEW 命令用于视图的操作。

**1. 功能**

命令和保存需要恢复的视图，并在不需要时将其删除。

**2. 格式**

（1）命令：VIEW、DDVIEW 或 V。
（2）菜单：视图→命名视图。

**3. 说明**

命令：V↙
（系统弹出"视图"对话框，如图 5-13 所示）

**4. 注释**

"命名视图"选项卡

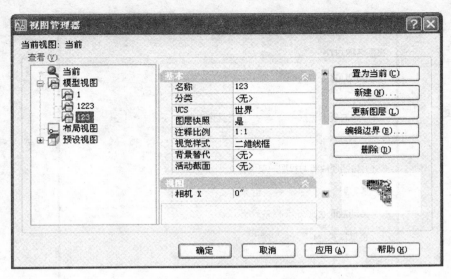

图 5-13　"命名视图"对话框

1）"当前视图"列表框：列出了当前图形中的全部已命名的视图及一些相关信息，如视图所处的空间、与视图一起保存的用户坐标系、以及视图是否处于透视状态等。用户可以单击任一列的标题将视图进行排序。用户正在使用的视图，即当前视图的名称左侧用一个小箭头标出，且该视图位于列表框的第一位。以下信息与命名视图一起存储：

① 分类："图纸集管理器"中"视图列表"选项卡上按类别列出了命名视图。

② 位置："模型"选项卡或保存命名视图的布局选项卡的名称。

③ VP：命名视图是否与图纸集中的图纸上的视口关联。

④ 图层：图层可见性设置是否与命名视图一起保存。

⑤ UCS：与命名视图一起保存的用户坐标系（UCS）的名称。

⑥ 透视：命名视图是否为透视视图。

2）"置为当前（C）"：功能按钮，单击该按钮，可以将所选择的视图设置为当前视图，恢复该视图的显示，也可以双击该视图名称或在该视图名称上单击右键选择"置为当前"选项。

3）"新建（N）"：功能按钮，单击该按钮，建立一个新的命名视图，系统弹出"新建视图"对话框，如图 5-14 所示。

①"视图名称（N）"：文本框，指定视图名称。该名称最多可以包含 255 个字符，包括字母、数字、空格和 MicrosoftWindows 和本程序未作他用的特殊字符。

②"视图类别（G）"：文本框，指定命名视图的类别，如立视图或剖视图。从列表中选择一个视图类别，输入新的类别或保留此选项为空。如果在图纸集管

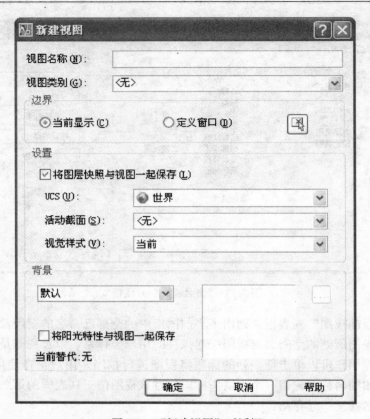

图 5-14　"新建视图"对话框

理器中更改了命名视图的类别，则在下次打开该图形文件时，所做的更改将显示在"视图"对话框中。

　　③"边界"选项组："当前显示（C）"选择按钮使用当前显示作为新视图。"定义窗口（D）"选择按钮使用窗口作为新视图，通过在绘图区域指定两个对角点来定义。在"定义窗口（D）"选择按钮右侧的"定义视图窗口"功能按钮可以暂时关闭对话框以便使用定点设备来指定新视图窗口的对角点。

　　④"设置（S）"选项组：提供用于将设置与命名视图一起保存的选项。"在视图中保存当前图层设置（L）"复选框将在新的命名视图中保存当前图层可见性设置。"UCS 与视图一起保存（V）"复选框将 UCS 与新的命名视图一起保存。

　　⑤"UCS 名称（U）"：下拉列表框，指定与新命名视图一起保存的 UCS。仅当选择了"UCS 与视图一起保存（V）"复选框此选项才可用。

　　4）"更新图层（L）"：功能按钮，单击该按钮，更新与选定的命名视图一起保存的图层信息，使其与当前模型空间和布局视口中的图层可见性匹配。

5）"编辑边界（B）"：功能按钮，单击该按钮，居中并缩小显示选定的命名视图，绘图区域的其他部分以较浅的颜色显示，从而显示命名视图的边界。可以重复指定新边界的对角点，直到按回车接受结果。

6）"删除（D）"：功能按钮，单击该按钮，删除选定的命名视图。

## 二、模型空间

模型空间是真实的三维立体空间，用户的绘图工作都是在模型空间中进行的。模型空间又分为平铺视口的模型空间和浮动视口的模型空间，之前介绍的操作都是在平铺视口中进行的，本节主要介绍浮动视口的模型空间。

视口是指在模型空间中显示图形一部分的矩形区域。AutoCAD 通常使用一个充满整个绘图区域的视口开始一张新图的绘制。用户也可以将绘图区域分成几个平铺的互不重叠的视口，用以同时观察编辑图形的不同部分。AutoCAD 提供了视口命令进行多视口的操作。

### 1. 功能

设置多视口及视口的参数，并在视口中编辑图形。

### 2. 格式

（1）命令：VPORTS。
（2）菜单：视图→视口。
（3）视口工具栏（如图 5-15 所示）。

图 5-15　视口工具栏

### 3. 说明

命令：VPORTS
（系统弹出"视口"对话框，如图 5-16 所示）

### 4. 注释

（1）"新建视口"选项卡
显示标准视口配置列表并配置模型空间视口。

1）"新名称（N）"：文本框，为新建的模型空间视口配置指定名称。如果不输入名称，则新建的视口配置只能应用而不保存。如果视口配置未保存，将不能在布局中使用。

2）"标准视口（V）"：列表框，列出并设置标准视口配置。

3）"预览"：显示选定视口配置的预览图像，以及在配置中被分配到每个单独视口的缺省视图。

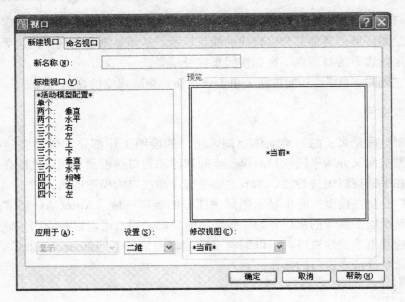

图 5-16　"视口"对话框

4)"应用于（A）"：下拉列表框，将模型空间视口配置应用到整个显示窗口或当前视口。

①"显示"：默认选项，将视口配置应用到整个"模型"选项卡显示窗口。

②"当前视口"：仅将视口配置应用到当前视口。

5)"设置（S）"：下拉列表框，指定二维或三维设置。如果选择二维，新的视口配置将最初通过所有视口中的当前视图来创建。如果选择三维，一组标准正交三维视图将被应用到配置中的视口。

6)"修改视图（C）"：下拉列表框，用从列表中选择的视图替换选定视口中的视图。可以选择命名视图，如果已选择三维设置，也可以从标准视图列表中选择。使用"预览"区域查看选择。

（2）"命名视口"选项卡：显示图形中任意已保存的视口配置。选择视口配置时，已保存配置的布局显示在"预览"中。

5. 用户可以通过在命令中输入"-VPORTS"回车执行 VPORTS 命令，系统提示

输入选项 [保存（S）/恢复（R）/删除（D）/合并（J）/单一（SI）/？/2/3/4]＜3＞：

各选项功能如下：

（1）输入"S"命令，使用指定的名称保存当前视口配置。

（2）输入"R"命令，恢复以前保存的视口配置。

（3）输入"D"命令，删除已命名的视口配置。

（4）输入"J"命令，将两个邻接的视口合并为一个较大的视口。得到的视口将继承主视口的视图。

（5）输入"SI"命令，将图形返回到单一视口的视图中，该视图使用当前视口的视图。

（6）输入"?"命令，显示活动视口的标识号和屏幕位置。

（7）输入"2/3/4"，将当前视口拆分为相等的两、三或四个视口。

6. 在多个视口中，只能有一个是当前视口，当前视口的边界被系统以粗线框亮显

用户只能在当前视口中绘制或编辑图形，其他视口中的图形随之改变，或对当前视口的视窗进行缩放或平移，其他视口不会发生改变。若用户要切换另一视口为当前视口，则将光标移到选定视口，单击鼠标左键，该视口即变为当前视口。按"Ctrl＋R"，可以将当前视口按逆时针方向转到下一个视口。

例 5-3　将如图 5-17 所示的图形用四个视口显示，第一个视口显示主视图，第二个视口显示左视图，第三个视口显示俯视图，第四个视口显示西南等轴测图。

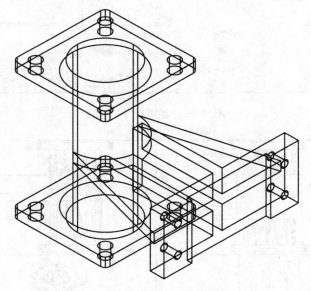

图 5-17　"视口"创建实例

操作步骤如下：

命令：VPORTS↙

（系统弹出"视口"对话框，如图 5-16 所示）

在"标准视口（V）"列表框中选择"四个：相等"，在"设置（S）"下拉列

表框中选择"三维"，单击"预览"中的第一个视口，在"修改视图（C）"下拉列表框中选择"＊主视＊"，单击"预览"中的第二个视口，在"修改视图（C）"下拉列表框中选择"＊左视＊"，单击"预览"中的第三个视口，在"修改视图（C）"下拉列表框中选择"＊俯视＊"，单击"预览"中的第四个视口，在"修改视图（C）"下拉列表框中选择"西南等轴测"，如图 5-18 所示，再单击"确定"按钮完成视口的设置。完成的视图如图 5-19 所示。

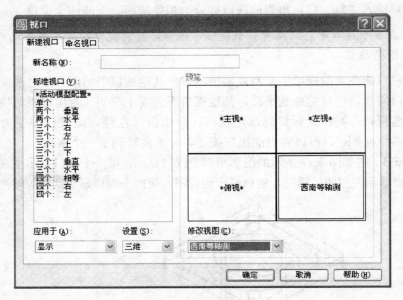

图 5-18　"新建视口"示例

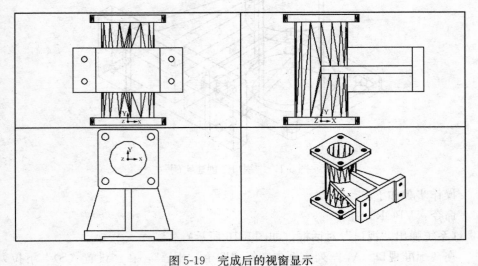

图 5-19　完成后的视窗显示

# 本 章 小 结

　　显示控制命令只是改变图形的显示效果即视觉效果，并不改变图形的实际大小和位置。绘图时，点的坐标、线段的长度、区域面积、当前绘图环境等，可利用图形参数显示命令查询这些数据和参数。

　　主要内容包括：

　　(1) 图形的缩放和平移。

　　(2) 鸟瞰视图。

　　(3) 重画、重新生成及自动重新生成。

　　(4) 图形参数查询（如：面积、距离、查询面域/质量特性、点坐标显示、列表显示、时间显示、状态显示、设置变量等）。

## 习 题 五

一、问答题

　　1. 如何查询一条直线的角度？

　　2. 如何计算两个对象的面积和？

　　3. 如何查询 AutoCAD 所有的系统变量值？

　　4. AutoCAD 中有哪些图形缩放的方式？

　　5. 视图生成的方法有几种？

　　6. 什么是模型空间？

　　7. 如何保存视图？

　　8. 如何分布两个同等大小的水平窗口？

二、计算题图 5-1 中阴影部分的面积。

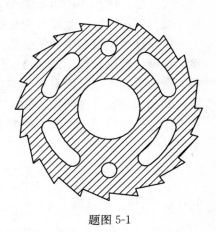

题图 5-1

# 第6章 文本、表格、块及外部参照

文字对象是 AutoCAD 图形中重要的图形元素，也是机械制图和工程制图中不可缺少的组成部分，在一个完整的图样中，通常包含一些文字注释，用于标注图样中一些非图形信息，例如，机械工程图形中的技术要求、装配说明，以及材料说明、施工要求等。

字段是可以自动更新的数据和文字，通过创建字段，将经常更改的文字的字段插入到任意文字对象中，在图形或图样集中显示要更改的数据。字段更新时，将自动显示最新的数据。字段可以包含很多信息，例如，面积、图层、日期、文件名和页面设置大小等。

表格也是图形中的重要部分，可以使用绘制表格功能，创建不同类型的表格，而且还可以从其他软件中复制表格，大大简化了绘图操作。

在设计绘图过程中经常会遇到一些重复出现的图形（例如，机械设计中的螺栓、螺母，建筑设计中的桌椅、门窗等）如果每次都重新绘制这些图形，不仅造成大量的重复工作，而且存储这些图形及其信息要占据相当大的磁盘空间。图块、外部参照和光栅图像，提出了模块化作图的问题，这样不仅避免了大量的重复工作，提高绘图速度和工作效率，而且可大大节省磁盘空间。

## 6.1 文　　本

### 6.1.1 创建文字样式

在文字注写时，首先应设置文字样式，这样才能注写符合要求的文本。

**1. 功能**

建立和修改文字样式，如文字的字体、字型、高度、宽度系数、倾斜角、反向、倒置及垂直等参数。

**2. 格式**

（1）命令：Style（Ddstyle）。

（2）下拉菜单：格式（F）→文字样式（S）。

（3）工具条：在"样式"工具条中，单击"文字样式"图标按钮，如图 6-1 所示。在"文字"工具条中，单击"文字样式"图标按钮，如图 6-2 所示。

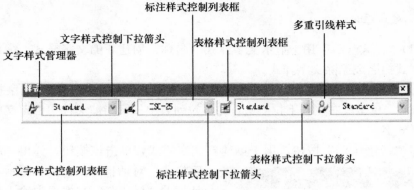

图 6-1 "样式"工具条

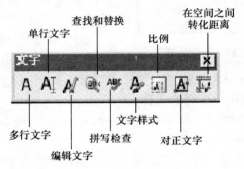

图 6-2 "文字"工具条

此时，弹出"文字样式"对话框，如图 6-3 所示。

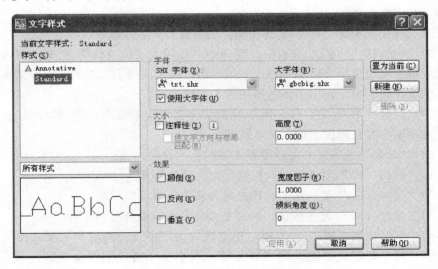

图 6-3 "文字样式"对话框

**3. 对话框说话**

（1）"样式（S）"用于显示文字样式的名称、创建新的文字样式、为已有的文字样式命名或删除文字样式。

1）"样式名"下拉列表框，列出当前使用的文字样式，默认文字样式为 Standard。单击其右侧的下拉箭头，在下拉列表中显示当前文件中已定义的所有文字样式名。

2）"新建（N）"按钮，用于创建新文字样式，单击该按钮，弹出"新建文字样式"对话框，如图 6-4 所示。在对话框的"样式名"文本框中输入新建文字样式名称，可对新文字样式进行设置。

图 6-4 "新建文字样式"对话框

3）"重命名（R）"按钮，单击该按钮，将打开"重命名文字样式"对话框，形式与图 6-4 所示的"新建文字样式"对话框相同。在"样式名"文本框中，用来更改已选择的文字样式名称。

4）"删除（D）"按钮，用来删除某一设定的文字样式，但不能删除已经被使用的文字样式和 Standard 样式。

（2）"字体（F）"选项组　可以显示文字样式使用的字体和字高等属性。

1）"字体名（F）"下拉列表框，在该列表框中可以显示和设置西文和中文字体，单击该列表框右侧的下拉箭头，在弹出的下拉列表框中，列出了供选用多种西文和中文字体等。

2）"使用大字体（U）"复选按钮，用于设置大字体选项。

3）"字体样式（Y）"列表框，当选中"使用大字体（U）"复选按钮后，在该列表框中可以显示和设置一种大字体类型，单击该列表框左侧的下拉箭头，在弹出的下拉列表中，列出了供选择用的大字体类型。

4）"高度（T）"文本框，用于设置字体高度，系统默认值为 0，若取默认值，注写文本时系统提示输入文本高度。

（3）"效果"选项组　可以设置文字的显示效果。

1）"颠倒（E）"复选按钮，控制是否将字体倒置。

2）"反向（K）"复选按钮，控制是否将字体以反向注写。

3）"垂直（V）"复选按钮，控制是否将文本以垂直反向注写。

4）"宽度比例（W）"文本框，用来设置文字字符的高度和宽度之比。当值为 1 时，将系统定义的宽度比书写文字；当小于 1 时，字符会变窄；当大于 1 时，字符则变宽。

5)"倾斜角度（O）"文本框，用于确定字体的倾斜角度，其取值范围为 $-85°\sim85°$，当角度数值为正值时，向右倾斜；为负值时，向左倾斜；若要设置国标斜体字，则设置为 15°。

（4）"预览（P）"显示框　可以预览所选择或设置的文字样式效果。在下面的文本框中输入要观察的字体，单击"预览（P）"按钮，可在上面的预览框中观察设置效果。

完成文字样式设置后，单击右上角的"应用（A）"按钮，再单击"关闭（C）"按钮关闭对话框。注写文本时，按设置的文字样式进行文本标注。

国家标准《机械制图》对文字标准做了具体规定，其主要内容如下：

1）字的高度有 3.5、5、7、10、14 和 20 等（单位 mm），字的宽度约为字高度的 2/3。

2）汉字应采用长仿宋体，由于笔画教多，其高度不应小于 3.5。

3）字母分大、小写两种，可以用直体（正体）和斜体形式标注。

4）斜体字的字头要向右侧倾斜，与水平线约成 75°；阿拉伯数字有直体和斜体两种形式。斜体数字与水平线也成 75°。实际标注中，有时需要将汉字、字母和数字组合起来使用。例如：标注"8×M8 深 18"。

AutoCAD 系统提供了符合标注要求的字体形文件：gbenor. Shx、gbeitc. shx 和 gbcbig. shx 文件（形文件是 AutoCAD 系统用于定义字体或符号库的文件，其源文件的扩展名是 shp，扩展名为 shx 的形文件是编译后的文件）。其中，gbenor. Shx 和 gbeitc. Shx 文件分别用于分别用于标注直体和斜体字母与数字；gbcbig. shx 则用于标注中文。使用系统默认的文字样式标注文字时，标注出的汉字为长仿宋体，但字母和数字则是由文件 txt. Shx 定义的字体，不完全满足制图要求。为了使标注的字母和数字也满足要求，还需要将字体文件设成 gbenor. Shx 或 gbeitc. Shx。

### 6.1.2　单行文本注写

#### 1. 功能

注写单行文字，标注中可使用回车键盘换行，也可在另外的位置单击鼠标左键，确定一个新的起始位置。不论换行还是重新确定起始位置，每次输入的一行文本为一个实体。

#### 2. 格式

（1）命令：Text（或 Dtext）。

（2）下拉菜单：绘图（D）→文字（X）→单行文字（S）。

（3）工具条：在"文字"工具条中，单击"单行文字"图标按钮，如图 6-5 所示。

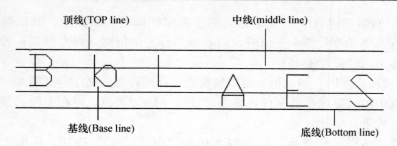

图 6-5　文本排列位置的基准线

提示：当前文字的起点或［对正（J）/样式（S）］：(输入选择项) ✓

3. 各选择项说明

（1）指定文字的起点　用于确定文本基线的起点位置，水平注写时，文本由此点向右排列，称为"左对齐"，为默认选项。

（2）J　用于确定文本的位置和对齐方式。在系统中，确定文本位置需采用4条线：顶线、中线、基线和底线，这4条线的位置，如图6-5所示。

选择"J"选项后，后续提示：

输入选项：［对齐（A）/调整（F）/中心（C）/中间（M）/右（R）/左下（TL）/中上（TC）/右上（TR）/左中（ML）/正中（MC）/右中（MR）/左下（BL）/中下（BC）/右下（BR）］：(输入选择项) ✓

各选择项说明：

1）A，确定文本基线的起点和终点，文本字符串的倾斜角度服从于基线的倾斜角度，系统根据基线起点和终点的距离、字符数及字体的宽度系数，自动计算字体的高度和宽度，使文本字符串均匀地分布于给定的两点之间。

2）F，按设定的字高注写文本。

3）C，确定文本基线的中点。

4）M，确定文本高度方向中心线（不同于中线）的中点。

5）R，确定文本基线的终点，即使标注文本右对齐。

6）TL，确定文本顶线的起点，即顶部左端点。

7）TC，确定文本顶线的中点，即顶部中点。

8）TR，确定文本顶线的终点，即顶部右端点。

9）ML，确定文本中线的起点，即左端中心点。

10）MC，确定文本中线的中点，即中部中心点。

11）MR，确定文本中线的终点，即右端中心点。

12）BL，确定文本底线的起点，即底部左侧起始点。

13）BC，确定文本底线的中点，即底部中心点。

14）BR，确定文本底线的终点，即底部右端点。

（3）S 设置当前文字样式

（4）？显示当前图形文件中所有文字字体样式。当输入"?"选项并回车后，则打开文本窗口，列出当前图形文件中的所有字体样式。

### 6.1.3  段落文本注写

1. 功能

一次注写或引用多行段落文本，各行文本都以指定宽度及对齐方式排列并作为一个实体。

2. 格式

（1）命令：Mtext。

（2）下拉菜单：绘图（D）→文字（X）→多行文字（M）。

（3）工具条：在"绘图"工具条中，单击"多行文字"图标按钮；在"文字"工具条中，单击"多行文字"图标按钮。

提示：指定第一角点：（确定第一个角点）↙

指定对角点或［高度（H）/对正（J）/行距（L）/旋转（R）/样式（S）/宽度（W）/栏（C）］：（输入选择项）↙

3. 各选择项说明

（1）指定对角点：用于确定标注文本框的另一个角点，为默认选项。

（2）H：用于确定字体的高度

（3）J：用于设置文本的排列方式

（4）L：用于设置行间距

（5）R：用于设置文本框的倾斜角度

（6）S：用于设置当前字体样式

（7）W：用于设置文本框的宽度

（8）C：用于分栏

4. 多行文字注写的"文本格式"工具条和文字输入窗口

当确定标注多行文字区域后，弹出创建多行文字的"文字格式"工具条和"文字输入"窗口。创建多行文字的"文字格式"工具条，如图 6-6 所示。创建"文字输入"窗口，如图 6-7 所示。利用它们可以完成多行文字的各种输入。

（1）"文字格式"工具条  用于对多行文字的输入设置，其主要功能有以下几个。

1）"文字格式"下拉列表框，用于显示和选择设置的文字样式。

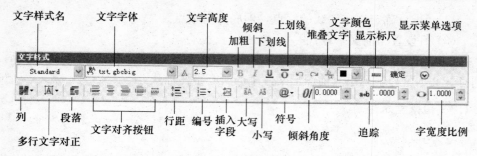

图 6-6　弹出创建多行文字的"文字格式"工具条和"文字输入"窗口

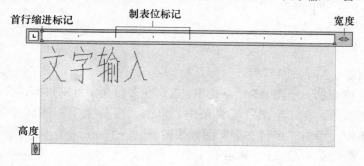

图 6-7　创建"文字输入"窗口

2）"字体"下拉列表框，用于显示和设置文字使用的字体。

3）"高度"下拉列表框，用于显示和设置文字的高度。可以从下拉列表框中选择，也可以直接输入高度值。

4）"加粗"、"倾斜"及"下划线"按钮，单击它们，可以加粗、斜字体或给文字加下划线。

5）"取消"按钮，单击该按钮可以取消前一次操作。

6）"重做"按钮，单击该按钮可以恢复前一次取消才操作。

7）"堆叠"按钮，单击该按钮，可以创建堆叠文字（堆叠文字是一种垂直对齐的文字或分数）。使用时，需要分别输入分子和分母，其间使用"/"、"♯"或"~"分隔，然后选择这一部分文字，单击该按钮即可。例如，当输入"200/300"后按回车键。在该对话框中，可以设置是够需要在输入 X/Y、X♯Y、X~Y 时的表达时自动堆叠，还可以设置堆叠的其他特性。

8）"颜色"下拉列表框，用于设置文字的颜色，如图 6-8 所示。

9）"标尺"按钮，用于是否显示标尺的转换。

10）"选项（显示菜单）"按钮，单击该按钮，弹出"多行文字操作"菜单，如图 6-9 所示。利用其中的选项可以对多行文字进行操作。

11）"确定"按钮，单击该按钮，可以关闭多行文字创建模式并保存所进行的设置。

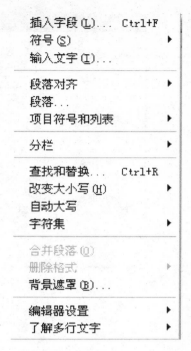

图 6-8 设置文字颜色　　　　　　　图 6-9 "多行文字操作"菜单

（2）右键快捷菜单　用于多行文字的输入设置

1）"段落"、"设置多行文字宽度"及"设置多行文字高度"快捷菜单，在输入窗口的标尺上，单击鼠标右键，弹出一快捷菜单，如图 6-10 所示。

当选择"段落缩进和制表位…"选项时，弹出"段落"对话框，如图 6-11 所示。通过该对话框可以设置缩进和制表位位置。在"缩进"区域中，在"第一行"文本框和"段落"文本框中设置首行段落的缩进位置。在"制表位"列表框中，可设置制表符的位置。

当选择"设置多行文字宽度…"选项时，弹出"设置多行文字宽度"对话框，如图 6-12（a）所示。通过该对话框的"宽度"文本框，可以设置多行文字的宽度。当选择"设置多行文字高度…"选项时，弹出"设置多行文字高度"对话框，如图 6-12（b）所示。通过该对话框的"宽度"文本框，可以设置多行文字的宽度。

2）多行文字设置快捷菜单，在文字输入窗口中，单击鼠标右键，弹出"多行文字操作"右键快捷菜单，如图 6-13 所示。它与图 6-9 所示的"多行文字操作"菜单基本相同，利用它其中才选项也可以对多行文本进行操作。

（3）在该快捷菜单中，各选项说明如下：

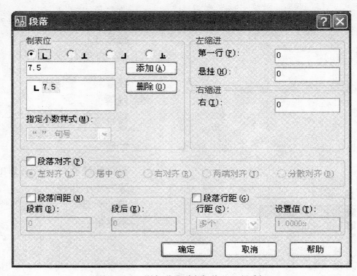

图 6-11 "缩进和制表位"对话框

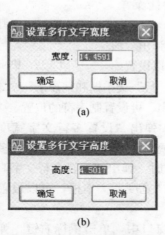

(a)

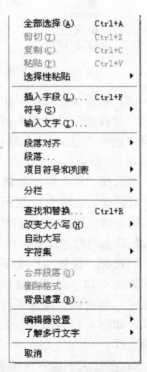

(b)

图 6-12 "设置多行文字宽度/高度"对话框图      图 6-13 "多行文字操作"菜单

1）"缩进和制表位"选项，可打开"缩进和制表位"对话框，用于设置缩进和制表位。

2）"查找和替换"选项，将打开"替换"对话框，如图 6-14 所示。可以搜索或同时替换指定的字符串，并且可以设置是否全字匹配、是否区分大小写等查找条件。

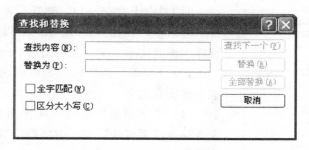

图 6-14　"查找和替换"对话框

3）"对正"选项，用于设置文字的对正方式。在弹出的光标菜单中选择对正的方式，如图 6-15 所示。

4）"项目符号和列表"选项，在弹出的光标菜单中，使用字母（包括大小写）、数字作为段落文字的项目符号，如图 6-16 所示。

图 6-15　"对正"选项　　　图 6-16　"项目符号和列表"菜单

5）"改变大小写"选项，在弹出的光标菜单中，用于改变文字中字符的大小写，如图 6-17 所示。

6）"删除格式"选项，可以删除文字中应用的格式，如加粗、倾斜等。

图 6-17　"改变大小写"选项

7）"合并段落"，可以合并多个段落。

8）"符号"选项，在弹出的光标菜单中，选择特殊字符的输入项，用来插入一些特殊字符，如度数、正/负、直径符号等，如图 6-18 所示。当选择"其他"选项，将打开"字符映射表"对话框，如图 6-19 所示。在该对话框中，单击所需的特殊字符，再依次单击"选择"按钮和"复制"按钮，完成特殊字符

| 度数(D) | %%d |
| 正/负(P) | %%p |
| 直径(I) | %%c |
| 几乎相等 | \U+2248 |
| 角度 | \U+2220 |
| 边界线 | \U+E100 |
| 中心线 | \U+2104 |
| 差值 | \U+0394 |
| 电相位 | \U+0278 |
| 流线 | \U+E101 |
| 标识 | \U+2261 |
| 初始长度 | \U+E200 |
| 界碑线 | \U+E102 |
| 不相等 | \U+2260 |
| 欧姆 | \U+2126 |
| 欧米加 | \U+03A9 |
| 地界线 | \U+214A |
| 下标 2 | \U+2082 |
| 平方 | \U+00B2 |
| 立方 | \U+00B3 |
| 不间断空格(S) | Ctrl+Shift+Space |
| 其他(O)... | |

图 6-18　"符号"选项

的复制。在文字输入窗口中，单击右键，在弹出的快捷菜单中，选择粘贴选项，即完成所选特殊字符输入。

9）"输入文字（I）"选项，将打开"选择文件"对话框，如图 6-20 所示。可以导入外部其他软件编辑的文本（文件名后缀为 .Txt 或 .rtf）。

10）"全部选择"选项，可以选择多行文字对象中的所有文字。

11）"字符集"选项，在弹出的光标菜单中，选择输入"字符映射表"中字符所属的不同语言的字符集，如图 6-21 所示。

12）"背景遮罩"选项，在弹出"背景遮罩"对话框中，设置多行文字设置背景和遮罩，如图 6-22 所示。例如：在"多行文字编辑器"中，输入文章，"在多行文字中使用背景遮罩显示"：选择"背景遮罩"选项，弹出"背景遮罩"对话框。

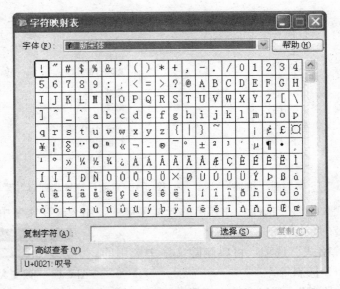

图 6-19　"字符映射表"选项

在该对话框中，"使用背景遮罩"复选框，选中将使用背景遮罩，否则不使用；"边界偏移因子"，该值是以文字高度为参考值，偏移因子为 1.5（默认值）时，会使背景扩展为文字高度的 1.5 倍；在填充颜色栏中，"使用背景"复选框，使背景

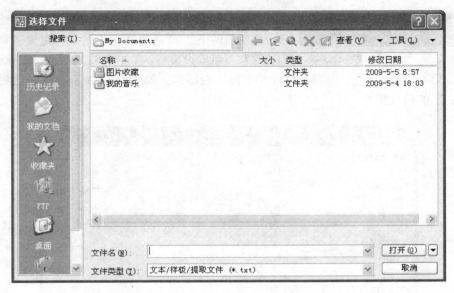

图 6-20　"输入文字（I）"选项

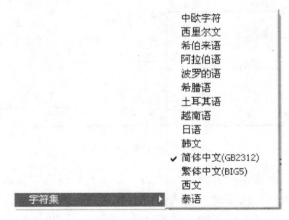

图 6-21　"字符集"选项

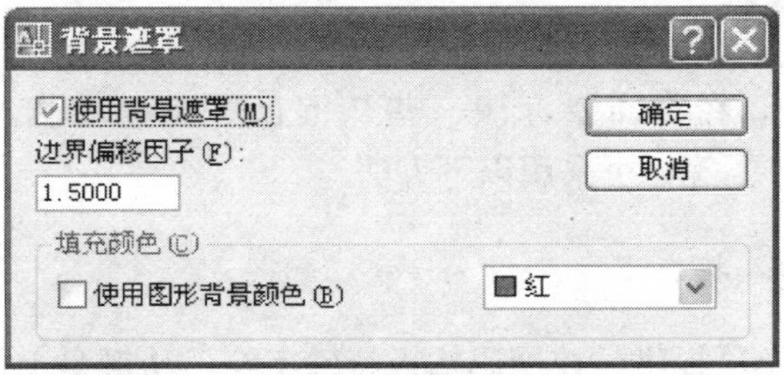

图 6-22　"背景遮罩"选项

图 6-23　"背景遮罩"对话框

的颜色与图形背景的颜色相同，选中它，右侧选择背景颜色的下拉菜列表框将不能用。完成"背景遮罩"对话框设置后，操作结果，如图 6-23 所示。

13）"插入字段"选项，打开"字段"对话框，如图 6-24 所示。该对话框用于字段的插入操作。

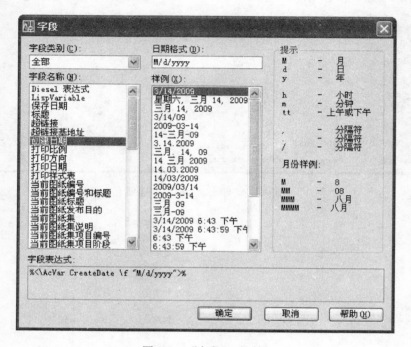

图 6-24　"字段"对话框

14）在多行文字菜单中另外选项，如"显示工具栏"、"显示选项"、"显示标尺"和"不透明背景"选项时，输入窗口的背景为不透明效果。

（4）文字输入窗口　用于输入多行文字，并且可以设置缩进和制表位位置。

## 6.1.4　特殊字符的输入

在工程图样中，经常需要标注一些从键盘不能直接输入的特殊字符，如￠、±、°（度）、Δ、□等，可采用以下方法。

### 1. 在西文字输入状态下

可利用 AutoCAD 提供的控制码输入特殊字符，从键盘上能够直接输入这些控制码，可以输入特殊字符。

**2. 在中文字体输入状态下**

"多行文本操作快捷菜单"中，在"符号"选项中选择特殊字符的输入，也可以通过"字符映射表"对话框，输入字符。

### 6.1.5　文本编辑

有时需要对已标注文本的内容、样式等进行编辑修改。可采用一向方法完成对已标注文本的内容、样式等进行编辑修改。

**一、文本编辑修改**

1. 功能

对单行文本或段落文本内容进行编辑修改。

2. 格式

(1) 命令：Ddedit（ED）。
(2) 下拉菜单：修改（M）→对象（O）→文字（T）→编辑（E）。
提示：选择注释对象或［放弃（U）］：（选取文本）
若选取的文本为单行文本，则该单行文本变为可修改状态，可对文本内容进行修改。
若选取的文本为段落文本，则弹出创建多行文字的"多行文字编辑器（即"文字格式"工具条和文字输入窗口）"，对文本进行全面的编辑修改。

**二、用"特性"命令编辑文本**

在弹出"特性"对话框的文本属性形式中，可对所选择的文本进行编辑修改。

**三、利用剪贴板复制文本**

利用 Windows 操作系统的剪贴板功能，实现文本的剪切、复制和粘贴。

**四、修改文本高度**

1. 功能

将选定的文本放大或缩小，不改变文字的位置和插入点。

2. 格式

(1) 命令：Scaletext↙。

（2）下拉菜单：修改（M）→对象（O）→文字（T）→比例（S）。

提示：选择对象：（选取文本）

选择对象：↙

提示：输入缩放的基点选项［现有（E）/左（L）/中心（C）/中间（M）/右（R）/左上（TL）/中上（TC）/右上（TR）/左中（ML）/正中（MC）/右中（MR）/左下（BL）/中下（BC）/右下（BR）］〈现有〉：（输入选择项）

指定新高度或［图纸高度（P）/匹配对象（M）/比例因子（S）］〈当前值〉：（输入选择项）

**五、调整文本对齐方式**

1. 功能

重新调整文本的对正方式。

2. 格式

（1）命令：Justifytext。

（2）下拉菜单：修改（M）→对象（O）→文字（T）→对整（J）。

提示：选择对象：（选取文本）

选择对象：↙

提示：输入对正选项［左（L）/对齐（A）/调整（F）/中心（C）/中间（M）/右（R）/左上（TL）/中上（TC）/右上（TR）/左中（ML）/正中（MC）/右中（MR）/左下（BL）/中下（BC）/右下（BR）］＜左＞：

### 6.1.6　文本替换

1. 功能

在当前图形文件范围或指定区域内，查找指定的文本并进行替换。

2. 格式

（1）命令：FIND。

（2）下拉菜单：编辑（E）→查找（F）…。

（3）工具条：在"文字"工具条中，单击"查找和替换"图标按钮。

（4）快捷菜单：单击鼠标右键，在弹出的快捷单上单击"查找（F）…"选项。

此时，弹出"查找和替换"对话框，如图 6-25 所示。

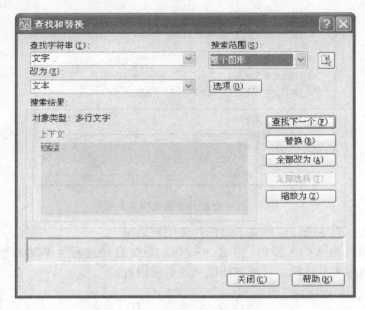

图 6-25　"查找和替换"对话框

3. 对话框说明

1）"查找字符串（I）"文本输入与下拉列表框，用于输入或选择要查找的文本字符串。

2）"改为（E）"文本输入及下拉列表框，用于输入或选择要替换的文本字符串。

3）"搜索范围（S）"下拉列表框，用于设置查找范围，即查找过滤器。系统默认的查找范围为整个当前图形文件，单击列表框右侧的"选择对象"（设置过滤器）按钮时，将暂时关闭对话框，返回到作图区选择查找目标或范围，即设置过滤器，选择完成后，按回车键返回。

4）"选项（O）"…按钮，单击该按钮，弹出"查找和替换选项"对话框，用于对查找和替换的设置，如图 6-26 所示。

在该对话框中，"包含："选项组内包括：块属性值（B），标注注释文字（D），多行文字、动态文字和文字（T）、表格文字（A）、超链接说明（C）、超链接（K）等文本类型复选按钮，用于设置选择查找某一类型的文本；"区分大小写（M）"和"全字匹配（F）"复选按钮，用于设置查找时字符的匹配情况。

5）"查找（F）"按钮，单击此按钮，执行查找操作。

6）"替换（R）"按钮，单击此按钮，将当前找匹配字符的执行替换操作。

7）"全部改为（A）"按钮，单击此按钮，在指定区域内匹配的字符全部替换。

8）"全部选择（T）"按钮，单击此按钮，在指定区域内查找文本目标不进

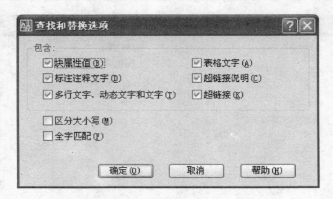

图 6-26　"查找和替换选项"对话框

行任何替换。而是选择这些文本目标并关闭对话框。

9）"缩放为（Z）"按钮，单击此按钮，系统自动进行屏幕动态缩放，以显示所查找到的文本目标，并将对话框至该目标附近。

# 6.2　字　　段

**1. 功能**

字段是可以自动更新的数—"智能文字"，就是将可能会在图形使用中修改的数据设置为能自动更新的文字。

这样，如果需要引用这些文字或数据，可以采用字段的方式引用，这样，当字段所代表的文字或数据发生变化时，不需要手工去修改它，字段会自动更新。

**2. 格式**

在多行文本输入窗口中的右键快捷菜单中，选择"插入字段"选项，或在"文字格式"工具栏中，单击"选项（显示菜单）"按钮弹出"多行文字操作"菜单中，选择"插入字段"选项。

此时，弹出"字段"对话框，如图 6-27 所示。通过对"字段"对话框的操作，完成插入字段。

**3. 举例**

以用字段显示一个圆的面积来说明在多行文字中插入字段的操作。

1）绘制一个直径为 ¢ 200 的圆。

2）在"多行文字编辑器"中输入"面积＝"。

3）在"字段"对话框中，在"字段类别"下拉列表框中选择全部，在"字段名称"显示框中选择"对象"；单击"对象类型"显示框右边的"选择对象"

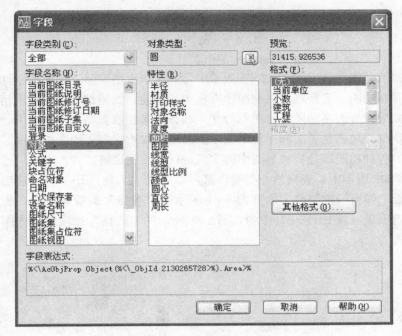

图 6-27　"字段"对话框

按钮，返回到作图窗口，选择圆心实体；在"特性"列表框中选择"面积"，选择完成后"字段"对话框的形式如图 6-27 所示。

　　完成"字段"对话框的选择设置后，单击"确定"按钮，返回到"多行文字编辑器"对话框，再单击"确定"，操作结果如图 6-28 所示。

　　4）字段更新

　　① 利用夹点编辑改变圆的直径，如图 6-29 所示。

　　② 双击多行文字对象，弹出"多行文字编辑器"对话框，在显示面积数值的灰色区域上，单击鼠标右键菜单，选择"更新字段"，并单击"确定"按钮，完成字段更新，操作结果如图 6-30 所示。

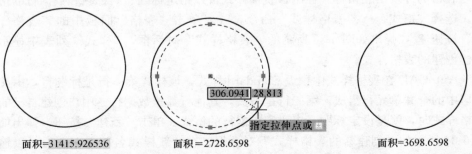

面积=31415.926536　　　面积=2728.6598　　　　面积=3698.6598

图 6-28　插入字段　　　图 6-29　利用夹点编辑改变圆的直径　　图 6-30　字段更新的结果

# 6.3　表　　格

　　表格的功能在 AutoCAD 2008 版本中得到了很大的增强，并增加了如链接表格数据等新功能。表格在机械制图中有很大的用途，如明细表，需要表格功能来完成。如果没有表格功能，使用单行文字和直线来绘制表格是很繁琐的。表格功能的出现很好地满足了实际工程制图中的需要，大大提高了绘图的效率。本节将对表格的各种功能结合机械制图中的实例进行详细的讲解。

　　在 2008 版本中，表格的一些操作都可以通过"工具（T）"→"选项板"→"■ 面板"弹出的控制台上的如图 6-31 所示的"表格"面板来实现，还可以通过工具选项板（或 Ctrl＋3）中的如图 6-32 所示的"表格"选项卡导入图形图例表格样式。

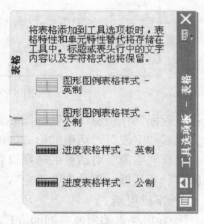

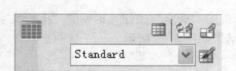

图 6-31　"表格"面板　　　　　　　图 6-32　"表格"工具选项板

## 6.3.1　创建表格样式

　　表格的外观由表格样式控制，表格样式可以指定标题、列标题和数据行的格式。选择"格式"→"表格样式"命令，或者单击"表格"面板中的"表格样式"按钮■，弹出如图 6-33 所示的"表格样式"对话框，"样式"列表中显示了已创建的表格样式。

　　AutoCAD 在表格样式中预设 Standard 样式，该样式第一行是标题行，由文字居中的合并单元行组成，第二行是表头，其他行都是数据行。用户创建自己的表格样式时，就是设定标题、表头和数据行的格式。单击"新建"按钮，弹出如图 6-34 所示的"创建新的表格样式"对话框。在"新样式名"文本框中可以输入表格样式名称，在"基础样式"下拉列表框中选择一个表格样式为新的表格样

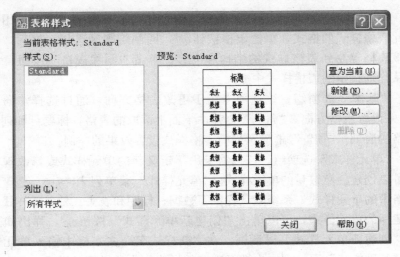

图 6-33　"表格样式"对话框

式提供默认设置，单击"继续"按钮，
弹出如图 6-35 所示的"新建表格样式"
对话框，可以对样式进行具体设置。

　　"新建表格样式"对话框由"起
始表格"、"基本"、"单元样式"和
"单元样式预览" 4 个选项组组成，以
下分别予以介绍。

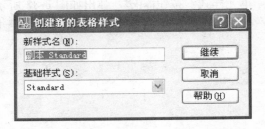

图 6-34　"创建新的表格样式"对话框

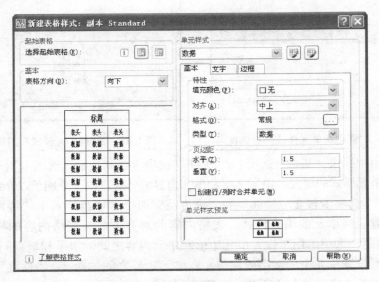

图 6-35　"新建表格样式"对话框

（1）"起始表格"选项组。该选项允许用户在图形中指定一个表格用作样例来设置此表格样式的格式。单击表格按钮，回到绘图区选择表格后，可以指定要从该表格复制到表格样式的结构和内容。单击"删除表格"按钮，可以将表格从当前指定的表格样式中删除。

（2）"基本"选项组。该选项卡用于更改表格方向，通过选择"向下"或"向上"来设置表格方向，"向上"创建由下而上读取的表格，标题行和列标题行都在表格的底部；"预览"框显示当前表格样式设置效果的样例。

（3）"单元样式"选项组。该选项卡用于定义新的单元样式或修改现有单元样式，可以创建任意数量的单元样式。"单元样式"菜单列表 数据 ▼ 显示表格中的单元样式，系统默认提供了数据、标题和表头三种单元样式，用户需要创建新的单元样式，可以单击"创建新单元样式"按钮，弹出如图 6-36 所示的"创建新单元样式"对话框，在"新样式名"文本框中输入单元样式名称，在"基础样式"下拉列表中选择现有的样式作为参考单元样式，单击"管理单元样式"按钮塑，弹出如图 6-37 所示的"管理单元样式"对话框。在该对话框中用户可以对单元格式进行添加、删除和重命名。

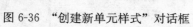

图 6-36　"创建新单元样式"对话框　　　　图 6-37　"管理单元样式"对话框

选项组中提供"基本"选项卡、"文字"选项卡或"边框"选项卡用于设置用户创建的单元样式的单元、单元文字和单元边界的外观，以下分别予以介绍。

"基本"选项卡包含"特性"和"页边距"两个选项组，其中"特性"选项组用于设置表格单元的填充样式、表格内容的对齐方式、表格内容的格式和类型，"页边距"选项组用于设置单元边框和单元内容之间的水平和垂直间距。"水平"文本框设置单元中的文字或块与左右单元边界之间的距离。"垂直"文本框设置单元中的文字或块与上下单元边界之间的距离。

　　"文字"选项卡如图 6-38 所示，用来设置表格中文字的样式、高度、颜色、对齐方式等。"文字样式"下拉列表框用于设置表格中文字的文字样式。单击 按钮将显示"文字样式"对话框，从中可以创建新的文字样式；"文字高度"文本框用于设置文字高度。数据和列标题单元的默认文字高度为 0.1800。表标题的默认文字高度为 0.25；"文字颜色"下拉列表框用于指定文字颜色。用户可以在列表框中选择合适的颜色或者选择"选择颜色"命令以显示"选择颜色"对话框设置颜色；"文字角度"文本框用于设置文字角度，默认的文字角度为 0 度。可以输入－359°到＋359°之间的任意角度。

　　"边框"选项卡如图 6-39 所示，用于设置表格边框的线宽、线型、颜色和对齐方式。"线宽"、"线型"和"颜色"下拉列表在之前多次提到过，此处不再赘述。选择"双线"复选框表示将表格边界显示为双线，此时"间距"文本框可输入双线边界的间距，默认间距为 0.1800。边界按钮用于控制单元边界的外观，具体用法如下：

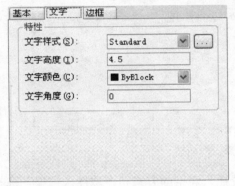
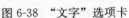
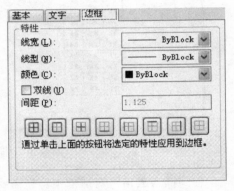

图 6-38　"文字"选项卡　　　　　　　　　　图 6-39　"边框"选项卡

　　"所有边框"按钮：单击该按钮，将边界特性设置应用于所有数据单元、表头单元或标题单元的所有边界。

　　"外边框"按钮：单击该按钮，将边界特性设置应用于所有数据单元、表头单元或标题单元的外部边界。

　　"内边框"按钮：单击该按钮将边界特性设置应用于所有数据单元或表头单元的内部边界。此选项不适用于标题单元。

　　"无边框"按钮：单击该按钮将隐藏数据单元、表头单元或标题单元的边界。

　　"底部边框"按钮：单击该按钮将边界特性设置应用于所有数据单元、表头单元或标题单元的底边界。同样"左边框"、"上边框"和"右边框"三个按钮、和表示设置其他三个方向的边界。

　　(4)"单元样式预览"选项组。"单元样式预览"选项组用于显示当前表格样式设置效果的即时样例。

### 6.3.2 表格的创建

在"表格"面板中单击"表格"按钮 ⊞ 或者在菜单栏中选择"绘图"→"表格"命令，弹出如图 6-40 所示的"插入表格"对话框。

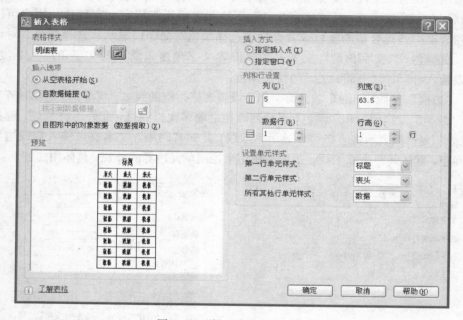

图 6-40 "插入表格"对话框

在"插入表格"对话框中首先需要设置插入表格的方式，在"插入选项"选项组中提供了 3 种插入表格的方式。

"从空表格开始"单选按钮表示创建可以手动填充数据的空表格。

"自数据链接"单选按钮表示从外部电子表格中的数据创建表格。

"自图形中的对象数据"单选按钮表示启动"数据提取"向导来创建表格。

在机械制图中使用比较多的插入表格方式是前两种创建方式。

当选择"从空表格开始"单选按钮时，"插入表格"对话框如图 6-40 所示，可以设置表格的各种参数，各种参数的设置方法如下：

(1)"表格样式"下拉列表框用于设置表格采用的样式，默认样式为 Standard。

(2)"预览"窗口显示当前选中表格样式的预览形状。

(3)"插入方式"选项组设置表格插入的具体方式，选择"指定插入点"单选按钮时，需指定表左上角的位置。如果表样式将表的方向设置为由下而上读取，则插入点位于表的左下角。选择"指定窗口"单选按钮时，需指定表的大小和位置。选择此选项时，行数、列数、列宽和行高取决于窗口的大小以及列和行的设置。

（4）"列和行设置"选项组设置列和行的数目与大小。

"列"文本框：设置表格列数。选择"指定窗口"选项并指定列宽时，则选择了"自动"选项，且列数由表的宽度控制。

"列宽"文本框：用于设置列的宽度。选择"指定窗口"选项并指定列数时，则选择了"自动"选项，且列宽由表的宽度控制，最小列宽为一个字符。

"数据行"文本框：用于设定表格行数。选择"指定窗口"选项并指定行高时，则选择了"自动"选项，且行数由表的高度控制。

"行高"文本框：按照文字行高指定表的行高。文字行高基于文字高度和单元边距，这两项均在表格样式中设置。选择"指定窗口"选项并指定行数时，则选择了"自动"选项，且行高由表的高度控制。

（5）"设置单元样式"选项组用于对那些不包含起始表格的表格样式，指定新表格中行的单元格式。"第一行单元样式"下拉列表用于指定表格中第一行的单元样式，默认情况下，使用标题单元样式，在机械制图中需要选择"表格"选项；"第二行单元样式"下拉列表用于指定表格中第二行的单元样式，默认情况下，使用表头单元样式；"所有其他行单元样式"下拉列表用于指定表格中所有其他行的单元样式，默认情况下，使用数据单元样式。

设置完参数后，单击"确定"按钮，用户可以在绘图区插入表格，效果如图 6-41 所示。

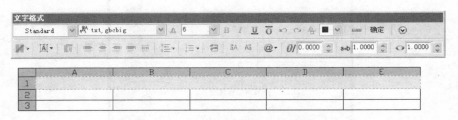

图 6-41　空表格内容输入状态

当选择"自数据链接"单选按钮时，"插入表格"对话框如图 6-42 所示，该对话框中仅"指定插入点"一项可选择，即用户只需指定插入点来确定表格。

若单击"启动数据链接管理器"按钮⬚或者单击"表格"面板中的"数据链接管理器"按钮⬚，均可打开如图 6-43 所示的"选择数据链接"对话框。

单击"创建新的 Excel 数据链接"选项，弹出如图 6-44 所示的"输入数据链接名称"对话框，在"名称"文本框中输入数据链接名称，单击"确定"按钮，弹出如图 6-45 所示的"新建 Excel 数据链接"对话框，单击⬚按钮，在弹出的如图 6-46 所示的"另存为"对话框中选择需要作为数据链接文件的 Excel 文件，单击"确定"按钮，回到"新建 Excel 数据链接"对话框，效果如图 6-47 所示。

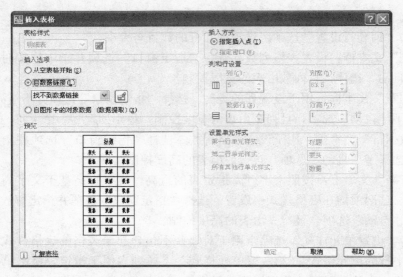

图 6-42　选择"自数据链接"的"插入表格"对话框

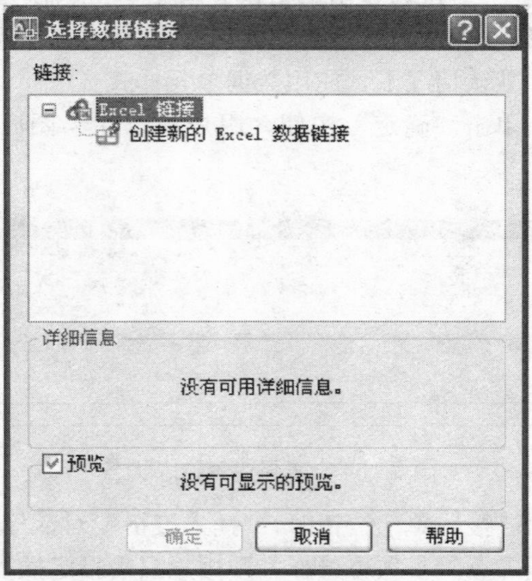

图 6-43　"选择数据链接"对话框

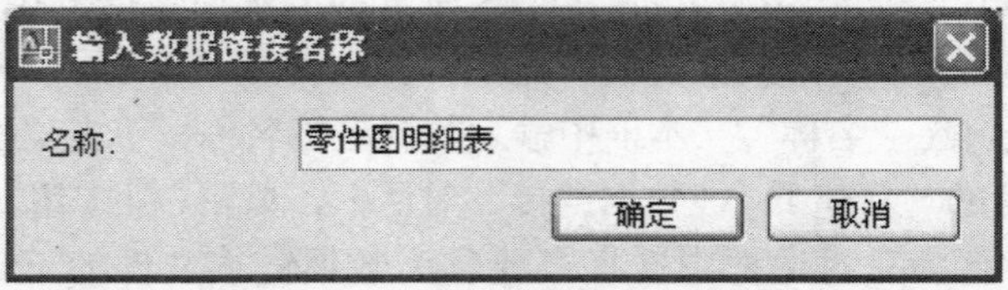

图 6-44　"输入数据链接名称"对话框

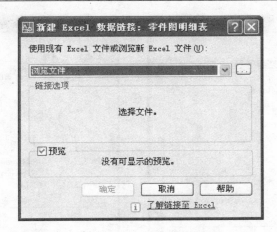

图 6-45 查找 Excel 数据链接

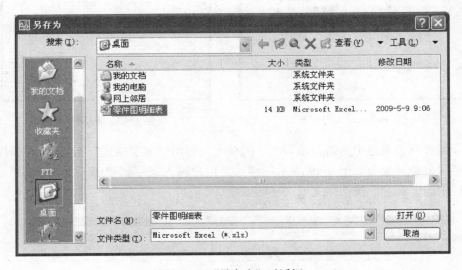

图 6-46 "另存为"对话框

单击"确定"按钮，回到"选择数据链接"对话框，可以看到创建完成的数据链接，单击"确定"按钮回到"插入表格"对话框，如图 6-48 所示。在"自数据链接"下拉列表中可以选择刚才创建的数据链接，单击"确定"按钮，进入绘图区，拾取合适的插入点即可创建与数据链接相关的表格。

### 6.3.3 在表格中填写文字

若在插入表格时选择"从空表格开始"选项，则插入表格后，需要向表格中填写文字。填写文字的方法如下：

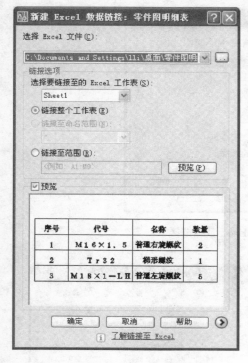

图 6-47　导入明细表

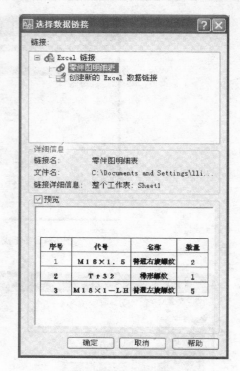

图 6-48　表格预览

　　鼠标双击表格中的需要填写文字的单元，弹出"文字格式"工具栏，同时需要填写的单元变为如图 6-49 所示的样式。用户输入文字，单击"文字格式"工具栏中的"确定"按钮即完成文字的创建。

图 6-49　向表格中填写文字

　　对创建的文字进行编辑的方法与一般的文字编辑方法一致，在此从略。
　　若在插入表格时选择"自数据链接"选项时，单击表格中的文字，弹出如图 6-50 所示的"表格"工具栏，单击其中的 按钮右侧的下三角按钮，在弹出的快捷菜单中选择需要的文字样式。选择"自定义表格单元格式"命令，在弹出的如图 6-51 所示的"表格单元格式"对话框中自定义文字的格式。

图 6-50　"表格"工具栏

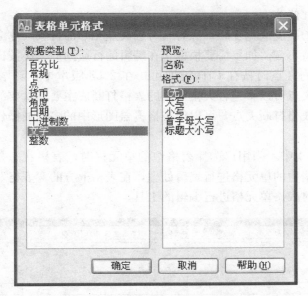

图 6-51　"表格单元格式"对话框

### 6.3.4　表格的编辑

表格的编辑可以通过"表格"工具栏、"编辑"快捷菜单和"特性"选项板来实现，在 AutoCAD 2008 中还增加了很多新的表格编辑功能。

1．一般表格编辑

表格创建完成后，用户可以单击该表格上的任意网格线以选中该表格，然后通过使用"特性"选项板或夹点来修改该表格。单击网格的边框线选中该表格，将显示如图 6-52 所示的夹点模式。各个夹点的功能如下。

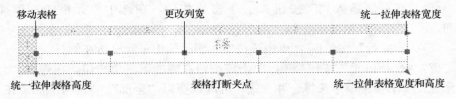

图 6-52　表格的夹点编辑模式

（1）左上夹点：移动表格。

（2）右上夹点：修改表宽并按比例修改所有列。

（3）左下夹点：修改表高并按比例修改所有行。

（4）右下夹点：修改表高和表宽并按比例修改行和列。

（5）列夹点：在表头行的项部，将列的宽度修改到夹点的左侧，并加宽或缩小表格以适应此修改。

更改表格的高度或宽度时，只有与所选夹点相邻的行或列才会更改。表格的高度或宽度保持不变。如果需要根据正在编辑的行或列的大小按比例更改表格的大小，在使用列夹点时按住 Ctrl 键即可。在 2008 版本中，新增加了"表格打断"夹点，该夹点可以将包含大量数据的表格打断成主要和次要的表格片断，使用表格底部的表格打断夹点，可以使表格覆盖图形中的多列或操作已创建的不同的表格部分。

在 2008 版本中，当用户选择表格中的单元格时，表格状态如图 6-53 所示，用户可以对表格中的单元格进行编辑处理，在表格上方的"表格"工具栏中提供了各种各样的对表格单元格进行编辑的工具。

表 6-53　单元格选中状态

"表格"工具栏中各选项的含义如下：

（1）"在上方插入行"按钮 ：单击该按钮，在选中的单元格上方插入一行，插入行的格式与其下一行的格式相同。

（2）"在下方插入行"按钮 ：单击该按钮，在选中的单元格下方插入一行，插入行的格式与其上一行的格式相同。

（3）"删除行"按钮 ：单击该按钮，删除选中单元格所在的行。

（4）"在左侧插入列"按钮 ：单击该按钮，在选中单元格的左侧插入整列。

（5）"在右侧插入列"按钮 ：单击该按钮，在选中单元格的右侧插入整列。

（6）"删除行"按钮 ：单击该按钮，删除选中单元格所在的行。

（7）"合并单元"按钮 ：单击该按钮右侧的下三角按钮，在弹出"合并单元方式"下拉菜单中选择合并方式，可以选择以"全部"、"按行"和"按列"的方式合并选中的多个单元格。

（8）"取消合并单元"按钮 ：单击该按钮，取消选中单元格中合并过的单元格。

（9）"单元边框"按钮⊞：单击该按钮，弹出如图 6-54 所示的"单元边框特性"对话框。在该对话框中可以设置所选单元格边框的线型、线宽、颜色等特性以及设置的边框特性的应用范围。

图 6-54　"单元边框特性"对话框

（10）"对齐方式"按钮：单击该按钮右侧的下三角按钮，弹出如图 6-55 所示的"对齐方式"菜单，可以在菜单中选择单元格中文字的对齐方式。

（11）"锁定"按钮：单击该按钮右侧的下三角按钮，在弹出的"锁定内容"菜单中选择要锁定的内容，若选择"解锁"命令，所选单元格的锁定被解除；若选择"内容已锁定"命令，所选单元格的内容不能被编辑；若选择"格式已锁定"命令，所选单元格的格式不能被编辑；若选择"内容和格式已锁定"命令，所选单元格的内容和格式都不能被编辑。

（12）"数据格式"按钮：单击该按钮右侧的下三角按钮，在弹出的菜单中选择数据的格式。

图 6-55　"对齐方式"菜单

（13）"插入块"按钮：单击该按钮，弹出如图 6-56 所示的"在表格单元中插入块"对话框，在其中选择合适的块后单击"确定"按钮，块被插入到单元格中。

（14）"插入字段"按钮：单击该按钮，弹出如图 6-57 所示的"字段"对话框。选择需要的字段，选择或者创建需要的字段后单击"确定"按钮将字段插入单元格。

（15）"插入公式"按钮：单击该按钮，在弹出的下拉菜单中选择公式的

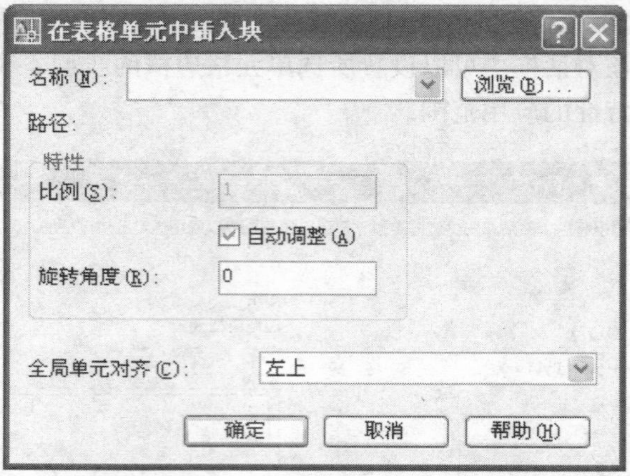

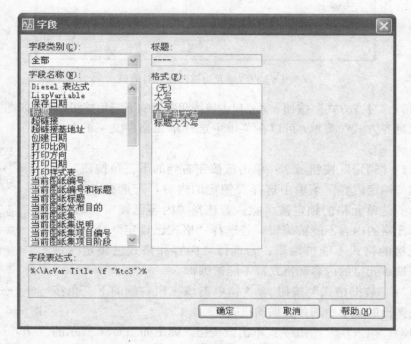

图 6-56 "在表格单元中插入块"对话框

图 6-57 "字段"对话框

类型，在弹出的"文本"编辑框中编辑公式内容。

（16）"匹配单元"按钮▦：单击该按钮，然后在其他需要匹配已选单元格式的单元格中单击鼠标即可完成匹配单元格内容格式的匹配。

（17）"按行/列"下拉列表框 按行/列 ∨：在此下拉列表框中可以选择单元格的样式。

（18）"链接单元"按钮 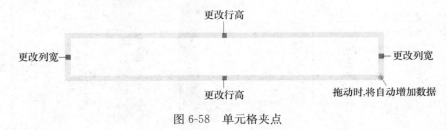：单击该按钮，弹出"选择数据链接"对话框，在其中选择已有的 Excel 表格或者创建新的表格后单击"确定"按钮，可以插入完成的表格。

（19）"从源文件下载更改"按钮：单击该按钮，则将 Excel 表格中数据的更改下载到表格中，完成数据的更新。

当选中表格中的单元格后，单元边框的中央将显示夹点，效果如图 6-58 所示。在另一个单元内单击可以将选中的内容移到该单元，拖动单元上的夹点可以使单元及其列或行更宽或更小。

更改行高

更改列宽■

■更改列宽

更改行高

拖动时,将自动增加数据

图 6-58　单元格夹点

如果用户要选择多个单元，请单击并在多个单元上拖动。按住 Shift 键并在另一个单元内单击，可以同时选中这两个单元以及它们之间的所有单元，单元格被选中后，可以使用"表格"工具栏中的工具，或者执行如图 6-59 所示的右键快捷菜单中的命令，对单元格进行操作。

在快捷菜单中选择"特性"命令，弹出如图 6-60 所示的"特性"选项板，可以设置单元宽度、单元高度、对齐方式、文字内容、文字样式、文字高度、文字颜色等内容。

2. 新增表格编辑功能

（1）更新表格链接的数据。更新表格链接数据可以使用户在 Excel 电子表格中或者表格中修改数据。如果更改了链接的 Excel 电子表格中的数据，此更改将快速下载到已建立的数据链接；如果更改了图形中的链接表格，则可以将这些更改上载到外部电子表格。所有链接的信息均可轻松保持最新且同步。

对数据链接进行的更新是双向的，因此无需单独更新表格或外部电子表格。图 6-61 为在 Excel 表格中修改数据后在表格中的更改效果。

（2）自动增加数据。该功能在机械制图中主要用于自动增加明细表中零件的序号，图 6-62 为增加数据前后的对比图。

（3）打断表格。在机械制图中，装配图中的零件有很多，如果直接排列在标题栏的上方，可能会超出图纸的范围，因此有必要分割表格。以下以分割图 6-63 所示的表格为例讲述分割的方法。

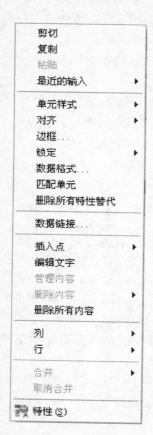

图 6-59　快捷菜单编辑方式

图 6-60　"特性"选项板编辑方式

| 序号 | 代号 | 名称 | 数量 |
|---|---|---|---|
| 1 | M16×1.5 | 普通右旋螺纹 | 2 |
| 2 | Tr32 | 梯形螺纹 | 1 |
| 3 | M18×1-LH | 普通左旋螺纹 | 5 |

| 序号 | 代号 | 名称 | 数量 |
|---|---|---|---|
| 1 | M16×1.5 | 细牙螺纹 | 2 |
| 2 | Tr32 | 梯形螺纹 | 1 |
| 3 | M18×1-LH | 普通左旋螺纹 | 5 |

图 6-61　更新表格链接的数据

鼠标单击表格框图，单击如图 6-63（a）
所示的夹点，按住鼠标左键，拖动鼠标
到如图 6-63（b）所示的需要分割的表格处
设置表格的高度，松开鼠标完成表格分割。
完成分割后的表格如图 6-63（c）所示。

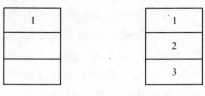

图 6-62　自动增加数据

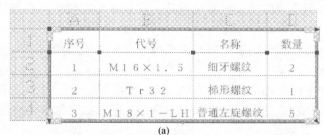

（a）

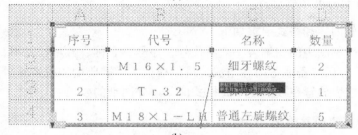

（b）

| 序号 | 代号 | 名称 | 数量 |
|---|---|---|---|
| 1 | M16×1.5 | 细牙螺纹 | 2 |

| 2 | Tr32 | 梯形螺纹 | 1 |
|---|---|---|---|
| 3 | M18×1-LH | 普通左旋螺纹 | 5 |

（c）

图 6-63　打断表格

（a）单击打断夹点；（b）设置打断高度；（c）完成表格打断

如果打断的表格在"特性"选项板中设置为"手动定位"，则可以将表格片
断放置在图形中的任何位置。"特性"选项板中设置为"手动高度"的表格片断
可以具有不同的高度。

### 6.3.5　明细表

明细表在机械制图中有着广泛的应用，在机械装配图中一般都要配置零件的
明细表。机械制图中的明细表也有相应的国家标准，主要包括明细表在装配图中
的位置、内容和格式等方面。

1. 基本要求

明细表的基本要求主要包括位置、字体、线型等，具体如下：

（1）装配图中一般应该有明细表，并配置在标题栏的上方，按由下而上的顺序填写，其格数应根据需要而定。当由下而上延伸的位置不够时，可以在紧靠标题栏的左边由下而上延续。

（2）当装配图中不能在标题栏的上方配置明细表时，可以将明细表作为装配图的续页按 A4 幅面单独给出，且其顺序应该变为由上而下延伸。可以连续加页，但是应该在明细表的下方配置标题栏，并且在标题栏中填写与装配图相一致的名称和代号。

（3）当同一图样代号的装配图有两张或两张以上的图纸时，明细表应该放置在第一张装配图上。

（4）明细表中的字体应该符合 GB4457.3 中的规定。

（5）明细表中的线型应按 GB4457.4 中规定的粗实线和细实线的要求进行绘制。

**2. 明细表的内容和格式**

明细表的内容和格式要求如下：

（1）机械制图中的明细表一般由代号、序号、名称、数量、材料、质量（单件、总计）、分区、备注等内容组成。可以根据实际需要增加或者减少。

（2）明细表放置在装配图中时格式应该遵守图纸的要求。

**3. 明细表中项目的填写**

明细表中的项目是指每栏应该填写的内容，具体包括如下内容：

（1）代号一栏中应填写图样中相应组成部分的图样代号或标准号。

（2）序号一栏中应填写图样中相应组成部分的序号。

（3）名称一栏中应填写图样中相应组成部分的名称。必要时，还应写出形式和尺寸。

（4）数量一栏中应填写图样中相应组成部分在装配中所需要的数量。

（5）质量一栏中应填写图样中相应组成部分单件和总件数的计算质量，以千克为计量单位时，可以不写出其计量单位。

（6）备注一栏中应填写各项的附加说明或其他有关的内容。若需要，分区代号可按有关规定填写在备注栏中。

# 6.4　块

## 6.4.1　块的基本概念与特点

**1. 块的概念**

块是组成复杂图形的一组实体的集合。一旦生成后，这组实体就被当作一个实体处理并后被赋予一个块名，如图 6-64 所示。在作图时，可以用这个块名把这组实体插入到某一图形文件的任何位置，并且在插入时，可指定不同的比例和旋转角，如图 6-65 所示。

图 6-64　将图形定义成块　　　　图 6-65　将块插入到图形的形式

　　块本身可以引用其他块，即称为嵌套，嵌套的复杂程度没有限制，但不允许引用自身。

　　**2. 块的功能**

　　（1）提高工作效率。在使用 AutoCAD 绘图时，常常会遇到图形中有大量相同或相似内容，或者所绘制的图形与已有的图形文件相同，这时可以把重复绘制的图形创建成块，在需要时直接插入；也可以将已有的图形文件直接插入到当前图形中，例如，通过块的创建制成的各种专业图形符号库、标准零件库、常见结构库等。在绘图时，通过块的调用进行图形的拼合，从而提高绘图效率。

　　（2）节省了存储空间。为了保存绘制的图形，AutoCAD 系统必须存入图形中各个实体的信息，它包括：实体的大小、位置、层状态等信息，这将节约磁盘许多存储空间。

　　（3）便于图形编辑修改。在图样的绘制和使用中，要经常需要修改。对于含有块的图形，可方便地使用图形编辑命令对块进行整体编辑。另外，可以对块进行编辑修改，然后再重新定义，这样在图形中引用的同名块得到一致修改并自动重新生成。

　　（4）便于说明及数据提取。在建立块时，可以使块具有属性，即假如文本信息说明。这些信息在每次引用块时，可以改变，而且还可以像普通文本一样显示或不显示。也可以从图中提取这些信息并将其传送到数据库中。

　　**3. 块与图形文件的关系**

　　用块定义命令（Block 或 Bmake）建立的块，只能插入到建块的图形文件中，不能被其他图形文件调用。用块存盘命令（Wblock）可以将已定义的块，存盘生成扩展名为 .dwg 的文件（图块文件），也可以将当前图形文件中的一部分图形实体或整幅图-形直接存盘生成图块文件。存盘后的图块文件可供其他图形调用。

　　图块文件与图形文件（.dwg）本质上没有区别。任何扩展名为.dwg文件均可用作为图块被调用，插入到当前图形中。插入图块的同时，系统自动在当前图形中建立一个新的与图块文件名同名的块定义，即建立一个同名的块。另外，还可以定义或修改当前图形的插入基点，以使当前图形作为图块插入时在图形中定位。

　　4. 块与图层的关系

　　组成块的各个实体可以具有不同的特性，如实体可以处于不同的图层、颜色、线型、线宽等特性。定义成块后，实体的这些信息将保留在块中。在块引用时，系统规定如下：

　　（1）块插入后，在块定义时位于0层上的实体被绘制在当前层上，并按当前层的颜色与线型绘制。

　　（2）对于在块定义时位于其他层上的实体，若块中实体所在图层有与当前图形文件中的图层名相同，则块引用时，块中该层上的实体被绘制在图中同名的图层上，并按图中该层的颜色、线型、线宽绘制。如果块中实体所在的图层在当前图形文件中没有相同的图层名，则块引用时，仍在原来的图层绘出，并给当前图形文件增加相应的图层。

　　（3）当冻结某个图层时，在该层上插入的块以及块插入时绘制在该层上的图形实体都将要变为不可见。

　　若插入的块被分解，则块中实体恢复块定义前所以特性。

　　5. 块操作命令输入方法

　　（1）通过键盘在提示符"命令:"下，直接输入。

　　（2）下拉菜单：绘图（D）→块（K）→光标菜单，如图6-66所示。在该光标菜单中，选择相关选项。

图6-66　块操作光标菜单

　　（3）工具条：在"绘图"工具条中，单击"创建块"或"插入块"图标按钮。

## 6.4.2　创建块

　　1. 功能

　　把当前图形文件中选择的图形对象创建成一个块。

2. 格式

（1）命令：Block（Bmake、B）。

（2）下拉菜单：绘图（D）→块（K）→光标菜单→创建（M）…；修改（M）→对象（O）→块说明（B）。

（3）工具条：在"绘图"工具条中，单击"创建块"图标按钮。

此时，弹出"块定义"对话框，如图 6-67 所示。

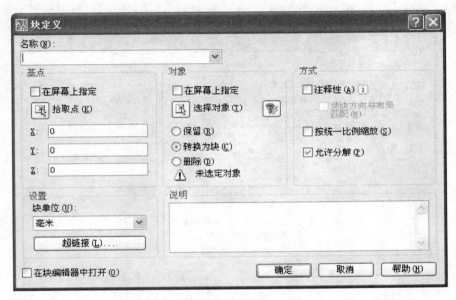

图 6-67　块定义对话框

3. 对话框说明

（1）"名称"文本框：可以在该文本框中输入一个新定义的块名。单击右下侧下拉箭头，弹出一下拉列表框，在该列表框中列出了图形已定义的块名。

（2）"基点"选项组：指定块的插入基点，作为块插入时的参考点。它包括："拾取点（K）"按钮，单击该按钮后，屏幕临时切换到作图窗口，用光标点取一点或在命令提示行中输入一数值，作为基点；X、Y、Z 文本框，在 X、Y、Z 文本框输入相应的坐标值来确定基点的位置。

（3）"对象"选项组：选择构成块的实体对象。它包括："选择对象（T）"按钮，单击该按钮后，屏幕切换到作图窗口，选择实体并确认后，返回到"块定义"对话框；"快速选择"按钮，在实体选择时，如果需要生成一个选择集，可以单击该按钮，弹出一个"快速选择"对话框，根据该对话框提示，构造选择集；"保留

（R）"单选按钮，表示创建块后仍在绘图窗口上保留组成块的各对象；"转换为块（C）"单选按钮，表示创建块后将组成块的各对象保留并把它们转换为块；"删除（D）"单选按钮，表示创建块后删除绘图窗口上组成块的原对象。

　（4）设置选项组：用于块生成时的设置，包括"块单位（U）"下拉列表框，用于显示和设置块插入时的单位；"按统一比例缩放（S）"复选按钮，用于插入后的块，能否分解为原组成实体；"说明（E）文本框，用于对块进行的相关文字说明；"超链接（L）…"按钮，创建带有超链接的块。单击该按钮后，弹出"插入超链接"对话框，如图 6-68 所示。通过该对话框，进行块的超链接设置。

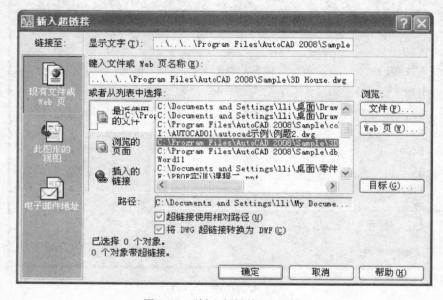

图 6-68　"插入超链接"对话框

　（5）"在块编辑器中打开（O）"复选框：用于确定生成块时是块生成动态块。当选择该复选框后，单击"确定"按钮后，将弹出"在块编辑器界面"，进行动态制作。

4. 举例

　将图 6-69 所示的五角星平面图定义成块"A1"，插入基点为圆心。

　（1）调用"创建块"命令：用各种方法调用"创建块"命令，弹出"块定义"对话框。

　（2）输入块名：在"块定义"对话框的

图 6-69　五角星平面图

"名称"文本框中，输入 A1。

（3）选择对象：在"块定义"对话框中，单击"选择对象"按钮，在绘图窗口，选择构成螺母的各实体对象并确认，返回"块定义"对话框。

（4）确定基点：在"块定义"对话框中，用对象捕捉功能，在绘图去拾取圆心作为基点，完成后返回"块定义"对话框。

（5）设置状态：在"块定义"对话框中，选中"删除"单选按钮，设置块插入单位为 mm，选中"允许分解"复选按钮。

（6）完成块创建：在"块定义"对话框中，单击"确认"按钮，创建块 A1。

### 6.4.3　插入块

块定义完成后，可以将其插入到图形文件中。在进行块插入操作时，如果输入的块名不存在，则系统将查找是否存在同名的图形文件，如果有同名的图形文件，则将该图形文件插入到当前图形文件。因此，在块定义时，要注意对块名的定义。

## 一、单一块插入

1. 功能

通过对话框形式在图形中的指定位置上插入一个已定义的操作。

2. 格式

（1）命令：Insert（I）（Ddinsert（I）、I）。

（2）下拉菜单：插入（I）→块（B）。

（3）工具条：在"绘图"工具条中，单击"插入块"图标按钮。

此时，弹出"插入"对话框，如图 6-70 所示。

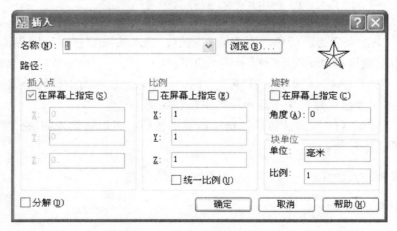

图 6-70　"插入"对话框

3. 对话框说明

（1）"名称"下拉列表框用来设置要插入的块或图形的名称。单击右侧的"浏览（B）…"按钮，弹出"选择图形文件"对话框在该对话框中，可以指定要插入的图形文件。

（2）"路径"显示区：用于显外部图形文件的路径。只有在选择外部图形文件后，该显示区才有效。

（3）"插入点"栏：用于确定块插入点位置。

1）"在屏幕上指定（S）"复选按钮，当选中该按钮后，确定块插入基点的X、Y、Z 坐标文本框变为灰暗色，不能输入数值。插入块时直接在绘图界面上用光标指定一点或在命令提示行输入点坐标值作块插入点。

2）"X"、"Y"、"Z"轴坐标文本框，分别在 X、Y、Z 坐标文本框中，输入块插入点坐标。

（4）"缩放比例"栏：用于确定块插入的比例因子。

1）"在屏幕上指定（E）"复选按钮，当选中该按钮后，确定块插入的 X、Y、Z 轴比例因子文本框变为灰暗色，不能输入数值。插入块时直接在绘图界面上用光标指定两点或根据命令提示行提示输入坐标轴的比例因子。

2）"X"、"Y"、"Z"轴比例因子文本框，分别在 X、Y、Z 轴比例因子文本框中，输入块插入时的各坐标轴的比例因子。

3）"统一比例（U）"复选按钮，选中该按钮后，块插入时 X、Y、Z 轴比例因子相同，只需要确定 X 轴比例因子，Y、Z 轴比例因子文本框变为灰暗色。

（5）"旋转"栏：用于确定块插入的旋转角度。

1）"在屏幕上指定（C）"复选按钮，当选中该按钮后，确定块插入的"角度（A）"文本框变为灰暗色，不能输入数值。插入块时直接在绘图界面上用光标指定角度或根据命令提示行提示输入角度值。

2）"角度（A）"文本框，在该文本框中，输入块插入时的旋转角度。

（6）"块单位"栏：用于显示块的单位和比例。

（7）"分解（D）"复选按钮：选中该复选按钮，可以将插入的块分解成创建块前的各实体对象。

## 二、块阵列插入命令

1. 功能

将块以矩阵排列的形式插入，并将插入的矩阵视为一个实体。

2. 格式

命令：Minsert（I）
提示：输入块名或［?］〈AI〉：↙
指定插入点或［基点（B）/比例（S）/X/Y/Z/旋转（R）/预览比例（PS）/PX/PY/PZ/预览比例（PR）］：（输入选择项）

3. 选择项说明

（1）"指定插入点"直接输入块插入基点或用光标拾取基点，为默认选项。后续提示：输入 X 比例因子，指定对角点，或［角点（C）/XYZ］〈1〉：（输入 Y 轴比例因子或输入矩形的另一角点确定比例，也可用光标拖动输入）
输入 Y 比例因子或〈使用 X 比例因子〉：（输入 Y 轴比例因子或回车与 X 轴比例因子相同）
指定旋转角度〈0〉：（输入旋转角度）
（2）"基点（B）"用于确定块插入时新的基点，系统后续提示：
指定基点：（确定块的插入基点）
指定插入点：（确定块的基点位置）
（3）"比例（S）"用于确定 X、Y、Z 轴的相同的比例因子，系统默认值为1。当输入该选项，回车后，系统后续提示：
指定 X、Y、Z 轴比例因子：（输入 XYZ 轴的比例因子）
指定插入点：（直接输入插入基点或用光标拾取基点）
指定旋转角度〈0〉：输入旋转角度或用鼠标拖动输入角度
（4）"X/Y/Z"用于分别输入 X、Y、Z 轴的比例因子。
（5）"旋转（R）"用于输入块插入的旋转角度。系统默认的角度为 0°，当输入该选项后，系统提示后续提示：
指定旋转角度：（指定旋转角度）
指定插入点：（指定插入点）
输入 X 比例因子，指定对角点，或［角点（C）/XYZ］〈1〉：（输入 X 轴比例因子或输入矩形的另一角点确定比例，也可用光标拖动输入）
指定旋转角度〈0〉：（输入旋转角度）
指定插入点：（指定插入点）
输入 Y 比例因子或〈使用 X 比例因子〉：（输入 Y 轴比例因子或回车与 X 轴比例因子相同）
"预览比例（PS）/PX/PY/PZ/预览旋转（PR）"在块插入时，相对于视图的比例因子，旋转角度，提示与上面相应项的提示相同。

各项输入完成后提示：当完成各项输入后，系统后续提示：

输入行数（——）〈1〉：（输入行数）

输入列数（｜｜｜｜）〈1〉：（输入列数）

输入行间距或指定单元（——）：（输入行间距或用光标设置一单元格）

指定列间距（｜｜｜｜）：（指定列间距）

4. 块插入说明

1）比例因子绝对值大于 1 时，块将被放大插入；小于 1 时，块将被缩小插入。当比例因子为负数时，则插入的块沿基点旋转 180°后插入。

2）角度值为正数时，沿逆时针方向旋转插入块；角度值为负数时，沿顺时针方向旋转插入块。

5. 举例

用 Minsert（I）✓

提示：输入块名或 ［?]〈AI〉：✓

指定插入点或［基点（B）/比例（S）/X/Y/Z/旋转（R）/预览比例（PS）/PX/PY/PZ/预览比例（PR）］：（指定插入点）

输入 Y 比例因子或〈使用 X 比例因为〉：✓

指定旋转角度〈0〉：30✓

输入行数（——）〈1〉：2✓

输入列数（｜｜｜｜）〈1〉：3✓

输入行间距或指定单元（——）：35✓

指定列间距（｜｜｜｜）：35✓

完成图形，如图 6-71 所示。

### 三、分割命令（Divide）

该命令在绘制点实体时已讲过，只是在提示"输入线段数目或［块（B）］："下，输入 B，后续提示：

输入要插入的块名：（输入已创建的块名，如 AI）

是否对齐块和对象？［是（Y）/否（N）]〈Y〉：（块插入时是否相对于实体校准，Y：校准，N：不校准）

图 6-71　块正列命令插入的块

输入线段数目：（输入实体的等分数）

完成等分块插入。

注意：①用该命令将实体等分后，在等分点处插入块标记，被等分的实体仍然是一个实体。②该命令只能将当前图形文件中的块插入到等分点处，且按1∶1比例插入。每个等分点处的块为一个实体，修改被等分的实体不会影响插入的块。

### 四、放置对象命令（Measure）

该命令在绘制点实体时已讲过，在提示"输入线段数目或［块（B）］："下，输入 B，后续提示：

输入要插入的块名：（输入已创建的块名，如 AI）

是否对齐块和对象？［是（Y）/否（N）］〈Y〉：（块插入时是否相对于实体校准，Y：校准，N：不校准）

指定线段长度：（输入每段实体长度，也可用光标确定两点的长度）

注意：①用该命令将实体等分后，在等分点处插入块标记，被等分的实体仍然是一个实体。②该命令只能将当前图形文件中的块插入到等分点处，且按 1∶1 比例插入。每个等分点处的块为一个实体，修改被等分的实体不会影响插入的块。③该命令以给定间距等分实体，只余下不足一个间距为止。

### 五、利用拖动方式插入图形文件

将一个图形文件插入到当前图形中时，可用块插入命令完成。但 AutoCAD 还提供一种更为方便的方法，即 AutoCAD 利用拖动方式进行图形文件的插入。

方法："开始"→"程序"→"附件"→"Window 资源管理器"，将弹出如图 6-72 所示的 Window 资源管理器窗口。

图 6-72　Windows 资源管理器窗口

在资源管理器窗口中，找到要插入的图形文件并选中该文件，然后将其拖动到 AutoCAD 的绘图屏幕上，命令提示：

指定插入点或［基点（B）/比例（S）/X/Y/Z/旋转（R）/预览比例（PS）/PX/PY/PZ/预览旋转（PR）］：（输入选择项）

输入 X 比例因子，指定对角点或［角点（C）/XYZ］〈1〉：

输入 Y 比例因子或〈使用 X 比例因子〉：

指定旋转角度〈0〉：

### 6.4.4　块的插入基点设置和块的存盘

#### 一、块的插入基点设置

1. 功能

块的插入时，基点是作为其参考点，但要插入没有用"块定义"方式生成的图形文件时，AutoCAD 将该图形的坐标原点作为插入基点进行比例缩放、旋转等操作，这样往往给使用带来较大的麻烦，所以系统提供了"基点（Base）"命令，允许对图形文件指定新的插入基点。

2. 格式

（1）命令：Base。

（2）下拉菜单：绘图（D）→块（B）…→光标菜单→基点（B）。

提示：输入基点〈0.0000，0.0000，0.0000〉：（输入新的基点，默认为图形坐标原点）系统将输入的点作为图形文件插入时的基点。

#### 二、块存盘

1. 功能

将已定义的块以文件形式（后缀为 .dwg）存入磁盘，还可以将图形的一部分或整个图形以图形文件的形式写入磁盘（后缀为 .dwg），以供其他图形文件调用。

2. 格式

命令：Wblock

此时，弹出"写块"对话框，如图 6-73 所示。

3. 对话框说明

（1）"源"选项组：用于确定存盘的源目标。

图 6-73　写块对话框

1)"块"单选按钮，可以在其右边的下拉列表框中输入已定义的块名，或单击下拉箭头，在弹出的下拉列表框中选择已存在的块名。

2)"整个图形（E）"单选按钮，将当前整个图形文件作为存盘源目标。

3)"对象（O）"单选按钮，表示重新定义实体作为存盘源目标。

（2）"目标"选项组：用于设置存盘块文件的文件名、储存路径及采用的单位制等。

1)"文件名和路径（F）"文本框，输入存盘块文件的存储位置和路径。通过其右边的下拉列表箭头，弹出下拉列表框，在该列表框中选择已存在的路径。单击该文本框右侧的调用"浏览图形文件"对话框按钮，弹出"浏览图形文件"对话框。在该对话框中，确定存盘块文件的放置路径和位置。

2)"插入单位（U）"下拉列表框，设置存盘块文件插入时的单位制。

4. 说明

1）用"Wblock"命令建立的块，可以在任意图形中插入。

2）当用"Wblock"命令创建的块文件插入到图形中时，WCS 被设置成平行于当前的 UCS。

5. 举例

**例 6-1**　利用"Wblock"命令将螺栓、螺母和垫圈（见图 6-74），分别以 A、

B、C 三点为插入基点创建成块文件，块文件名分别为螺栓、螺母、垫圈。

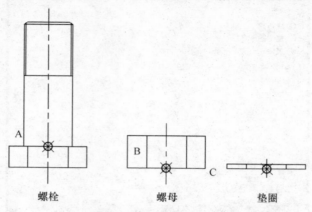

图 6-74　螺栓、螺母、垫圈图形

操作步骤如下：

（1）将螺栓创建成块文件名为螺栓的块文件。

1）确定存盘的源目标，命令：Wblock↙

弹出"写块"对话框，选中"对象（O）"单选按钮，单击"选择对象"按钮，在作图窗口定义实体对象作为存盘目标；单击"拾取点"按钮，在作图窗口定义插入基点。

2）确定存盘目标及插入单位，在"文件名和路径（F）"文本框中，输入存盘块文件的存储位置和路径，也可以单击该文本框右侧的按钮，弹出"浏览图形文件"对话框，设置存盘块文件的路径及位置；在"插入单位（U）"下拉列表框中，设置存盘块文件插入时的单位制为"毫米"。

3）完成操作，单击"确定"按钮，完成"写块"对话框中各项操作，将定义的螺栓文件存盘。

（2）将螺母创建成名为螺母的块文件。操作过程与将螺栓创建成名为螺栓的块文件过程相同。

（3）将垫圈创建成名为垫圈的块文件。操作过程与将螺栓创建成名为螺栓的块文件过程相同。

**例 6-2**　在图 6-75（a）所示的图形文件中，插入创建的块文件：螺栓、螺母和垫圈，完成如图 6-75（b）所示的图形。

应用"插入块"命令，将螺栓、螺母和垫圈插入到如图 6-75（a）所示的图形所在的图形文件中，经过编辑就可以得到如图 6-75（b）所示的图形。

### 三、块的编辑

通过"特性"对话框，可以方便地编辑块对象的某些特性，如图 6-76 所

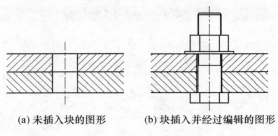

(a) 未插入块的图形     (b) 块插入并经过编辑的图形

图 6-75 块插入应用

示。当选中插入的块后，在"特性"对话框中将显示出该块的特性，可以修改块的一些特性。

通过本节的学习，读者应掌握在 Auto-CAD 中创建和插入块的方法。在绘图过程中，熟练使用块可以提高绘图的效率。本节将综合运用创建和插入块的功能，先创建一个螺钉块，然后将其插入到绘制好的零件图形中。其中螺钉图形如图 6-77 所示，零件图形如图 6-78 所示。

（1）综合使用绘图工具在绘图文档中绘制如图 6-77 所示的螺钉图形。

（2）选择"绘图"→"块"→"创建"命令，打开"块定义"对话框，如图 6-79 所示；

图 6-76 使用特性窗口编辑块

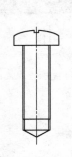

图 6-77 螺钉图形

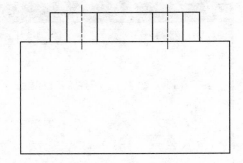

图 6-78 零件图形

（3）在"名称"文本框中输入块的名称为 block，并在"基点"选项区域中单击"拾取点"按钮，然后单击图形点 O，以确定基点位置，如图 6-80 所示。

（4）在"对象'选项区域中选择"保留"单选按钮，再单击"选择对象"按

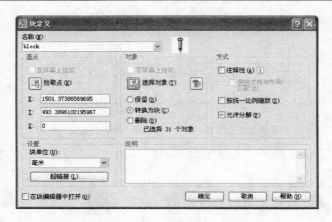

图 6-79　"块定义"对话框

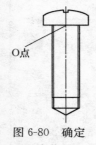

图 6-80　确定
基点位置

钮 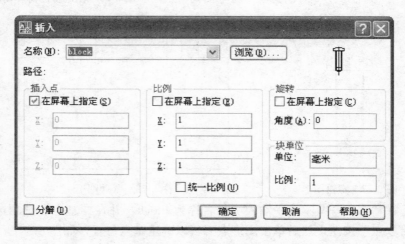，切换到绘图窗口，使用窗口选择方法选择所有图形，然后按 Enter 键返回"块定义"对话框。

（5）在"块单位"下拉列表中选择"毫米"选项，将单位设置为毫米。同时在"说明"文本框中输入对图块的说明"螺钉"。设置完毕，单击"确定"按钮保存设置。

（6）打开零件图形，选择"插入"→"块"命令，打开"插入"对话框。

（7）在"名称"下拉列表框中选择 block，同时在"插入点"选项区域中选中"在屏幕上指定"复选框。

（8）在"缩放比例"选项区域中选中"统一比例"复选框，并在 X、Y、Z 文本框中输入 1，设置效果如图 6-81 所示。

图 6-81　"插入"对话框

（9）设置完毕后，单击"确定"按钮返回到绘图区。

（10）在绘图区的零件图形的螺钉孔处插入螺钉块，效果如图 6-82 所示。

（11）使用同样方法插入另一个螺钉块，效果如图 6-83 所示。

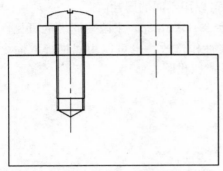　　　　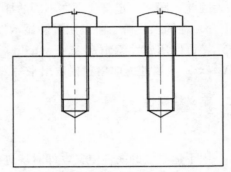

图 6-82　插入第一个螺钉块　　　　　　　　　图 6-83　插入第二个螺钉块

# 6.5　属　　性

## 6.5.1　属性的基本概念、特点及其定义

### 一、属性的基本概念、特点

#### 1. 属性的基本概念

属性是从属于块的文本信息，它是块的一个组成部分，它可以通过"属性定义"命令以字符串的形式表示出来，一个具有属性的块，由两部分组成，即：块＝图形实体＋属性。一个块可以含有多个属性，在每次块插入时，属性可以隐藏也可以显示出来，还可以根据需要改变属性值。

#### 2. 属性的特点

属性虽然是块中的文本信息，但它不同于块中的一般的文字实体，它有以下几个特点：

1）一个属性包括属性标签（Attribute Tag）和属性值（Attribute Value）两个内容。例如，把"name（姓名）"定义为属性标签，而每一次块引用时的具体姓名，如"张华"就是属性值，即称为属性。

2）在定义块之前，每个属性要用属性定义命令（Attdef）进行定义，由此来确定属性标签、属性提示、属性默认值、属性的显示格式、属性在图中的位置等。属性定义完成后，该属性以其标签在图形中显示出来，并把有关的信息保留在图形文件中。

3）在定义块前，可以用 Properties、Ddedit 等命令修改属性定义，属性必须依赖于块而存在，没有块就没有属性。

4）在插入块时，通过属性提示要求输入属性值，插入块后属性用属性值显示，因此，同一个定义块，在不同的插入点可以用不同的属性值。

5）在插入块后，可以用属性显示控制命令（Attdisp）来改变属性的可见性显示，可以用属性编辑命令（Attedit）对属性作修改，也可以用属性提取命令（Attext）把属性提取单独提取出来写入文件，以供制表使用。

## 二、定义块属性

### 1. 功能

用于建立块的属性定义，即对块进行文字说明。

### 2. 格式

（1）命令：Attdef（Ddattdef、ATT）。

（2）下拉菜单：绘图（D）→块（K）光标菜单→定义属性（D）。

此时，弹出"属性定义"对话框，如图 6-84 所示。

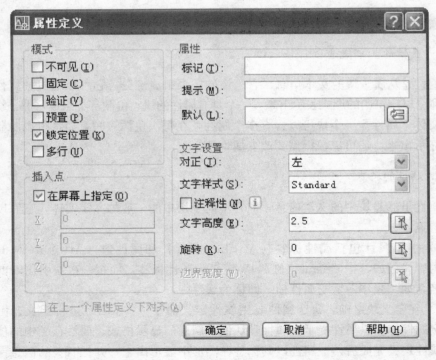

图 6-84　"属性定义"对话框

3. 对话框说明

(1)"模式"选项组：用于设置属性的模式。

1)"不可见（I）"复选按钮，插入块并输入该属性值后，属性值在图中不显示。

2)"固定（C）"复选按钮，将块的属性设为一恒定值，块插入时不再提示属性信息，也不能修改属性值，即该属性保持不变。

3)"验证（V）"复选按钮，插入块时，每出现一个属性输入是否正确，若发现错误，可在该提示下重新输入正确的值。

4)"预置（P）"复选按钮，将块插入时指定的属性设为默认值，在以后的插入块时，系统不再提示输入属性值，而是自动填写默认值。

(2)"属性"选项组：用于设置属性标志、提示内容、输入默认属性值。

1)"标记（T）"文本框，用于属性的标志，即属性标签。

2)"提示（M）"文本框，用于在块插入时提示输入属性值的信息，若不输入属性提示，则系统将相应的属性标签当属性提示。

3)"值（L）"文本框，用于输入属性的默认值，可以选属性中使用次数较多的属性值作为其默认值。若不输入内容，表示该属性无默认值。

4)"插入字段"按钮，单击"值（L）"文本框右侧的"插入字段"按钮，弹出"字段"对话框，可在"值（L）"文本框插入一字段。

(3)"文字选项"选项组：用于确定属性文本的字体、对齐方式、字高及旋转角等。

1)"对比（J）"本文框，用于确定属性文本相对于参考点的排列形式，可以通过单击右边的下拉箭头，在弹出的下拉列表框中，选择一种文本排列形式。

2)"文字样式（S）"本文框，用于确定属性文本的样式，可以通过单击右边的下拉箭头，在弹出的下拉列表框中，选择一种文本样式。

3)"高度（E）"按钮及文本框，用于缺点文本字符的高度，可直接在该项后面的文本框中输入数值，也可以单击该按钮，切换到作图窗口，在命令提示行中输入值或用于光标在作图区确定两点来确定文本字符高度。

4)"旋转（R）"按钮及文本框，用于确定属性文本的旋转角，可直接在该项后面的文本框中输入数值，也可以单击该按钮，切换到作图窗口，在命令提示行中输入值或用于光标在作图区确定两点所构成的线段与 X 轴正向的夹角来确定文本旋转角度。

(4)"插入点"选项组：用于确定属性值在块中的插入点，可以分别在 X、Y、Z 文本框中输入相应的坐标值，也可以选中"在屏幕上指定（O）"复选按钮，在作图窗口的命令提示行中输入插入点坐标或用光标在作图区拾取一点来确定属性的插入点。

（5）"在一个属性定义下对齐（A）"复选按钮：用于设置当前定义的属性，采用上一个属性的字体、字高及旋转角度，且与上一个属性对齐。此时，"文字选项"栏和"插入点"栏显示灰色，不能选择。

（6）"锁定块中的位置（K）"复选按钮：用于确定在块插入后，属性值位置是否可以移动，当选中该复选按钮时，属性值位置不能移动，否则，可以移动。

（7）"确定"按钮完成"属性定义"对话框的各项设置后，单击该按钮，即可完成一次属性定义。

可以重复该命令操作，对块进行多个属性定义。

将定义好的属性连同相关图形一起，用块创建命令成带有属性的块，在块插入时，按设置的属性要求对块进行文字说明。

4. 举例

现在要绘制一标题栏，标题栏有许多属性需要定义和修改，如图 6-85 所示。

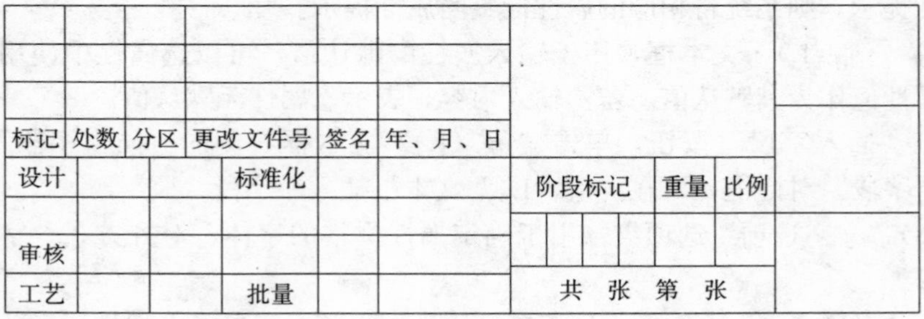

| 标记 | 处数 | 分区 | 更改文件号 | 签名 | 年、月、日 | | | |
|------|------|------|-----------|------|-----------|--------|------|------|
| 设计 | | | 标准化 | | | 阶段标记 | 重量 | 比例 |
| 审核 | | | | | | | | |
| 工艺 | | | 批量 | | | 共　张　第　张 | | |

图 6-85　标题栏

操作步骤如下：

（1）绘制标题栏：用绘图命令绘制标题栏，（作图过程略）。

（2）定义属性：用属性定义命令分别定义标题栏属性，即确定标题栏中的属性标签、属性提示、属性默认值和属性可见性等，如表 6-1 所列。

调用属性定义命令，此时，弹出"属性定义"对话框。在对话框中，根据表 6-1 中所确定的属性标签、属性提示、属性默认值和属性可见性等，分别进行属性定义。

表 6-1　标题栏属性

| 项　目 | 属性标签 | 属性提示 | 属性默认值 | 属性可见性 |
|--------|----------|----------|-----------|-----------|
| 设计 | Design | 设计 | 无 | 可见 |
| 审核 | Audit | 审核 | 无 | 可见 |
| 工艺 | Process | 工艺 | 无 | 可见 |
| 比例 | scale | 比例 | 1：1 | 可见 |

（3）定义具有属性的块：用块定义命令定义具有属性的块，块名为标题栏。

（4）插入具有属性的块：用块插入命令并根据完成属性提示的输入，绘制标题栏。

### 6.5.2　修改属性定义、属性显示控制

#### 一、修改属性定义

1. 功能

在具有属性的块定义或将块炸开后，修改某一属性定义。

2. 格式

（1）命令：Ddedit（ED）。

（2）下拉菜单：修改（M）→对象（O）→文字（T）→编辑（E）。

（3）快速选择：双击属性定义。

提示：选择注释对象或［放弃（U）］：（拾取要修改的属性定义的标签或按回车键放弃）

当选择的是注释对象后，弹出"编辑属性定义"对话框，如图 6-86 所示。在"编辑属性定义"文本框，重新输入新的内容。

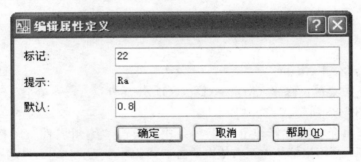

图 6-86　编辑属性定义对话框

#### 二、属性显示控制（Attdisp）

1. 功能

控制属性值可见性显示。

2. 格式

（1）命令：Attdisp。

提示：输入属性的可见性设置［普通（N）/开（NO）/关（OFF）］〈普通〉：（输入各选择项）

在该提示下的各项选择的含义为："N"，正常方式，即按属性定义时的可见

方式来显示属性；"ON"，打开方式，即所有属性均为可见；"OFF"关闭方式，即所有属性均不可见。

（2）下拉菜单：视图（V）→显示（L）→属性显示（A）→光标菜单，如图 6-87 所示。

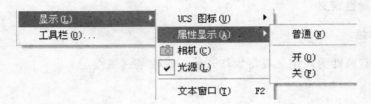

图 6-87　属性显示控制光标菜单及调用过程

### 6.5.3　块属性的编辑和管理

#### 一、插入块的属性管理

1. 功能

对已插入块的属性进行编辑，包括属性值及文字和线型、颜色、图层、线宽等特性。

2. 格式

（1）命令：Eattedit。

（2）下拉菜单：修改（M）→对象（O）→属性（A）→单个（S），属性光标菜单如图 6-88 所示。

（3）工具条：在"修改Ⅱ"工具条中，单击"编辑属性"图标按钮，如图 6-89 所示。当用鼠标从左至右依次单击工具条时，显示对应为显示顺序、编辑

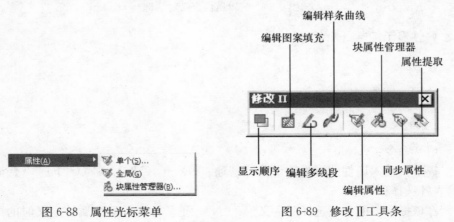

图 6-88　属性光标菜单　　　　　　　图 6-89　修改Ⅱ工具条

多线断、编辑样条属性、编辑属性、块属性编辑器、同步属性、属性提取。

（4）快速选择：双击带属性的块。

提示：选择块：（双击带属性的块）

此时，弹出"增强属性编辑器"对话框。在该对话框中，有"属性"、"文本选项"和"特性"三个选项卡。

### 3. 对话框说明

（1）"属性"选项卡：修改属性值。单击"增强属性编辑器"对话框的"属性"选项卡，对话框形式如图 6-90 所示。在该对话框的列表中，显示出块中的每个属性标记、属性提示及属性值，选择某一属性，在"值（V）"文本框中，显示出相应的属性值，并可以输入新的属性值。

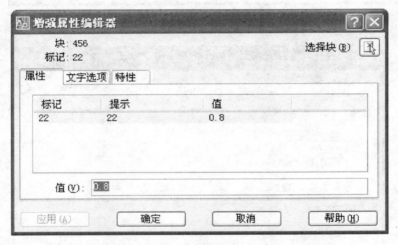

图 6-90　增强属性编辑器对话框的"属性"选项

（2）"文字选项"选项卡：修改属性值文本格式。单击"增强属性编辑器"对话框的"文字选项"选项卡，对话框形式如图 6-91 所示。在该对话框的"文本样式"文本框中，设置文字样式；在"对正"文本框中，设置文字的对齐方式；在"高度"文本框中，设置文字高度；在"旋转"文本框中，设置文字旋转角度；在"宽度比例"文本框中，设置文字的倾斜角度；"反向"复选按钮用于设置文本是否反向绘制；"颠倒"复选按钮用于设置文本是否上下颠倒。

（3）"特性"选项卡：修改属性值特性。单击"增强属性编辑器"对话框的"特性"选项卡，对话框形式如图 6-92 所示。通过该对话框的下拉列表框或文本框修改属性值的"图形"、"线型"、"颜色"、"线宽"及"打印样式"等。

（4）"选择块（B）"按钮：单击该按钮返回到绘图窗口，选择要编辑带属性的块。

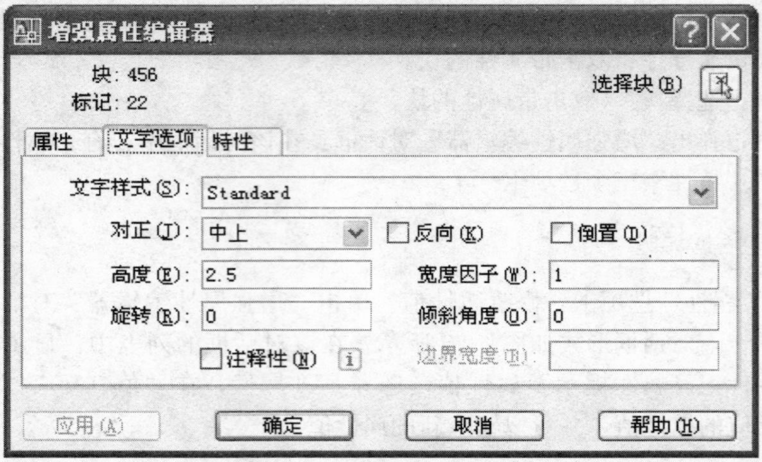

图 6-91　增强属性编辑器对话框的"文字"选项

图 6-92　增强属性编辑器对话框的"特性"选项

（5）"应用（A）"按钮：在"增强属性编辑器"对话框打开情况下，确认修改的属性。

## 二、编辑属性值

### 1. 功能

修改属性值，但不能修改属性值的位置、字高、字型等。

### 2. 格式

命令：Ddatte（attedit）↙

提示：选项块参照：（选择引用带属性的块）

此时，弹出"编辑属性"对话框，如图 6-93 所示。在该对话框中，通过已定义的各属性值文本框，对各属性值重新输入新的内容。

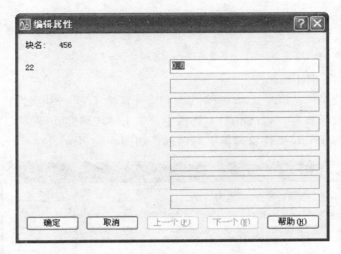

图 6-93 "编辑属性"对话框

### 6.5.4 属性同步及属性特性管理器

**一、属性同步**

1. 功能

对带有属性的块进行修改后，使属性与块本身的变化保持同步，并且保持原属性值。

2. 格式

（1）键盘输入：命令：Attsync。
（2）工具条：在"修改Ⅱ"工具条中，单击"同步属性"图标按钮。
提示：输入选项 [? /名称（N）/选择（S）]〈选择〉：（输入选择项）

3. 各选择项说明

（1）"?"列出当前图形中所有包含属性的块的名称。
（2）"N"输入要同步的块名。
（3）"S"选择要同步的块。后续提示：
Attsync 块"×××"? [是（Y）/否（N）]〈是〉：（是否对当前选择的"×××"块进行同步操作，Y：同步，N：否并取消操作）

## 二、块属性管理器

1. 功能

管理块中的属性。

2. 格式

（1）命令：Battman。

（2）下拉菜单：修改（M）→对象（O）→属性（A）→块属性管理器（B）。

（3）工具条：在"修改Ⅱ"工具条中，单击"块属性管理器"图标按钮。

此时，弹出"块属性管理器"对话框，如图 6-94 所示。

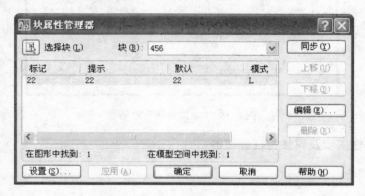

图 6-94　"块属性管理器"对话框

3. 对话框说明

（1）"选择块（L）"按钮：选择要操作的块。单击该按钮，切换到绘图窗口，选择需要操作的块。

（2）"块（B）"下拉列表框：显示当前选择块的名称，单击右侧下拉列表箭头，在弹出的下拉列表框中，列出了当前图形中含有属性的所有块的名称，从中也可以选择要操作的块。

（3）属性列表框：在对话框中间区域列出了当前所选择块的所有属性，包括：属性"标记"、"提示"、"默认"、"模式"等。

（4）"同步（Y）"按钮：更新已修改的属性特性实例。

（5）"上移（U）"和"下移（D）"按钮：单击"上移（U）"按钮，将属性列表框中选中的属性行上移一行；单击"下移（D）"按钮，将属性列表框中选中的属性行下移一行。

（6）"编辑（E）…"按钮：修改属性特性。单击该按钮，弹出"编辑属性"

对话框。在该对话框中有三个选项卡："属性"、"文字选项"和"特性"，用于重新设置属性定义的构成、文字特性和图形特性等。

在该对话框中的"文字选项"和"特性"两个选项开对话框形式和功能与"增强属性编辑器"对话框中的相应选项卡对话框形式和功能相同。"编辑属性"对话框中的"属性"选项卡对话框形式，如图 6-95 所示。在该对话框形式中，"模式"栏用于修改属性的模式；"数据"栏用于修改属性的定义；"自动预览修改（A）"复选按钮用于确定当更改可见属性的特性后，是否在绘图窗口立即更新所作的修改。

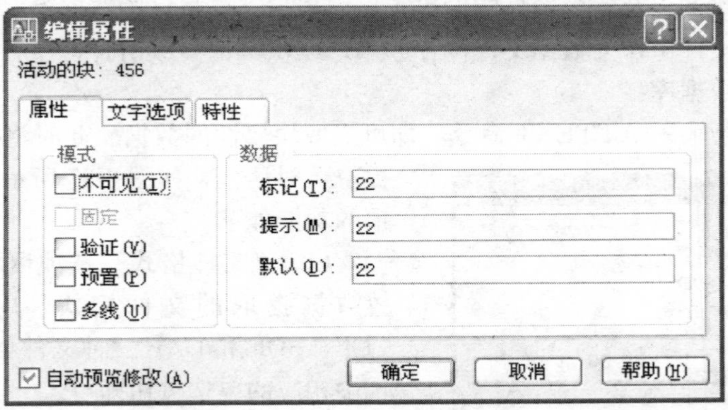

图 6-95　"增强属性编辑器"对话框的"属性"选项卡

（7）"设置（S）…"按钮：设置在"块属性管理器"对话框中的属性列表框中显示哪些内容。单击该按钮，弹出"设置"对话框，确定要显示的内容，如图 6-96 所示。

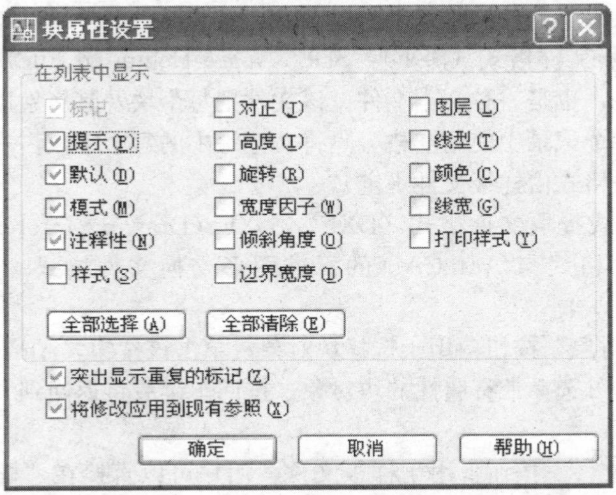

图 6-96　"设置"对话框

(8) "删除（R）"按钮：从块定义中删除在属性列表框中选中属性定义。此时，块中的对应属性值也被删除。

(9) "应用（A）"按钮：在保持"块属性管理器"对话框打开的情况下确认进行的修改。

### 6.5.5　使用 ATTEXT 命令提取属性

AutoCAD 的块及其属性中含有大量的数据。例如，块的名字、块的插入点坐标、插入比例以及各个属性的值等。可以根据需要将这些数据提取出来，并将它们写入到文件中作为数据文件保存起来，以供其他高级语言程序分析使用，也可以传送给数据库。

在命令行输入 ATTEXT 命令，即可提取块属性的数据。此时将打开"属性

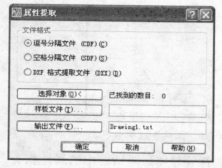

图 6-97　"属性提取"对话框

提取"对话框，如图 6-97 所示。其中各选项的功能如下。

(1) "文件格式"选项区域：用于设置数据提取的文件格式。用户可以在 CDF、SDF 和 DXF 三种文件格式中选择，选中相应的单选按钮即可。

1) 逗号分隔文件格式（CDF）：CDF（conllyla Delimited File）文件是 . TXT 类型的数据文件，它是一种文本文件。该文件把每个块及其属性以一个记录的形式提取，其中每个记录的字段由逗号分隔符隔开，字符串的定界符默认为单引号。

2) 空格分隔文件格式（SDF）：SDF（space Delimited File）文件是 . TXT 类型的数据文件，也是一种文本文件。该文件把每个块及其属性以一个记录的形式提取，但在每个记录中使用空格分隔符，记录中的每个字段占有预先规定的宽度（每个字段的格式由样板文件规定）。

3) DXF 格式提取文件格式（DXF）：DXF（Drawing Interchange File，即图形交换文件）格式与 AutoCAD 的标准图形交换文件格式一致，文件类型为 . DXF。

(2) "选择对象"按钮：用于选择块对象。单击该按钮，AutoCAD 将切换到绘图窗口，用户可选择带有属性的块对象，按回车键后将返回到"属性提取"对话框。

(3) "样板文件"按钮：用于样板文件。用户可以直接在"样板文件"按钮后的文本框内输入样板文件的名字，也可以单击"样板文件"按钮，打开"样板

文件"对话框,从中可以选择样板文件,如图 6-98 所示。

　　(4)"输出文件"按钮:用于设置提取文件的名字。可以直接在其后的文本框中输入文件名,也可以单击"输出文件"按钮,打开"输出文件"对话框,从中指定存放数据文件的位置和文件名。

图 6-98　"样板文件"对话框

　　**例 6-2**　块的属性编辑示例——编写零件序号。在绘制装配图后,需要用户对零件进行编号(如编写如图 6-99 所示的零件序号)。

　　操作步骤如下:

　　(1)单击"二维绘图"面板中的"圆"按钮⊘,在绘图区任意拾取一点为圆心,绘制半径为 11 的圆,命令行提示如下:

　　命令:_ circle 指定圆的圆心或指定圆的圆心或 [三点(3P)/两点(2P),相切、相切、半径(T)]://N 光标在绘图区拾取一点

　　指定圆的半径或 [直径(D)] <0.0000>:11//输入圆的半径,如图 6-100所示。

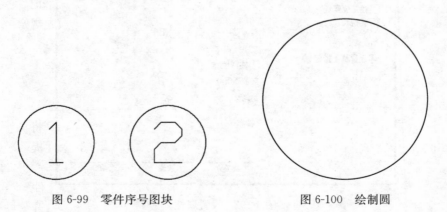

图 6-99　零件序号图块　　　　　　　　图 6-100　绘制圆

（2）在菜单栏中选择"格式"→"文字样式"命令，弹出"文字样式"对话框。设置其"宽度因子"为1.2000，其他选项保持系统默认设置，如图6-101所示。

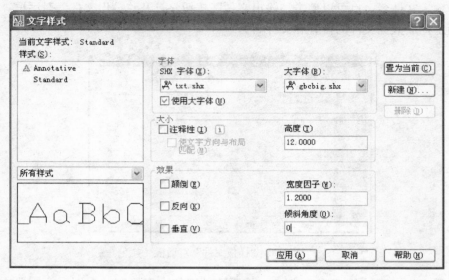

图 6-101　设置参数

（3）在菜单栏中选择"绘图"→"块"→"定义属性"命令，弹出"属性定义"对话框，在该对话框中设置如图6-102所示的参数。

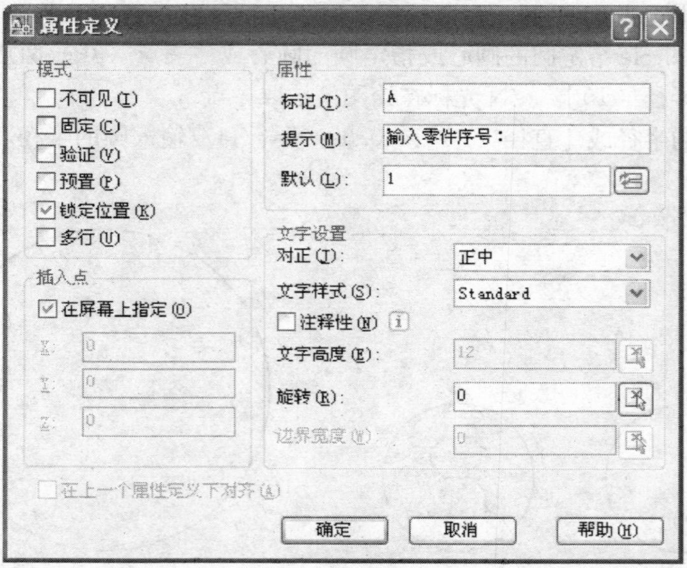

图 6-102　设置属性

（4）单击"确定"按钮，为所绘制的圆图形定义属性，命令行提示"指定起点："，拾取圆心为起点，属性效果如图 6-103 所示。

（5）在菜单栏中选择"绘图"→"块"→"创建"命令，弹出"块定义"对话框，将所绘制的圆及定义的属性创建为图块，块的基点为圆的下象限点，其对话框各参数设置如图 6-104 所示。单击"确定"按钮，弹出如图 6-105 所示的"编辑属性"对话框，不做设置，单击"确定"按钮完成零件编号图块的创建，效果如图 6-106 所示。

图 6-103 设置属性效果

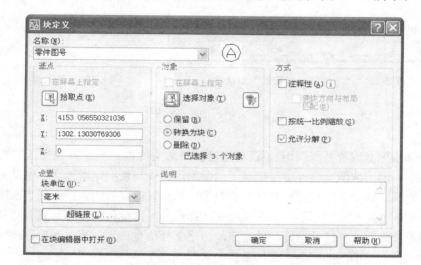

图 6-104 创建图块

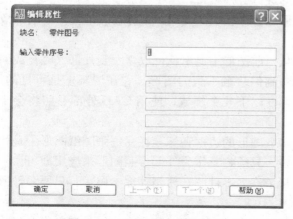

图 6-105 "编辑属性"对话框

图 6-106 零件序号图块

（6）在菜单栏中选择"修改"→"属性"→"单个"命令，选择步骤（5）创建块后，系统弹出"增强属性编辑器"对话框。在该对话框中的"值"文本框中修改属性的值，如图 6-107 所示，单击"确定"按钮即可，效果如图 6-108 所示。

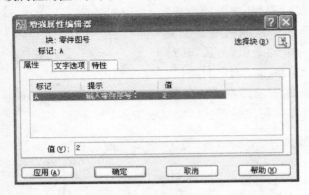

图 6-107　"增强属性编辑器"对话框　　　　　图 6-108　修改编号后效果

# 6.6　外　部　参　照

外部参照（或称外部引用），就是把已有图形文件以参照的形式插入到当前图形文件中，但当前图形文件中仅记录了当前图形文件与被引用图形文件的某种引用关系，而不记录被引用的图形文件具体对象的信息，这样就大大减少了当前图形文件的字节数。对当前图形的操作不会改变被参照的图形文件的内容，只有打开有参照的图形文件时，系统才自动把被参照的图形文件信息调入到当前图形文件所处的内存空间。且当前的图形文件保持最新的参照图形文件，参照图形不能被"分解"。

用参照命令将一些子图形文件引用到当前图形文件中构成复杂的主图形文件，系统允许对引用的这些子图形进行各种编辑，当子图形发生变化时，复杂的主图形文件被重新打开后，主图形也会作相应的变化，这样有效地提高了绘图效率，满足工作中相互协作要求。

利用外部参照的功能，无须从当前图形中退出就可以观察到外部（磁盘或网络上）的其他图形。它是用户可看到但接触不到的图形，它在屏幕上是可见的，但不是当前图形的一部分。例如，在以下几个领域，使用 CAD 外部参照将会十分简便和灵活。

（1）快速应用图形边界：大多数图形的边框和标题栏在每张图纸图形中是相同的，所以不必存在于每个图形中，只须将其作为外部参照图形来应用即可。

（2）画装配图：装配图中包括了许多零件图，使用外部参照后，只要零件图做了修改，装配图也自动随之修改。

（3）大型项目的协同设计：对于大型的设计项目，往往由总设计师负责全局的设计规划，其他设计人员分别设计局部图形，如果将所有计算机联网，则每个设计人员都能采用同一项目的全部设计图作为当前工作的参考，并相互检查各自的进度。

### 6.6.1 "外部参照"选项板

定义外部参照的方法有：

（1）菜单命令："插入"→"外部参照"。

（2）工具栏图标：选择参照工具栏上的"外部参照"图标，如图 6-109 所示。

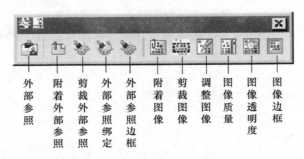

外部参照　附着外部参照　剪裁外部参照　外部参照绑定　外部参照边框　附着图像　剪裁图像　调整图像　图像质量　图像透明度　图像边框

图 6-109 "外部参照"图标

（3）命令行命令：Xref.。

用任何一种方法调用 Xref 命令后，都将出现如图 6-110 所示的"外部参照"选项板。

在"外部参照"选项板中，有两种用于显示外部参照图形的方法，即用列表图或树状图显示图形中的外部参照。

"外部参照"选项板中各选项的含义如下：

（1）参照名：即外部参照的文件名。参照名不能与原文件名相同，可单击该文件名重新命名。

（2）状态：用于显示外部参照文件的状态。状态包括已加载、已卸载、未找到、未融入、已孤立等几种类型。其中，"已加载"表示当前已附着到图形中；"已卸载"表示标记为关闭"外部参照管理器"后从图形中卸载；"未找到"表示在有效搜索路径中不再存在；"未融入"表示无法由本程序读取；"已孤立"表示已附着到其他未融入或未找到的外部参照。

（3）大小：用于显示相应参照图形的文件大小。如果外部参照被卸载、未找到或未融入，

图 6-110 "外部参照"选项板

则不显示其大小。

（4）类型：用于显示外部参照采用附着型还是覆盖型。附着型主要用于需要在主图形中永久使用外部参照。而覆盖型主要用于当只需临时查看另外一个图形文件而并不打算使用这些文件的场合。

（5）日期：用于显示关联的图形的最后修改日期。如果外部参照被卸载、未找到或未融入，则不会显示日期。

（6）保存路径：用于显示相关联外部参照的保存路径。

（7）"附着"按钮 🗋▾：单击"附着"按钮，将出现如图 6-111 所示的附着类型下拉菜单，可以选择附着 DWG 格式文件、附着图像格式文件或者附着 DWF格式文件。

（8）"刷新"按钮 🔄▾：单击该按钮，将出现"刷新"下拉菜单，如图 6-112所示，其中有"刷新"和"重载所有参照"两个选项。

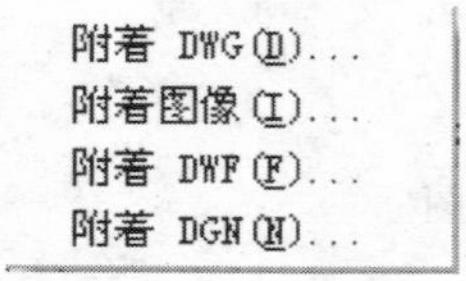

```
附着 DWG(D)...
附着图像(I)...
附着 DWF(F)...
附着 DGN(N)...
```

```
刷新(R)
重载所有参照(A)
```

图 6-111　附着类型下拉菜单 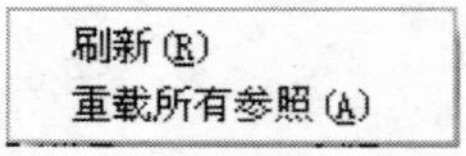　　　　　图 6-112　"刷新"下拉菜单

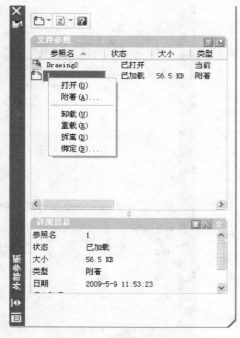

图 6-113　参照快捷菜单

右击参照名列表中的某个参照，将出现如图 6-113 所示的快捷菜单，其中主要的选项有：

（1）"打开"：用于在操作系统指定的应用程序中打开选定的文件参照。

（2）"附着"：用于打开与选定的参照类型相对应的对话框。如果选择"DWG 参照"将打开"外部参照"对话框；如果选择"图像参照"将打开"图像"对话框；如果选择"DWF 参照"则会打开"附着 DWF 参考底图"对话框。

（3）"卸载"：用于卸载选定的文件参照。

（4）"重载"：用于重载选定的文件参照。

（5）"拆离"：用于拆离选定的文件参照。

（6）"绑定"：用于显示"绑定外部参照"对话框，所选定的 DWG 参照将绑定到当前图形中。

### 6.6.2 附着外部参照

附着外部参照的过程与插入块的过程相似，只需选择"插入"→"外部参照"命令，从出现的"外部参照"选项板中选择相关选项即可。

比如，要使用 AutoCAD 绘制一幅图像，采用通常绘制几何图形的方法是很难取得满意效果的。此时，可以使用附着一幅图像作为外部参照的方法来绘制，绘制的效果将会比较满意。具体方法如下：

（1）"插入"→"外部参照"命令，出现"外部参照"选项板，单击其中的附着类型下拉按钮，从出现的菜单中选择"附着图像"选项，如图 6-114 所示。

（2）在随后出现的"选择图像文件"对话框中选择需要附着在绘图窗口中的图像，如图 6-115 所示。

（3）单击"打开"按钮，出现"图像"对话框，在其中可以设置插入点、图像缩放比例和旋转角度等参数，如图 6-116 所示：

主要的附着参数有：

（1）名称：外部参照的名称。

（2）"浏览"按钮：单击"浏览"按钮，将显示出"选择参照文件"对话框。

（3）位置：显示找到的外部参照的路径。

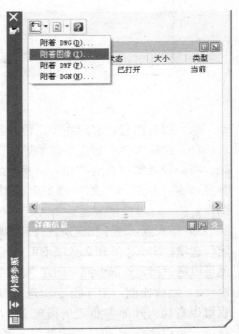

图 6-114 选择附着图像

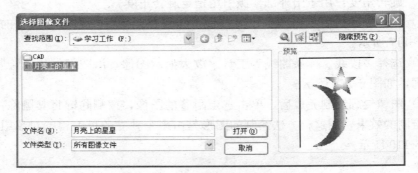

图 6-115 选择附着图像文件

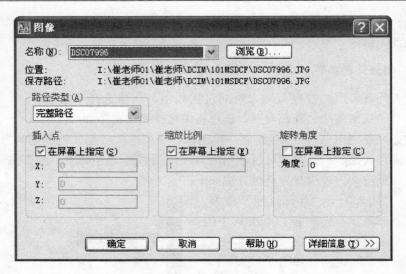

图 6-116　"图像"对话框

（4）保存路径：显示用于定位外部参照的保存路径。

（5）路径类型：指定外部参照的保存路径是完整路径、相对路径，还是无路径。将路径类型设置为"相对路径"之前，必须保存当前图形。对于嵌套的外部参照而言，相对路径始终参照其直接主机的位置，并不一定参照当前打开的图形：

1）插入点：用于指定所选外部参照的插入点。如果选中其中的"在屏幕上指定"选项，则 X、Y 和 Z 选项不可用。而取消选中其中的"在屏幕上指定"选项，便可以通过指定外部参照引用在当前图形的插入点的 X、Y、Z 坐标值。

2）缩放比例：用于指定所选外部参照的比例因子。既可以在屏幕上指定，也可以直接为外部参照实例指定 X、Y、Z 方向的比例因子。选中"统一比例"选项，可以确保 Y 和 Z 的比例因子等于 X 的比例因子。

3）旋转角度：用于给外部参照引用指定旋转角度。

4）设置好参数后单击"确定"按钮，即可在绘图区中附着上选定的图像，如图 6-117 所示。

5）选择多段线、样条曲线等工具，放大显示图像，沿图像的边缘绘制图像的轮廓，如图 6-118 所示。

6）图像轮廓绘制完成后，单击选定附着的图像，按删除键将其删除，即可看到绘制的效果，用这种方法绘制的图形是由多个独立的可编辑的对象组成的，如图 6-119 所示。

图 6-117　图像附着效果

图 6-118　描绘图像

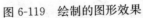

图 6-119　绘制的图形效果

### 6.6.3　外部参照的控制

可以通过 xbind 命令来控制外部参照的绑定，也可以设置裁剪边界。

#### 1. 控制外部参照的绑定

使用 xbind（绑定）可以不绑定整个外部参照图形，而只绑定外部参照中的部分命名对象，该命令的调用方法有以下几种。

（1）菜单命令："修改" → "对象" → "外部参照" → "绑定"。

（2）工具栏图标：选择参照工具栏上的"外部参照绑定"按钮，如图 6-120 所示。

（3）命令行命令：xbind。

图 6-120　"绑定"按钮

调用 xbind（绑定）命令后，将出现如图 6-121 所示的"外部参照绑定"对话框。该对话框中的"外部参照"列表中，显示了当前图形中附着的所有外部参照文件，以及每个文件中所有的命名对象。可以列表中选择需要绑定的对象，并单击"添加"按钮将其添加到"绑定定义"列表中，或者用"删除"按钮删除"绑定定义"列表中的对象。

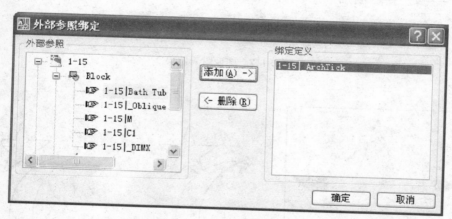

图 6-121　"外部参照绑定"对话框

### 2. 设置裁剪边界

已附着到图形中的外部参照，可定义其剪裁边界。外部参照在剪裁边界内的部分可见，而边界之外的部分则不可见。

选择"修改" → "裁剪" → "外部参照"命令，或在命令行中输入 xclip 命令，将提示选择对象，具体提示信息如下：

命令：xclip

找到 3 个

输入剪裁选项

［开（ON）/关（OFF）/剪裁深度（C），删除（D），生成多段线（P）/新建边界（N）］＜新建边界＞：

其中各选项含义如下：

（1）开：在宿主图形中显示外部参照或块的被剪裁部分。

（2）关：在宿主图形中显示外部参照或块的全部几何信息，忽略剪裁边界。

（3）剪裁深度：在外部参照或块上设置前剪裁平面和后剪裁平面，系统将不显示由边界和指定深度所定义的区域外的对象。选择该选项后将出现下面的提示：

指定前剪裁点或［距离（D）/删除（R）］：

其中"前剪裁点"选项用于创建通过并垂直于剪裁边界的剪裁平面。选择该选项又将出现下面的提示：

指定后剪裁点或［距离（D）/删除（R）］：

选择"距离"选项可通过指定距离创建平行于剪裁边界的剪裁平面；选择"删除"选项则删除前剪裁平面和后剪裁平面。

（4）删除：用于给选定的外部参照或块删除剪裁边界。要临时关闭剪裁边界，可使用"关"选项。"删除"选项将删除剪裁边界和剪裁深度。

（5）生成多段线：自动绘制一条与剪裁边界重合的多段线。该多段线采用当前的图层、线型、线宽和颜色设置。

（6）新建边界：定义一个矩形或多边形剪裁边界，或者用多段线生成一个多边形剪裁边界。

### 6.6.4　编辑外部参照

附着在图形中的外部参照（或插入的块），AutoCAD 提供了一个在位编辑功能来进行编辑。调用 refedit（在位编辑参照）命令的方法有以下几种。

（1）菜单命令："工具"→"外部参照和块在位编辑"→"在位编辑参照"命令。

（2）命令行命令：refedit。

调用该命令后，将出现以下的信息，提示选择参照对象。

命令：refedit

选择参照：

选择参照后将出现如图 6-122 所示的"参照编辑"对话框。其中有"标识参照"和"设置"两个选项卡。

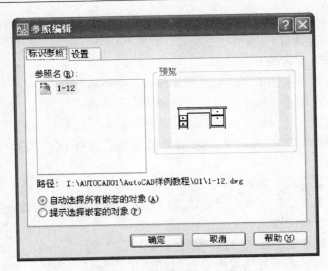

图 6-122　"参照编辑"对话框

1. "标识参照"选项卡

"标识参照"选项卡用于为标识要编辑的参照提供视觉帮助，同时也能控制选择参照的方式。

（1）参照名：显示了选定要进行在位编辑的参照以及选定参照中嵌套的所有参照。只有选定对象是嵌套参照的一部分时，才会显示嵌套参照。如果显示了多个参照，可从中选择要修改的特定外部参照或块。一次只能在位编辑一个参照。

（2）预览：用于显示当前选定参照的预览图像。预览图像将按参照最后保存在图形中的状态来显示该参照。

（3）路径：用于显示选定参照的文件位置。其中包括两个选项：①自动选择所有嵌套的对象——控制嵌套对象是否自动包含在参照编辑任务中。选中该选项，选定参照中的所有对象将自动包括在参照编辑任务中。②提示选择嵌套的对象——用于控制是否在参照编辑任务中逐个选择嵌套对象。选中该选项，在关闭"参照编辑"对话框并进入参照编辑状态后，系统将提示用户在要编辑的参照中选择特定的对象。

2. "设置"选项卡

在"设置"选项卡中，提供了 3 个用于编辑参照的选项，如图 6-123 所示。

（1）创建唯一图层、样式和块名：用于控制从参照中提取的图层和其他命名对象是否是唯一可修改的。选中该选项，外部参照中的命名对象将改变（名称加前缀＄＃＄），与绑定外部参照时的方式类似；如果取消选中该选项，图层和其

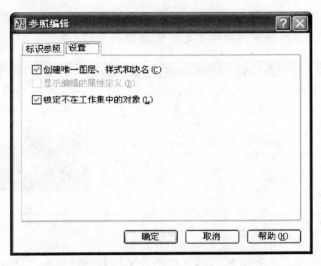

图 6-123　"设置"选项卡

他命名对象的名称与参照图形中的一致。

（2）显示编辑的属性定义：用于控制编辑参照期间是否提取和显示块参照中所有可变的属性定义。选中该选项，则属性变得不可见，同时属性定义可与选定的参照几何图形一起被编辑。将修改保存回块参照时，原参照的属性保持不变。

（3）锁定不在工作集中的对象：用于锁定所有不在工作集中的对象，从而避免用户在参照编辑状态时意外地选择和编辑宿主图形中的对象。锁定对象的行为与锁定图层上的对象类似。

# 6.7　光栅图像参照

光栅图像由像素点组成，可以在图形中插入多种格式的光栅图像（BMP、TIF、RLE、FLI、TGA 等）。与参照类似，图形文件中并不保存光栅图像源文件，而只保存了引用该图像文件的记录。

## 6.7.1　光栅图像参照插入

1. 功能

将光栅图像插入当前图形文件中。

2. 格式

（1）命令：Imageattach。

（2）下拉菜单：插入（I）→光栅图像参照（I）

（3）工具条：在"参照"工具条中，单击"光栅图像参照"图标按钮。此时，弹出"选择图像文件"对话框，如图 6-124 所示。

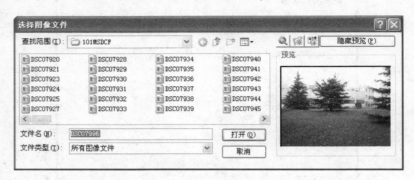

图 6-124 "选择图像文件"对话框

在该对话框中，选择要插入的光栅图像文件名，并单击"打开"按钮后，弹出"图像"对话框，如图 6-125 所示。"图像"对话框才操作及插入提示与块和外部对照操作基本相同。

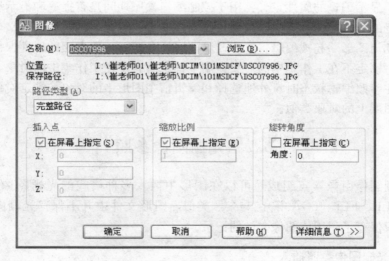

图 6-125 "图像"对话框

### 6.7.2 光栅图像剪裁（部分插入）

1. 功能

在插入的光栅图像文件中指定一个剪切边界，在当前图形文件中仅仅引用指定边界内部的图像，即实现光栅图像的部分插入。

2. 格式

（1）命令：Imageclip。

（2）下拉菜单：修改（M）→剪裁（C）→图像（I）。

（3）工具条：在"参照"工具条中，单击"图像"图标按钮，提示及操作过程与剪裁外部参照基本相同。

### 6.7.3 调整光栅图像显示

1. 功能

调整选中的光栅图像的亮度、对比度和灰度值。

2. 格式

（1）命令：Imageadjust。

（2）下拉菜单：修改（M）→对象（O）→图像（I）→调整（A）。

（3）在"参照"工具条中，单击"调整…"图标按钮。

提示：选择图像：（选择用于调整的光栅图像）

选择图像：✓（结束选择）

此时，弹出"图像调整"对话框，如图 6-126 所示。通过该对话框操作，完成图像显示调整。

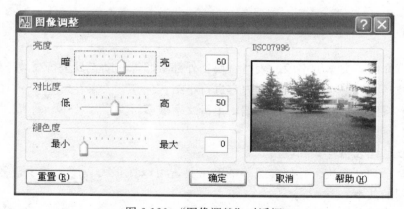

图 6-126 "图像调整"对话框

### 6.7.4 设置光栅图像质量

1. 功能

调整光栅图像的质量。

2. 格式

（1）命令：Imagequality。
（2）下拉菜单：修改（M）→对象（O）→图像（I）→质量（Q）。
（3）工具条：在"参照"工具条中，单击"透明度"图标按钮🔲。
提示：选择图像：（选择用于调整的光栅图像）
选择图像：✓（结束选择）
输入透明模式［开（ON）/关（OFF）]〈OFF〉：（输入选择项）

### 6.7.5　光栅图像边框设置

1. 功能

控制光栅图像插入的图像边框设置。

2. 格式

（1）命令：Imageframe。
（2）下拉菜单：修改（M）→对象（O）→图像（I）→边框（F）。
（3）工具条：在"参照"工具条中，单击"边框"图标按钮🔲。
提示：输入图像边框设置［开（ON）/关（OFF）]〈ON〉：（输入选择项）

# 本 章 小 结

本章介绍了文本、字段、表格、块、外部参照等辅助工具进行高效率绘图的方法和技巧，以下对本章的重点内容进行小结：
（1）设置文字样式、创建与编辑单行文字或多行文字。
（2）字段的自动更新文字。
（3）创建表格样式和表格。
（4）合理利用块、外部参照等辅助工具，可以在很大程度上减少重复劳动，提高绘图的效率。
（5）"块"是一种能存储和重复使用的图形部件，是一组用同一名称标识的实体，这组实体能放入一张图纸中的任意位置，并能进行任意比例的转换和旋转。要使用块，首先需要定义块，然后使用"插入"→"块"命令将块手稿到图形中。
（6）外部参照是指将已有的图形文件插入到当前图形中，插入时 AutoCAD

将外部的图形文件作为一个单独的图形实体。外部参照的引用之间是一种链接关系。作为外部参照的图形文件被修改后，引用该图形的所有图形都将自动改变。使用"外部参照"选项板可以定义、控制和附着外部参照，使用"参照编辑"对话框，则可以在位编辑参照。

## 习　题　六

一、简答题：

1. 若 X，Y，Z 方向比例不同，插入的块能否分解？

2. 写块和块存盘有哪些区别？图形文件是否可以理解为块？

3. 阵列插入块和插入块后再阵列有什么区别？

4. 0 层上的块有哪些特殊性？如何控制在 0 层建立的块的颜色和线型的性质？

5. 块和外部参照有哪些区别？

6. 如何区别外部参照进来的图层和图形自身建立的图层？

7. 建立块时为什么要设置基点？

8. 用 Dtext 命令和 Mtext 命令标注的文本有何区别？

9. Style 命令中的 Oblique 倾斜角设置与 Mtext 命令中的 Rotation 旋转角设置作用相同吗？

10. 特殊字符的输入方法有哪些？

11. 块中的对象能否单独进行编辑？

二、绘图编辑：

1. 将形位位公差基准代号定义为一个带有属性的块文件，如题图 6-1 所示（图中字高 h 取 5）。

2. 绘制如题图 6-2 所示图形，并存储成块备用。

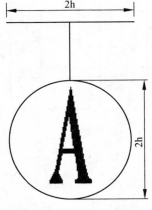

题图 6-1　形位公差基准代号

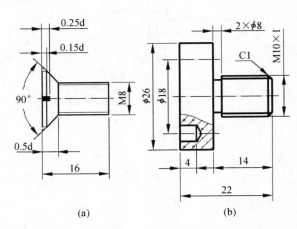

题图 6-2　螺钉

3. 在 AutoCAD 中设计表格样式，完成如题图 6-3 所示的表格。

| 库存商品一览表 | | | | | |
|---|---|---|---|---|---|
| 2001年度 | | | | | |
| 商品代号 | 商品名 | 单位 | 单价 | 库存量 | 金额 |
| 100151 | 主板 | 块 | 980.23 | 58 | 56853.34 |
| 100132 | CPU | 片 | 1200.00 | 60 | 72000 |
| 103050 | 音箱 | 对 | 450.00 | 20 | 9000 |
| 103042 | 硬盘 | 个 | 750.00 | 45 | 33750 |
| 合计 | | | | | 171603.3 |

题图 6-3

4. 绘制如题图 6-4 所示的图形，不标注尺寸，并存储为块备用。

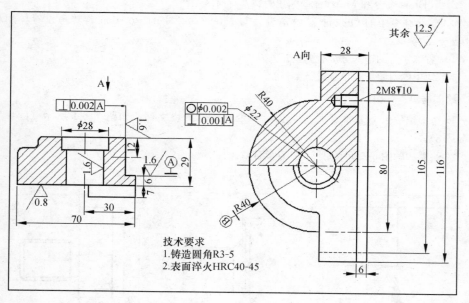

技术要求
1.铸造圆角R3-5
2.表面淬火HRC40-45

(a)

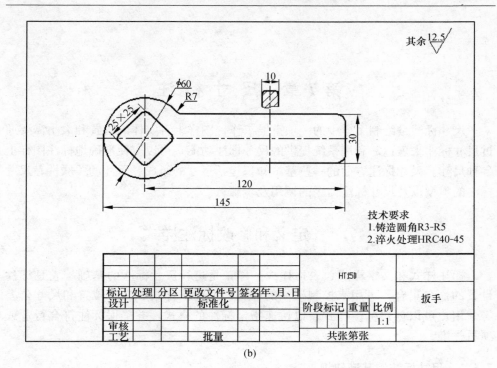

技术要求
1.铸造圆角R3-R5
2.淬火处理HRC40-45

| 标记 | 处理 | 分区 | 更改文件号 | 签名 | 年、月、日 | | HT150 | | | 扳手 |
|------|------|------|-----------|------|-----------|---|-------|---|---|-----|
| 设计 | | | 标准化 | | | | | | | |
| | | | | | | 阶段标记 | 重量 | 比例 | | |
| 审核 | | | | | | | | 1:1 | | |
| 工艺 | | | 批量 | | | 共张第张 | | | | |

(b)

题图 6-4

# 第 7 章　尺 寸 标 注

尺寸标注是绘制图样中的一项重要工作，图样上各实体的位置和大小需要通过尺寸标注来表达。利用系统提供的尺寸标注功能，可以方便准确地标注图样上各种尺寸。尺寸标注方面的一些基本知识包括尺寸的组成、尺寸的关联性、尺寸标注的类型以及尺寸标注命令的调用及步骤。

## 7.1　定义和修改标注样式

标注样式和文字样式、表格样式一样，是进行尺寸标注的基础。它是标注设置的命名集合，可用来控制标注的外观，如箭头样式、文字位置和尺寸公差等。用户可以创建标注样式，以快速指定标注的格式，并确保标注符合行业或项目标准。

### 7.1.1　尺寸标注的基础知识

1. 尺寸的组成

一个完整的尺寸由尺寸线、尺寸界线、箭头和尺寸文字四个部分组成，如图7-1 所示。通常 AutoCAD 将构成尺寸的四个部分以块的形式存放在图形文件中。因此，尺寸是一个实体。

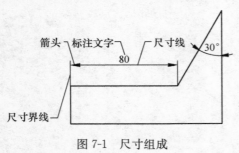

图 7-1　尺寸组成

（1）尺寸线。尺寸线一般由一条两端带双箭头的直线段组成，有时也由两条带单箭头的线段组成，当进行角度标注时，也可以是一条两端带箭头的弧或两条每端带单箭头的弧。

（2）尺寸界线。尺寸界线是用来确定尺寸的测量范围。一般情况下为了使标注更加清晰，通常用尺寸界线把尺寸移到被标注实体之外，有时也可以利用实体的轮廓线或中心线来代替。

（3）尺寸箭头。尺寸箭头是用来确定尺寸的起止。一般情况下是一个形状为填充的小三角形，当然还可以根据具体需要创建一些自定义箭头。

（4）尺寸文本。尺寸文本是用来确定实体尺寸的大小。可以使用 AutoCAD

自动测量值，也可以使用给定的尺寸和文字说明。

### 2. 尺寸的关联性

一般情况下，AutoCAD 将尺寸作为一个图块，即尺寸线、尺寸界线、尺寸箭头和尺寸文本，不是单独的实体，而是构成图块一部分。如果对该尺寸标注进行拉伸，那么拉伸后尺寸标注的尺寸文本将自动发生相应的变化，这种尺寸标注称为关联性尺寸。

如果用户选择的是关联性尺寸标注，那么当改变尺寸标注样式时，在该样式基础上生成的所有尺寸标注都将随之改变。

### 3. 尺寸标注的类型

系统提供了线性（长度）、半径和角度等基本的尺寸标注类型。标注可以是水平、垂直、对齐、旋转、坐标、基线或连续等，如图 7-2 所示。

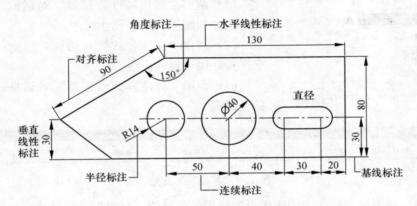

图 7-2　尺寸标注的类型

（1）长度型尺寸标注：标注长度方向的尺寸，分为：单一长度型、水平型、垂直型、旋转型、基线型、连续型、两点对齐型尺寸。

（2）角度型尺寸标注：标注角度尺寸。

（3）直径型尺寸标注：标注直径尺寸。

（4）半径型尺寸标注：标注半径尺寸。

（5）快速尺寸标注：成批快速标注尺寸。

（6）坐标型尺寸标注：标注相对于坐标原点的坐标。

（7）中心标记：标注圆或圆弧的中心标记。

（8）尺寸和形位公差标注。

图 7-3 "标注（N）"下拉菜单

4. 尺寸标注命令的调用

（1）在命令提示符"命令："下，直接输入命令。

（2）使用下拉式菜单

在下拉菜单"标注（N）"中，调用相应选项，如图 7-3 所示。

（3）使用"标注"工具条

在"标注"工具条中，单击相应图标按钮，如图 7-4 所示。

5. 尺寸标注的步骤

对图形尺寸标注时，通常应遵循以下步骤：

（1）调用"图层特性管理器"对话框，创建一个独立的图层，用于尺寸标注。

（2）调用"文字样式"对话框，创建一个文字样式，用于尺寸标注。

（3）调用"标注样式管理器"对话框，设置标注样式。

图 7-4 "标注"工具条

（4）调用尺寸标注命令使用对象捕捉各个功能，对图形进行尺寸标注。

## 7.1.2 创建尺寸样式

1. 功能

弹出"标注样式管理器"，创建、修改或替代标注样式。

2. 格式

（1）工具栏：标注工具栏命令：dimstyle
（2）菜单："标注菜单"→"标注样式"

3. 创建尺寸样式

单击标注工具栏按钮，将弹出"标注样式管理器"，如图 7-5 所示。

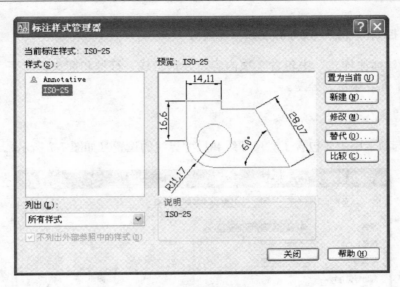

图 7-5   标注样式管理器

（1）置为当前：将选中的标注样式作为默认样式。

（2）新建、修改、替代：新建、修改或替代一个标注样式。

（3）比较：对两种标注样式做比较，对比它们的各项参数。

**例 7-1**   新建一个名为"工程标注样式"的标注样式。

操作步骤如下：

（1）选择"标注"菜单，选择"标注样式"，弹出"标注样式管理器"。如图 7-5 所示。

（2）单击"新建"按钮，在弹出的"创建新标注样式"对话框中设置标注样式名字等，如图 7-6 所示。

（3）这样就创建了一个标注样式，具体设置将在后面章节予以介绍。

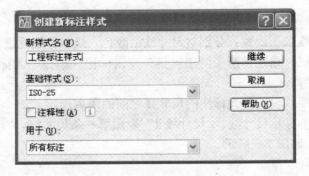

图 7-6   创建新标注样式

### 7.1.3　控制尺寸线、尺寸界线和尺寸箭头

"新建标注样式"中包含 7 项内容，分别是线、符号和箭头、文字、调整、主单位、换算单位、公差。

1. "线"选项卡

线选项卡中主要包含了对尺寸线和尺寸界线的设置（如图 7-7 所示）。

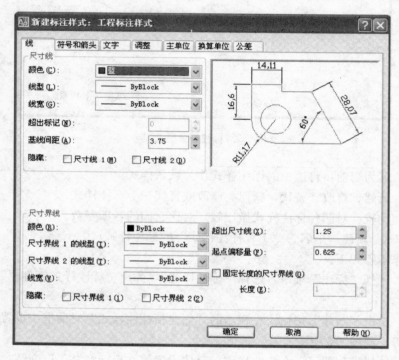

图 7-7　"线"选项卡

（1）尺寸线。

1）颜色、线型、线宽：分别对尺寸线的颜色、线型、线宽进行设置。

2）超出标记：指定当箭头使用倾斜、建筑标记、积分和无标记时尺寸线超过尺寸界线的距离。

3）基线间距：设置基线标注的尺寸线之间的距离。

4）隐藏：不显示尺寸线。"尺寸线 1"隐藏第一条尺寸线，"尺寸线 2"隐藏第二条尺寸线。如图 7-8 所示。

（2）尺寸界线

1）超出尺寸线：指定尺寸界线超出尺寸线的距离。如图 7-9 所示。

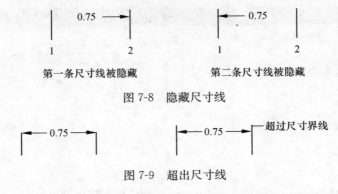

图 7-8　隐藏尺寸线

图 7-9　超出尺寸线

2）起点偏移量：设置自图形中定义标注的点到尺寸界线的偏移距离。如图 7-10 所示。

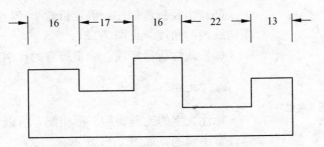

图 7-10　起点偏移量

3）固定长度的尺寸界线：启用固定长度的尺寸界线，并通过设置长度，设置尺寸界线的总长度，起始于尺寸线，直到标注原点。如图 7-11 所示。

图 7-11　固定长度的尺寸界线

2. "符号和箭头"选项卡

主要设置尺寸线两端箭头，引线箭头、圆心标志和一些特许标注，如折弯标注、折断标注等。如图 7-12 所示。

（1）箭头：分别设置第一个、第二个和引线的箭头类型。

（2）圆心标记：控制直径标注和半径标注的圆心标记和中心线的外观。

（3）折断标记：控制折断标注的间距宽度。

（4）弧长符号：控制弧长标注中圆弧符号的显示位置。

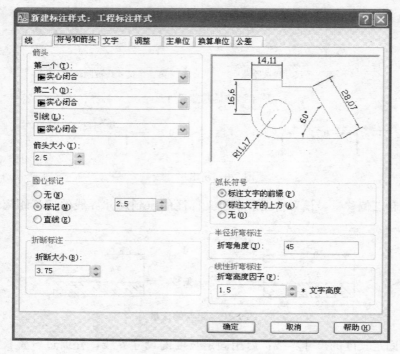

图 7-12　"符号和箭头"选项卡

（5）半径折弯标注：确定折弯半径标注中尺寸线的横向线段的角度（见图 7-13）。

（6）线性折弯标注：确定折弯的比例因子。

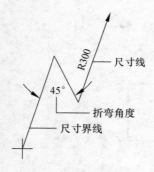

图 7-13　半径折弯标注

### 3."文字"选项卡

标注文字的比例要和图形相配，所以对文字的设置是经常用到的，如图 7-14 所示。

（1）文字外观：主要用来设置文字的字体、大小、颜色、文字背景颜色、是否有边框等效果。

（2）文字位置：用来调整文字与尺寸线之间的相对位置。各种位置关系如图 7-15 所示。

（3）文字对齐：控制标注文字放在尺寸界线外边或里边时的方向保持水平或与尺寸界线平行。共有三种方式，如图 7-16 所示。

### 4."调整"选项卡

主要控制标注文字、箭头、引线和尺寸线的放置（见图 7-17）。

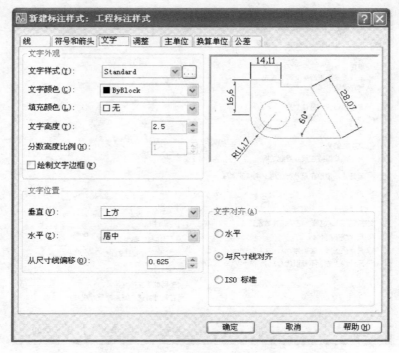

图 7-14　"文字"选项卡

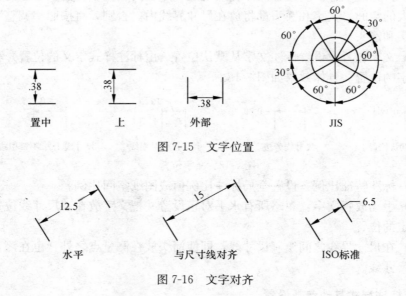

图 7-15　文字位置

图 7-16　文字对齐

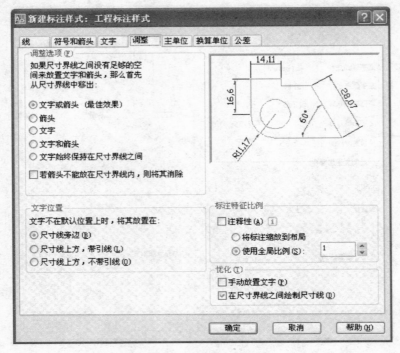

图 7-17 "调整"选项卡

（1）调整选项：控制基于尺寸界线之间可用空间的文字和箭头的位置。如果有足够大的空间，文字和箭头都将放在尺寸界线内。否则，将按照"调整"选项放置文字和箭头。

（2）文字位置：设置标注文字从默认位置（由标注样式定义的位置）移动时标注文字的位置。具体效果如图 7-18 所示。

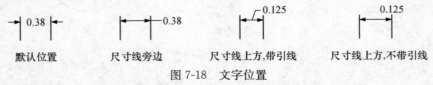

默认位置　　　　尺寸线旁边　　　尺寸线上方,带引线　　尺寸线上方,不带引线

图 7-18　文字位置

（3）标注特征比例：设置全局标注比例值或图纸空间比例。

（4）手动放置文字：忽略所有水平对正设置并把文字放在"尺寸线位置"提示下指定的位置。

（5）在尺寸界线之间绘制尺寸线：即使箭头放在测量点之外，也在测量点之间绘制尺寸线。

### 7.1.4　标注样式其他参数设置

1. "主单位"选项卡，（如图 7-19 所示，设置尺寸标注的单位和精度等）

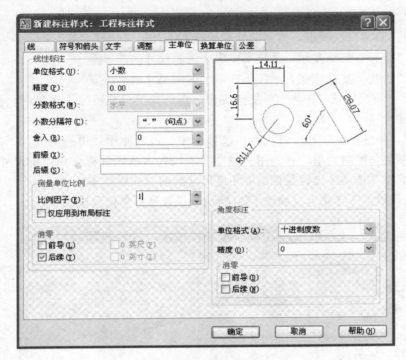

图 7-19 "主单位"选项卡

(1)"线性标注"选项组，设置线性标注尺寸的单位格式和精度。

1)"单位格式（U）"下拉列表框，选择标注单位格式。单击该框右边的下拉箭头，在弹出的下拉列表框中，选择单位格式。单位格式有"科学"、"小数"、"工程"、"建筑"、"分数"、"Windows 桌面"。

2)"精度（P）"下拉列表框，设置尺寸标注的精度，即保留小数点后的位数。

3)"分数格式"下拉列表框，设置分数的格式，该选项只有在"单位格式（U）"选择"分数"或"建筑"后才有效。在下拉列表框中有三个选项，"水平"、"对角"和"非堆叠"。

4)"小数分隔符"下拉列表框，设置十进制数的整数部分之间的分隔符。在下拉列表框中有三个选项，"逗点（,）""句点（.）"和"空格（）"。

5)"舍入"文本框，设定测量尺寸的圆整值，即精确位数。

6)"前缀"和"后缀"文本框，设置尺寸文本的前缀和后缀。在相应的文本框中，输入尺寸文本的说明文字或类型代号等内容。

(2)"测量单位比例"选项组，可使用"比例因子"文本框设置测量尺寸的缩放比例，系统的实际标注值为测量值与该比例因子的乘积；选中"仅应用到布局标注"复选框，可以设置该比例关系是否仅适用于布局。

（3）"消零"选项组，控制前导和后续零以及英尺和英寸单位的零是否输出。

1）"前导"复选按钮，系统不输出十进制尺寸的前导零。

2）"后续"复选按钮，系统不输出十进制尺寸的后缀零。

3）"0 英尺"或"0 英寸"复选按钮，在选择英尺或英寸为单位时，控制零的可见性。

（4）"角度标注"选项组，在该选项组中，可以使用"单位格式"下拉列表框设置标注角度时的单位；使用"精度"下拉列表框设置标注角度的尺寸精度；使用"消零"选项区设置是否消除角度尺寸的前导或后续零。

"换算单位"选项卡（如图 7-20 所示，设置换算单位及格式等）

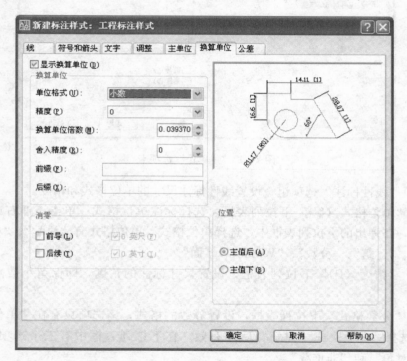

图 7-20 "换算单位"选项卡

通过换算标注单位，可以转换使用不同测量单位制的标注，通常是显示英制标注的等效公制标注，或公制标注的等效英制标注。在标注文字中，换算标注单位显示在主单位旁边的方括号"［　］"内。

选中"显示换算单位"复选按钮，这时对话框的其他选项才可用，可以在"换算单位"栏中设置换算单位的"单位格式"、"精度"、"换算单位乘数"、"舍入精度"、"前缀"及"后缀"选项等，方法与设置主单位的方法相同。

可以使用"位置"选项组中的"主值后"、"主值下"单选按钮，设置换算单位的位置。

2．"公差"选项卡（如图 7-21 所示，设置尺寸公差的标准形式和精度等）

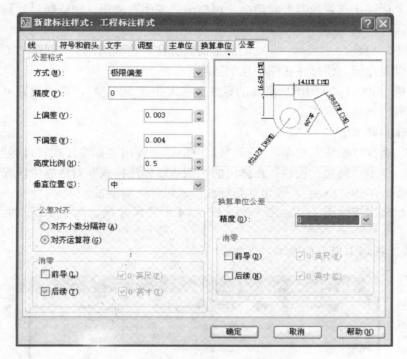

图 7-21　"公差"选项卡

（1）"公差格式"选项组，设置公差标注格式。它包括：

1）"方式"下拉列表框，选择公差标注类型。单击该列表框的右侧的下拉箭头，在弹出的下拉列表框中，选取公差标注格式。公差的格式有："无"、"对称"、"极限偏差"、"极限尺寸"和"基本尺寸"（标注基本尺寸，并在基本尺寸外加方框）。

2）"精度"下拉列表框，设置尺寸公差精度。

3）"上偏差"、"下偏差"文本框，用于设置尺寸的上偏差、下偏差。

4）"高度比例"文本框，设置公差数字高度比例因子。这个比例因子是相对于尺寸文本而言的。例如，尺寸文本的高度为 5，若比例因子设置为 0.5，则公差数字高度为 2.5。

5）"垂直位置"下拉列表框，控制尺寸公差文字相对于尺寸文字的摆放位置。包括："下"，即尺寸公差对齐尺寸文本的下边缘；"中"，即尺寸公差对齐尺寸文本的中线；"上"，即尺寸公差对齐尺寸文本的上边缘。

（2）"消零"选项组，控制公差中小数点前或后零的可见性。

（3）"换算单位公差"选项组，设置换算公差单位的精度和消零的规则。

当完成各项操作后，就建立了一个新的尺寸标注样式，单击"确定"按钮，返回到"标注样式管理器"对话框，再单击"关闭"按钮，完成新尺寸标注样式的设置。

**例 7-2**　现有一个 500×500 的图形需要标注，请利用例 7-1 创建"工程标注样式"设置比例，使标注在图中比例适当。

**分析**：500×500 图纸所需要的标注文字大小在 10 左右，其他设置可以从预览中观察比例是否恰当。

操作步骤如下：

（1）选择"标注"菜单，选择"标注样式"，弹出"标注样式管理器"。

（2）单击"新建"按钮，在弹出的"创建新标注样式"对话框中设置标注样式名字等。单击"继续"，弹出"新标注样式设计"对话框。

（3）依次按照图 7-22、图 7-23、图 7-24 设置尺寸线、尺寸界线、文字等各项参数。

"线"选项卡设置如图 7-22 所示：

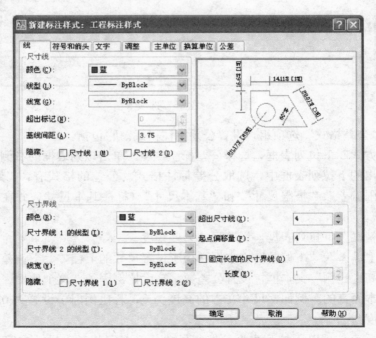

图 7-22　"线"选项卡设置

3. "符号和箭头"选项卡设置如图 7-23 所示：

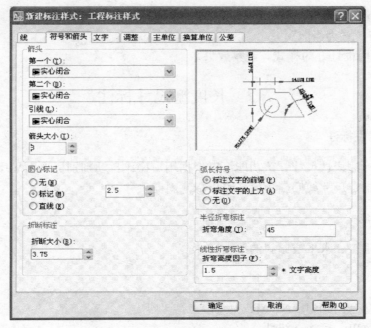

图 7-23 "符号和箭头"选项卡设置

"文字"选项卡设置如图 7-24 所示：

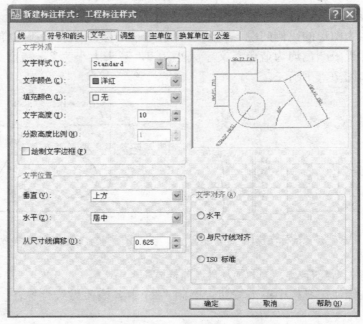

图 7-24 "文字"选项卡设置

4. 单击"确定"，退出到"标注样式管理器"对话框中，选中"工程标注样式"，单击"置为当前"。

5. 应用设计好的样式，观察效果。

## 7.2　长度型尺寸标注

### 7.2.1　线性标注

用于标注线性尺寸，该功能可以根据用户操作自动判别标出水平尺寸或垂直尺寸，在指定尺寸线倾斜角后，可以标注斜向尺寸。

1. 功能

标注垂直、水平或倾斜的线性尺寸。

2. 格式

（1）命令：DIMLINEAR。

（2）菜单：标注→线性。

（3）图标："标注"工具栏▭。

**例 7-3**　如图 7-25 所示，在该图的基础上绘制进行标注。

操作步骤如下：

（1）因为图形的比例问题，此处需要新建一个标注样式"新建样式 1"，尺寸线、尺寸界限颜色均为蓝色，文字大小为 2，箭头大小为 2，精度为 0。参数设置效果如图 7-26 所示。

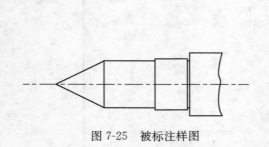

图 7-25　被标注样图

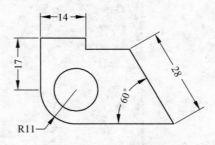

图 7-26　标注样式的参数设置效果

（2）将"新建样式 1"设置为"当前样式"。

（3）在标注工具栏中单击按钮，对图 7-25 中各线段做线性标注。效果图如图 7-27 所示。

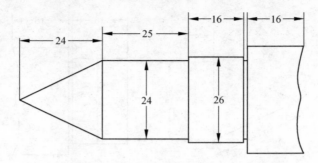

图 7-27　标注后的效果图

**思考：**

1. 图形最前端的 24 是指哪一段线段：斜线还是水平线？

2. 使用线性标注能否标注斜线？

### 7.2.2　对齐标注

对齐标注也是标注线性尺寸，其特点是尺寸线和两条尺寸界线起点连线平行，它可以标注斜线。

1. 功能

标注对齐尺寸。

2. 格式

（1）命令：DIMALIGNED。

（2）菜单：标注→对齐。

（3）图标："标注"工具栏中↖。

**例 7-4**　使用对齐标注来标注例 7-3 中的图形。

操作步骤如下：

（1）与例 7-3 相同，设置标注样式，并将"新建样式 1"设置为"当前样式"。

（2）在标注工具栏中单击按钮，对图 7-25 中各线段做线性标注。效果如图 7-28 所示。

**思考：**

对齐标注和线性标注有哪些异同？

### 7.2.3　连续标注

用于标注尺寸线连续或链状的一组线性尺寸或角度尺寸，能够做连续的线性

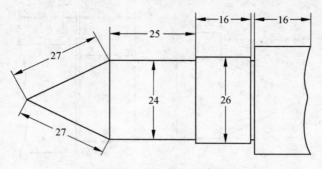

图 7-28　对齐标注样图

标注。

**1. 功能**

标注连续型链式尺寸。

**2. 格式**

（1）命令：DIMCONTINUE。

（2）菜单：标注→连续。

（3）图标："标注"工具栏 ⊦⊦⊦。

**例 7-5**　如图 7-29 所示。使用连续标注，对图 7-29 所示的上半部分线段进行标注。

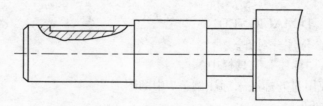

图 7-29　连续标注样图

操作步骤如下：

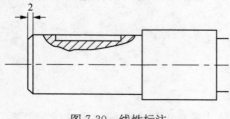

图 7-30　线性标注

（1）新建一个标注样式"新建样式1"，尺寸线、尺寸界限颜色均为黄色，起点偏移量为 1，文字大小为 2，箭头大小为 2，精度为 0。参数设置效果如图 7-26 所示。

（2）使用线性标注标注斜面一段。如图 7-30 所示。

单击"连续标注"按钮，对其余线段进行连续标注，按回车结束。最终效果如图 7-31 所示。

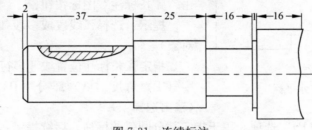

图 7-31  连续标注

### 7.2.4  基线标注

用于标注有公共的第一条尺寸界线（作为基线）的一组尺寸线互相平行的线性尺寸或角度尺寸。必须先标注第一个尺寸后才能用此命令。

1. 功能

标注具有共同基线的一组线性尺寸或角度尺寸。

2. 格式

(1) 命令：DIMBASELINE。

(2) 菜单：标注→基线。

(3) 工具栏："标注"工具栏 ⊟。

**例 7-6**  使用基线标注制作如图 7-32 所示的样式标注。

操作步骤如下：

(1) 该图使用默认标注样式即可。

(2) 使用线性标注首先标注左下顶点与圆的水平距离。如图 7-33 所示。

(3) 单击基线标注按钮，进行基线标注，达到最后效果。

**思考：**

1. 分析基线标注和连续标注有哪些异同？

2. 基线标注和连续标注常用在哪些地方？

### 7.2.5  弧长尺寸标注

格式

(1) 命令：Dimare。

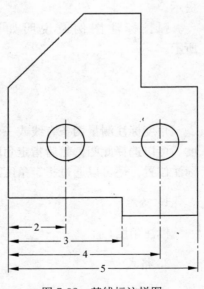

图 7-32  基线标注样图

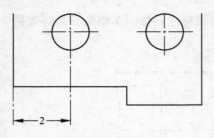

图 7-33　水平标注

（2）下拉菜单：标注（N）弧长（H）。

（3）工具条：在"标注"工具条中，单击"弧长标注"图标按钮 。

提示：选择弧线段或多段弧线段：（选择对象）

指定弧长标注位置或［多行文字（M）/文字（T）/角度（A）/部分（P）/引线（L）］：（输出选择项）

1)"部分（P）"选项，用于指定部分圆弧的标注，后续提示：

指定圆弧长度标注的第一个点：

指定圆弧长度标注的第二个点：

2)"引线（L）"和"无引线（N）"选项，分别用于有引线和无引线标注选择，后续提示：

指定弧长标注位置或［多行文字（M）/文字（T）/角度（A）/部分（P）/引线（L）］：L

**提示：**

指定弧长标注位置或［多行文字（M）/文字（T）/角度（A）/部分（P）/无引线（N）］：

此时，输入 N 后，又返回到上一提示。

弧长标注图例及说明如图 7-34 所示。

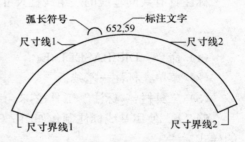

图 7-34　弧长标注图例及说明

## 7.3　角度型尺寸标注

角度标注测量两条直线或三个点之间的角度。要测量圆的两条半径之间的角度，可以选择此圆，然后指定角度端点。对于其他对象，需要选择对象然后指定标注位置。还可以通过指定角度顶点和端点标注角度。

1. 功能

标注角度。

2. 格式

（1）命令：DIMANGULAR。

(2) 菜单：标注→角度。

(3) 图标："标注"工具栏△。

**例 7-7**  如图 7-35 所示。使用角度标注所有角度，并标注一个圆的角度。

操作步骤如下：

(1) 设置样式，文字高度为 6，起点偏移量为 2，箭头大小为 4，精度为 0.00。

(2) 单击标注工具栏按钮，依次标注每个角度，效果如图 7-36 所示。

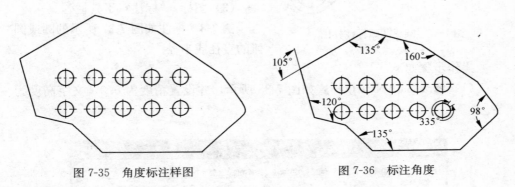

图 7-35  角度标注样图            图 7-36  标注角度

思考：

使用角度标注工具能标注哪些类型的角度？

# 7.4  半径和直径型尺寸标注

## 7.4.1  半径标注

用于标注圆或圆弧的半径，并自动带半径符号"R"。

1. 功能

标注半径。

2. 格式

(1) 命令：DIMRADIUS。

(2) 菜单：标注→半径。

(3) 图标："图标"工具栏◎。

## 7.4.2  直径标注

在圆或圆弧上标注直径尺寸，并自动带直径符号"Φ"。

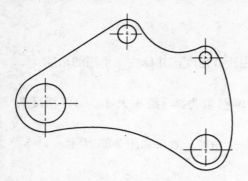

图 7-37　圆或圆弧标注样图

1. 功能

标注直径。

2. 格式

（1）命令：DIMDIAMETER。

（2）菜单：标注→直径。

（3）图标："标注"工具栏 ◙。

**例 7-8**　标注如图 7-37 所示的圆或圆弧的直径或半径。

操作步骤如下：

（1）修改 STANDRD 样式如图 7-38 所示，并设置精度为 0.0，文字高度为 2.5。

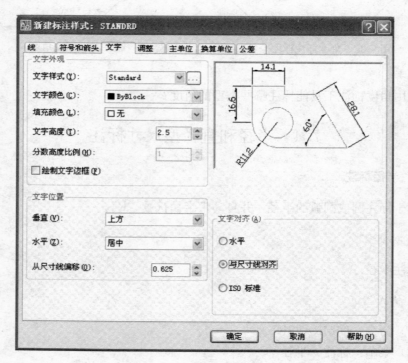

图 7-38　"文字"选项卡设置

（2）使用半径或直径标注来标注图形，最终效果如图 7-39 所示。

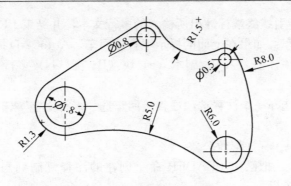

图 7-39 半径或直径的标注

# 7.5 引线及多重引线标注

AutoCAD 提供了引线标注功能,利用该功能不仅可以标注特定的尺寸,如圆角、倒角等,还可以实现在图中添加多行旁注、说明。在引线标注中指引线可以是折线,也可以是曲线,指引线端部可以有箭头,也可以没有箭头。

### 7.5.1 利用 LEADER 命令进行引线标注

LEADER 命令可以创建灵活多样的引线标注形式,可根据需要把指引线设置为折线或曲线,指引线可带箭头,也可不带箭头,注释文本可以是多行文本,也可以是形位公差,还可以从图形其他部位复制,还可以是一个图块。

1. 格式

(1) 命令:LEADER↙
(2) 指定引线起点:(输入指引线的起始点)
(3) 指定下一点:(输入指引线的另一点)
(4) 指定下一点或〔注释(A)/格式(F)/放弃(U)〕<注释>:

2. 选项说明

指定下一点:直接输入一点,AutoCAD 根据前面的点画出折线作为指引线。
<注释>:输入注释文本,为默认项。在上面提示下直接回车,AutoCAD 提示:
输入注释文字的第一行或<选项>:
(1) 输入注释文本:在此提示下输入第一行文本后回车,用户可继续输入第二行文本,如此反复执行,直到输入全部注释文本,然后在此提示下直接回车.

AutoCAD 会在指引线终端标注出所输入的多行文本，并结束 LEADER 命令。

（2）直接回车：如果在上面的提示下直接回车，AutoCAD 提示：

输入注释选项 ［公差（T）/副本（c）/块（B）/无（N）/多行文字（M）］＜多行文字＞：

在此提示下选择一个注释选项或直接回车选"多行文字"选项。其中各选项的含义如下：

1）公差（T）：标注形位公差。

2）副本（C）：把已由 LEADER 命令创建的注释复制到当前指引线末端。执行该选项，系统提示：

选择要复制的对象：

在此提示下选取一个已创建的注释文本，则 AutoCAD 把它复制到当前指引线的末端。

3）块（B）：插入块，把已经定义好的图块插入到指引线的末端。执行该选项，系统提示：

输入块名或 ［?］：

在此提示下输入一个已定义好的图块名，AutoCAD 把该图块插入到指引线的末端。或键入"?"列出当前已有图块，用户可从中选择。

4）无（N）：不进行注释，没有注释文本。

5）＜多行文字＞：用多行文本编辑器标注注释文本并定制文本格式，为默认选项。

格式（F）：确定指引线的形式。选择该项，AutoCAD 提示：

输入引线格式选项 ［样条曲线（S）/直线（ST）/箭头（A）/无（N）］＜退出＞：

选择指引线形式，或直接回车回到上一级提示。

（1）样条曲线（S）：设置指引线为样条曲线。

（2）直线（ST）：设置指引线为折线。

（3）箭头（A）：在指引线的起始位置画箭头。

（4）无（N）：在指引线的起始位置不画箭头。

（5）＜退出＞：此项为默认选项，选取该项退出"格式"选项，返回"指定下一点或 ［注释（A）/格式（F）/放弃（U）］＜注释＞："提示，并且指引线形式按默认方式设置。

### 7.5.2　利用 QLEADER 命令进行引线标注

利用 QLEADER 命令可快速生成指引线及注释，而且可以通过命令优化对话框进行用户自定义，由此可以消除不必要的命令提示，取得最高的工作效率。

**1. 格式**

命令：QLEADERJ ↙ 。

指定第一个引线点或［设置（S）］＜设置＞：

**2. 选项说明**

指定第一个引线点：在上面的提示下确定一点作为指引线的第一点，Auto-CAD 提示：

指定下一点：（输入指引线的第二点）

指定下一点：（输入指引线的第三点）

AutoCAD 提示用户输入的点的数目由"引线设置"对话框确定。输入完指引线的点后 AutoCAD 提示：

指定文字宽度＜0.0000＞：（输入多行文本的宽度）

输入注释文字的第一行＜多行文字（M）＞：

此时，有两种命令输入选择，含义如下：

（1）输入注释文字的第一行：在命令输入第一行文本。系统继续提示：

输入注释文字的下一行：（输入另一行文本）

输入注释文字的下一行：（输入另一行文本或回车）

（2）＜多行文字（M）＞：打开多行文字编辑器，输入编辑多行文字。

直接回车，结束 QLEADER 命令并把多行文本标注在指引线的末端附近。

＜设置＞：直接回车或键入 S，打开图 7-40 所示的"引线设置"对话框，允许对引线标注进行设置。该对话框包含"注释"、"引线和箭头"、"附着" 3 个选项卡，下面分别进行介绍。

（1）"注释"选项卡（见图 7-40）：用于设置引线标注中注释文本的类型、多行文本的格式并确定注释文本是否多次使用。

（2）"引线和箭头"选项卡（见图 7-41）：用来设置引线标注中指引线和箭

图 7-40 "注释"选项卡

图 7-41 "引线和箭头"选项卡

头的形式。其中"点数"选项组设置执行 QLEADER 命令时 AutoCAD 提示用户输入的点的数目。例如，设置点数为 3，执行 QLEADER 命令时当用户在提示下指定 3 个点后，AutoCAD 自动提示用户输入注释文本。注意设置的点数要比用户希望的指引线的段数多 1。可利用微调框进行设置，如果选择"无限制"复选框，AutoCAD 会一直提示用户输入点直到连续回车两次为止。"角度约束"选项组设置第一段和第二段指引线的角度约束。

　　（3）"附着"选项卡（见图 7-42）：设置注释文本和指引线的相对位置。如果最后一段指引线指向右边，系统自动把注释文本放在右侧；反之放在左侧。利用本选项卡左侧和右侧的单选按钮分别设置位于左侧和右侧的注释文本与最后一段指引线的相对位置，二者可相同也可不相同。

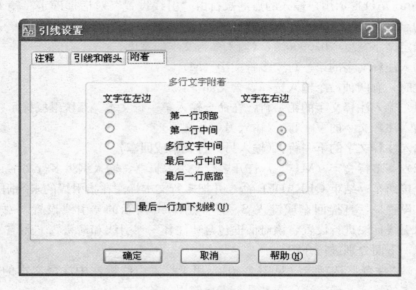

图 7-42　"附着"选项卡

### 7.5.3　多重引线

　　多重引线可创建为箭头优先、引线基线优先或内容优先。

　　1. 格式

　　（1）菜单：标注→多重引线 &。

　　（2）命令：MLEADER。

　　指定引线箭头的位置或［引线基线优先（L）/内容优先（c）/选项（0）］＜选项＞：

2. 选项说明

引线箭头位置：指定多重引线对象箭头的位置。

引线基线优先（L）：指定多重引线对象的基线的位置。如果先前绘制的多重引线对象是基线优先，则后续的多重引线也将先创建基线（除非另外指定）。

内容优先（C）：指定与多重引线对象相关联的文字或块的位置。如果先前绘制的多重引线对象是内容优先，则后续的多重引线对象也将先创建内容（除非另外指定）。

选项（0）：指定用于放置多重引线对象的选项。

输入选项 [引线类型（L）/引线基线（A）/内容类型（C）/最大点数（M）/第一个角度（F）/第二个角度（S）/退出选项（X）]：

（1）引线类型（L）：指定要使用的引线类型

输入选项 [类型（T）/基线（L）]：

类型（T）：指定直线、样条曲线或无引线。

选择引线类型 [直线（S）/样条曲线（P）/无（N）]：

基线（L）：更改水平基线的距离

使用基线 [是（Y）/否（N）]：

如果此时选择"否"，则不会有与多重引线对象相关联的基线。

（2）内容类型（C）：指定要使用的内容类型。

输入内容类型 [块（B）/无（N）]：

块：指定图形中的块，以与新的多重引线相关联。

输入块名称：

无：指定"无"内容类型。

（3）最大点数（M）：指定新引线的最大点数。

输入引线的最大点数或<无>：

（4）第一个角度（F）：约束新引线中的第一个点的角度。

输入第一个角度约束或<无>：

（5）第二个角度（S）：约束新引线中的第二个点的角度。

输入第二个角度约束或<无>：

（6）退出选项（X）：返回到第一个 MLEADER 命令提示。

**例 7-9** 标注如图 7-43 所示的齿轮尺寸。

操作步骤如下：

（1）利用"格式→文字样式"菜单命令设置文字样式，为后面尺寸标注输入文字做准备。

（2）利用"格式→标注样式"菜单命令设置标注样式。

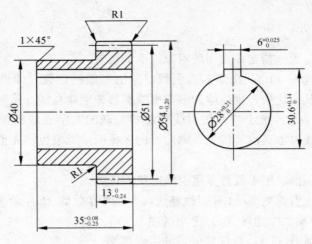

图 7-43　齿轮

　　（3）利用"线性标注"命令与"基线标注"命令标注齿轮主视图中的线性及基线尺寸。在标注公差的过程中，要先设置替代尺寸样式，在替代样式中逐个设置公差。

　　（4）利用"半径标注"命令标注齿轮主视图中的半径尺寸。

　　（5）用"引线"命令标注齿轮主视图上部圆角半径，如标注上端 R1，操作步骤如下：

　　命令：Leader↙（引线标注）

　　指定引线起点：_ nea 到（捕捉齿轮主视图上部圆角上一点）

　　指定下一点：（拖动鼠标，在适当位置处单击）

　　指定下一点或［注释（A）/格式（F）/放弃（U）］＜注释＞：＜正交开＞（打开正交功能，向右拖动鼠标，在适当位置处单击）

　　指定下一点或［注释（A）/格式（F）/放弃（U）］＜注释＞：↙

　　输入注释文字的第一行或＜选项＞：R1↙

　　输入注释文字的下一行：↙

　　命令：↙（继续引线标注）

　　指定引线起点：_ nea 到（捕捉齿轮主视图上部右端圆角上一点）

　　指定下一点：（利用对象追踪功能，捕捉上一个引线标注的端点，拖动鼠标，在适当位置处单击鼠标左键）

　　指定下一点或［注释（A）/格式（F）/放弃（U）］＜注释＞：（捕捉上一个引线标注的端点）

　　指定下一点或［注释（A）/格式（F）/放弃（U）］＜注释＞：↙

　　输入注释文字的第一行或＜选项＞：↙

　　输入注释选项 [公差 (T)/副本 (C)/块 (B)/无 (N)/多行文字 (M)] ＜
多行文字＞：N✓（无注释的引线标注）

　　(6) 用"引线"命令标注齿轮主视图的倒角。

　　(7) 用"线性标注"命令与"直径标注"命令标注齿轮局部视图中的尺寸，
在标注公差的过程中，同样要先设置替代尺寸样式，在替代样式中逐个设置
公差。

# 7.6　快速标注尺寸

## 1. 格式

　　(1) 命令：Qdim。

　　(2) 下拉菜单：标注 (N) 快速标注 (Q)。

　　(3) 工具条：在"标注"工具条中，单击"快速标注"图标按钮。

　　提示：关联标注优先级＝端点

　　选择要标注的几何图形：（选择要标注尺寸的几何体）

　　选择要标注的几何图形：（结束要标注尺寸的几何体选择）

　　指定尺寸线位置或 [连续 (C)/并列 (S)/基线 (B)/坐标 (O)/半径 (R)/
直径 (D)/基准点 (P)/编辑 (E)/设置 (T)] 〈半径〉：（输入选择项）

## 2. 选择项说明

　　(1) "指定尺寸线位置"：确定尺寸线位置。直接确定尺寸位置时，则系统按
测量值对所选择的实体进行快速标注。

　　(2) "C"：创建一系列连续并列尺寸标注方式。

　　(3) "S"：按相交关系创建一系列并列尺寸标注。

　　(4) "B"：创建基线尺寸标注。

　　(5) "O"：创建以基点为标准，标注其他端点相对于基点的相对坐标。

　　(6) "R"：创建半径尺寸标注方式。

　　(7) "D"：创建直径尺寸标注方式。

　　(8) "P"：为基线和坐标标注设置新的基点。

　　(9) "E"：从选择的几何体尺寸标注中添加或删除标注点，即尺寸界线数。
后续提示：指定要删除的标注点或 [添加 (A)/退出 (X)] 〈退出〉：（输入选择
项）

　　1) "指定要删除的标注点 (R)"：直接指定要删除的标注点，减少几何体尺
寸标注中的标注端点数量。

2)"A"：增加几何体尺寸标注中的标注端点数量。

3)"退出"：退出该选项。

# 7.7 编辑尺寸标注

对已存在的尺寸的组成要素进行局部修改，使之更符合有关规定，而不必删除所标注的尺寸对象再重新进行标注。

## 7.7.1 替代已存在的尺寸标注变量

1. 格式

(1) 命令：Qdimoverride。

(2) 下拉菜单：标注（N）→替代（V）。

提示：输入要替代的标注变量名或［清除替代（C）］：（输入尺寸变量名来指定替代某一尺寸对象，也可输入"C"清除尺寸对象上的任何替代）

## 7.7.2 编辑标注

1. 格式

(1) 命令：Qdimdit。

(2) 下拉菜单：标注（N）对齐文字（X）光标菜单。

(3) 工具条：在"标注"工具条中，单击"编辑标注"图标按钮。

提示：输入标注编辑类型［默认（H)/新建（N)/旋转（R)/倾斜（O)]〈默认〉：（输入选择项）

2. 选择项说明

(1)"H"：文本的默认位置。移动标注文本到默认位置，对应下拉菜单"标注（D)""对齐文字""光标菜单""默认（H)"选项。

(2)"N"：修改尺寸文本。在弹出的"文字格式"窗口中输入新的尺寸文本。

(3)"R"：旋转标注尺寸文本。对应下拉菜单"标注（D)""对齐文字""光标菜单""角度（A)"选项。在命令提示行输入尺寸文本的旋转角度。

(4)"O"：调整线性标注尺寸界线的倾斜角度。对应下拉菜单"标注（D)"、"倾斜（Q)"选项。

### 7.7.3 调整标注文本位置

1. 格式

(1) 命令：Qdimtedit。
(2) 下拉菜单：标注（N）对齐文字（X）光标菜单。
(3) 工具条：在"标注"工具条中，单击"编辑标注文字"图标按钮。
提示：选择标注：（选择一尺寸对象）
指定标注文字的新位置或（左（L）/右（R）/中心（C）/默认（H）/角度（A））：
此时，可以指定一点或输入一选项。如果移动光标到标注文本位置且 Dimsho 为 On，则当拖动光标时尺寸位置自动修改。标注文字的垂直放置设置将控制标注文本出现在尺寸线的上方、下文或中间。

2. 选择项说明

(1)"指定标注文字的新位置"：通过移动光标标注文本新位置。
(2)"L"：沿尺寸线左对齐文本。该选项适用于线性、半径和直径标注。
(3)"R"：沿尺寸线右对齐文本。该选项适用于线性、半径和直径标注。
(4)"C"：把标注文本放在尺寸线的中心。
(5)"H"：将标注文本移至默认位置。
(6)"A"：将标注文本旋转至指定角度。

### 7.7.4 修改尺寸标注文本

1. 格式

(1) 命令：Ddedit。
(2) 下拉菜单：修改（M）对象（O）文字（T）编辑（E）。
提示：选择注释对象或［放弃（U）］：（输入选择项）

2. 选择项说明

(1)"选择注释对象"：拾取尺寸文本对象。当完成尺寸文本的拾取并回车后，弹出的"文字格式"窗口中，可以输入新的尺寸文本。
(2)"U"：放弃最近一次的文本编辑操作。

### 7.7.5 标注更新

1. 格式

(1) 命令：Update。

（2）下拉菜单：标注（N）更新（U）。

（3）工具条：在"标注"工具条中，单击"标注更新"图标按钮。

提示：当前标注样式：［保存（S）/恢复（H）/状态（ST）/变量（V）/应用（A）/?］〈恢复〉：（输入各选择项）

2. 各选择项说明

（1）"S"：将当前尺寸系统变量的设置作为一个尺寸标注样式命名保存。

（2）"R"：用已设置的某一尺寸标注样式作为当前标注尺寸样式。

（3）"ST"：在文本窗口显示当前标注尺寸样式的设置状态。

（4）"V"：选择一个尺寸标注，自动在文本窗口显示有关尺寸样式设置数据。

（5）"A"：将所选择的标注尺寸样式应用到被选择的标注尺寸对象上，即用所选择的标注尺寸样式来替代原有的标注尺寸样式。

（6）"?"：在文本窗口中，显示当前图形中命名的标注尺寸样式的设置数据。

### 7.7.6　分解尺寸组成实体

利用"分解"命令可以分解尺寸组成实体，将其分解为文本、箭头、尺寸线等多个实体。

### 7.7.7　用"特性"对话框修改已标注的尺寸

通过"特性"对话框，对选择的尺寸标注进行样式及属性修改，如图 7-44 所示。

图 7-44　用"特性"对话框
修改标注尺寸

通过该对话框，可以修改尺寸的内容如下：

（1）尺寸的基本特性，包括尺寸颜色、图层、线型、线型比例、线宽和超链接等。

（2）尺寸的其他样式，通过下拉列表框，选择新的尺寸标注样式。

（3）尺寸的文字，包括填充颜色（背景颜色）、文字颜色、文字高度、文字偏移、文字界外对齐、水平放置文字、垂直放置文字、文字样式、文字界内对齐、文字位置 X 坐标、文字位置 Y 坐标、文字旋转、测量单位（即尺寸测量值）和文字替代（替换新尺寸数值）等。

（4）尺寸的调整，包括尺寸线强制、尺寸线内、标注全局比例、调整、文字在内和文字移动等。

（5）尺寸主单位，包括尺寸小数分隔符、标注前缀、标注后缀、标注舍入、标注线性比例标注单位、消去前导零、消去后续零、消去零英尺、消去零英寸和精度等。

（6）尺寸换算单位，包括尺寸启用换算、换算格式、换算圆整、换算比例因子、换算消去前导零、换算消去后续零、换算消去零英尺、换算消去零英寸、换算前缀和换算后缀。

（7）尺寸公差，包括尺寸显示公差、公差下偏差、公差上偏差、水平放置公差、公差精度、公差消去前导零、公差消去后续零、公差消去零英尺、公差消去零英寸、公差文字高度、换算公差精度、换算公差消去前导零、换算公差消去后续零、换算公差消去零英尺、换算公差消去零英寸。

### 7.7.8 编辑修改尺寸右键菜单

当选择一个尺寸标注后，单击鼠标右键，弹出一尺寸编辑修改快捷菜单，如图 7-45 所示。

通过该快捷菜单，完成尺寸的标注文字位置、精度、标注样式及翻转箭头等的编辑修改。

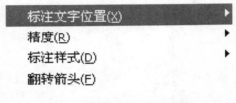

图 7-45　编辑修改快捷菜单

# 7.8　尺寸和形位公差标注

### 7.8.1 尺寸公差标注

尺寸公差是表示测量的距离可以变动的数目的值。尺寸公差的设置是在"新建标注样式"、"修改标注样式"对话框中的"公差"选项卡中。如图 7-46 所示。具体参数如下：

（1）方式：设置计算公差的方法。"无"表示不添加公差，另外，还有以下几种类型（如图 7-47 所示）：

（2）精度：设置小数位数。

（3）上、下偏差：分别设置最大、小公差或上、下偏差。

（4）高度比例：设置公差文字的当前高度。

（5）垂直位置：控制对称公差和极限公差的文字对正。

（6）消零：控制不输出前导零或者后续零以及零英尺和零英寸部分。

### 7.8.2 引线

1. 功能

完成带文字的注释或形位公差标注。

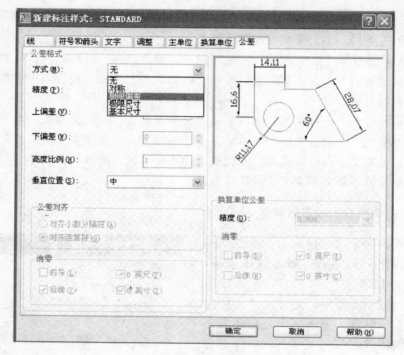

图 7-46  "公差"选项卡设置

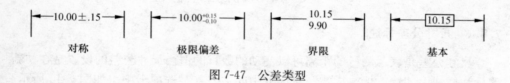

图 7-47  公差类型

2. 格式

命令：LEADER ↙

### 7.8.3  形位公差标注

形位公差表示特征的形状、轮廓、方向、位置和跳动的允许偏差。可以通过特征控制框来添加形位公差，这些框中包含单个标注的所有公差信息。如图 7-48 所示。

1. 功能

标注形位公差。

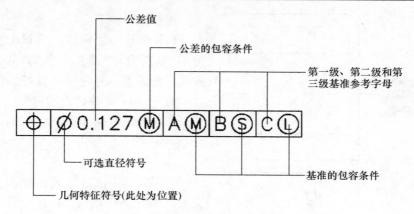

图 7-48 公差标注信息

## 2. 格式

（1）命令：TOLERANGE。

（2）菜单：标注→公差。

（3）工具栏："标注"工具栏。

在对话框中，单击"符号"下面的黑色方块，打开"特征符号"对话框，如图 7-49 所示，通过该对话框可以设置形位公差的代号。

**例 7-10** 使用标注完成如图 7-50 所示的效果。

图 7-49 "特征符号"对话框

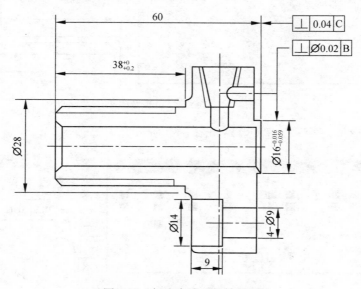

图 7-50 标注完成后的效果图

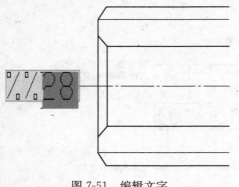

图 7-51　编辑文字

操作步骤如下：

（1）修改标注样式。设置文字高度为 4，精度为 0，箭头大小 2，其他根据需要自行设置。并使用设置好的标注样式，对 60 和 9 标注位置进行标注。

（2）绘制左侧 Φ28 标注。输入如下命令：

命令：_ dimlinear

运用同样方法设置其他标注。编辑文字，如图 7-51 所示。

添加尺寸公差。在"标注样式管理器"中选择当前标注样式，单击"替代"，弹出"替代当前样式"对话框，在该对话框中设置参数如图 7-52 所示。

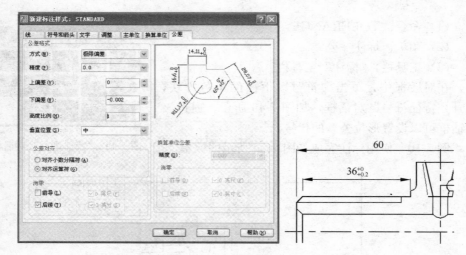

图 7-52　"公差"设置及效果

（1）"形位公差"设置、效果如图 7-53 所示。

图 7-53　"形位公差"设置及效果

（2）最终效果如图 7-54 所示。

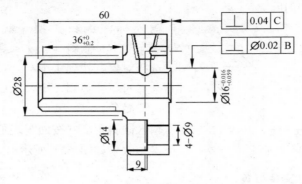

图 7-54　最终效果图

# 7.9　修改尺寸标注

## 7.9.1　修改尺寸标注

1. 功能

用于修改选定标注对象的文字位置、文字内容和倾斜尺寸线。

2. 格式

（1）工具栏："标注"工具栏。

（2）命令：DIMEDIT。

输入标注编辑类型［默认（H）/新建（N）/旋转（R）/倾斜（O）］＜默认＞：

选项说明：

（1）默认（H）：使标注文字放回到默认位置。

（2）新建（N）：修改标注文字内容。

（3）旋转（R）：使标注文字旋转一角度。

（4）倾斜（O）：使尺寸线倾斜，与此相对应的菜单为"标注"下拉菜单的"倾斜"命令。

**例 7-11**　使用修改尺寸标注命令，使矩形长宽标注倾斜 45 度。

操作步骤如下：

1. 使用线性标注矩形的长和宽，如图 7-55所示。

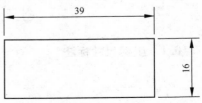

图 7-55　线性标注矩形

2. 输入如下命令：

命令：_ dimedit ↙

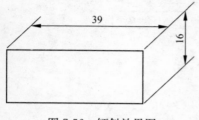

图 7-56　倾斜效果图

输入标注编辑类型［默认（H）/新建（N）/旋转（R）/倾斜（O）］＜默认＞：O

选择对象：找到 1 个

选择对象：找到 1 个，总计 2 个

选择对象：↙

输入倾斜角度（按回车表示无）：45 ↙

得到效果如图 7-56 所示。

### 7.9.2　修改尺寸文字位置

1. 功能

用户移动或旋转标注文字，可动态拖动文字。

2. 格式

（1）命令：DIMTEDIT。

（2）菜单：标注→对齐文字。

（3）工具栏："标注"工具栏。

参数说明：

（1）左：沿尺寸线左对正标注文字。本选项只适用于线性、直径和半径标注。

（2）右：沿尺寸线右对正标注文字。本选项只适用于线性、直径和半径标注。

（3）中心：将标注文字放在尺寸线的中间。

（4）默认：将标注文字移回默认位置。

（5）角度：修改标注文字的角度。

文字位置调整（见图 7-57）：

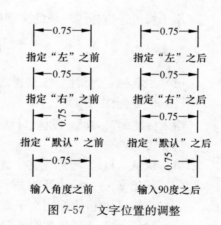

图 7-57　文字位置的调整

# 7.10　坐标尺寸标注和圆心标记

### 7.10.1　坐标尺寸标注

1. 格式

（1）命令：Dimordinate。

（2）下拉菜单：标注（N）坐标（O）。

（3）工具条：在"标注"工具条中，单击"坐标标注"图标按钮。

提示：选择坐标：（选择坐标对象）

指定点坐标：

指定引线端点或 ［X 基准 （X)/Y 基准 （Y)/多行文字 （M)/文字 （T)/角度（A)］:

标注文字＝X X X（测量尺寸）

2. 选择项说明

（1）指定引线端点：根据给出两点的坐标差生成坐标尺寸，如果 X<Y 则标注 Y 坐标，反之亦然。

（2）"X"标注 X 坐标。

（3）"Y"标注 Y 坐标。

（4）"M"输入多行尺寸文本。

（5）"T"可以在引线后标注文本。

（6）"A"表示输入文本转角，产生一个标注文本与水平线呈一定角度的尺寸标注。

## 7.10.2　圆心标记

1. 格式

（1）命令：Dimcenter。

（2）下拉菜单：标注（N）圆心标记（C）。

（3）工具条：在"标注"工具条中，单击"圆心标记"图标按钮。

提示：选择圆弧或圆：（选择圆弧或圆对象）

2. 说明

圆心标记可以是过圆心的十字标记，也可以是过圆心的中心线。它是通过系统变量 Simcen 的设置来进行控制，当该变量值大于 0 时，做圆心十字标记，且该值是圆心标记的长度的一半；当变量值小于 0 时，画中心线，且该值是圆心处小十字长度的一半。

## 7.10.3　折弯半径标注

1. 格式

（1）命令：Dimjogged。

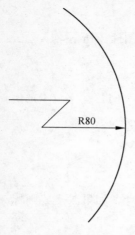

图 7-58　折弯尺寸标注

（2）下拉菜单：标注（N）→折弯（J）。

（3）工具条：在"标注"工具条中，单击"折弯标注"图标按钮 。

提示：选择圆弧或圆：（选择圆或圆弧）

指定中心位置替代：（指定中心替代位置）；

标注文字＝ＸＸＸ（测量尺寸）

指定尺寸线位置或［多行文字（M）/文字（T）/角度（A）］：

当直接确定尺寸线的位置时，系统按测量值标注出半径及半径符号。另外，还可以用"多行文字（M）"、"文字（T）"、"角度（A）"选项，输入标注的尺寸数值及尺寸数值的倾斜角度，当重新输入尺寸值时，应输入前缀"R"。

折弯尺寸标注样例，如图 7-58 所示。

### 7.10.4　折弯线性标注

1. 格式

（1）命令：DIMJOGLINE。

（2）下拉菜单：标注（N）→折弯线性（J）。

（3）工具条：在"标注"工具条中，单击"折弯标注"图标按钮 。

提示：选择直线：（选择直线）

使用"折弯线性"命令可以将折弯线添加到线性标注。折弯线用于表示不显示实际测量值的标注值。通常，标注的实际测量值小于显示的值。

命令：_ DIMJOGLINE

选择要添加折弯的标注或［删除（R）］：如图 7-59（a）所示，选择标注文字的尺寸线。

指定折弯位置（或按回车键）：在标注文字位置的尺寸线的适当处单击一下，如图 7-59（b）所示。

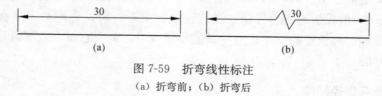

(a)　　　　　　　　　　(b)

图 7-59　折弯线性标注
(a) 折弯前；(b) 折弯后

### 7.10.5　检验

检验标注使用户可以有效地传达检查所制造的部件的频率，以确保标注值和部件公差位于指定范围内。将必须符合指定公差或标注值的部件安装在最终装配的产品中之前使用这些部件时，可以使用检验标注指定测试部件的频率。可以将检验标注添加到任何类型的标注对象；检验标注由边框和文字值组成。检验标注的边框由两条平行线组成，末端呈圆形或方形。文字值用垂直线隔开。检验标注最多可以包含三种不同的信息字段：检验标签、标注值和检验率。

1. 功能

选择标注：选择要检验的标注对象。

形状：末端呈圆形、尖角或无。

标签：用来标识各检验标注的文字。该标签位于检验标注的最左侧部分。

检验率：用于传达应检验标注值的频率，以百分比表示。检验率位于检验标注的最右侧部分。

2. 格式

(1) 命令：DIMINSPECT。

(2) 下拉菜单：标注（N)→检验（I）。

(3) 工具条：在"标注"工具条中，单击"检验"图标按钮。

3. 操作步骤

(1) 依次单击标注（N）菜单→检验（I）或在命令提示下，输入 DIMIN-SPECT，弹出如图 7-60 所示的对话框。

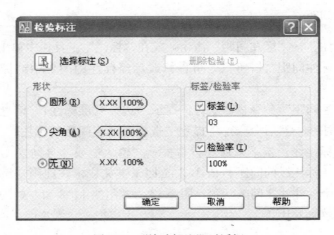

图 7-60 "检验标注"对话框

(2) 在"检验标注"对话框中，单击"选择标注"。"检验标注"对话框将关闭。将提示用户选择标注。

（3）选择要使之成为检验标注的标注。按回车键返回该对话框。

（4）在"造型"部分中，指定线框类型。

（5）在"标签/检验率"部分中，指定所需的选项。选择"标签"复选框，然后在文本框中输入所需的标签。选择"检验率"复选框，然后在文本框中输入所需的检验率。

（6）单击"确定"。如图 7-61（a）所示，可对其进行检验，效果如图 7-61（b）所示。

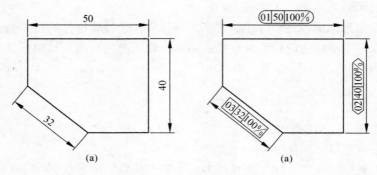

图 7-61   检验标注

# 7.11   标注间距和标注打断

## 7.11.1   标注间距

选择"标注"→"标注间距"命令，或在"标注"工具栏中单击"标注"工具栏中单击"标注间距"按钮，可以修改已经标注的图形中的标注线的位置间距大小。

选择"标注间距"命令，命令行将提示"选择基准标注："信息，在图形中选择第一个标注线；然后命令行将提示"选择要产生间距的标注："信息，这时再选择第二个标注线；接下来命令行将提示"输入值或［自动（A），〈自动〉：信息，这里输入标注线的间距数值 10，按回车键完成标注间距。该命令可以选择连续设置多个标注线之间的间距。图 7-62 为左图的 1、2 和 3 处的标注线设置标注间距后的效果对比。

## 7.11.2   标注打断

选择"标注"→"标注打断"命令，或在"标注"工具栏中单击"标注打

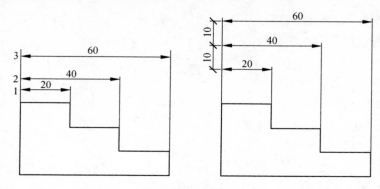

图 7-62 标注间距

断"按钮 ┼,可以在标注线和图形之间产生一个隔断。

选择"标注打断"命令,命令行将提示"选择标注或 [多个(M)]:"信息,在图形中选择需要打断的标注线;然后命令行将提示"选择要打断标注的对象或 [自动(A)/恢复(R)/手动(M)] <自动>:"信息,这时选择该标注对应的线段,按回车键完成标注打断。图 7-63(b)所示为 1,2 处的标注线设置标注打断后的效果对比;图 7-63(c)所示为 3,4 处的标注线设置标注打断后的效果对比。将(b)图或(c)图修复后均可得到(a)图的效果。

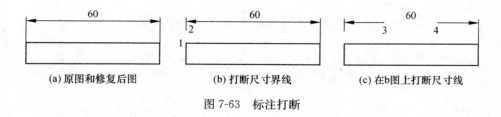

    (a)原图和修复后图          (b)打断尺寸界线          (c)在b图上打断尺寸线

图 7-63 标注打断

# 本 章 小 结

本章具体内容包括:

(1)尺寸标注的规则、组成元素和类型。

(2)创建尺寸标注的基本步骤。

(3)线性、对齐、弧长、基线和连续标注的方法。

(4)半径、直径、折弯标注的方法及检验标注。

(5)角度和引线标注的方法。

(6)形位公差的标注方法。

(7)编辑标注对象的方法。

（8）坐标尺寸标注和圆心标记。

（9）标注间距和标注打断。

# 习 题 七

## 一、问答题

1. 在尺寸标注中，尺寸有哪几部分组成？

2. 如何进行形位公差的标注？

3. 形位公差的"包容条件"的含义什么？

4. 如何设置"标注样式"？

5. 在尺寸标注中，有哪几种常见的类型，各有什么特点？

6. 尺寸标注编辑，有何意义？常见的尺寸编辑有哪些方法？如何使用？

7. "引线"标注有什么意义？

8. 形位公差有哪几个包容条件？它们的含义是什么？

## 二、填空题

1. "新建标注样式"对话框包括_____、_____、_____、_____、_____、_____选项卡。

2. 在中文版 AutoCAD 2008 中，除了可以创建用于所有尺寸标注外的标注样式外，还可以为创建特定对象的专用标注样式，如_____、_____、_____、_____、_____等。

3. 在中文版 AutoCAD 2008 中，用于标注直线尺寸的标注类型有_____、_____、_____、_____。

4. 如果要创建成组的基线、连续和坐标标注，可使用 AutoCAD 的_____功能。

5. 在中文版 AutoCAD 2008 中，可以使用尺寸变量_____设置所标注的尺寸是否为关联标注。当前变量值为_____，表示尺寸与被标注的对象有关联关系。

6. 在中文版 AutoCAD 2008 中，所有的标注命令都位于_____下拉菜单下。

7. "引线设置"对话框包括_____、_____、_____选项卡。

## 三、作图题

1. 使用标注完成如题图 7-1 所示的效果。

2. 如题图 7-2 所示。对所有线段进行标注。

3. 如题图 7-3 所示，标注该图形。

4. 如题图 7-4 所示，标注该图形。

5. 绘制如题图 7-5 所示的三视图。

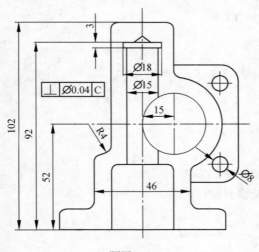

题图 7-1

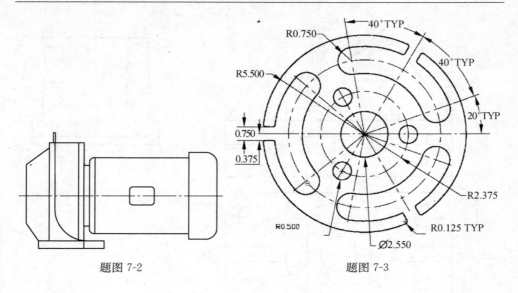

题图 7-2

题图 7-3

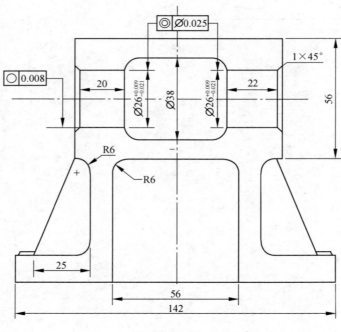

题图 7-4

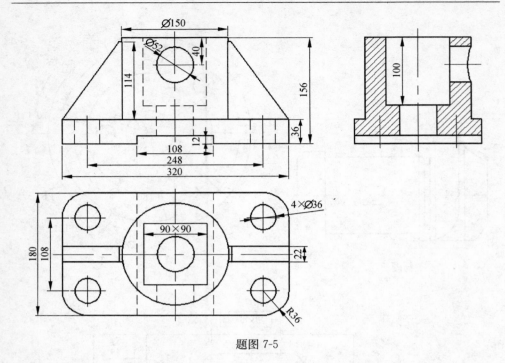

题图 7-5

# 第 8 章　三维绘图基础

在工程绘图中，常常需要绘制三维（3D）图形或实体造型。AutoCAD 系统也提供了较为完善的三维（3D）立体表达能力，合理运用其三维功能，可以准确地表达设计思想，提高设计效率，使读图人员能快速而准确地理解图样的设计意图。

**一、AutoCAD 系统的三维模型的类型及特点**

（1）线框模型：由三维线对三维实体轮廓进行描述。属于三维模型中最简单的一种。它没有面和体的特征，是由描述实体边框的点、直线和曲线所组成。绘制线框模型时，是通过三维绘图的方法在三维空间建立线框模型，只需切换视图即可。线框模型显示速度快，但不能进行消隐、着色或渲染等操作。

（2）表面模型：由三维实体构成。它不仅定义了三维实体的边界，而且还定义了它的表面，因而具有面的特征。可以先生成线框模型，将其作为骨架在上面附加表面。表面模型可以消隐（Hide）、着色（Shade）和渲染（Render）。但表面模型是空心结构，在反映内部结构方面存在不足。

（3）实体模型：由三维实体造型（Solids）构成。它具有实体的特性。可以对它进行钻孔、挖槽、倒角以及布尔运算等操作，还可以计算实体模型的质量、体积、重心、惯性矩，还可以进行强度、稳定性及有限元的分析，并且能够将构成的实体模型的数据转换成 NC（数控加工）代码等。无论在表现形体形状还是内部结构方面，都具有强大的功能，还能表达物体的物理特征及数据生成。

**二、AutoCAD 系统的主要三维功能**

（1）设置三维绘图环境：在世界坐标系（WCS）内，设置任意多个用户坐标系（UCS）、坐标系图标控制、基面设置。

（2）三维图形显示功能：可以用视点（Vpoint）、三维动态轨道（3Dorbit）、透视图（Dview）、消隐（Hide）、着色（Shade）、渲染（Render）等方式显示三维形体。

（3）三维绘图及实体造型功能：提供了绘制三维点、线、面、三维多义线、三维网格面、基本三维实体及基本三维实体造型等功能。

（4）三维图形编辑：对三维图形在三维空间进行编辑操作，如旋转、镜像、三维多义线、三维网格面及三维实体表面等。

　　在绘制二维图形时，所有的操作都在一个平面上（即 X-Y 平面，也称为构造平面）完成。但在三维绘图（或二维半绘图，即 Z 轴方向只确定物体的高度）时，却经常涉及坐标系原点的移动、坐标系的旋转及作图平面的转换。所以在绘图三维图形时，首先应设置三维绘图环境。因此，三维模型图形绘制时，绘图环境的设置及显示是非常重要的，只有确定合适的三维绘图环境及显示，才能绘制及显示出三维图形。

## 三、三维绘图相关术语

　　在创建三维图形前，应首先了解以下几个术语，如图 8-1 所示。

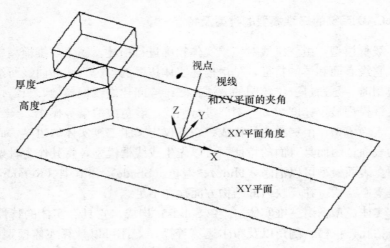

图 8-1　三维绘图术语

　　（1）XY 平面：它是一个平滑的三维面，仅包含 X 轴和 Y 轴，即 Z 坐标为 0。

　　（2）Z 轴：它是三维坐标系的第三轴，它总是垂直于 XY 面。

　　（3）平面视图：以视线与 Z 轴平行所看到的 XY 平面上的视图即为平面视图。

　　（4）高度：Z 轴坐标值。

　　（5）厚度：指三维实体沿 Z 轴测量的长度。

　　（6）相机位置：若假定用照相机作比喻，观察三维图形，照相机的位置相当于视点。

　　（7）目标点：通过照相机看某物体时，聚集到一个清晰点上，该点就是所谓的目标点。在 AutoCAD 中，坐标系原点即为目标点。

　　（8）视线：假想的线，它把相机位置与目标点连接起来。

　　（9）与 XY 平面的夹角：即视线与其在 XY 平面的投影线之间的夹角。

　　（10）XY 平面角度：即视线在 XY 平面的投影线与 X 轴之间的夹角。

# 8.1　三维坐标系

AutoCAD 大部分 2D 命令只能在当前坐标系的 XY 平面或者与 XY 平面平行的平面内使用，如若用户想在空间的某一个平面内使用 2D 命令，则应该先在此平面上创建新的 UCS。

## 8.1.1　用户坐标系

1. 功能

设置新用户坐标系、管理已建立的用户坐标系。

2. 格式

（1）命令：UCS。

通过输入命令提示完成 UCS 设置。

指定 UCS 的原点或［面（F）/命名（NA）/对象（OB）/上一个（P）/视图（V）/世界（W）/X/Y/Z/Z 轴（ZA）］＜世界＞：

需要输入相应指令才出现的应用如下：

1）指定 UCS 的原点或［面（F）/命名（NA）/对象（OB）/上一个（P）/视图（V）/世界（W）/X/Y/Z/Z 轴（ZA）］＜世界＞：N

指定新 UCS 的原点或［Z 轴（ZA）/三点（3）/对象（OB）/面（F）/视图（V）/X/Y/Z］＜0，0，0＞：

2）指定 UCS 的原点或［面（F）/命名（NA）/对象（OB）/上一个（P）/视图（V）/世界（W）/X/Y/Z/Z 轴（ZA）］＜世界＞：M

指定新原点或［Z 向深度（Z）］＜0，0，0＞：

3）指定 UCS 的原点或［面（F）/命名（NA）/对象（OB）/上一个（P）/视图（V）/世界（W）/X/Y/Z/Z 轴（ZA）］＜世界＞：G

输入选项［俯视（T）/仰视（B）/主视（F）/后视（BA）/左视（L）/右视（R）］＜俯视＞：

4）指定 UCS 的原点或［面（F）/命名（NA）/对象（OB）/上一个（P）/视图（V）/世界（W）/X/Y/Z/Z 轴（ZA）］＜世界＞：R

输入要恢复的 UCS 名称或［?］：

5）指定 UCS 的原点或［面（F）/命名（NA）/对象（OB）/上一个（P）/视图（V）/世界（W）/X/Y/Z/Z 轴（ZA）］＜世界＞：S

输入保存当前 UCS 的名称或［?］：

6）指定 UCS 的原点或［面（F）/命名（NA）/对象（OB）/上一个（P）/视图（V）/世界（W）/X/Y/Z/Z 轴（ZA）］＜世界＞：D

输入要删除的 UCS 名称＜无＞：

7）指定 UCS 的原点或［面（F）/命名（NA）/对象（OB）/上一个（P）/视图（V）/世界（W）/X/Y/Z/Z 轴（ZA）］＜世界＞：A

拾取要应用当前 UCS 的视口或［所有（A）］＜当前＞：

各选项说明如下：

1）"N"（新建），创建新的用户坐标系。后续提示：

指定新 UCS 的原点或［Z 轴（ZA）/三点（3）/对象（OB）/面（F）/视图（V）/X/Y/Z］〈0，0，0〉：（输入选项）

① "指定新原点"，通过移动当前 UCS 的原点，保持其 X、Y 和 Z 轴方向不变，从而定义新的 UCS，后续提示：

指定新原点〈0，0，0〉：（指定点）

相对于当前 UCS 的原点指定新原点。如果不给原点指定 Z 坐标值，此选项将使用当前标高。

② "ZA"，通过选择新坐标系原点和 Z 轴正向上一点确定新的用户坐标系。在确定了 Z 上一点后，系统会根据右手定则，相应地确定新坐标系 X 和 Y 轴。后续提示：

指定新原点〈0，0，0〉：（指定新 UCS 的原点位置）

在正 Z 轴范围上指定点〈当前〉：（指定新 UCS 的 Z 轴正向上的一点）

③ "3"，通过指定点新 UCS 原点及其 X 和 Y 轴的正方向上的一点，确定用户坐标系，Z 轴由右手定则确定。后续提示：

指定新原点〈0，0，0〉：（输入新 UCS 的 X 轴正方向上的一点，即点 1）

在正 X 轴范围上指定点〈当前〉：（输入新 UCS 的 X 轴正方向上的一点，即点 2）

在 UCS 的 XY 平面的正 Y 轴范围上指定点〈当前〉：（输入新 UCS 的正 Y 轴方向上的一点，即点 3）

④ "OB"，根据选定三维实体对象定义新的坐标系。新用户坐标系与所选实体对象具有相同的 Z 轴方向。后续提示：

选择对齐 UCS 的对象：（选择对象）。

不能使用三维实体、三维多线段、三维网格、视口、多线、面域、样条曲线、椭圆、射线、构造线、引线、多行文字等定义新的 UCS 对象。对于非三维面的对象，新 UCS 的 XY 平面与当绘制该对象的 XY 平面平行，但 X 和 Y 轴可作不同的旋转，用实体对象创建新 UCS 的定义规则，如表 8-1 所列。

**表 8-1 实体对象创建新 UCS 的定义规则**

| 实体对象 | 确定新 UCS 的规则 |
|---|---|
| 圆弧 | 圆弧的圆心成为新 UCS 的原点。X 轴通过距离选择点最近的圆弧端点 |
| 圆 | 圆的圆心成为新 UCS 的原点。X 轴通过选择点 |
| 标注 | 标注文字的中点成为新 UCS 的原点。新 X 轴的方向平行于当绘制该标注时生效的 UCS 的 X 轴 |
| 直线 | 离选择点最近的端点成为新 UCS 的原点。AutoCAD 选择新的 X 轴使该直线位于 UCS 的 XZ 平面上。该直线的第二个端点在新坐标系中 Y 坐标为零 |
| 点 | 该点成为新 UCS 的原点 |
| 二维多线段 | 多段线的起点成为新 UCS 的原点。X 轴沿从起点到下一顶点的线段延伸 |
| 实体填充 | 二维实体填充的第一点确定新 UCS 的原点。新 X 轴沿前两点之间的连线方向 |
| 宽线 | 宽线的"起点"成为新 UCS 的原点，X 轴沿宽线的中心线方向 |
| 三维面 | 取第一点作为新 UCS 的原点，X 轴沿前两点的连线方向，Y 的正方向取自第一点和第四点。Z 轴由右手定则确定 |
| 形、块参照、属性定义、外部引用 | 该对象的插入点成为新 UCS 的原点，新 X 轴由对象绕其拉伸方向旋转定义。用于建立新 UCS 的对象在新 UCS 中的旋转角度为零 |

⑤ "F"，通过指定三维实体的一个面来定义一个新 UCS。新的 UCS 与所选取面具有相同的 XOY 平面，所选面离选取点最近的边缘线定义为 X 轴，它离选取点近的端点为新 UCS 的原点。选取点所在该面上的方向为 Z 轴正方。后续提示：

选择实体对象的面：（选择实体对象的面）

输入选项［下一个（N）/X 轴反向（X）/Y 轴反向（Y）〈接受〉：（输入选择项）

"下一个（N）"，将 UCS 定位于邻接的面或选定边的后向面；"X 轴反向（X）"，将 UCS 绕 X 轴旋转 180 度；"Y 轴反向（Y）"，将 UCS 绕 Y 轴旋转 180度；如果按回车键，则接受该位置。否则将重复出现上面提示，直到接受位置为止。

⑥ "V"，通过视图定义的一个新的 UCS，它的 XY 平面与当前观察方向垂直，原点位置保持不变。

⑦X/Y/Z，绕指定的 X、Y、Z 轴按输入角度旋转来确定新的 UCS。后续提示：

指定绕 n 轴的旋转角度〈0〉：（指定角度）

在提示中 n 代表 X、Y 或 Z。输入正或负的角度以旋转 UCS。AutoCAD 用右手定则来确定绕该轴旋转的正方向。

2）"M"（移动），通过移动当前 UCS 的原点或修改其 Z 轴深度来重新定义 UCS，但保留其 XY 平面的方向不变。修改 Z 轴深度将使 UCS 相对于当前原点沿自身 Z 轴的正方向或负方向移动，后续提示：

指定新原点或 Z 向深度（Z）〈0，0，0〉：（指定或输入 Z 坐标值）

3）"G"（正交），指定 AutoCAD 提供的六个正交 UCS 之一。这些 UCS 设置通常用于查看和编辑三维模型。后续提示：

输入选项［俯视（T）/仰视（B）主视（F）/后视（BA）/左视（L）/右视（R）］〈当前〉：（输入选项）

默认情况下，正交 UCS 设置将相对于世界坐标系（WCS）的原点和方向确定当前 UCS 的方向。Ucsbase 系统变量控制 UCS，此 UCS 是正交设置的基础。使用 UCS 命令的"移动"（M）选项可以修改正交 UCS 设置中的原点或 Z 向深度。系统提供的六种正交模式的 UCS 为上（Top）、下（Bottom）\ 前（Front）、后（Back）、左（Left）和右（Right）。

4）"P"（上一个），返回上一个 UCS 坐标系。最多可恢复 10 次 UCS。

5）"R" 恢复，恢复一个已命名保存的 UCS 坐标系。后续提示：

输入要恢复的 UCS 名称或［?］：（可以输入一个存储过的 UCS 名称，也可以输入"?"，"以查询已有的 UCS 名称）

6）"S"（保存），将当前新设置的 UCS，确定一个名字并存储。后续提示：

输入保存当前 UCS 的名称或［?］：（输入 UCS 名或"?"查询已有的 UCS 名）

7）"D"（删除），在已存储的 UCS 中删除指定的 UCS。后续提示：

输入要删除的 UCS 名称〈无〉：（删除输入一个已存储的 UCS 名称，也可用通配符或一系列由逗号隔开的 UCS 名称删除多个 UCS）

8）"A"（应用），系统允许在每个视口中定义独立的 UCS。该选项可以把当前 UCS 设置应用于所指定的特殊视口或图形中的所有激活视口中，后续提示：

拾取要应用当前 UCS 的视口或［所有（A）］〈当前〉：（单击视口内部指定视口、输入 A 或按回车键）

9）"W"（世界），设置用户坐标系为 WCS。为 UCS 命令的默认选项。

10）"?"（列表），可以列出指定 UCS 的列表。该选项可给出相对于现有 UCS 的所有坐标系统的名称、原点和 X、Y、Z 轴。如果当前 UCS 没有名称，则它以 World 或 Unnamed 列出。在这两个名称之间的选择取决于当前 UCS 是否与 WCS 相同。

（2）下拉菜单：通过下拉菜单 UCS 完成。

1）下拉菜单，工具（T）→命名 UCS（U）。

2）下拉菜单，工具（T）→新建 UCS（W）→光标菜单，如图 8-2 所示。

（3）UCS 工具条：通过 UCS 工具条完成 UCS 设置，如图 8-3 所示。

（4）UCSⅡ工具条：通过 UCSⅡ工具条 UCS 设置。如图 8-4 所示。

**例 8-1** 如图 8-5（a）所示，已知一长方体的一个顶点上有一个半径为 16 的圆，请在该立方体的另外两个顶点 B 和 C 点处分别画两个 16 的圆，并使这三个圆互相垂直，如图 8-5（b）所示。

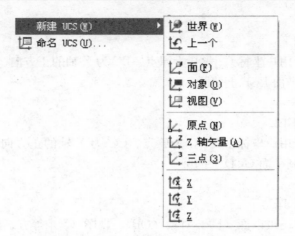

图 8-2　"新建 UCS"光标菜单

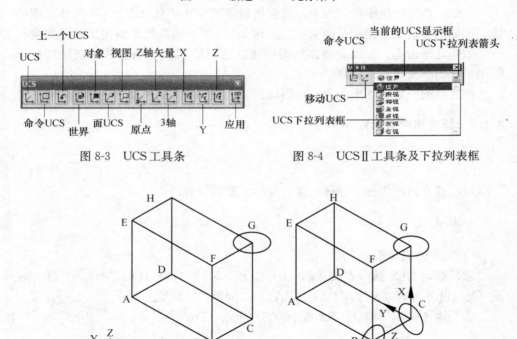

图 8-3　UCS 工具条　　　　　　　图 8-4　UCS Ⅱ 工具条及下拉列表框

图 8-5　绘制空间圆

**分析**：绘制整圆命令 CIRCLE 是一个 2D 命令，只能在当前坐标系的 XY 平面或者与 XY 平面平行的平面内使用，如果用户直接选择 B、C 两点画圆，只能画出与 G 点相同的圆，不符合要求。所以只能先使用 UCS 命令，建立适当的用户坐标系。

操作步骤如下：

（1）建立新用户坐标系 1（B 为原点、BC 为 X 轴的正方向、BF 为 Y 轴的正方向），并绘制平面 BCF 上的圆：

命令：UCS

命令：CIRCLE

（2）建立新用户坐标系 2（C 为原点、CG 为 X 轴的正方向、CD 为 Y 轴的正方向），并绘制平面 GCD 上的圆：

命令：UCS

命令：CIRCLE

注意：用户还可以面（F）、对象（OB）、视图（V）等方式建立新 UCS，也可通过对已有的 UCS 进行编辑，如旋转坐标轴等方式建立不同的 UCS。

小结：在三维绘图的过程中经常会遇到需要在立体各个表面进行 2D 绘图的情况，如果在这些不同的平面上直接进行 2D 绘图，通常所绘制出来的图素都在一个相同的平面上。如果能够根据需要建立适当的 UCS，将会使在三维实体上绘制平面图形变得非常容易。

在复杂的三维绘图里，为了绘图的需要，用户常常需要建立多个 UCS。

### 8.1.2　管理用户坐标系

1. 功能

对已建立用户坐标系进行恢复、保存、删除等管理。

2. 格式

（1）命令：UCS✓

（2）指定 UCS 的原点或 [面（F）/命名（NA）/对象（OB）/上一个（P）/视图（V）/世界（W）/X/Y/Z/Z 轴（ZA）] ＜世界＞：NA✓

（3）输入选项 [恢复（R）/保存（S）/删除（D）/?]：

3. 使用"UCSⅡ"工具栏

在"UCSⅡ"工具栏里，可以通过 UCS 管理对话框方便地管理 UCS（如图 8-6 所示）：

例 8-2　对在例 8-1 中建立的两个 UCS 进行命名，以其 XY 平面所包含的点为新坐标系的名称。命名后重新调用已建的 UCS，分别在其 XY 平面上绘制一矩形和圆形，如图 8-7 所示。

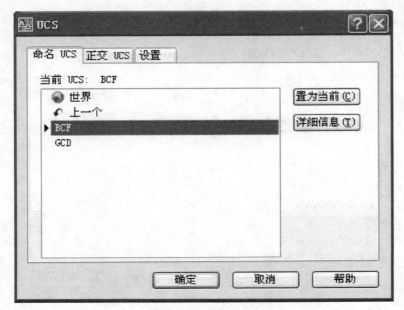

图 8-6　"UCS"界面

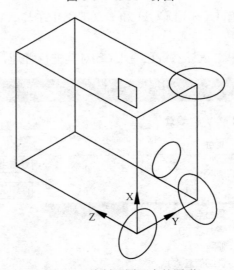

图 8-7　绘制不同面内的图形

　　**分析**：由于需要对已有的两个 UCS 进行命名，因此可以使用"UCSⅡ"工具栏的命令进行命名。

　　操作步骤如下：

　　(1) 命名已有 UCS：单击"UCSⅡ"工具栏 ，系统弹出 UCS 对话框，如图 8-8 所示。

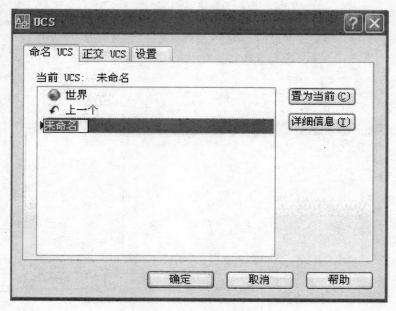

图 8-8　"UCS" 对话框

（2）分别调用已有 UCS：DCGH 和 BCGF，并在其 XY 平面上绘制矩形和圆形。（过程略）

用户还可以通过单击鼠标右键已有 UCS 对其进行管理，如图 8-9 所示。

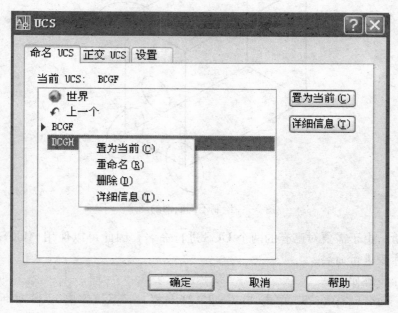

图 8-9　对 UCS 的管理

# 8.2　三维模型观察

绘制三维实体模型的过程中，常常需要从不同的角度不同的方位观察、编辑图素。具有立体感的三维图形将有助于用户快捷、准确地理解实体模型的空间结构。

AutoCAD 提供了多种观察实体模型的方案，用户可以方便地通过对应的命令，从各个不同的角度了解、观察和编辑实体。

## 8.2.1　用标准视点观察三维实体

任何三维实体模型都可以从任意一个方向进行观察，AutoCAD 提供了 10 种标准视点，如图 8-10 所示。通过这些标准视点就能够获得三维实体的 10 种视图，如俯视图、前视图、后视图、仰视图、西南轴测图、东北轴测图等。

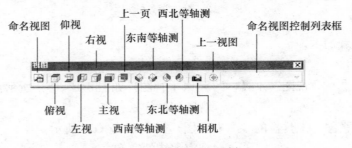

图 8-10　"视图"工具栏

标准视点是相对于某个基准坐标系而言的，基准坐标系不同，即使选择相同视点也会得出不同的视图。用户可以通过"UCS Ⅱ"工具栏设置指定的 UCS 为基准坐标系，从而获得更多的标准视图。标准视点与基准坐标系的位置关系如图 8-11 所示。

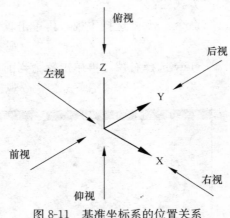

图 8-11　基准坐标系的位置关系

### 1. 功能

选择 10 种标准视点观察从不同的方位观察实体。

### 2. 格式

命令：View

**例 8-3**　如图 8-12（a）所示，通过选择适当的标准视点来观察该实体的长、宽、高，如图 8-12（b）、图 8-12（c）所示。

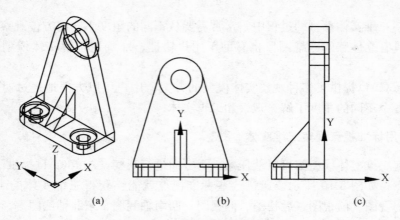

图 8-12　标准视点的观察

操作步骤如下：

方式一：

命令：选择"视图"工具栏的 ▨（主视图）如图 8-12（b）所示：
　　　　　　　　//观察实体的长和高

选择"视图"工具栏的 ▨（右视图）如图 8-12（c）所示：
　　　　　　　　//观察实体的宽和高

方式二：

命令：view 选择主视，再单击置为当前（见图 8-13（a））：
　　　　　　　　//观察实体的长和高

view 选择右视，再单击置为当前（见图 8-13（b））：
　　　　　　　　//观察实体的宽和高

 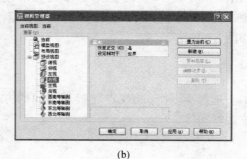

　　　　　　　（a）　　　　　　　　　　　　　　　　（b）

图 8-13　"视图管理器"对话框

### 8.2.2 设置视点

AutoCAD 除了提供 10 种标准视点外，还可以通过输入坐标等方式设置任意的一个点作为视点来从任何一个角度观察实体。AutoCAD 里各轴测视点在基准坐标系的位置矢量分别为：

**一、命令提示行设置三维视点命令**（Vpoint）

1. 功能

用来设置当前视口的视点。视点与坐标原点的连线即为观察方向，每个视口都有自己的视点。此时，AutoCAD 重新生成图形和投影实体，这样看到的就如同在空中看到的一样。Vpoint 命令设置视点的投影为轴测投影图，而不是透视投影图，其投影方向是视点 A（X，Y，Z）与坐标原点 O 的连线。视点只指定方向，不指导定距离，即在 OA 直线及其延长一上选择任意一点作为视点，其投影效果是相同的，一旦使用 Vpoint 命令选择一个视点之后，这个位置一直保持到重新使用 Vpoint 命令改变它为止。

2. 格式

命令：Vpoint↙
提示：指定视点或［旋转（R）］〈显示坐标球和三轴架〉：（输入选择项）
视点的默认值为（0，0，1）即视点位于 XOY 平面上，视线与该平面垂直。因而在未设定三维视点时，所见的视图都为模型的平面视图。在该默认视图中，无法观察三维实体的高度和三维实体的相对空间关系。

3. 选项说明

1）"指定视点"：直接指定视点位置的矢量数据，即 X、Y、Z 坐标值，作为视点。由坐标点到坐标原点的连线为三维视点方向。

2）"R"：用旋转方式视点。通过指定视线与 XOY 平而后夹角和在 XOY 平面中与 X 轴的夹角来生成视图。

3）"显示坐标球和三轴架"：为默认选项，当直接回车后，在屏幕上会产生一个视点罗盘。通过移动罗盘上的光标，三维轴坐标相应旋转，可以动态地设置位置。

其中，罗盘是用二维图像表达三维空间，在罗盘选取点，实际定义了视点在 XOY 平面上的投影与 X 轴的角度和视线到 XOY 平面的角度。

当光标位于罗盘中心时，观察视点位于 XOY 平面上方的 Z 轴上，视线方向与 XOY 平面垂直 90°。

当光标位于罗盘内圈上时，观察点位于 XOY 平面上方非 Z 轴的部分，视线方向与 XOY 平面呈 0°～90°。

当光标位于罗盘内圈上时，观察点位于 XOY 平面上，视线方向与 XOY 平面成 0°角。

当光标位于罗盘内外圈之间时，观察视点位于 XOY 平面下方非 Z 轴的部分，视线方向与 XOY 平面呈 90°～0°。

当光标位于罗盘外圈上时，观察视点位于 XOY 平面下方的 Z 轴上，视线方向与 XOY 平面垂直。

另外，罗盘上水平和垂直的直线代表 XOY 平面内 0°、90°、180°和 270°。相对水平线和垂直线的光标位置决定了视线方向与 X 轴的夹角。

常用视点矢量（视点坐标）设置及对应的视图，如表 8-2 所列。

表 8-2　常用视点矢量（视点坐标）设置及对应的视图

| 视点坐标 | 所显示的视图 | 视点坐标 | 所显示的视图 |
|---|---|---|---|
| 0，0，1 | 顶面（俯视） | −1，−1，−1 | 底面、正面、左面 |
| 0，0，−1 | 底面（仰视） | 1，1，−1 | 底面、背面、右面 |
| 0，−1，0 | 正面（前视） | −1，1，−1 | 底面、背面、左面 |
| 0，1，0 | 背面（后视） | 1，−1，1 | 顶面、正面、左面（东南轴测图） |
| 1，0，0 | 右面（右视） | −1，−1，1 | 顶面、正面、右面（西南轴测图） |
| −1，0，0 | 左面（左视） | 1，1，1 | 顶面、背面、右面（东北轴测图） |
| 1，−1，−1 | 底面、正面、右面 | −1，1，1 | 顶面、背面、左面（西北轴测图） |

**例 8-4**　如图 8-14（a）所示，设置点（1，2，3）为新视点，并对实体进行消隐来观察该实体的结构，结果如图 8-14（b）所示。

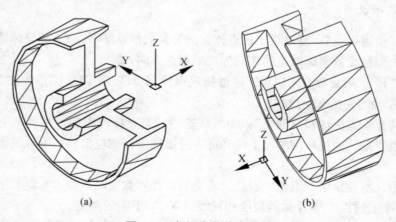

(a)　　　　　　　　　　　　　　(b)

图 8-14　新视点的消隐观察

### 8.2.3　动态观察器

#### 一、受约束的动态观察

1. 功能

定点设备：按 Shift 键并单击鼠标滚轮可进入"三维动态观察"模式。

2. 功能

沿 XY 平面或 Z 轴约束三维动态观察。

3. 格式

命令：3DORBIT。

按 Esc 或回车键退出，或者单击鼠标右键显示快捷菜单。

#### 二、自由动态观察

1. 功能

不参照平面，在任意方向上进行动态观察。沿 XY 平面和 Z 轴进行动态观察时，视点不受约束。

2. 格式

命令：3DFORBIT。

定点设备：按住 Shift ＋ Ctrl 组合键，然后单击鼠标滚轮以暂时进入 3DFORBIT 模式。

按 Esc 或回车键退出，或者单击鼠标右键显示快捷菜单，切换到其他动态观察命令。

#### 三、连续动态观察

1. 功能

使三维实体按某一方向，以一定速率连续地进行转动，方便用户动态观察实体。

2. 格式

命令：3DCORBIT。

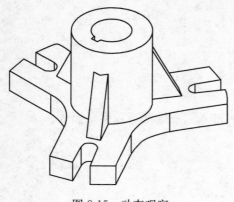

图 8-15　动态观察

定点设备：按住 Shift＋Ctrl 组合键，然后单击鼠标滚轮以暂时进入 3DFOR-BIT 模式。

按 Esc 或回车键退出，或者单击鼠标右键显示快捷菜单，切换到其他动态观察命令。

**例 8-5**　如图 8-15 所示，分别利用受约束的动态观察、自由动态观察和连续动态观察 3 个命令来从多方位观察此实体模型。比较这 3 个命令的异同。

**分析**：这 3 种动态观察命令是有不少区别的，例如与 3DCORBIT 不同，3DFORBIT 不约束沿 XY 轴或 Z 方向的视图变化，而 3DCORBIT 则只需要拖动鼠标一次就可以可以连续、动态地观察实体。

操作步骤如下：

打开"动态观察"工具栏，分别单击 ⊕（受约束的动态观察）、◙（自由动态观察）和 ◙（连续动态观察）3 个快捷方式，从不同的角度来观察此实体。

# 8.3　绘制三维曲面

AutoCAD 提供创建基本三维曲面的快捷方式，用户可以通过使用 3D 命令，设置基本参数就可以方便、快捷地创建常用的基本的三维曲面。用户还可以通过扫掠、放样、旋转等方式创建较复杂的三维曲面。

## 8.3.1　绘制长方体表面

1. 功能

通过指定基本立体的参数，创建三维长方体表面多边形网格。

2. 格式

命令：3D↙

输入选项

［长方体表面（B）/圆锥面（C）/下半球面（DI）/上半球面（DO）/网格（M）/棱锥面（P）/球面（S）/圆环面（T）/楔体表面（W）］：B↙

指定角点给长方体表面：↙

指定长度给长方体表面：指定距离↙

指定长方体表面的宽度或［立方体（C）］：指定距离或输入 C↙

指定高度给长方体表面：指定距离↙

指定长方体表面绕 Z 轴旋转的角度或［参照（R）］：指定角度或输入 r↙

**例 8-6**　创建一个长、宽和高分别为 100，200，300，绕 Z 轴旋转的角度为 0 度的三维长方体表面，结果从西南等轴测视图观察如图 8-16 所示。

操作步骤如下：

命令：3D↙

输入选项

［长方体表面（B）/圆锥面（C）/下半球面（DI）/上半球面（DO）/网格（M）/棱锥面（P）/球面（S）/圆环面（T）/楔体表面（W）］：

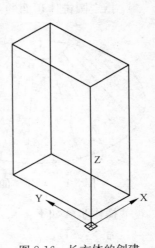

图 8-16　长方体的创建

B↙　　　　　　　　　　　　　　　　　//进入绘制长方体表面模式

指定角点给长方体表面：任选一点↙　　//指定长方体表面角点

指定长度给长方体表面：100↙　　　　//指定长 100

指定长方体表面的宽度或［立方体（C）］：200↙

　　　　　　　　　　　　　　　　　//指定宽 200

指定高度给长方体表面：300↙　　　　//指定高 100

指定长方体表面绕 Z 轴旋转的角度或［参照（R）］：0↙

　　　　　　　　　　　　　　　　　//指定不旋转

## 8.3.2　绘制圆锥面

1. 功能

通过指定基本立体的参数，创建圆锥状多边形网格。

2. 格式

命令：3D

输入选项

［长方体表面（B）/圆锥面（C）/下半球面（DI）/上半球面（DO）/网格（M）/棱锥面（P）/球面（S）/圆环面（T）/楔体表面（W）］：C

指定圆锥体底面的中心点：指定点

指定圆锥体底面的半径或［直径（D）］：指定距离或输入 d

指定圆锥体顶面的半径或［直径（D）］＜0＞：指定距离，输入 d，或按回车键

指定圆锥体的高度：指定距离

输入圆锥体曲面的线段数目＜16＞：输入大于 1 的值或按回车键

**例 8-7** 创建一个圆锥体底面半径为 100，顶面的半径为 30，高度为 70，圆锥体曲面的线段数目为 25 的圆锥体表面。结果从西南等轴测视图观察，如图 8-17 所示。

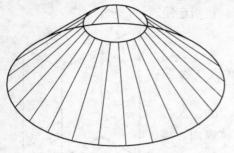

图 8-17　圆锥体的创建

操作步骤如下：

命令：3D ↙

输入选项

［长方体表面（B）/圆锥面（C）/下半球面（DI）/上半球面（DO）/网格（M）/棱锥面（P）/球面（S）/圆环面（T）/楔体表面（W）］：C ↙

指定圆锥体底面的中心点：任意指定一点 ↙

指定圆锥体底面的半径或［直径（D）］：100 ↙

指定圆锥体顶面的半径或［直径（D）］＜0＞：30 ↙

指定圆锥体的高度：70 ↙

输入圆锥体曲面的线段数目＜16＞：25 ↙

### 8.3.3　绘制下半球面

1. 功能

通过指定基本立体的参数，创建球状多边形网格的下半部分。

2. 格式

命令：3D

输入选项

［长方体表面（B）/圆锥面（C）/下半球面（DI）/上半球面（DO）/网格（M）/棱锥面（P）/球面（S）/圆环面（T）/楔体表面（W）］：DI ↙

指定中心点给下半球体：指定点（1）↙

指定下半球体的半径或［直径（D）］：指定距离或输入 d ↙

输入曲面的经线数目给下半球体＜16＞：输入大于 1 的值或按回车键 ↙

输入曲面的纬线数目给下半球体＜8＞：输入大于 1 的值或按回车键 ↙

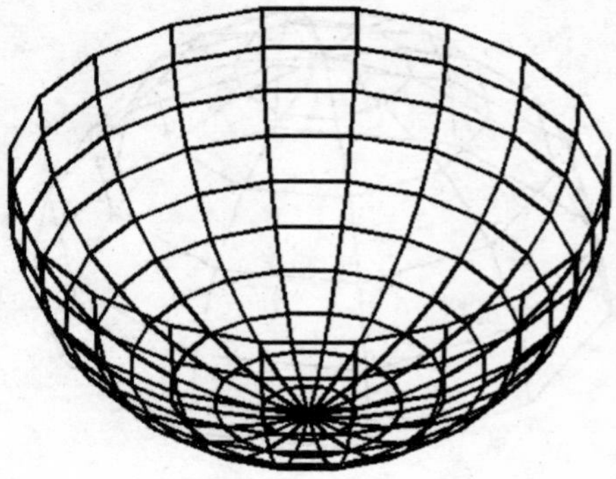

例 8-8　创建一个下半球体的半径为 68，经线数目为 20，纬线数目为 10 的下半球面表面。结果从西南等轴测视图观察，如图 8-18 所示。

操作步骤如下：

命令：3D↙

输入选项

［长方体表面（B）/圆锥面（C）/下半球面（DI）/上半球面（DO）/网格（M）/棱锥面（P）/球面（S）/圆环面（T）/楔体表面（W）］：DI↙

图 8-18　下半球体的创建

　　　　　　　　　　　　//进入绘制下半球面表面模式

指定中心点给下半球体：任意指定一点↙　　//指定下半球体的中心点

指定下半球体的半径或［直径（D）］：68↙　//指定下半球体半径

输入曲面的经线数目给下半球体<16>：20↙//指定下半球体的经线数

输入曲面的纬线数目给下半球体<8>：10↙//指定下半球体的纬线数

## 8.3.4　绘制上半球面

1. 功能

通过指定基本立体的参数，创建球状多边形网格的上半部分。

2. 格式

命令：3D

输入选项

［长方体表面（B）/圆锥面（C）/下半球面（DI）/上半球面（DO）/网格（M）/棱锥面（P）/球面（S）/圆环面（T）/楔体表面（W）］：DO↙

指定中心点给上半球体：指定点（1）↙

指定上半球体的半径或［直径（D）］：指定距离或输入 d↙

输入曲面的经线数目给上半球体<16>：输入大于 1 的值或按回车键↙

输入曲面的纬线数目给上半球体<8>：输入大于 1 的值或按回车键↙

例 8-9　创建一个下半球体的半径为 68，经线数目为 10，纬线数目为 5 的上半球面表面。结果从西南等轴测视图观察，如图 8-19 所示。

操作步骤如下：

命令：3D↙

输入选项

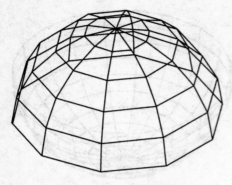

[长方体表面（B）/圆锥面（C）/下半球面（DI）/上半球面（DO）/网格（M）/棱锥面（P）/球面（S）/圆环面（T）/楔体表面（W）]：DO↙

　　　　//进入绘制上半球面表面模式

指定中心点给上半球体：任意指定一点↙　　//指定上半球体的中心点

指定上半球体的半径或［直径（D）]：68↙　　//指定上半球体半径

输入曲面的经线数目给上半球体

　　　　//指定上半球体的经线数

图 8-19　下半球体的创建

<16>：10↙

输入曲面的纬线数目给上半球体<8>：5↙

　　　　//指定上半球体的纬线数

## 8.3.5　绘制网格

### 1. 功能

通过指定 M、N 方向的直线数目，创建平面网格。M 向和 N 向与 XY 平面的 X 和 Y 轴类似。

### 2. 格式

命令：3D
输入选项
[长方体表面（B）/圆锥面（C）/下半球面（DI）/上半球面（DO）/网格（M）/棱锥面·（P）/球面（S）/圆环面（T）/楔体表面（W）] M↙
　　指定网格的第一角点：指定点（1）↙
　　指定网格的第二角点：指定点（2）↙
　　指定网格的第三角点：指定点（3）↙
　　指定网格的第四角点：指定点（4）↙
　　输入 M 方向上的网格数量：输入 2 到 256 之间的值↙
　　输入 N 方向上的网格数量：输入 2 到 256 之间的值↙
　　**例 8-10**　创建四个角点分别为 A（10，10）、B（50，10）、C（10，50）、D（50，50），M、N 方向直线数均为 5 的网格表面。效果从西南等轴测视图观察，如图 8-20 所示。

操作步骤如下：

命令：3D↙

输入选项

［长方体表面（B）/圆锥面（C）/下半球面（DI）/上半球面（DO）/网格（M）/棱锥面（P）/球面（S）/圆环面（T）/楔体表面（W）］：M↙

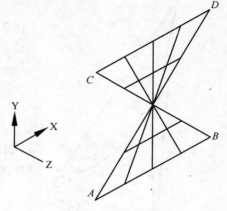

　　　　　　　　//进入绘制网格表面模式

指定网格的第一角点：10，10↙

　　　　　　　　//指定网格 A 点坐标

指定网格的第二角点：50，10↙

　　　　　　　　//指定网格 B 点坐标

图 8-20　网格的创建

指定网格的第三角点：10，50↙　　　　//指定网格 C 点坐标

指定网格的第四角点：50，50↙　　　　//指定网格 D 点坐标

输入 M 方向上的网格数量：5↙　　　　//指定 M 方向上的直线条数

输入 N 方向上的网格数量：5↙　　　　//指定 N 方向上的直线条数

## 8.3.6　绘制棱锥面

### 1. 功能

通过指定角点，创建一个棱锥面或四面体表面。

### 2. 格式

命令：3D

输入选项

［长方体表面（B）/圆锥面（C）/下半球面（DI）/上半球面（DO）/网格（M）/棱锥面（P）/球面（S）/圆环面（T）/楔体表面（W）］：P↙

指定棱锥面底面的第一角点：指定点（1）

指定棱锥面底面的第二角点：指定点（2）

指定棱锥面底面的第三角点：指定点（3）

指定棱锥面底面的第四角点或［四面体（T）］：指定点（4）或输入 t

指定棱锥面的顶点或［棱（R）/顶面（T）］：指定点（5）或输入选项

**例 8-11**　创建一个四面体表面，使它的底面三个角点分别为 A（0，0）、B（50，0）、C（50，50），顶点为 D（20，30，80）。效果从西南等轴测视图观察，如图 8-21 所示。

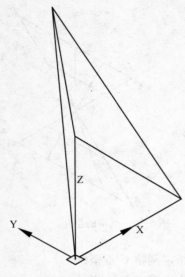

图 8-21　四棱体表面的创建

**提示**：在本例题中，由于需要创建的是四面体表面，故在系统提示输入第四个角点时输入字母 T 进入四面体模式。

操作步骤如下：

命令：3D↙

输入选项

［长方体表面（B）/圆锥面（C）/下半球面（DI）/上半球面（DO）/网格（M）/棱锥面（P）/球面（S）/圆环面（T）/楔体表面（W）］：P↙

指定棱锥面底面的第一角点：0，0↙

指定棱锥面底面的第二角点：50，0↙

指定棱锥面底面的第三角点：50，50↙

指定棱锥面底面的第四角点或［四面体（T）］：t↙

指定四面体表面的顶点或［顶面（T）］：20，30，80↙

### 8.3.7　绘制球面

1. 功能

通过指定球体的中心点和半径，创建球状多边形网格。

2. 格式

命令：3D

输入选项

［长方体表面（B）/圆锥面（C）/下半球面（DI）/上半球面（DO）/网格（M）/棱锥面（P）/球面（S）/圆环面（T）/楔体表面（W）］：S↙

指定中心点给球体：指定点（1）

指定球体的半径或［直径（D）］：指定距离或输入 d

输入曲面的经线数目给球体＜16＞：输入大于 1 的值或按回车键

输入曲面的纬线数目给球体＜16＞：输入大于 1 的值或按回车键

**例 8-12**　创建一个球体，使它的中心点位于 WCS 的坐标原点上，其半径为 88，经线和纬线的数目均为 16。绘制完毕后其效果从西南等轴测视图观察，如图 8-22 所示。

操作步骤如下：

命令：3d

输入选项

[长方体表面（B）/圆锥面（C）/下半球面
（DI）/上半球面（DO）/网格（M）/棱锥面（P）/球
面（S）/圆环面（T）/楔体表面（W）]：s✓

　　指定中心点给球面：0，0，0✓

　　指定球面的半径或 [直径（D）]：88✓

　　输入曲面的经线数目给球面<16>：✓

　　输入曲面的纬线数目给球面<16>：✓

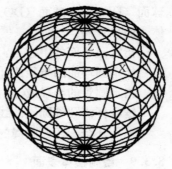

图 8-22　球体的创建

### 8.3.8　绘制圆环面

**1. 功能**

通过指定圆环面的中心点、圆环体的半径和圆管半径，创建与当前 UCS 的
XY 平面平行的圆环状多边形网格。

**2. 格式**

命令：3D

输入选项

[长方体表面（B）/圆锥面（C）/下半球面（DI）/上半球面（DO）/网格
（M）/棱锥面（P）/球面（S）/圆环面（T）/楔体表面（W）]：T✓

　　指定圆环体的中心点：指定点（1）✓

　　指定圆环体的半径或 [直径（D）]：指定距离或输入 d✓

　　指定圆管半径或 [直径（D）]：指定距离或输入 d✓

　　输入环绕圆管圆周的线段数目<16>：输入大于 1 的值或按回车键

　　输入环绕圆环体圆周的线段数目<16>：输入大于 1 的值或按回车键

　　**例 8-13**　创建一个圆环面，使它的中心点位于 WCS 坐标系的 A（10，20，
30）点上，其圆环体的半径为 40，圆管半
径为 5，圆管圆周和圆环体圆周的线段数
目均为 13。绘制完毕后其效果从西南等轴
测视图观察如图所示。

　　操作步骤如下：

　　命令：3d

　　输入选项

　　[长方体表面（B）/圆锥面（C）/下半

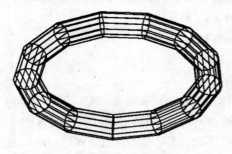

图 8-23　圆环面的创建

球面（DI）/上半球面（DO）/网格（M）/棱锥面（P）/球面（S）/圆环面（T）/楔体表面（W）]：t

指定圆环面的中心点：10，20，30

指定圆环面的半径或［直径（D）］：40

指定圆管的半径或［直径（D）］：5

输入环绕圆管圆周的线段数目<16>：13

输入环绕圆环面圆周的线段数目<16>：13

### 8.3.9　绘制楔体表面

**1. 功能**

通过指定楔体参数，创建一个直角楔状多边形网格，其斜面沿 X 轴方向倾斜。

**2. 格式**

命令：3D
输入选项
［长方体表面（B）/圆锥面（C）/下半球面（DI）/上半球面（DO）/网格（M）/棱锥面（P）/球面（S）/圆环面（T）/楔体表面（W）]：W↙

指定角点给楔体表面：指定点（1）↙

指定长度给楔体表面：指定距离↙

指定楔体表面的宽度：指定距离↙

指定高度给楔体表面：指定距离↙

指定楔体表面绕 Z 轴旋转的角度：指定角度↙

**例 8-14**　创建一个楔体表面，使它的角点位于 WCS 坐标系的坐标原点上，其长、宽和高分别为 100，50 和 150，绕 Z 轴旋转的角度为 0 度。绘制完毕后其效果从西南等轴测视图观察，如图 8-24 所示。

操作步骤如下：

命令：3d
输入选项
［长方体表面（B）/圆锥面（C）/下半球面（DI）/上半球面（DO）/网格（M）/棱锥面（P）/球面（S）/圆环面（T）/楔体表面（W）]：w

指定角点给楔体表面：0，0

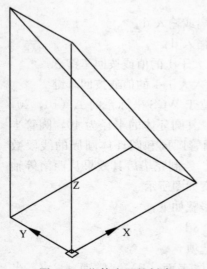

图 8-24　楔体表面的创建

指定长度给楔体表面：100
指定楔体表面的宽度：50
指定高度给楔体表面：150
指定楔体表面绕 Z 轴旋转的角度：0

### 8.3.10　拉伸表面

1. 功能

通过沿指定的方向将对象或平面拉伸出指定距离来创建三维实体或曲面。

注意：如果拉伸曲面、面域等闭合对象，则生成的对象为实体。如果拉伸开放对象、或者不是一体的闭合对象，则生成的对象为曲面。此处将先重点介绍拉伸表面的使用方法。

2. 格式

(1) 命令：extrude ✓
选择要拉伸的对象：✓
指定拉伸的高度或 [方向（D）/路径（P）/倾斜角（T）] ✓
(2) "建模" 工具栏：
(3) "绘图（D）" 菜单：建模（M）→拉伸（X）

3. 选项

(1) 指定拉伸的高度：通过输入数值指定拉伸高度。
(2) 方向（D）：通过指定的两点指定拉伸的长度和方向。
(3) 路径（P）：选择基于指定曲线对象的拉伸路径。
(4) 倾斜角（T）：用于拉伸的倾斜角是两个指定点之间的距离。

例 8-15　如图 8-25（a）所示，利用拉伸表面命令，将圆弧 A 沿着路径圆弧 B 拉伸成如图 8-25（b）所示的曲面。

操作步骤如下：
命令：extrude ✓
选择要拉伸的对象：选择圆弧 A ✓
　　　　　　//指定圆弧 A 为拉伸对象
指定拉伸的高度或 [方向（D）/路径（P）/倾斜角（T）] P ✓
　　　　　　//进入指定路径模式

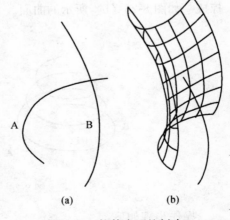

(a)　　　　　(b)

图 8-25　拉伸表面的创建

选择拉伸路径或［倾斜角（T）］：选择圆弧 B↙　 //指定圆弧 B 为拉伸路径

### 8.3.11　扫掠表面

1. 功能

通过沿开放或闭合的二维或三维路径扫掠开放或闭合的平面曲线（轮廓）来创建新实体或曲面。

注意：SWEEP 命令用于沿指定路径以指定轮廓的形状（扫掠对象）绘制实体或曲面。可以扫掠多个对象，但是这些对象必须位于同一平面中。如果沿一条路径扫掠闭合的曲线，则生成实体。此处将先重点介绍扫掠表面的使用方法。

2. 格式

命令：sweep↙
当前线框密度：
选择要扫掠的对象：
选择扫掠路径或［对齐（A）/基点（B）/比例（S）/扭曲（T）］：

3. 选项

选择扫掠路径：通过指定路径扫掠曲面。
对齐（A）：指定是否对齐轮廓以使其作为扫掠路径切向的法向。
基点（B）：指定要扫掠对象的基点。
比例（S）：指定比例因子以进行扫掠操作。
扭曲（T）：设置正被扫掠的对象的扭曲角度。

**例 8-16**　如图 8-26（a）所示，利用扫掠命令，将圆弧 A 沿着路径圆弧 B 扫掠成一如图 8-26（b）所示的曲面。

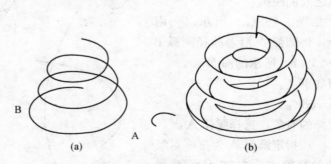

(a)　　　　　　　　　(b)

图 8-26　扫掠曲面的创建

操作步骤如下：

命令：＿sweep

选择要扫掠的对象：选择圆弧 A ✓　　　　//指定扫掠的对象

选择扫掠路径或［对齐（A）/基点（B）/比例（S）/扭曲（T）］：选择曲线 B ✓

　　　　　　　　　　　　　　　　　　　//指定扫掠的对象

### 8.3.12　放样表面

**1. 功能**

通过指定一系列横截面来创建新的实体或曲面。

注意：使用 LOFT 命令时必须指定至少两个横截面。

**2. 格式**

（1）命令：loft

（2）"绘图（D）"菜单：建模（M）→放样（L）

按放样次序选择横截面：

输入选项［引导（G）/路径（P）/仅横截面（C）］＜仅横截面＞：

**3. 选项**

（1）引导（G）：指定控制放样实体或曲面形状的导向曲线。

（2）路径（P）：指定放样实体或曲面的单一路径。

（3）仅横截面（C）：显示"放样设置"对话框。

**例 8-17**　如图 8-27（a）所示，利用放样表面命令，将三段空间线段放样成一曲面，结果如图 8-27（b）所示。

操作步骤如下：

命令：＿loft

按放样次序选择横截面：选择线段 A

　　　　//选择放样横截面 1

按放样次序选择横截面：选择线段 B

　　　　//选择放样横截面 2

按放样次序选择横截面：选择线段 C

　　　　//选择放样横截面 3

输入选项［导向（G）/路径（P）/仅横截面（C）］＜仅横截面＞：✓

选择"确定"按钮（见图 8-28）。

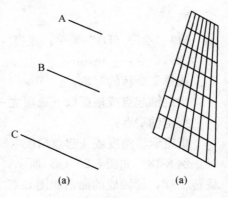

（a）　　　　　　　（a）

图 8-27　放样曲面的创建

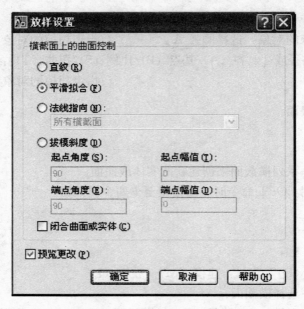

图 8-28　"放样设置"对话框

### 8.3.13　旋转表面

1. 功能

通过绕轴旋转开放或闭合的平面曲线来创建新的实体或曲面。

2. 格式

（1）"绘图（D）"菜单：建模（M）→旋转（R）。

（2）命令：_ revolve。

选择要旋转的对象：

指定轴起点或根据以下选项之一定义轴［对象（O）/X/Y/Z］＜对象＞：

指定轴端点：

指定旋转角度或［起点角度（ST）］＜360＞：

**例 8-18**　如图 8-29（a）所示，利用旋转表面命令，将圆弧 A、B 绕轴线 C 旋转 100°，旋转成的曲面如图 8-29（b）所示。

操作步骤如下：

命令：_ revolve

当前线框密度：ISOLINES＝5

选择要旋转的对象：指定对角点：找到 1 个

选择要旋转的对象：指定对角点：找到 1 个，总计 2 个

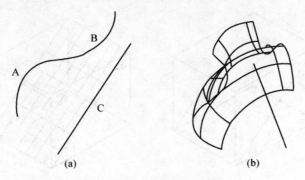

图 8-29　旋转曲面的创建

选择要旋转的对象：

指定轴起点或根据以下选项之一定义轴 ［对象 （O）/X/Y/Z］ ＜对象＞：

指定轴端点：在直线 C 上选两点

指定旋转角度或 ［起点角度 （ST）］ ＜360＞：100

## 8.3.14　平面曲面

**1. 功能**

通过选择构成一个或多个封闭区域的一个或多个对象或者指定矩形的对角点创建平面曲面。

**2. 格式**

命令：Planesurf↙

指定第一个角点或 ［对象 （O）］：

指定其他角点：

**3. 选项**

角点：指定矩形的对角

对象：通过对象选择来创建平面曲面或修剪曲面。可以选择构成封闭区域的一个闭合对象或多个对象。

**例 8-19**　如图 8-30 （a）所示，利用平面曲面命令，分别以 A、B、C、D 为边界创建一平面曲面。生成的平面如图 8-30 （b）所示。

## 8.3.15　直纹网格

**1. 功能**

在两条曲线之间创建直纹网格。

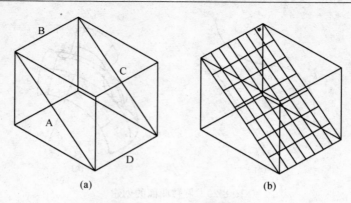

图 8-30　平面曲面的创建

2. 格式

命令：rulesurf ↙

当前线框密度：SURFTAB1＝当前值

选择第一条定义曲线：

选择第二条定义曲线：

**例 8-20**　如图 8-31（a）所示，利用直纹网格命令，使生成的网格如图 8-31（b）所示。

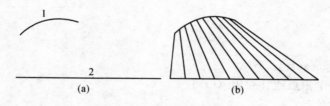

图 8-31　直纹网格的创建

操作步骤如下：

命令：rulesurf

当前线框密度：SURFTAB1＝10

选择第一条定义曲线：　　　　//选择曲线 1

选择第二条定义曲线：　　　　//选择曲线 2

### 8.3.16　平移网格

1. 功能

沿路径曲线和方向矢量创建平移网格。

2. 格式

命令：tabsurf ↙

选择用作轮廓曲线的对象：

选择用作方向矢量的对象：

**例 8-21**　如图 8-32（a）所示，利用平移网格命令，使生成的网格如图 8-32（b）所示。

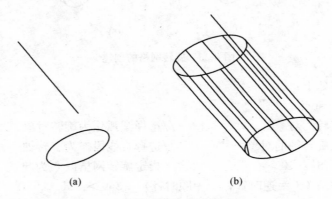

(a)　　　　　　　　　　　(b)

图 8-32　平移网格的创建

操作步骤如下：

命令：tabsurf

选择用作轮廓曲线的对象：　　　//选择椭圆作为轮廓曲线

选择用作方向矢量的对象：　　　//选择直线段作为方向矢量

### 8.3.17　旋转网格

1. 功能

通过将路径曲线或轮廓绕指定的轴旋转创建一个近似于旋转曲面的多边形网格。

2. 格式

命令：revsurf

选择要旋转的对象：

选择定义旋转轴的对象：

**例 8-22**　如图 8-33（a）所示，利用旋转网格命令，使生成的网格如图 8-33（b）所示。

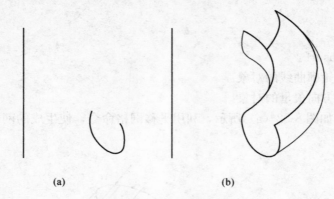

（a）　　　　　　　　　　　　　　（b）

图 8-33　旋转网格的创建

操作步骤如下：

命令：revsurf

选择要旋转的对象：　　　　　　　//选择圆弧作为旋转对象

选择定义旋转轴的对象：　　　　　//选择直线段作为旋转轴

指定起点角度＜0＞：　　　　　　//指定旋转网格以 0°为起点

指定包含角（＋＝逆时针，－＝顺时针）＜360＞：90

　　　　　　　　　　　　　　//指定旋转网格以 90°为终点

## 8.3.18　三维多边形网格

1. 功能

通过定义边界，创建一个多边形网格。

2. 格式

命令：edgesurf↙

选择用作曲面边界的对象 1：

选择用作曲面边界的对象 2：

选择用作曲面边界的对象 3：

选择用作曲面边界的对象 4：

　**例 8-23**　如图 8-34（a）所示，以已有的 4 条曲线为边界创建一三维多边形网格，使生成的网格如图 8-34（b）所示。

操作步骤如下：

命令：edgesurf

当前线框密度：SURFTAB1＝10　SURFTAB2＝20

选择用作曲面边界的对象 1：　　　　//选择曲线 1 作为边界 1

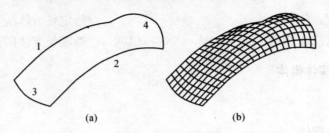

(a)                    (b)

图 8-34 空间曲面的创建

选择用作曲面边界的对象 2：    //选择曲线 2 作为边界 2
选择用作曲面边界的对象 3：    //选择曲线 3 作为边界 3
选择用作曲面边界的对象 4：    //选择曲线 4 作为边界 4

# 8.4 创建简单实体模型

## 8.4.1 创建实体长方体

**1. 功能**

创建三维实体长方体。

**2. 格式**

(1)"绘图（D）"菜单：→ 建模（M）→长方体（B）
(2)命令：box↙
指定第一个角点或 [中心（C）]：
指定其他角点或 [立方体（C）/长度（L）]：
指定高度或 [2Point（2P）] <默认值>：

**例 8-24** 绘制一个长、宽、高分别为 60、50、100 的
长方体，如图 8-35 所示。
操作步骤如下：
命令：box
指定第一个角点或 [中心（C）]：
　　　//任意选一点作为长方体的角点
指定其他角点或 [立方体（C）/长度（L）]：l
　　　//进入指定长度模式
指定长度<1.0000>：60
　　　//指定长方体的长度为 60

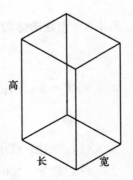

图 8-35 实体箱
体的创建

指定宽度：50　　　　　　　　　　　　　　//指定长方体的宽度为 50
指定高度或 ［两点（2P）］＜1.0000＞：100　　//指定长方体的高度为 100

### 8.4.2　创建实体楔体

1. 功能

创建实体楔体。

2. 格式

（1）"绘图（D）"菜单：→ 建模（M)→楔体（W）
（2）命令：wedge ↙
指定第一个角点或 ［中心（C）］：
指定其他角点或 ［立方体（C）/长度（L）］：
指定高度或 ［两点（2P）］＜默认值＞：

例 8-25　创建一个角点位于 WCS 坐标系的原点上的实体楔体，其各边长度如图 8-36 所示。
操作步骤如下：
命令：_ wedge
指定第一个角点或 ［中心（C）］：0，0，0 ↙
　　//指定实体楔体的角点
指定其他角点或 ［立方体（C）/长度（L）］：@ 100，100 ↙
　　//指定实体楔体的底面长度
指定高度或 ［两点（2P）］＜－248.3562＞：200 ↙
　　//指定实体楔体的高度

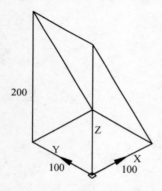

图 8-36　实体楔体的创建

### 8.4.3　创建实体圆锥体

1. 功能

创建一个以圆或椭圆为底，以对称方式形成锥体表面的三维实体。

2. 格式

（1）"绘图（D）"菜单：→ 建模（M）→圆锥体（O）
（2）命令：cone
指定底面的中心点或 ［三点（3P）/两点（2P）/相切、相切、半径（T）/椭圆（E）］：

指定底面半径或〔直径（D）〕：

指定高度或〔两点（2P)/轴端点（A)/顶面半径（T)〕：

3. 选项

指定底面的中心点：通过指定中心点来定义圆锥体的底面位置。

三点（3P)：通过指定三个点来定义圆锥体的底面周长和底面。

两点（2P)：通过指定两个点来定义圆锥体的底面直径。

相切、相切、半径（T)：定义指定半径，与两个对象相切的圆锥体底面。

椭圆（E)：指定圆锥体的椭圆底面。

轴端点（A)：指定圆锥体轴的端点位置。

顶面半径（T)：创建圆台时指定圆台的顶面半径。

**例 8-26** 创建一个底圆半径为 40，顶圆半径为 20，高度为 30 的圆台体，如图 8-37 所示。

操作步骤如下：

命令：_ cone

指定底面的中心点或〔三点（3P)/两点（2P)/相切、相切、半径（T)/椭圆（E)〕：任意单击一点

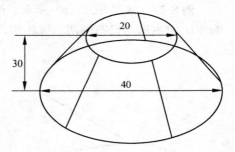

图 8-37 实体圆台体的创建

指定底面半径或〔直径（D）〕＜15.0000＞：40　　　　　　　　　　//指定底面半径

指定高度或〔两点（2P)/轴端点（A)/顶面半径（T)〕＜20.0000＞：t
　　　　　　　　　　//进入圆台模式

指定顶面半径＜0.0000＞：20　　　　　　　　　　//指定顶面半径

指定高度或〔两点（2P)/轴端点（A)〕＜20.0000＞：30
　　　　　　　　　　//指定圆台高度

## 8.4.4 创建实体圆柱体

1. 功能

创建以圆或椭圆为底面的实体圆柱体。

2. 格式

(1)"绘图（D)"菜单：→ 建模（M)→圆柱体（C)

(2) 命令：cylinder✓

指定底面的中心点或〔三点（3P)/两点（2P)/相切、相切、半径（T)/椭圆

(E)]：

　　指定底面半径或［直径（D）］<默认值>：

　　指定高度或［两点（2P）/轴端点（A）］<默认值>：

　　3．选项

　　指定底面的中心点：通过指定中心点来定义圆柱体的底面位置。

　　三点（3P）：通过指定三个点来定义圆柱体的底面周长和底面。

　　两点（2P）：通过指定两个点来定义圆柱体的底面直径。

　　相切、相切、半径（T）：定义具有指定半径，与两个对象相切的圆柱体底面。

　　椭圆（E）：指定圆柱体的椭圆底面。

　　轴端点（A）：指定圆柱体轴的端点位置。

　　**例 8-27**　如图 8-38（a）所示，绘制一个高度为 50 的圆柱体，使其底圆半径为 40，且底圆与已有的两直线相切，如图 8-38（b）所示。

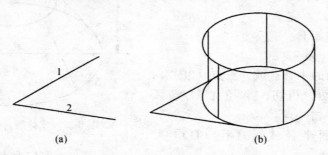

　　　　　　　　（a）　　　　　　　　　　　　　　　　（b）

图 8-38　实体圆柱体的创建

　　操作步骤如下：

　　命令：cylinder

　　指定底面的中心点或［三点（3P）/两点（2P）/相切、相切、半径（T）/椭圆
(E)］：t　　　　　　　　　　　　　　　　　　//进入相切模式

　　指定对象的第一个切点：选择线段 1　　　　　//指定切线 1

　　指定对象的第二个切点：选择线段 2　　　　　//指定切线 2

　　指定圆的半径<58.5745>：40　　　　　　　//指定圆柱体的半径

　　指定高度或［两点（2P）/轴端点（A）］<40.0000>：50

　　　　　　　　　　　　　　　　　　　　　　//指定圆柱体高度

### 8.4.5　创建三维实心球体

　　1．功能

　　创建三维实心球体。

2. 格式

(1)"绘图（D）"菜单：→ 建模（M)→球体（S）

(2) 命令：sphere↙

指定中心点或［三点（3P)/两点（2P)/相切、相切、半径（T)]：

指定半径或［直径（D)]：

3. 选项

指定中心点：指定球体的中心点。指定中心点后，将放置球体以使其中心轴与当前用户坐标系（UCS）的 Z 轴平行。纬线与 XY 平面平行。

三点（3P)：通过在三维空间的任意位置指定三个点来定义球体的圆周。

两点（2P)：通过在三维空间的任意位置指定两个点来定义球体的圆周。

相切、相切、半径（TTR)：通过指定半径定义可与两个对象相切的球体。

例 8-28　如图 8-39（a）所示，创建一个实心球体，使该实心球体表面经过已有长方体的 A、B、C 三点，如图 8-39（b）所示。

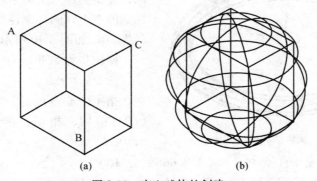

(a)　　　　　　　　　　(b)

图 8-39　实心球体的创建

操作步骤如下：

命令：_ sphere

指定中心点或［三点（3P)/两点（2P)/相切、相切、半径（T)]：3p

　　　　　　　　　　　　　　　　//进入 3 点模式

指定第一点：选择 A 点　　　　　//指定切点 1

指定第二点：选择 B 点　　　　　//指定切点 2

指定第三点：选择 C 点　　　　　//指定切点 3

### 8.4.6　创建圆环形实体

1. 功能

创建三维圆环形实体。

### 2. 格式

（1）"绘图（D）"菜单：→ 建模（M)→圆环体（T)
（2）命令：torus ↙

指定中心点或［三点（3P)/两点（2P)/相切、相切、半径（T)］：
指定半径或［直径（D)］：
指定圆管半径或［两点（2P)/直径（D)］：

### 3. 选项

指定中心点：通过指定中心点来定义三维圆环形实体中心位置。
三点（3P)：用指定的三个点定义圆环体的圆周。
两点（2P)：用指定的两个点定义圆环体的圆周。
相切、相切、半径（T)：使用指定半径定义可与两个对象相切的圆环体。

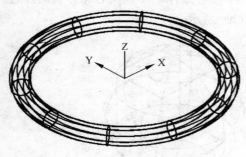

图 8-40　实体圆环体的创建

例 8-29　创建一个三维圆环形实体，使该圆环形实体中心点在 WCS 坐标的原点上，圆环半径为 100，圆管半径为 10，如图 8-40 所示。

操作步骤如下：

命令：torus

指定中心点或［三点（3P)/两点（2P)/相切、相切、半径（T)］：0, 0, 0

指定半径或［直径（D)］＜312.6688＞：100
指定圆管半径或［两点（2P)/直径（D)］＜93.3949＞：10

## 8.5　创建复杂实体模型

### 8.5.1　拉伸实体

#### 1. 功能

通过沿指定的方向将对象或平面拉伸出指定距离来创建三维实体。

注意：如果拉伸开放对象、或者不是一体的闭合对象，则生成的对象为曲面。如果拉伸曲面、面域等闭合对象，则生成的对象为实体。此处我们将重点介绍拉伸实体的使用方法。

2. 格式

(1) "绘图 (D)" 菜单：建模 (M)→拉伸 (X)
(2) 命令：extrude✓
选择要拉伸的对象：✓
指定拉伸的高度或 [方向 (D)/路径 (P)/倾斜角 (T)]：✓

3. 选项

指定拉伸的高度：通过输入数值指定拉伸高度。
方向 (D)：通过指定的两点指定拉伸的长度和方向。
路径 (P)：选择基于指定曲线对象的拉伸路径。
倾斜角 (T)：用于拉伸的倾斜角是两个指定点之间的距离。

例 8-30　如图 8-41 (a) 所示，通过拉伸该闭合曲线，创建一个高度为 100 的实体，如图 8-41 (b) 所示。

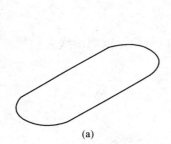
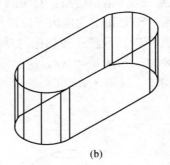

(a)　　　　　　　　　　　　　　　　　(b)

图 8-41　拉伸实体的创建

操作步骤如下：
命令：_ extrude
当前线框密度：ISOLINES＝4
选择要拉伸的对象：找到 1 个
选择要拉伸的对象：✓
指定拉伸的高度或 [方向 (D)/路径 (P)/倾斜角 (T)] ＜－50.0000＞：100

## 8.5.2　扫掠实体

1. 功能

通过沿开放或闭合的二维或三维路径扫掠开放或闭合的平面曲线 (轮廓) 来

创建新实体或曲面。

　　注意：SWEEP 命令用于沿指定路径以指定轮廓的形状（扫掠对象）绘制实体或曲面。可以扫掠多个对象，但是这些对象必须位于同一平面中。如果沿一条路径扫掠闭合的曲线，则生成实体。此处将重点介绍扫掠实体的使用方法。

　　2. 格式

　　命令：sweep ↙
　　当前线框密度：
　　选择要扫掠的对象：
　　选择扫掠路径或［对齐（A）/基点（B）/比例（S）/扭曲（T）］：

　　3. 选项

　　选择扫掠路径：通过指定路径扫掠曲面。
　　对齐（A）：指定是否对齐轮廓以使其作为扫掠路径切向的法向。
　　基点（B）：指定要扫掠对象的基点。
　　比例（S）：指定比例因子以进行扫掠操作。
　　扭曲（T）：设置正被扫掠的对象的扭曲角度。
　　**例 8-31**　如图 8-42（a）所示，以圆为扫掠对象，以螺旋线为扫掠路径，扫掠出一实体，如图 8-42（b）所示。

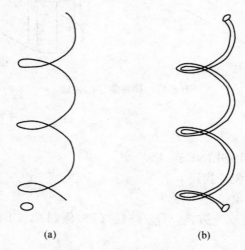

(a)　　　　　　　　　　　(b)

图 8-42　扫掠实体的创建

　　操作步骤如下：
　　命令：sweep
　　当前线框密度：ISOLINES＝4

选择要扫掠的对象：找到 1 个          //选择小圆

选择要扫掠的对象：✓

选择扫掠路径或［对齐（A）/基点（B）/比例（S）/扭曲（T）]：

                                    //选择螺旋线

### 8.5.3 放样实体

**1. 功能**

通过指定一系列横截面来创建新的实体或曲面。

注意：使用 LOFT 命令时必须指定至少两个横截面。

**2. 格式**

(1)"绘图（D)"菜单：建模（M）→放样（L）

(2) 命令：loft✓

按放样次序选择横截面：

输入选项［引导（G）/路径（P）/仅横截面（C）]＜仅横截面＞：

**3. 选项**

引导（G)：指定控制放样实体或曲面形状的导向曲线。

路径（P)：指定放样实体或曲面的单一路径。

仅横截面（C)：显示"放样设置"对话框。

  **例 8-32**  如图 8-43（a）所示，分别以三个矩形为放样横截面对象，通过放样创建一实体，如图 8-43（b）所示。

  操作步骤如下：

  命令：loft

  按放样次序选择横截面：找到 1 个

  按放样次序选择横截面：找到 1 个，总计 2 个

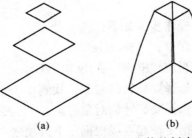

(a)              (b)

图 8-43  放样横截面实体的创建

  按放样次序选择横截面：找到 1 个，总计 3 个

  按放样次序选择横截面：✓

  输入选项［导向（G）/路径（P）/仅横截面（C）]＜仅横截面＞：✓

### 8.5.4 旋转实体

**1. 功能**

通过绕轴旋转开放或闭合的平面曲线来创建新的实体或曲面。

2. 格式

（1）"绘图（D)"菜单：建模（M)→旋转（R）

（2）命令：_revolve

选择要旋转的对象：

指定轴起点或根据以下选项之一定义轴［对象（O)/X/Y/Z］＜对象＞：

指定轴端点：

指定旋转角度或［起点角度（ST)］＜360＞：100

**例 8-33**　如图 8-44（a）所示，以整圆绕 Y 轴旋转 120°，创建一个旋转实体，如图 8-44（b）所示。

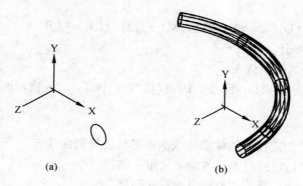

　　　　　（a）　　　　　　　　　　　　　　（b）

图 8-44　旋转实体的创建

操作步骤如下：

命令：_revolve

当前线框密度：ISOLINES＝4

选择要旋转的对象：找到 1 个

选择要旋转的对象：↙

指定轴起点或根据以下选项之一定义轴［对象（O)/X/Y/Z］＜对象＞：y

指定旋转角度或［起点角度（ST)］＜360＞：120

# 8.6　编辑实体模型

## 8.6.1　切割实体

1. 功能

用平面或曲面剖切实体。

2. 格式

命令：slice

选择要剖切的对象：

指定切面的起点或 ［平面对象 （O)/曲面 （S)/Z 轴 （Z)/视图 （V)/XY/YZ/ZX/三点 （3)］ ＜三点＞：

指定平面上的第二点：

在所需的侧面上指定点或 ［保留两个侧面 （B)］ ＜保留两个侧面＞：

3. 选项

指定剖切平面的起点：通过两点定义剖切平面的角度，该剖切平面垂直于当前 UCS。

平面对象 （O)：将剪切面与圆、椭圆、圆弧、椭圆弧、二维样条曲线或二维多段线对齐。

曲面 （S)：将剪切平面与曲面对齐。

Z 轴 （Z)：通过平面上指定一点和在平面的 Z 轴 （法向）上指定另一点来定义剪切平面。

视图 （V)：将剪切平面与当前视口的视图平面对齐。指定一点定义剪切平面的位置。

XY/YZ/ZX：将剪切平面与当前用户坐标系 （UCS) 的 XY/YZ/ZX 平面对齐。

三点 （3)：用三点定义剪切平面。

选择要保留的实体：保留剖切实体的一部分。

保留两侧 （B)：保留剖切实体的所有部分。

**例 8-34**　如图 8-45 （a) 所示，现需要沿此长方体对角线 A、B、C、D 对其进行切割，并要求保留 E 部分，如图 8-45 （b) 所示。

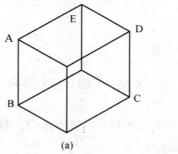
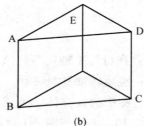

(a)　　　　　　　　(b)

图 8-45　切割实体

操作步骤如下：

命令：slice

选择要剖切的对象：找到 1 个　　　　//选择实体 ABCD

选择要剖切的对象：↙　　　　　//单击鼠标右键

指定 切面 的起点或［平面对象（O)/曲面（S)/Z 轴（Z)/视图（V)/XY
（XY)/YZ（YZ)/ZX（ZX)/三点（3)］＜三点＞：3

指定平面上的第一个点：　　　　//选择 A 点

指定平面上的第二个点：　　　　//选择 C 点

指定平面上的第三个点：　　　　//选择 E 点

在所需的侧面上指定点或［保留两个侧面（B)］＜保留两个侧面＞：选择
要保留的一侧

### 8.6.2　三维阵列

1. 功能

在矩形或环形（圆形）阵列中创建对象的副本。

2. 格式

(1)"修改（M)"菜单：→三维操作（3)→三维阵列（3)

(2) 命令：3darray

选择对象：

输入阵列类型［矩形（R)/环形（P)］＜矩形＞：

输入行数（---）＜1＞：

输入列数（｜｜｜）＜1＞：

输入层数（...）＜1＞：

指定行间距（---）：

指定列间距（｜｜｜）：

指定层间距（...）：

3. 选项

矩形（R)：在行（X 轴）、列（Y 轴）和层（Z 轴）矩形阵列中复制对象。

环形（P)：绕旋转轴复制对象。

例 8-35　将图中的长方体阵列成 2 行、3 列、3 层的组合，且行宽、列宽、
层宽分别为 10、10、30，如图 8-46 所示。

操作步骤如下：

命令：3darray

正在初始化 ... 已加载 3darray。

选择对象：找到 1 个

　　　　//选择需要阵列的长方体

选择对象：↙

输入阵列类型［矩形（R）/环形（P）］＜矩形＞：r

　　　　//进入矩形阵列模式

输入行数（---）＜1＞：2

输入列数（｜｜｜）＜1＞：3

输入层数（...）＜1＞：3

指定行间距（---）：10

指定列间距（｜｜｜）：10

指定层间距（...）：30

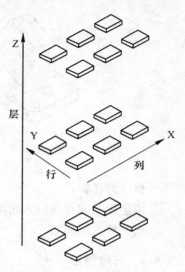

图 8-46　矩形阵列

### 8.6.3　三维旋转

**1. 功能**

绕三维轴移动对象。

**2. 格式**

（1）"修改（M）"菜单：→三维操作（3）→三维旋转（R）

（2）命令：3drotate

选择对象：

指定基点：

拾取旋转轴：

指定角的起点或键入角度：

**例 8-36**　如图 8-47（a）所示，为了方便观察该实体的背面结构，以 A 点为基点，将图中的实体沿轴线 AB 旋转 90°，如图 8-47（b）所示。

操作步骤如下：

命令：_ 3drotate

UCS 当前的正角方向：ANGDIR＝逆时针 ANGBASE＝0

选择对象：指定对角点：找到 1 个　　　//选择需要旋转的实体

选择对象：↙

指定基点：　　　　　　　　　　　　//选择 A 点作为基点

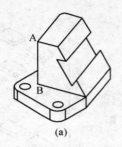
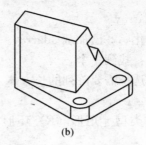

图 8-47　旋转实体

拾取旋转轴：　　　　　　　　　　　　//选择 B 点作为旋转轴的另一点

指定角的起点或键入角度：90

正在重生成模型。

### 8.6.4　三维镜像

1. 功能

创建相对于某一平面的镜像对象。

2. 格式

命令：3d mirror

选择对象：找到 1 个

选择对象：

指定镜像平面（三点）的第一个点或

［对象（O）/最近的（L）/Z 轴（Z）/视图（V）/XY 平面（XY）/YZ 平面（YZ）/ZX 平面（ZX）/三点（3）］＜三点＞：

在镜像平面上指定第二点：在镜像平面上指定第三点：

是否删除源对象？［是（Y）/否（N）］＜否＞：

3. 选项：

指定镜像平面的第一个点：使用 3 点指定镜像平面。

对象（O）：使用选定平面对象的平面作为镜像平面。

上一个（L）：相对于最后定义的镜像平面对选定的对象进行镜像处理。

Z 轴（Z）：根据平面上的一个点和平面法线上的一个点定义镜像平面。

视图（V）：将镜像平面与当前视口中通过指定点的视图平面对齐。

XY/YZ/ZX：将镜像平面与一个通过指定点的标准平面（XY、YZ 或 ZX）对齐。

**例 8-37** 如图 8-48 (a) 所示，以 ABC 面为镜像面对该实体进行镜像操作，生成的新实体如图 8-48 (b) 所示。

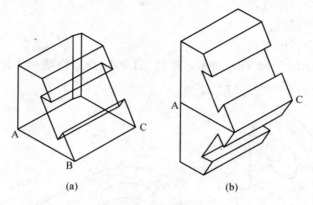

(a)                                    (b)

图 8-48 镜像实体

操作步骤如下：

命令：3dmirror

选择对象：找到 1 个　　　　　//选择需要镜像的实体

选择对象：↙

指定镜像平面 (三点) 的第一个点或

[对象 (O)/最近的 (L)/Z 轴 (Z)/视图 (V)/XY 平面 (XY)/YZ 平面 (YZ)/ZX 平面 (ZX)/三点 (3)] <三点>：

　　　　　　　　　　//分别选择 A、B、C 点作为镜像平面点

在镜像平面上指定第二点：

在镜像平面上指定第三点：

是否删除源对象？[是 (Y)/否 (N)] <否>：N

　　　　　　　　　　//保留原有实体

## 8.6.5 三维对齐

1. 功能

在二维和三维空间中将对象与其他对象对齐。

2. 格式

命令：align

选择对象：

指定第一个源点：

　　指定第一个目标点：
　　指定第二个源点：
　　指定第二个目标点：
　　指定第三个源点：
　　指定第三个目标点：
　　**例 8-38**　　如图 8-49（a）所示，通过 ALIGN 命令将两个实体对齐在具有相同字母的顶点，如图 8-49（b）所示。

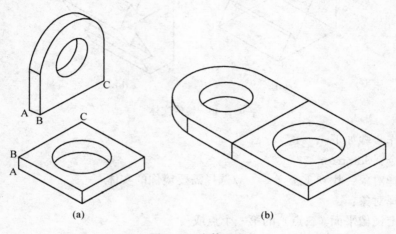

　　　　　　　　（a）　　　　　　　　　　　　　　　　　（b）

图 8-49　实体对齐

　　操作步骤如下：
　　命令：ALIGN
　　选择对象：找到 1 个　　　　　　　//选择需要对齐的实体
　　选择对象：↙
　　指定第一个源点：　　　　　　　　//选择一个 A 点
　　指定第一个目标点：　　　　　　　//选择另一个实体的 A 点
　　指定第二个源点：　　　　　　　　//选择一个 B 点
　　指定第二个目标点：　　　　　　　//选择另一个实体的 B 点
　　指定第三个源点或＜继续＞：　　　//选择一个 C 点
　　指定第三个目标点：　　　　　　　//选择另一个实体的 C 点

## 8.6.6　三维倒圆角

### 1. 功能

　　在三维空间中给对象加圆角。

2. 格式

命令：_fillet
当前设置：模式＝修剪，半径＝0.0000
选择第一个对象或［放弃（U）/多段线（P）/半径（R）/修剪（T）/多个
（M）]：
输入圆角半径：
选择边或［链（C）/半径（R）]：
选择边或［链（C）/半径（R）]：

3. 选项

边：选择一条边，可以连续选择单个边直到按回车键为止。
链（C）：从单边选择改为连续相切边选择。
半径（R）：定义被圆整的边的半径。
**例 8-39**　如图 8-50（a）所示，通过 FILLER 命令将该实体的 A 边倒半径为
2 的圆角，如图 8-50（b）所示。

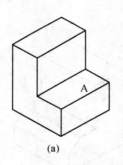
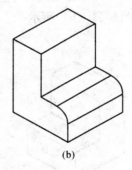

图 8-50　实体边倒圆角

操作步骤如下：
命令：_fillet
当前设置：模式＝修剪，半径＝0.0000
选择第一个对象或［放弃（U）/多段线（P）/半径（R）/修剪（T）/多个
（M）]：　　　　　　　　　　　　　　　　　//选择实体
输入圆角半径：2　　　　　　　　　　　　　//指定倒圆角的半径
选择边或［链（C）/半径（R）]：已拾取到边　　//选择实体边 A
选择边或［链（C）/半径（R）]：↙
已选定 1 个边用于圆角。

### 8.6.7 三维倒斜角

1. 功能

在三维空间中给对象加斜角。

2. 格式

(1)"修改"工具栏：
(2) 命令：_ chamfer

选择第一条直线或［放弃（U）/多段线（P）/距离（D）/角度（A）/修剪（T）/方式（E）/多个（M）］：基面选择…

输入曲面选择选项［下一个（N）/当前（OK）］＜当前（OK）＞：

输入曲面选择选项［下一个（N）/当前（OK）］＜当前（OK）＞：

指定基面的倒角距离：

指定其他曲面的倒角距离＜2.0000＞：

选择边或［环（L）］：

**例 8-40**　如图 8-51（a）所示，通过 CHAMFER 命令将该实体一边 A 倒成 2×2 的斜角，如图 8-51（b）所示。

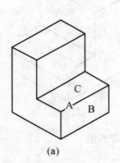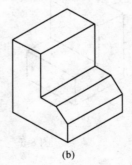

（a）　　　　　　　　　　　　　　（b）

图 8-51　实体边的倒斜角

操作步骤如下：

命令：_ chamfer

（"修剪"模式）当前倒角距离 1＝0.0000，距离 2＝0.0000

选择第一条直线或［放弃（U）/多段线（P）/距离（D）/角度（A）/修剪（T）/方式（E）/多个（M）］：基面选择…　　　　　　　　//平面 B 高亮显示

输入曲面选择选项［下一个（N）/当前（OK）］＜当前（OK）＞：OK↙

指定基面的倒角距离：50　　　　　　　　　　　　//输入倒角距离 1

指定其他曲面的倒角距离＜50.0000＞：✓          //输入倒角距离 2
· 选择边或 ［环（L）］：选择边或 ［环（L）］：      //选择棱边 A

**8.6.8 拉伸面**

1. 功能

根据指定的距离拉伸面或将面沿某条路径进行拉伸。

2. 格式

（1）"实体编辑"工具栏：🗔
（2）命令： _ extrude
选择面或 ［放弃（U）/删除（R）］：
选择面或 ［放弃（U）/删除（R）/全部（ALL）］：
指定拉伸高度或 ［路径（P）］：
指定拉伸的倾斜角度＜0＞：

3. 选项

指定拉伸高度：根据指定的距离拉伸面
路径（P）：根据指定的路径拉伸面
**例 8-41** 如图 8-52（a）所示，将该实体的 A 面往上方拉伸 3，且拉伸的倾斜角度为 30°，如图 8-52（b）所示。

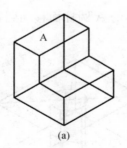
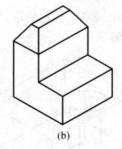

(a)                    (b)

图 8-52 拉伸面

操作步骤如下：
_ extrude
选择面或 ［放弃（U）/删除（R）］：找到一个面。    //选择平面 A
选择面或 ［放弃（U）/删除（R）/全部（ALL）］：    //按回车键
指定拉伸高度或 ［路径（P）］：3                  //指定拉伸高度

指定拉伸的倾斜角度＜0＞：30　　　　　　　　　　//指定拉伸的倾斜角度

已开始实体校验。

已完成实体校验。

### 8.6.9　移动面

1. 功能

沿指定的高度或距离移动选定的三维实体对象的面。

2. 格式

（1）"实体编辑"工具栏：

（2）命令：_ solidedit

实体编辑自动检查：SOLIDCHECK＝1

输入实体编辑选项［面（F）/边（E）/体（B）/放弃（U）/退出（X）］＜退出＞：_ face

输入面编辑选项

［拉伸（E）/移动（M）/旋转（R）/偏移（O）/倾斜（T）/删除（D）/复制（C）/颜色（L）/材质（A）/放弃（U）/退出（X）］＜退出＞：_ move

选择面或［放弃（U）/删除（R）］：

选择面或［放弃（U）/删除（R）/全部（ALL）］：

指定基点或位移：

指定位移的第二点：

**例 8-42**　如图 8-53（a）所示，将该实体的 A 圆柱面移动到实体的中央处，如图 8-53（b）所示。

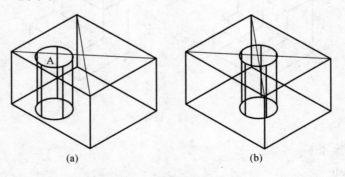

（a）　　　　　　　　　　　　　　（b）

图 8-53　圆柱的移动

操作步骤如下：

命令：_ solidedit

实体编辑自动检查：SOLIDCHECK＝1

输入实体编辑选项 ［面 （F）/边 （E）/体 （B）/放弃 （U）/退出 （X）］＜退出＞：_ face

输入面编辑选项

［拉伸 （E）/移动 （M）/旋转 （R）/偏移 （O）/倾斜 （T）/删除 （D）/复制 （C）/颜色 （L）/材质 （A）/放弃 （U）/退出 （X）］＜退出＞：_ move

选择面或 ［放弃 （U）/删除 （R）］：找到一个面　　//选择圆柱面 A

选择面或 ［放弃 （U）/删除 （R）/全部 （ALL）］：↙

指定基点或位移：　　　　　　　　　　　　//捕捉圆柱面顶面圆心

指定位移的第二点：　　　　　　　　　　　//捕捉实体上表面中心

已开始实体校验。

已完成实体校验。

### 8.6.10　偏移面

**1. 功能**

按指定的距离或通过指定的点，将面均匀地偏移。正值增大实体尺寸或体积，负值减小实体尺寸或体积。

**2. 格式**

（1）"实体编辑"工具栏：⬚

（2）命令：_ solidedit

输入实体编辑选项 ［面 （F）/边 （E）/体 （B）/放弃 （U）/退出 （X）］＜退出＞：_ face

输入面编辑选项

［拉伸 （E）/移动 （M）/旋转 （R）/偏移 （O）/倾斜 （T）/删除 （D）/复制 （C）/颜色 （L）/材质 （A）/放弃 （U）/退出 （X）］＜退出＞：_ offset

选择面或 ［放弃 （U）/删除 （R）］：

选择面或 ［放弃 （U）/删除 （R）/全部 （ALL）］：

指定偏移距离：

**例 8-43**　如图 8-54 （a） 所示，将该实体的 A 圆柱面偏移－2，如图 8-54 （b） 所示。

操作步骤如下：

命令：_ solidedit

实体编辑自动检查：SOLIDCHECK＝1

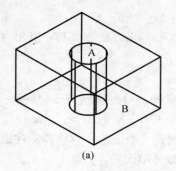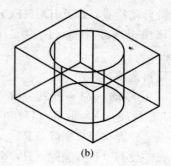

(a)　　　　　　　　　　　　　(b)

图 8-54　圆柱的偏移

输入实体编辑选项 ［面（F）/边（E）/体（B）/放弃（U）/退出（X）］＜退出＞：_ face

输入面编辑选项

［拉伸（E）/移动（M）/旋转（R）/偏移（O）/倾斜（T）/删除（D）/复制（C）/颜色（L）/材质（A）/放弃（U）/退出（X）］＜退出＞：_ offset

选择面或 ［放弃（U）/删除（R）］：找到一个面　　　//选择圆柱面 A

选择面或 ［放弃（U）/删除（R）/全部（ALL）］：↙

指定偏移距离：－2

已开始实体校验。

已完成实体校验。

### 8.6.11　旋转面

**1. 功能**

按指定的轴和角度旋转实体表面。

**2. 格式**

（1）"实体编辑"工具栏：🔲

（2）命令：solidedit

输入实体编辑选项 ［面（F）/边（E）/体（B）/放弃（U）/退出（X）］＜退出＞：_ face

输入面编辑选项

［拉伸（E）/移动（M）/旋转（R）/偏移（O）/倾斜（T）/删除（D）/复制（C）/颜色（L）/材质（A）/放弃（U）/退出（X）］＜退出＞：_ rotate

选择面或 ［放弃（U）/删除（R）］：

选择面或 ［放弃（U）/删除（R）/全部（ALL）］：

指定轴点或［经过对象的轴（A）/视图（V）/X 轴（X）/Y 轴（Y）/Z 轴（Z）］＜两点＞：

在旋转轴上指定第二个点：

指定旋转角度或［参照（R）］：

**例 8-44**　如图 8-55（a）所示，将该实体的 C 表面以 AB 边为旋转轴向里旋转－45°，如图 8-55（b）所示。

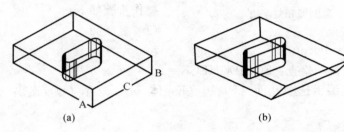

图 8-55　长方体面的旋转

操作步骤如下：

命令：_ solidedit

实体编辑自动检查：SOLIDCHECK＝1

输入实体编辑选项［面（F）/边（E）/体（B）/放弃（U）/退出（X）］＜退出＞：_ face

输入面编辑选项

［拉伸（E）/移动（M）/旋转（R）/偏移（O）/倾斜（T）/删除（D）/复制（C）/颜色（L）/材质（A）/放弃（U）/退出（X）］＜退出＞：_ rotate

选择面或［放弃（U）/删除（R）］：找到一个面　　　//选择 C 面

选择面或［放弃（U）/删除（R）/全部（ALL）］：　　//按回车键

指定轴点或［经过对象的轴（A）/视图（V）/X 轴（X）/Y 轴（Y）/Z 轴（Z）］＜两点＞：　　　　　　　　　　　　　　//选择 A 点

在旋转轴上指定第二个点：　　　　　　　　　　　　//选择 B 点

指定旋转角度或［参照（R）］：－45　　　　　　　//指定旋转角度

已开始实体校验。

已完成实体校验。

### 8.6.12　复制面及复制边

1. 功能

复制实体的表面、复制实体的边。

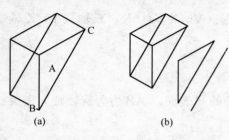

图 8-56　复制面和复制边

2. 格式

"实体编辑"工具栏：🔲、🔲

**例 8-45**　如图 8-56（a）所示，复制该实体的 A 表面及 A 表面上的斜边 BC，如图 8-56（b）所示。

操作步骤如下：

（1）复制面

命令：_ solidedit

实体编辑自动检查：SOLIDCHECK＝1

输入实体编辑选项［面（F）/边（E）/体（B）/放弃（U）/退出（X）］＜退出＞：_ face

输入面编辑选项

［拉伸（E）/移动（M）/旋转（R）/偏移（O）/倾斜（T）/删除（D）/复制（C）/颜色（L）/材质（A）/放弃（U）/退出（X）］＜退出＞：_ copy

选择面或［放弃（U）/删除（R）］：找到一个面　　//选择 A 表面

选择面或［放弃（U）/删除（R）/全部（ALL）］：　　//按回车键

指定基点或位移：　　　　　　　　　　　　　//选择 B 点，以 B 点为基点

指定位移的第二点：20　　　　　　　　　　//指定复制面的位置

（2）复制边

命令：_ solidedit

实体编辑自动检查：SOLIDCHECK＝1

输入实体编辑选项［面（F）/边（E）/体（B）/放弃（U）/退出（X）］＜退出＞：_ edge

输入边编辑选项［复制（C）/着色（L）/放弃（U）/退出（X）］＜退出＞：_ copy

选择边或［放弃（U）/删除（R）］：

选择边或［放弃（U）/删除（R）］：

指定基点或位移：　　　　　　　　　　　　//选择 BC 边

指定位移的第二点：30　　　　　　　　　　//指定位移距离

### 8.6.13　着色面及着色边

1. 功能

将实体的表面、边着色。

2. 格式

"实体编辑" 工具栏: ▣、▣

**例 8-46**　如图 8-57 (a) 所示,将该实体 A 表面着色为红色,A 表面上的斜边 BC 着色为绿色,如图 8-57 (b) 所示。

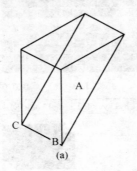
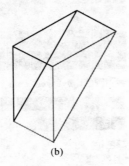

图 8-57　着色面和着色边

操作步骤如下:

(1) 着色面

命令: _ solidedit

实体编辑自动检查: SOLIDCHECK＝1

输入实体编辑选项 [面 (F)/边 (E)/体 (B)/放弃 (U)/退出 (X)] ＜退出＞: _ face

输入面编辑选项

[拉伸 (E)/移动 (M)/旋转 (R)/偏移 (O)/倾斜 (T)/删除 (D)/复制 (C)/颜色 (L)/材质 (A)/放弃 (U)/退出 (X)] ＜退出＞: _ color

选择面或 [放弃 (U)/删除 (R)]: 找到一个面　　　//选择 A 表面

选择面或 [放弃 (U)/删除 (R)/全部 (ALL)]:　　//按回车键

在 "选择颜色" 对话框选择需要着色的颜色 (见图 8-58)。

(2) 着色边

命令: _ solidedit

实体编辑自动检查: SOLIDCHECK＝1

输入实体编辑选项 [面 (F)/边 (E)/体 (B)/放弃 (U)/退出 (X)] ＜退出＞: _ edge

输入边编辑选项 [复制 (C)/着色 (L)/放弃 (U)/退出 (X)] ＜退出＞: _ color

选择边或 [放弃 (U)/删除 (R)]:　　　　//选择 BC 边

图 8-58 "选择颜色"对话框

选择边或［放弃（U）/删除（R）］：　　　//按回车键

在"选择颜色"对话框，如图 8-58 所示，选择需要着色的颜色。

### 8.6.14　倾斜面

1. 功能

按指定的轴和角度倾斜实体表面。

2. 格式

（1）"实体编辑"工具栏：🔯

（2）命令：＿solidedit

实体编辑自动检查：SOLIDCHECK＝1

输入实体编辑选项［面（F）/边（E）/体（B）/放弃（U）/退出（X）］＜退出＞：＿face

输入面编辑选项

［拉伸（E）/移动（M）/旋转（R）/偏移（O）/倾斜（T）/删除（D）/复制（C）/颜色（L）/材质（A）/放弃（U）/退出（X）］＜退出＞：＿taper

选择面或［放弃（U）/删除（R）］：

选择面或［放弃（U）/删除（R）/全部（ALL）］：

指定基点：

指定沿倾斜轴的另一个点：

指定倾斜角度：

**例 8-47** 如图 8-59（a）所示，将该实体的 C 表面以 AB 边为倾斜轴向里倾斜－45°，如图 8-59（b）所示。

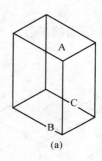 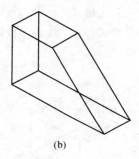

图 8-59　实体面的倾斜

操作步骤如下：

命令：_ solidedit

实体编辑自动检查：SOLIDCHECK＝1

输入实体编辑选项［面（F）/边（E）/体（B）/放弃（U）/退出（X）］＜退出＞：_ face

输入面编辑选项

［拉伸（E）/移动（M）/旋转（R）/偏移（O）/倾斜（T）/删除（D）/复制（C）/颜色（L）/材质（A）/放弃（U）/退出（X）］＜退出＞：_ taper

选择面或［放弃（U）/删除（R）］：找到一个面　　　　//选择 C 面

选择面或［放弃（U）/删除（R）/全部（ALL）］：

指定基点：　　　　　　　　　　　　　　　　　　　//选择 A 点

指定沿倾斜轴的另一个点：　　　　　　　　　　　　//选择 B 点

指定倾斜角度：－45°　　　　　　　　　　　　　　//指定倾斜角度

已开始实体校验。

已完成实体校验。

## 8.6.15　压印

1. 功能

将圆、直线、多段线、面域等对象压印到实体上，使其成为实体的一部分。

2. 格式

（1）命令：_ imprint

（2）"实体编辑"工具栏：

选择三维实体：

选择要压印的对象：

是否删除源对象［是（Y）/否（N）］＜N＞：

**例 8-48**　　如图 8-60（a）所示，将该实体的上表面的多边形 A 压印到该实体上，如图 8-60（b）所示。

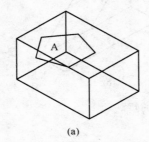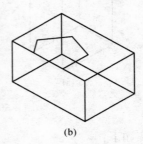

（a）　　　　　　　　　　　　　　　（b）

图 8-60　实体面上的压印

操作步骤如下：

命令：_ imprint

选择三维实体：　　　　　　　　　　　　　　　　　　//选择实体

选择要压印的对象：　　　　　　　　　　　　　　　　//选择多边形 A

是否删除源对象［是（Y）/否（N）］＜N＞：↙　　//删除原来的多边形

### 8.6.16　抽壳

1. 功能

将一个实心实体创建成一个空心的薄壁体。

2. 格式

（1）命令：_ solidedit

（2）"实体编辑"工具栏：

实体编辑自动检查：SOLIDCHECK＝1

输入实体编辑选项［面（F）/边（E）/体（B）/放弃（U）/退出（X）］＜退出＞：_ body

输入体编辑选项

［压印（I）/分割实体（P）/抽壳（S）/清除（L）/检查（C）/放弃（U）/退出（X）］＜退出＞：＿shell

选择三维实体：

删除面或［放弃（U）/添加（A）/全部（ALL）］：

输入抽壳偏移距离：

**例 8-49**　如图 8-61（a）所示，将该实体编辑成上表面开放成壁厚为 0.5 的空心的薄壁体，如图 8-61（b）所示。

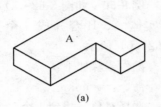
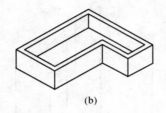

(a)　　　　　　　　　　　　　　　　(b)

图 8-61　实体的抽壳

操作步骤如下：

命令：＿solidedit

实体编辑自动检查：SOLIDCHECK＝1

输入实体编辑选项［面（F）/边（E）/体（B）/放弃（U）/退出（X）］＜退出＞：＿body

输入实体编辑选项

［压印（I）/分割实体（P）/抽壳（S）/清除（L）/检查（C）/放弃（U）/退出（X）］＜退出＞：＿shell

选择三维实体：　　　　　　　　　　　　　　　//选择实体

删除面或［放弃（U）/添加（A）/全部（ALL）］：找到一个面，已删除 1 个

　　　　　　　　　　　　　　　　　　　　　//选择 A 面

删除面或［放弃（U）/添加（A）/全部（ALL）］：　//按回车键

输入抽壳偏移距离：0.5　　　　　　　　　　//指定薄壁体的壁厚

已开始实体校验。

已完成实体校验。

# 8.7　布 尔 运 算

## 8.7.1　并集

1. 功能

通过添加操作合并选定面域或实体。

2. 格式

（1）"实体编辑"工具栏或者"建模"工具栏：⊚

（2）命令：_ union

选择对象：

选择对象：

选择对象：

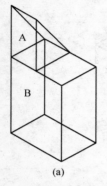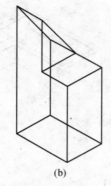

（a）　　　　　　　　（b）

图 8-62　布尔运算的并集运算

**例 8-50**　如图 8-62（a）所示，将两个实体 A、B 合并成一个实体，如图 8-62（b）所示。

操作步骤如下：

命令：_ union

选择对象：找到 1 个

　　　　　　　　//选择实体 A

选择对象：找到 1 个，总计 2 个

　　　　　　　　//选择实体 B

选择对象：　　//按回车键

### 8.7.2　差集

1. 功能

通过减操作合并选定的面域或实体。

2. 格式

（1）"实体编辑"工具栏或者"建模"工具栏：⊚

（2）命令：_ union

选择对象：

选择对象：

选择对象：

**例 8-51**　如图 8-63（a）所示，球体的一部分在一个正方体里面，通过差集命令在正方体上将与球体重合的地方消除，如图 8-63（b）所示。

操作步骤如下：

命令：_ subtract 选择要从中减去的实体或面域 ...

选择对象：找到 1 个　　　　　　//选择正方形实体 B

选择对象：　　　　　　　　　　//按回车键，表示选择完毕

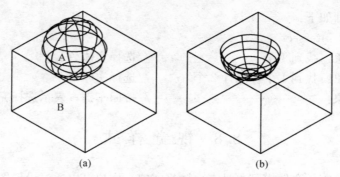

(a)　　　　　　　　　　　　(b)

图 8-63　布尔运算的差集运算

选择要减去的实体或面域 . .　　　　//选择球体 A

选择对象：找到 1 个　　　　　　　//按回车键，表示选择完毕

选择对象：↙

### 8.7.3　交集

1. 功能

从两个或多个实体或面域的交集中创建复合实体或面域，然后删除交集外的区域。

2. 格式

（1）"实体编辑"工具栏或者"建模"工具栏： 

（2）命令：_ intersect

选择对象：

选择对象：

**例 8-52**　如图 8-64（a）所示，球体的一部分在一个正方体里面，通过交集命令保留这两个实体共有的部分，如图 8-64（b）所示。

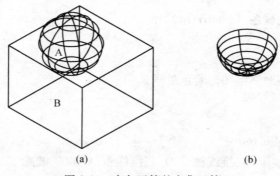

(a)　　　　　　　　　　　　(b)

图 8-64　布尔运算的交集运算

操作步骤如下：

命令：_ intersect

选择对象：找到 1 个　　　　　　　　　//选择实体 A

选择对象：找到 1 个，总计 2 个　　　　//选择实体 B

选择对象：　　　　　　　　　　　　　//按回车键，表示选择完毕

# 8.8　视 觉 样 式

为了使绘制的立体模型更具有立体真实感，用户可以通过设置图形的视觉样式来观察绘制的实体。视觉样式是一组设置，用来控制视图中图形边和着色的显示。用户更改视觉样式的特性，而不是使用命令和设置系统变量。一旦应用了视觉样式或更改了其设置，就可以在视图中查看效果。AutoCAD 的视觉样式共提供五种默认视觉样式供用户使用，如图 8-65 所示。用户可以方便地通过"视觉样式"工具栏调用二维线框、三维线框、三维隐藏、真实和概念 5 种 AutoCAD 已设置好的视觉样式，用户也可以通过"管理视觉样式"命令创建新的视觉样式和对已有视觉样式进行修改。

**一、直接视觉**（vscurrent）

　　1. 功能

生成具有明暗效果的三维图形。当前视图中的三维模型的各面被单一颜色填充成明暗相同的图像，生成逼真的图像。

　　2. 格式

命令：vscurrent

此时，在视图中的三维图形自动着色。

**二、选择着色类型着色**（vscurrent）

　　1. 功能

选择着色类型对三维图形着色处理。

　　2. 格式

（1）命令：vscurrent↙

提示：输入选项 [二维线框（2）/三维线框（3）/三维隐藏（H）/真实（R）/概念（C）/其他（O）/当前（U）] <当前>：

（2）下拉菜单：视图（V）→视觉样式（S）→光标菜单，如图 8-65 所示。

（3）工具条：在"视觉样式"工具条中，单击相应的图标按钮，如图 8-66 所示。

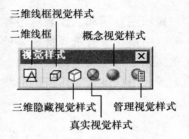

图 8-65　下拉菜单"视图（V）"　　　　　　　图 8-66　"视觉样式"工具条

对于视觉样式的有关选项说明：

（1）"二维线框（2D）"，显示用直线和曲线表示边界的对象。光栅和 OLE 对象、线型和线宽都是可见的。即使 Compass 系统变量设为开，在二维线框视图中也不显示坐标球。

（2）"三维线框（3D）"，显示用直线和曲线表示边界的对象。这时 UCS 为一个着色的三维图标。光栅和 OLE 对象、线型和线框都不可见。当将 Compass 系统变量设为开时可以显示坐标，并能够显示已使用的材质颜色。

（3）"三维隐藏（H）"，显示用三维线框表示的对象，同时消隐表示后面的线。此时 UCS 为一个着色的三维图标。

（4）"真实（R）"，着色对象并在多边形面之间平滑边界，给对象一个光滑、具有真实感的对象，也可以显示已应用到的对象材质。

（5）"带边框平面着色（L）"，合并平面着色和线框选项。对象显示为带线框的平面着色效果。

（6）"概念（C）"，合并着色和线框选项。对象显示为带线框的实体着色效果。进行着色的图像不能编辑、输出，但可以保存或制成幻灯片；图形着色时，自动消隐。如图 8-67 所示。

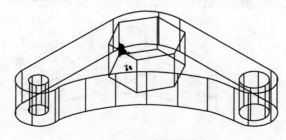

图 8-67　三维实体消隐图

### 8.8.1　二维线框视觉样式

#### 1. 功能

显示用直线和曲线表示边界的对象，光栅和 OLE 对象、线型和线宽都是可见的。用户在没有选择特定一种视觉样式进行绘图时，AutoCAD 将默认当前的视觉样式为二维线框视觉模式，显示的实体模型均用直线和曲线来表示实体模型的边界，用户设置实体模型的线型和线宽均可见。二维线框视觉样式的效果如图 8-68 所示。

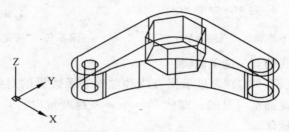

图 8-68　二维线框的视觉样式

#### 2. 格式

（1）"视图（V）"菜单：→ 视觉样式（S）→二维线框（2）
（2）"视觉样式"工具栏：⊠

### 8.8.2　三维线框视觉样式

#### 1. 功能

显示用直线和曲线表示边界的对象，显示一个已着色的三维 UCS 图标。

三维线框视觉样式与二维线框视觉样式均使用直线和曲线表示实体模型的边界，两种视觉样式的显示效果大致一样，但三维线框视觉样式显示一个已着色的三维 UCS 图标。三维线框视觉样式的效果如图 8-69 所示。

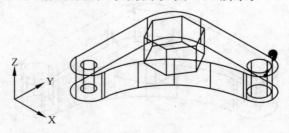

图 8-69　三维线框的视觉样式

2. 格式

"视图（V）"菜单：→ 视觉样式（S）→三维线框（3）
"视觉样式"工具栏：⬚

### 8.8.3　三维隐藏视觉样式

1. 功能

显示用三维线框表示的对象并隐藏表示后向面的直线。

三维隐藏视觉样式同样使用直线和曲线表达实体模型的边界，并隐藏实体模型不可见部分。三维隐藏视觉样式的效果如图 8-70 所示。

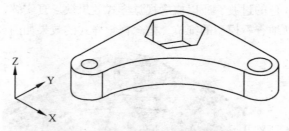

图 8-70　三维隐藏的视觉样式

2. 格式

"视图（V）"菜单：→ 视觉样式（S）→三维隐藏（3）
"视觉样式"工具栏：⬡

### 8.8.4　真实视觉样式

1. 功能

着色多边形平面间的对象，使对象的边平滑化，并将显示已附着到对象的材质。真实视觉样式可以对实体模型进行着色处理，对实体模型的边界也进行平滑处理，同时将显示实体模型的材质。真实视觉样式的效果如图 8-71 所示。

图 8-71　真实的视觉样式

2. 格式

"视图（V）"菜单：→ 视觉样式（S)→真实（R)
"视觉样式"工具栏：

### 8.8.5 概念视觉样式

1. 功能

着色多边形平面间的对象，并使对象的边平滑化。

概念视觉样式与真实视觉样式都对实体模型进行着色和对边界进行平滑处理，但概念视觉样式的着色使用古氏面样式，古氏面样式是一种冷色和暖色之间的过渡而不是从深色到浅色的过渡。所以概念视觉样式效果缺乏真实感，但相对于真实视觉样式可以更方便地查看模型的细节。概念视觉样式的效果如图 8-72 所示。

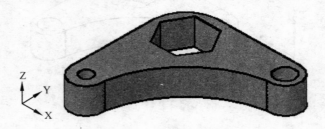

图 8-72　概念的视觉样式

2. 格式

"视图（V）"菜单：→ 视觉样式（S)→概念（C)
"视觉样式"工具栏：

### 8.8.6 视觉样式管理器

1. 功能

显示图形中可用的视觉样式的样例图像，对选定的视觉样式的面设置、环境设置和边设置显示在设置面板中，设置视觉样式的各项参数。

AutoCAD 自带 5 种已设置好的视觉样式，但用户可以通过"管理视觉样式"对话框创建新的视觉样式和对已有视觉样式进行修改。如对视觉样式的"面设置"参数进行修改，可以控制面在视图中的外观；对视觉样式的"环境设置"参数进行修改，可以控制实体模型的阴影和背景；对视觉样式的"边设置"参数进行修改，可以控制如何显示边。

**2. 格式**

"视图（V）"菜单：→ 视觉样式（S）→视觉样式管理器（V）

"视觉样式"工具栏： （见图 8-73）

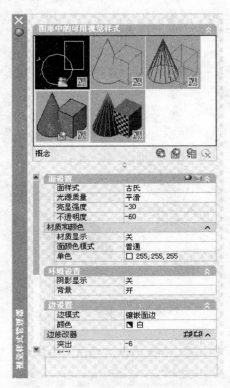

图 8-73　视觉样式管理器

# 8.9　渲 染 实 体

实体模型的显示方式有多种方式，如之前面介绍的三维线框图、三维隐藏图、真实视觉图、概念视觉图等，但要创建更加逼真的模型图像，就需要对三维实体对象进行渲染处理，经过渲染处理的实体增加色泽感，更具真实感，更能够清晰地反映实体模型的结构形状。用户只需要一条简单的"渲染"命令就能创建渲染图，实体模型经渲染处理后，其表面就能显示出明暗色彩和光照效果，因而形成非常逼真的图像，同时，它仍然保留实体的特性，用户可以调整不同的视点从不同的方向进行观察。

AutoCAD 提供强大的渲染功能。用户可以在实体模型中添加不同类型的光源，给三维模型添附不同类型的材质，还能在渲染场景中添加背景图片。除此之外，用户还能以不同的格式来保存渲染图像。

1. 功能

创建一个可以表达用户想象的照片及真实感的演示质量图像。

2. 格式

"视图（V）"菜单：→渲染（E)→渲染（R）

"渲染"工具栏：🎨

命令：render ↙

**例 8-53**　如图 8-74（a）所示，将该实体进行渲染，结果如图 8-74（b）所示。

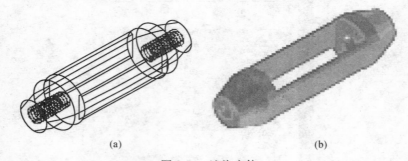

(a)　　　　　　　　　　　　　(b)

图 8-74　渲染实体

操作步骤如下：

选择"渲染"工具栏：🎨 AutoCAD 将弹出渲染窗口，如图 8-75 所示。

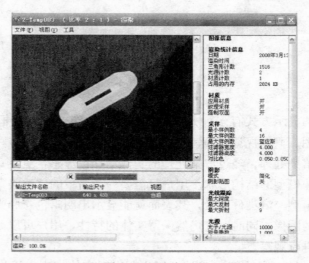

图 8-75　"渲染"框

在［渲染］窗口的左上角包含着"文件（F）"、"视图（V）"和"工具"三个菜单，其功能如下：

（1）"文件（F）"菜单：将当前渲染图像按指定的格式保存到文件和将当前图像的副本保存到指定位置；

（2）"视图（V）"菜单：确定是否在渲染窗口显示渲染状态栏和统计信息窗格。

（3）"工具"菜单：使渲染图像放大或者缩小。

用户选择一个简单的"渲染"命令便可以完成实体模型的渲染处理，但针对不同的实体模型，为了达到更好更真实的渲染效果，用户通常需要在渲染之前先进行渲染相关参数的设置，如设置渲染材质、光源等参数。

### 8.9.1　材质

用户在渲染实体模型时，使用材质可以增强实体模型的真实感。合适的材质在渲染处理中起着很重要的作用，对渲染的效果有很大的影响。

1. 功能

管理、应用和修改材质。

2. 格式

"视图（V）"菜单：→ 渲染（E）→材质（M）

"渲染"工具栏：🖼 （见图 8-76）

命令：materials ↙

当用户打开"材质"命令，AutoCAD将弹出"材质"对话框供用户设置，

（1）"图形中可用的材质"选项组。在"图形中可用的材质"选项组中用户可以设置当前图形可用的材质及相关参数，预览图像显示当前材质的预览图像。用户可以通过"样例几何体"按钮 🔵 设置预览样例，系统提供球体、立方体和圆柱体三种样例。如图 8-77 所示；通过"交错参考底图开/关"按钮用户可以设置预览图像的底图；用户也可以通过"预览样例光源模型"按钮确定预览样例的光源模型。此外，用

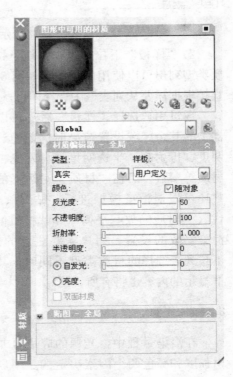

图 8-76　"材质"框

户还可以通过此选项组的其他按钮完成创建新材质、从图形清除材质、将材质应用到对象等操作。

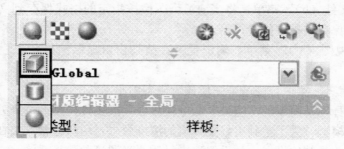

图 8-77　样例几何体

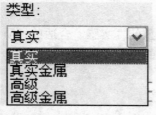

图 8-78　材质类型

（2）"材质编辑器"选项组。用户在"材质编辑器"设置区域内可以完成编辑"图形中可用的材质"的相关操作。

1）"类型"下拉列表框：通过此下拉列表选择材质的类型，系统内置了 4 种类型，分别为"真实"、"真实金属"、"高级"和"高级金属"，如图 8-78 所示，用户直接选择即可。

2）"样板"下拉列表框：该下拉列表中当前材质类型列出可以使用的材质，如图 8-79 所示。用户直接根据需要从列表框中选择即可。

通过用户选择"样板"后还可以在"材质编辑器"的其余区域设置渲染时的颜色、反光度、不通明度、折射率、半透明度、自发光、亮度以及双面材质等参数。而在"材质"对话框的其余区域，用户还可以对渲染模型进行"贴图"、"高级光源替代"、"材质缩放与平衡"和"材质偏移与预览"等渲染参数的设置。用户需要注意的是：在"类型"下拉列表选择的材质类型不同时，其"材质"对话框显示的内容也将有所不同。

### 8.9.2　光源

在渲染过程中，光源的应用也非常重要。光源由强度和颜色两个因素决定的。用户可以设置使用点光源、平行光源以及聚光灯光源 3 种光源形式照

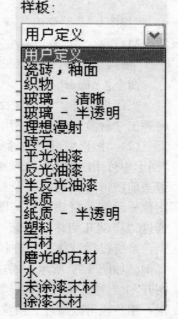

图 8-79　材质样板

亮物体的不同区域。

## 一、新建点光源

1. 功能

新建从光源处向外发射放射性光的光源，其效果与一般灯泡类似。

2. 格式

(1) "视图（V）"菜单：→ 渲染（E）→光源（L）→新建点光源（P）
(2) 命令：pointlight
指定源位置<0，0，0>：
输入要更改的选项［名称（N）/强度因子（I）/状态（S）/光度（P）/阴影（W）/衰减（A）/过滤颜色（C）/退出（X）］<退出>：

3. 选项

名称（N）：指定光源名。名称中可以使用大小写字母、数字、空格、连字符(-)和下划线（ _ ）。最大长度为 256 个字符；
强度因子（I）：设置光源的强度或亮度。取值范围为 0.00 到系统支持的最大值；
状态（S）：打开和关闭光源。如果图形中没有启用光源，则该设置没有影响；
光度（P）：光度是指测量可见光源的照度；
阴影（W）：使光源投射阴影；
衰减（A）：控制光线如何随着距离增加而衰减；
过滤颜色（C）：控制光源的颜色；
退出（X）：默认选项，原参数不作修改。

## 二、新建平行光源

1. 功能

新建从光源处向外发射平行性光的光源，其效果与太阳光类似。

2. 格式

(1) "视图（V）"菜单：→ 渲染（E）→光源（L）→新建平行光源（D）
(2) 命令：distantlight
指定光源来向<0，0，0>或［矢量（V）］：
指定光源去向<1，1，1>：

输入要更改的选项［名称（N）/强度因子（I）/状态（S）/光度（P）/阴影（W）/过滤颜色（C）/退出（X）］＜退出＞：

3．选项

名称（N）：指定光源名。名称中可以使用大小写字母、数字、空格、连字符（-）和下划线（ ＿ ）。最大长度为 256 个字符；

强度因子（I）：设置光源的强度或亮度。取值范围为 0.00 到系统支持的最大值；

状态（S）：打开和关闭光源。如果图形中没有启用光源，则该设置没有影响；

光度（P）：光度是指测量可见光源的照度；

阴影（W）：使光源投射阴影；

过滤颜色（C）：控制光源的颜色；

退出（X）：默认选项，原参数不作修改。

## 三、新建聚光灯光源

1．功能

新建从光源处向一个方向按锥形发射同向光的光源，其效果与聚光灯类似。

2．格式

（1）"视图（V）"菜单：→ 渲染（E）→光源（L）→新建聚光灯光源（S）

（2）命令：spotlight

指定源位置＜0，0，0＞：

指定目标位置＜0，0，-10＞：

输入要更改的选项［名称（N）/强度因子（I）/状态（S）/光度（P）/聚光角（H）/照射角（F）/阴影（W）/衰减（A）/过滤颜色（C）/退出（X）］＜退出＞：

3．选项

名称（N）：指定光源名。名称中可以使用大小写字母、数字、空格、连字符（-）和下划线（ ＿ ）。最大长度为 256 个字符；

强度因子（I）：设置光源的强度或亮度。取值范围为 0.00 到系统支持的最大值；

状态（S）：打开和关闭光源。如果图形中没有启用光源，则该设置没有影响；

光度（P）：光度是指测量可见光源的照度；

聚光角（H）：指定定义最亮光锥的角度，也称为光束角；

照射角（F）：指定定义完整光锥的角度，也称为现场角；

阴影（W）：使光源投射阴影；

衰减（A）：控制光线如何随着距离增加而衰减；

过滤颜色（C）：控制光源的颜色；

退出（X）：默认选项，原参数不作修改。

### 8.9.3  高级渲染设置

**1. 功能**

显示"高级渲染设置"选项板以进行高级渲染参数的设置。

当用户打开"高级渲染设置"命令，AutoCAD 将弹出"高级渲染设置"对话框供用户设置，如图 8-80 所示。

"高级渲染设置"对话窗口包括标准渲染预设、基本渲染、光线跟踪、间接发光、诊断和处理等多个子窗口，个别子窗口还具有二级子窗口用户可以根据需要在对应的子窗口或者下拉列表进行设置。

**2. 格式**

（1）"视图（V）"菜单：→渲染（E）→高级渲染设置（D）

（2）"渲染"工具栏：

（3）命令：rpref↙

### 8.9.4  渲染对象

选择"视图"→"视觉样式"命令中的子命令为对象应用视觉样式时，并不能执行产生亮显、移动光源或添加光源的操作。要更全面地控制光源，必须使用渲染，可以使用"视图"→"渲染"菜单中的子命令或"渲染"工具栏实现，如图 8-81 所示。

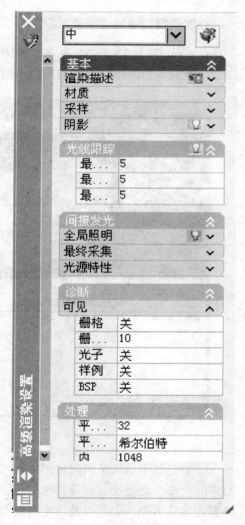

图 8-80  高级渲染设置

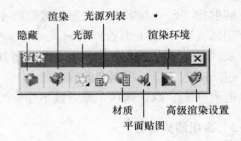

图 8-81 "渲染"子菜单和工具栏

## 一、在渲染窗口中快速渲染对象

在 AutoCAD 2008 中，选择"视图"→"渲染"命令，可以在打开的渲染窗口中快速渲染当前视口中的图形，如图 8-82 所示。

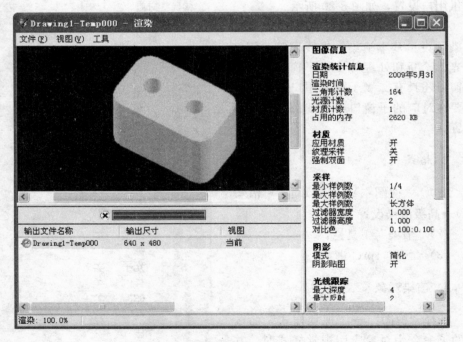

图 8-82 渲染图形

渲染窗口中显示了当前视图中图形的渲染效果。在其右边的列表中，显示了图像的质量、光源和材质等详细信息；在其下面的文件列表中，显示了当前渲染图像的文件名称、大小以及渲染时间等信息。用户可以右击某一渲染图形，这时将弹出一个快捷菜单，可以选择其中的相应命令来保存、清理渲染图像，如图

8-83 所示。

## 二、设置光源

在渲染过程中，渲染的应用非常重要，它由强度和颜色两个因素决定。在 AutoCAD 中，不仅可以使用自然光（环境光），也可以使用点光源、平行光源及聚光灯光源，以照亮物体的特殊区域。

在 AutoCAD 2008 中，选择"视图"→"渲染"→"光源"命令中的子命令，可以创建和管理光源，如图 8-84 所示。

再次渲染
保存...
保存副本...
将渲染设置置为当前

从列表中删除
删除输出文件

图 8-83　渲染图形的快捷菜单　　　　　图 8-84　"光源"子菜单

1. 创建光源

选择"视图"→"渲染"→"光源"→"新建点光源"、"新建聚光灯"和"新建平行光"命令，可以分别创建点光源、聚光灯和平行光。

（1）创建点光源时，当指定了光源位置后，还可以设置光源的名称、强度、状态、阴影、衰减和颜色等选项，此时命令行将显示如下提示信息：

输入要更改的选项［名称（N）/强度（I）/状态（S）/阴影（W）/衰减（A）/颜色（C）/退出（X）］＜退出＞：

（2）创建聚光灯时，当指定了光源位置和目标位置后，还可以设置光源的名称、强度、状态、聚光角、照射角、阴影、衰减和颜色等选项，此时命令行将显示如下提示信息：

输入要更改的选项［名称（N）/强度（I）/状态（S）/聚光角（H）/照射角（F）/阴影（W）/衰减（A）/颜色（C）/退出（X）］＜退出＞：

（3）创建平行光时，当指定了光源的矢量方向后，还可以设置光源的名称、强度、状态、阴影和颜色等选项，此时命令行将显示如下提示信息。

输入要更改的选项［名称（N）/强度（I）/状态（S）/阴影（W）/颜色（C）/退出（X）］＜退出＞：

图 8-85　"模型中的
光源"选项板

## 2. 查看光源列表

当创建了光源后，可以选择"视图"→"渲染"→"光源"→"光源列表"命令，打开"模型中的光源"选项板，查看创建的光源，如图 8-85 所示。

## 3. 设置地理位置

由于太阳光受地理位置的影响，因此在使用太阳光时，还需要选择"视图"→"渲染"→"光源"→"地理位置"命令，打开"地理位置"对话框，设置光源的地理位置，如纬度、经度、方向以及地区等，如图 8-86 所示。

选择"视图"→"渲染"→"光源"→"阳光特性"命令，将打开"阳光特性"，在该选项板中可以编辑阳光特性，可以设置阳光的基本信息、太阳角度计算以及渲染着色细节等详细信息，如图 8-87 所示。

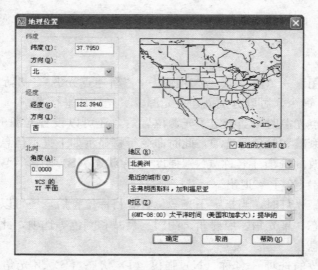

图 8-86　"地理位置"对话框

## 三、设置渲染材质

在渲染对象时，使用材质可以增强模型的真实感。在 AutoCAD 2008 中，选择"视图"→"渲染"→"材质"命令，将打开"材质"选项板，从中可以为对象选择并附加材质，如图 8-88 所示。

图 8-87　"阳光特性"选项板

图 8-88　"材质"选项板

在"材质"选项板的"图形中可用的材质"列表框中，显示了当前可以使用的材质。用户可以单击工具栏中的"样例几何体"按钮设置样例的形式，如球体、圆柱体和立方体 3 种；单击"交错参考底图开/关闭"按钮 ▩，将显示或关闭交错参考底图；单击"创建新材质"按钮 ●，将创建新材质样例；单击"从图形中清除"按钮 ●，将清除"材质"列表框中选中的材质；单击"将材质应用到对象"按钮 ●，将选中的材质应用到图形对象上。

在"材质"选项板的"材质编辑器"选项区域中，在"样板"下拉列表框中选择一种材质样板后，可以设置材质的反光度、自发光和亮度等参数。

## 四、设置贴图

在渲染图形时，可以将材质映射到对象上，称为贴图。选择"视图"→"渲染"→"贴图"命令中的子命令，可以创建平面贴图、长方体贴图、柱面贴图和球面贴图，如图 8-89 所示。

## 五、渲染环境

选择"视图"→"渲染"→"渲染环境"命令，可在渲染对象时，对对象进

图 8-89　"贴图"菜单

行雾化处理，此时将打开"渲染环境"对话框，如图 8-90 所示。在"启用雾化"下拉列表框中选择"开"选项后，可以利用该对话框来设置使用雾化背景、颜色、雾化的近距离、远距离、近处雾化百分率及远处雾化百分率等雾化格式。图 8-91 为使用雾化前后的对比。

图 8-90　"渲染环境"对话框

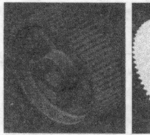

图 8-91　雾化对比

图 8-92　"高级渲染
设置"选项板

## 六、高级渲染设置

在 AutoCAD 2008 中，选择"视图"→"渲染"→"高级渲染设置"命令，再打开"高级渲染设置"选项板，从中可以设置渲染高级选项，如图 8-92 所示。

在"选择渲染预设"下拉列表框中，可以选择预设的渲染类型，这时在参数区中，可以设置该渲染类型的基本、光线跟踪、间接发光、诊断和处理等参数。当在"选择渲染预设"下拉列表框中选择"管理渲染预设"选项时，将打开"渲染预设管理器"对话框，可以在其中自定义渲染预设，如图 8-93所示。

图 8-93　"渲染预设管理器"对话框

## 8.10　三维图形的尺寸标注

在 AutoCAD 中,使用"标注"菜单中的命令或"标注"工具栏中的标注工具,不仅可以标注二维对象的尺寸,还可以标注三维对象的尺寸。由于所有的尺寸标注都只能在当前坐标的 XY 平面中进行,因此为了准确标注三维对象中各部分的尺寸,需要不断地变换坐标系。

**例 8-54**　标注如图 8-94 所示的图形。

(1) 根据前面介绍的方法绘制如图 8-94 所示的图形。

(2) 在"图层"工具栏的图层控制下拉列表框中选择"标注层"选项,将其设置为当前层。

(3) 选择"工具"→"移动 UCS"命令,将坐标系移动到如图 8-95 所示的位置。

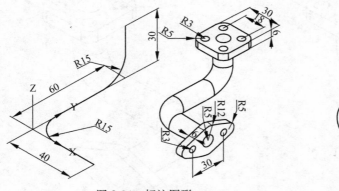

图 8-94　标注图形

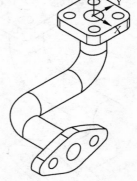

图 8-95　移动坐标系

(4) 在"标注"工具栏中单击"线性"按钮，标注圆孔中心间的长度，效果如图 8-96 所示。

（5）使用同样的方法标注出 XY 平面内其他的线性标注，效果如图 8-97 所示。

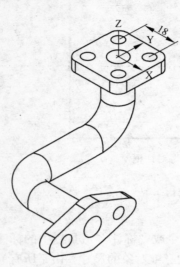

图 8-96　线性标注

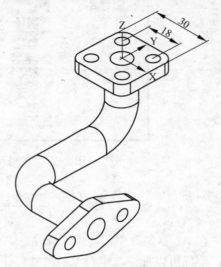

图 8-97　标注长度

（6）在"标注"工具栏中单击"半径"按钮 ⊙，标注圆孔的半径和圆角半径，效果如图 8-98 所示。

（7）选择"工具"→"移动 UCS"命令，将坐标系移动到实体顶部的端点处，选择"工具"→"新建 UCS"→Y 命令，将坐标系绕 Y 轴旋转 90°，效果如图 8-99 所示。

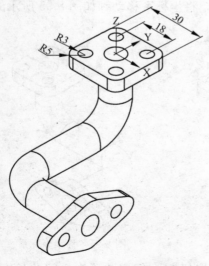

图 8-98　标注半径

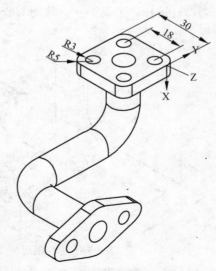

图 8-99　移动坐标系

（8）在"标注"工具栏中单击"线性"按钮▭，标注实体顶部的高，效果如图 8-100 所示。

（9）选择"工具"→"移动 UCS"，将坐标系移动到实体底部的圆心处，效果如图 8-101 所示。

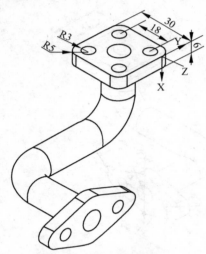

图 8-100　标注顶部实体的高

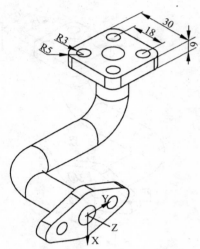

图 8-101　移动坐标系

（10）在"标注"工具栏中单击"半径"按钮◎。标注圆孔的半径和圆角半径，效果如图 8-102 所示。

（11）在"标注"工具栏中单击"线性"按钮▭，标注圆孔中心间的长度，效果如图 8-103 所示。

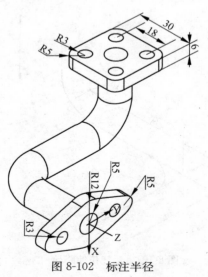

图 8-102　标注半径

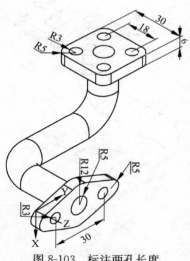

图 8-103　标注两孔长度

　　（12）选择"工具"→"移动 UCS"命令，将坐标系移动到底部的一个端点上，效果如图 8-104 所示。

　　（13）选择"工具"→"新建 UCS"→"三点"命令，以楔体的斜面为坐标系的 XY 面调整坐标系，效果如图 8-105 所示。

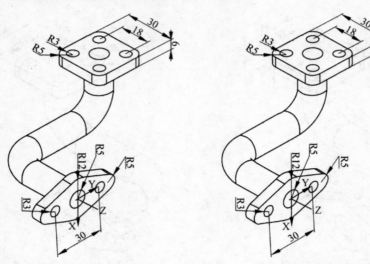

图 8-104　移动坐标系　　　　　　　图 8-105　调整坐标系

　　（14）在"标注"工具栏中单击"线性"按钮 ⊨，标注出底部的厚度，效果如图 8-106 所示。

　　（15）使用同样的方法标注拉伸路径，效果如图 8-107 所示。

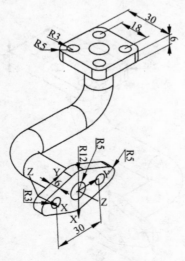

图 8-106　标注厚度

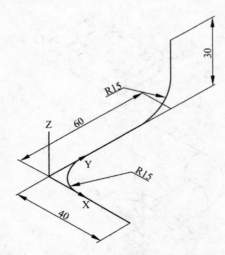

图 8-107　标注拉伸路径

# 本 章 小 结

本章主要介绍坐标系、曲面、实体及渲染等方面的知识，具体内容包括：

（1）使用 UCS 命令，设置和管理不同的坐标系。

（2）使用 view 命令，设置从不同的角度不同的方位观察、编辑图素。

（3）使用一系列的 3D 曲面命令来创建不同的曲面，如长方体表面、圆锥面、下半球面、上半球面、网格、棱锥面、球面、圆环面、楔体表面。

（4）使用一系列的 3D 实体命令来创建不同的实体，如长方体、圆锥体、球体、楔体、圆柱体、圆环形实体。

（5）使用一系列的 3D 实体编辑命令，编辑实体，如切割实体、三维阵列实体、三维旋转实体、三维镜像实体、三维倒圆角、三维倒斜角等操作。

（6）使用布尔运算命令，如差集、并集、交集，编辑实体矩形。

（7）使用视觉样式命令，使立体模型更具有立体真实感。

（8）使用渲染命令，渲染实体，使实体增加色泽感，更具真实感，更能够清晰地反映实体模型的结构形状。

# 习 题 八

一、问答题

1. 为什么要建立 UCS 坐标系？怎样建立、保存、恢复和修改 UCS？

2. 什么是消隐和渲染？它们的作用有哪些？

3. 如何渲染图形、设置场景、灯光、添加材质和背景？

4. 常用的三维表面网格实体的绘制命令有哪几个？

5. 如何生成面域造型？

6. 三维线框图形与三维网格表面有哪些不同？

7. 有几种"布尔运算"？它们的用途是什么？

8. 在三维编辑操作菜单中，有哪几种三维编辑命令？

9. 如何改变三维造型某个面的颜色？

二、填空题

1. 在绘制三维图形时，可以使用_____设置标高和厚度。

2. 在三维绘图时，选择_____命令，可通过单击和拖动的方式，在三维视图中动态观察实体对象。

3. 在中文版 AutoCAD 2008 中，"渲染"对象的类型有三种，分别是_____、_____和_____。

4. 在绘制等轴测图时，可以使用_____、_____和_____等方法，按_____顺序实现等轴测绘图面的转换。

5. 在中文版 AutoCAD 2008 中，通过＿＿＿＿＿、＿＿＿＿＿法，可以将二维实体转换为三维实体造型。

6. 在中文版 AutoCAD 2008 中，绘制圆锥体或椭圆锥体时，可使用＿＿＿＿＿命令。

7. 在三维实体造型中，与实体造型有关的三个变量是＿＿＿＿＿、＿＿＿＿＿和＿＿＿＿＿变量。

8. 在中文版 AutoCAD 2008 中，可以使用＿＿＿＿＿对三维实体造型或面域的数据信息进行查询。

9. 通过"分外"命令将三维实体造型分解时，可以将实体分解成一系列面域和主体。其中，实体中的平面被转换为＿＿＿＿＿，曲面被转换为＿＿＿＿＿。

10. 在中文版 AutoCAD 2008 中，除了可以对三维实体造型进行复制、移动、旋转、陈列等编辑外，还可以对三维实体的＿＿＿＿＿进行编辑。

11. 三维图形对齐操作时，需要指定＿＿＿＿＿点。

12. 三维实体切割命令功能是：＿＿＿＿＿。

三、作图题

1. 如题图 8-1 所示，在该图（a）的基础上建立 2 个 UCS，如图（b）、图（c）所示，并分别将其命名为"ABC"和"DEF"。

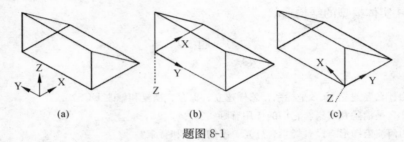

题图 8-1

2. 如题图 8-2（a）所示，在该长方体的 BCHE 平面的中央处绘制一个边长为 30 的正方形，绘制结果如（b）图所示。

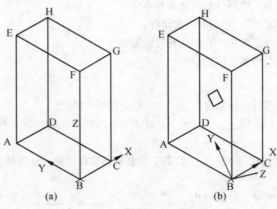

题图 8-2

3. 如题图 8-3 所示，利用不同的标准视图、设置不同的视点来观察这两个实体在不同视图的区别。

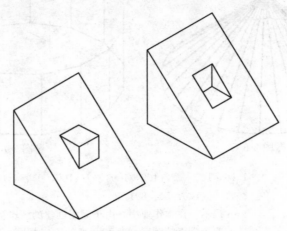

题图 8-3

4. 如题图 8-4 所示，分别利用受约束的动态观察、自由动态观察和连续动态观察 3 个命令来从多方位观察此实体模型，特别注意在使用自由动态观察命令时把光标移动到导航球的四个小圆圈上转动实体，观察实体转动的方位与鼠标位置的关系。

5. 绘制如题图 8-5 所示的管的直径为 10，总长为 200，弯曲半径为 50，且左右对称。

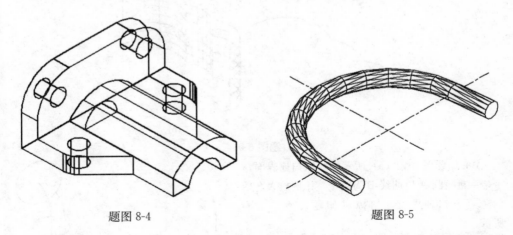

题图 8-4　　　　　　　　　　　　　　　　题图 8-5

6. 以 WCS 的坐标原点（50，100，150）为圆锥体底面的中心点，绘制圆锥体底面半径为 100，高度为 100，圆锥体曲面的线段数目为 30 的尖圆锥体表面，结果如题图 8-6 所示。

7. 以任意一点为圆锥体底面的中心点，绘制圆柱体表面，使其底面半径均为 60，高度为 45，曲面线段数目为 15。如题图 8-7 所示。

8. 使用创建棱锥面命令绘制如题图 8-8 所示的顶点为棱的棱锥表面，各点坐标分别为

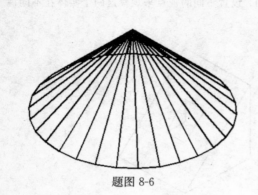

题图 8-6

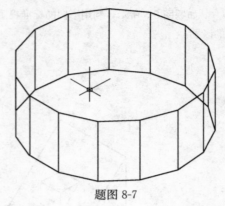

题图 8-7

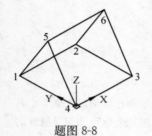

题图 8-8

1（0，100）、2（100，100）、3（100，0）、4（0，0）、5（0，50，80）、6（100，50，80）。

　　提示：在本作业中，由于需要创建的棱锥面的顶点是一条棱，棱的两个端点的顺序必须和基点的方向相同，以避免出现自交线框。各角点的输入顺序要特别注意，练习时可以依次按点 1、2、3、4、5、6 的顺序进行练习。

　　9. 如题图 8-9（a）所示，利用拉伸表面命令，将曲线 A 沿着法线方向拉伸高度为 100 的曲面，拉伸后如题图 8-9（b）所示。

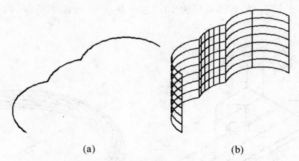

（a）　　　　　　　（b）

题图 8-9

　　10. 如题图 8-10（a）所示，利用扫掠表面命令，将封闭圆 A 以曲线 B 为路径，比例放大 3 倍创建一个扫掠曲面，扫掠后如题图 8-10（b）所示。

　　11. 如题图 8-11（a）所示，分别以曲线 A、B、C 为放样的横截面，以曲线 D 为放样路径，放样以表面。放样后如题图 8-11（b）所示。

　　12. 如题图 8-12（a）所示，利用旋转表面命令，将线段 A、B、C、D 绕 Y 轴和绕线段 A 分别

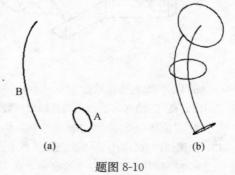

（a）　　　　　　　（b）

题图 8-10

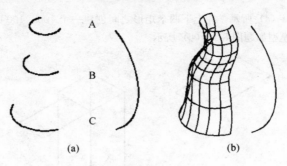

题图 8-11

旋转 100°，绕 Y 轴旋转后的曲面如题图 8-12（b）所示的曲面。思考绕 Y 轴和绕线段 A 所形成的曲面有何区别。

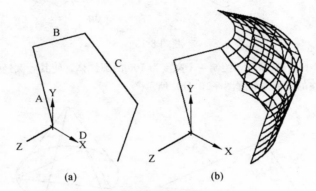

题图 8-12

13. 使用直纹网格命令，思考如何操作才能使生成的网格如题图 8-13 所示，并总结使用 rulesurf 命令的操作特点。（提示：选择定义曲线时，如果在两个对端选择对象，则创建自交的多边形网格。）

14. 如题图 8-14（a）所示。思考使用已学的哪一个网格命令，才能使生成的网格如题图 8-14（b）所示。

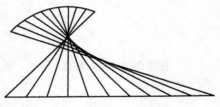

题图 8-13

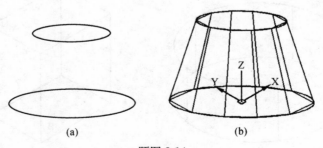

题图 8-14

15. 如题图 8-15（a）所示，在上下两个矩形之间创建一个 100×100 的三维长方体模型，创建的三维长方体模型如题图 8-15（b）所示。

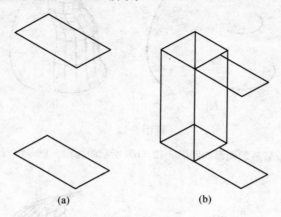

(a)                              (b)

题图 8-15

16. 如题图 8-16（a）所示，绘制一个高度为 100 的圆锥体，使其底圆经过已有的三角形的各个顶点，创建的圆锥体如题图 8-16（b）所示。

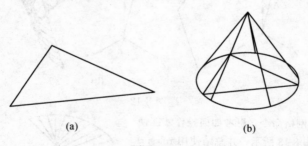

(a)                              (b)

题图 8-16

17. 使用创建实体圆柱体的命令，绘制一个底圆为椭圆，高度为 100 的圆柱体，结果如题图8-17所示。

18. 以原有的长方体（见题图 8-18）的顶点 A 为球心，创建一个球半径为 20 的实心球。

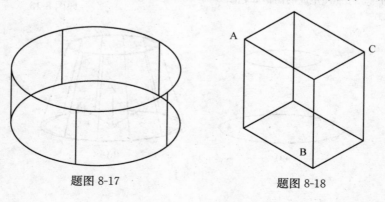

题图 8-17                          题图 8-18

19. 如题图 8-19（a）所示，经过线段的两个端点，创建一个圆管半径为 10 的圆环形实体，如题图 8-19（b）所示。

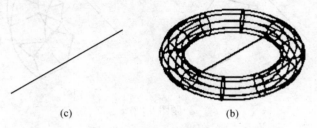

（c）　　　　　　　　　　　　　　（b）

题图 8-19

20. 如题图 8-20（a）所示，通过拉伸命令，使该闭合曲线拉伸成倾斜角为 30°的实体，如题图 8-20（b）所示。

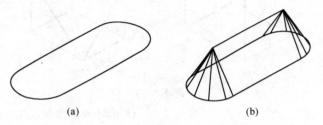

（a）　　　　　　　　　　　　　　（b）

题图 8-20

21. 如题图 8-21（a）所示，同样分别以三个矩形为放样横截面对象，通过放样创建一实体，如题图 8-21（c）所示，并思考创建的这个实体与如题图 8-21（b）所示的实体有什么区别。

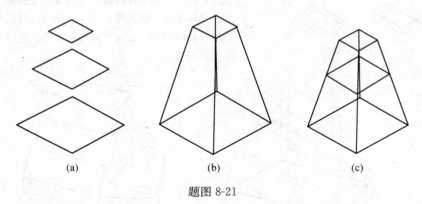

（a）　　　　　　　　　　　（b）　　　　　　　　　　　（c）

题图 8-21

22. 如题图 8-22（a）所示，以五边形为旋转对象，以线段为旋转轴，旋转角度为 90°，创建一实体，如题图 8-22（b）所示。

23. 如题图 8-23（a）所示，使用 SLICE 命令，将该实体切割成如题图 8-23（b）所示的实体。

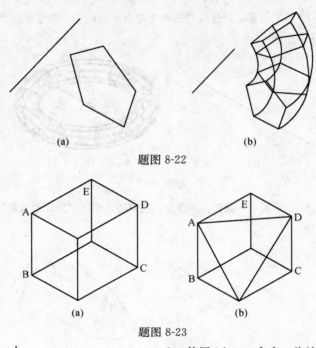

题图 8-22

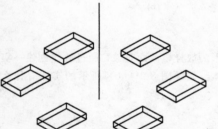

题图 8-23

24. 使用 3darray 命令，将该长方体绕一轴线阵列成如题图 8-24 所示的一组实体，要求所有的实体都位于同一个 XOY 平面上，参数自行设定。

25. 如题图 8-25（a）所示，在实体下面有一条线 AB。使用 3drotate 命令，将该实体以 A 点为基点，将图中的实体旋转一定角度使实体的 AC 边与线 AB 重合。如题图 8-25（b）所示。（提示：在三维旋转时使用"指定角的起点和端点"的方式指定旋转角度。）

题图 8-24

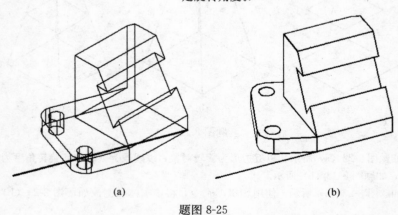

(a)

(b)

题图 8-25

26. 如题图 8-26（a）所示，通过三维镜像的命令使该实体编辑成如题图 8-26（b）所示。（提示：在三维旋转时使用"指定角的起点和端点"的方式指定旋转角度。）

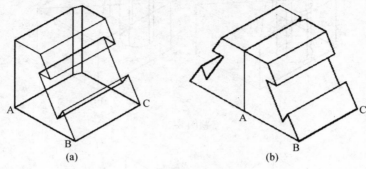

题图 8-26

27. 如题图 8-27（a）所示，通过 ALIGN 命令使这两个实体该编辑成如题图 8-27（b）所示。（提示：在使用三维对齐命令时三个源点和三个目标点是不能共线的。）

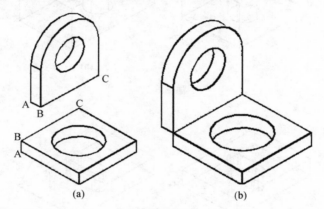

题图 8-27

28. 如题图 8-28（a）所示，将实体的平面 A 沿图中曲线拉伸成一个新实体，结果如题图 8-28（b）所示。

29. 如题图 8-29（a）所示，将该实体的 A 圆柱面在 X、Y 方向分别移动 2MM、3MM，，结果如题图 8-29（b）所示。

30. 如题图 8-30（a）所示，将该实体的 A 外表面偏移 4，结果如题图 8-30（b）所示。

31. 如题图 8-31（a）所示，将该实体的 C 外表面旋转 45°，使新实体如题图 8-31（b）所示。

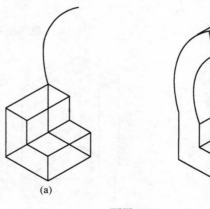

题图 8-28

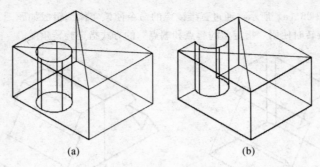

题图 8-29

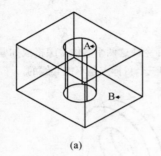 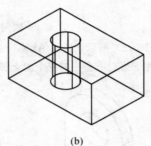

(a)　　　　　　　　　　　　(b)

题图 8-30

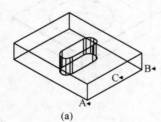 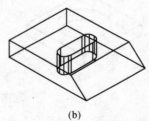

(a)　　　　　　　　　　　　(b)

题图 8-31

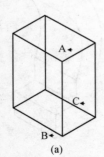 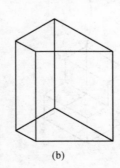

(a)　　　　　(b)

题图 8-32

32. 如题图 8-32（a）所示，通过倾斜面的命令，将该实体某个面倾斜 45°编辑成一个新实体，使新实体如题图 8-32（b）所示。

33. 已知球体半径为 50（见题图 8-33），使其上顶面至球心距为 30，抽壳厚度为 5。

34. 如题图 8-34（a）所示，通过布尔运算的命令，将原有的两个实体编辑成如题图 8-34（b）所示的实体。

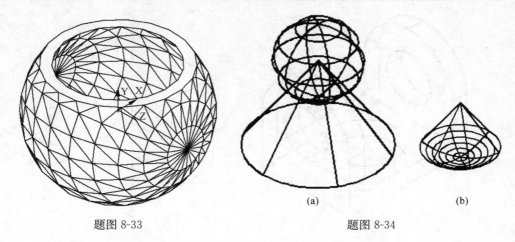

题图 8-33                                           题图 8-34

35. 如题图 8-35 所示，利用不同的视觉样式
来观察该实体模型的结构，并利用视觉样式管理
器创建与原有的 5 个视觉样式不同的新的视觉
样式。

36. 如题图 8-36（a）所示，将该实体进行渲
染，并设置其材质类为"高级金属"，漫射贴
图、发射贴图、不透明贴图、凹凸贴图的贴图类
型均为"平铺"，渲染后的效果如题图 8-36（b）
所示。

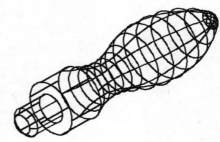

题图 8-35

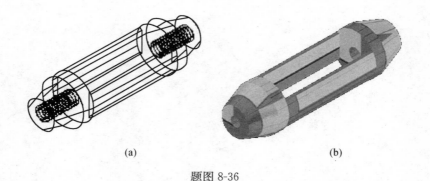

题图 8-36

37. 如题图 8-37 所示，尝试使用"高级渲染设置"进行相关参数的设置，如修改物理比
例、纹理过滤、阴影贴图、最大深度、全局照明和平铺次序等参数，观察不同参数的功能。

38. 以 WCS 的坐标原点（0，0，0）为角点绘制一边长为 250，旋转角度为 0 度的三维
立方形表面，如题图 8-38 所示。（提示：可以尝试在指定长方体表面的宽度时进入立方体
模式）

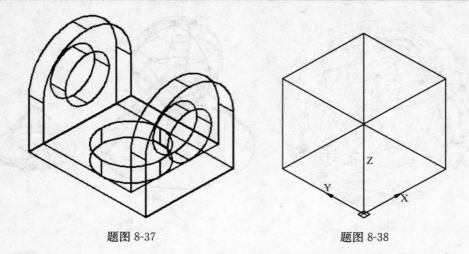

题图 8-37　　　　　　　　　　　　　题图 8-38

# 第9章　轴测图的绘制

轴测图是一个三维物体的二维表达方法，它模拟三维对象沿特定视点产生的三维平行投影视图。轴测图有多种类型，都需要有特定的构造技术来绘制。主要介绍等轴测图的绘制。等轴测图除沿 X、Y、Z 轴方向距离可测外，其他方向尺寸均不能测量。

正交的三维模型可以很容易地转换为等测图。但还有一些实体，它们在轴测面的投影与水平线的夹角不是 30°、90°或 150°，这些实体称为非等轴测实体，线段的测量长度不能直接在等测图中使用，可采用作辅助线的方法来绘制。

轴测图虽然也是二维图形，但它通过独特的视角帮助观察者更快速、清晰、方便地观察立体模型的结构。如果能够把设计图样用富有立体感、真实感的轴测图表现出来，那么即使是非专业人士也能很清楚地想象到工业造型的具体结构。因此，无论在机械设计还是在建筑工程上，轴测图都被广泛地用来表达设计者的设计意图和设计方案。

## 一、等轴测平面（Isoplane）

### 1. 功能

在光标处于正等轴测图绘图环境时，用于选择当前等轴测平面。空间三个互相垂直的坐标轴 OX、OY、OZ，在画正等轴测图时，它们的轴间角均为 120°，轴向变形系数为 1。把空间平行于 YOZ 平面的平面称为左面（Left），平行于 XOY 平面的平面称为顶面（Top），平行于 XOZ 平面的平面称为右面（Right）。执行该命令时，首先应使栅格捕捉处于等轴测（Isometric）方式。

### 2. 格式

命令：Isoplane
提示：输入等轴测平面设置［左（L）/上（T）/右（R）］＜上＞：（输入选择项）。

### 3. 选择项说明

（1）"L"左轴测面：该面为当前绘图面，光标十线变为 150°和 90°的方向。
（2）"R"左轴测面：该面为当前绘图面，光标十线变为 30°和 90°的方向。

（3）"T"左轴测面：该面为当前绘图面，光标十线变为 30°和 150°的方向。

在该提示下连续回车，也可以用 F5 键或组合键 Ctrl＋E，按 E→T→R→L顺序实现等轴测绘图的转换。

### 二、等轴测图的绘制方法

#### 1. 设置正等轴测图绘图环境

将捕捉和栅格实质为轴测方式。轴测方式的栅格和光标十字线的 X 方向与Y 方向不再相互垂直。在等轴测图上，X 轴和 Y 轴成 120°。

#### 2. 绘制等轴测图

（1）绘制直线。在等轴测图中绘制直线最简单的方法是使用栅格捕捉、对象捕捉和相对坐标。

（2）绘制圆和圆弧。在轴测图中，正交视图中的圆变成椭圆，所以要用绘制椭圆的命令来完成轴测图上的圆。

### 三、轴测图的尺寸标注及文字注写

轴测图实际上是一个在 XOY 平面上完成的二维图形，因此对于三维图形的文字注写和尺寸标注样式中设置好相应的角度值，三维图形的文字注写和尺寸标注应特别注意其方向性。

（1）轴测图顶面的旋转角度和倾斜角度设置：在顶面进行文字注写和尺寸标注时，设置文字的旋转（Rotation）角度为"30°"、倾斜（Obliquing）角度为"－30°"。

（2）轴测图左侧面的旋转角度和倾斜角度设置：在左侧进行文字注写和尺寸标注时，设置文字的旋转（Rotation）角度为"－30°"、倾斜（Obliquing）角度为"－30°"。

（3）在右侧面进行文字注写和尺寸标注：设置文字的旋转（Rotation）角度为"30°"、倾斜（Obliquing）角度为"30°"。

# 9.1　轴测平面和轴测轴

为了绘图方便，一般的投影都是使用正交投影。采用正交投影绘制工程图样的优点是，投影物体在投影视图上的图样能够反映投影物体的实际形状和实际长度，缺点是不能够直观地反映投影物体在空间上的实际形状，但轴测图却可以通过二维图形表现投影物体的立体效果。轴测图的投影方向与观察者的视觉方向如

图 9-1 所示。

　　正方体的轴测投影最多只有 3 个平面是可以同时看到的。为了便于绘图，在绘制轴测图时用户可以将顶轴测平面、右轴测平面和左轴测平面作为绘制直线、圆弧等图素的基准平面。图 9-2 为不同的轴测平面内绘图光标的形状。

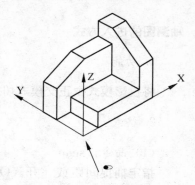

图 9-1　投影方向与视觉方向

　　轴测图中，组合体的互相垂直的 3 条边与水平线的夹角分别为 30°、90°、150°。在绘制轴测图时可以假设建立一个与投影视图互相平行的坐标系，一般称该坐标系的坐标轴为轴测轴，它们所处的位置如图 9-3 所示：

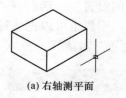
(a) 右轴测平面

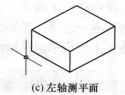
(b) 顶轴测平面　　(c) 左轴测平面

图 9-2　基准平面

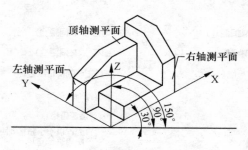

图 9-3　轴测图的夹角

## 9.2　切换轴测投影模式

　　在 AutoCAD 里，系统默认的是正交投影模式，用户可以把投影模式切换成轴测投影模式辅助绘图，当切换到轴测绘图模式后，十字光标将自动变换成与当前指定的绘图平面一致。用户可以通过以下方式切换到轴测绘图模式。

　　尺寸标注和文字注写都是在 XOY 作图上完成的，因此对于轴测图形的文字注写和尺寸标注要特别注意其方向。

**轴测图的进入方式**

**1. 功能**

将投影模式由正交模式切换到轴测投影模式。

**2. 格式**

（1）命令：snap

指定捕捉间距或［开（ON）/关（OFF）/样式（S）/类型（T）］＜10.0000＞：s

输入捕捉栅格类型［标准（S）/等轴测（I）］＜I＞：i

指定垂直间距＜10.0000＞：✓

（2）菜单栏：工具（T）→草图设置（F）→"草图设置"对话框→"捕捉和栅格"选项卡→选择"等轴测捕捉"，如图 9-4 所示，用户也可以把光标移动到绘图状态区上然后单击鼠标的右键就能弹出"草图设置"对话框。

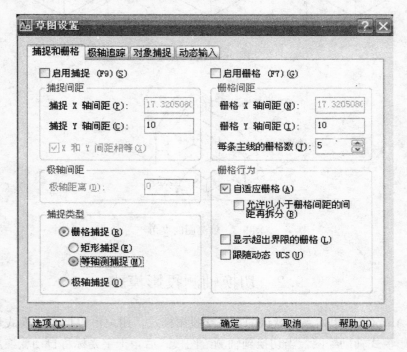

图 9-4　"草图设置"对话框

如图 9-5 所示在界面的中下方捕捉位置单击右键选择"设置"→"捕捉和栅格"中捕捉类型中选择"等轴测捕捉"。

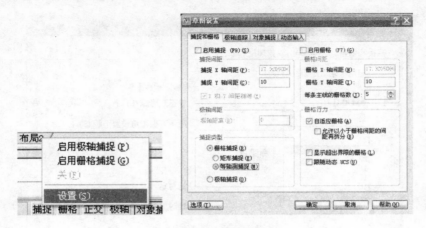

图 9-5　等轴测图的进入

注意：当系统切换到轴测投影模式后，捕捉和栅格的间距将由 Y 轴间距控制，X 轴间距将变得不可设置，如图 9-5 所示：

当投影模式切换到轴测投影模式后，用户可以通过按"F5"（或者按 Ctrl＋E）键使绘图平面分别在"上轴测面"、"右轴测面"、"左轴测面"3 个绘图平面之间切换。

## 9.3　在轴测投影模式下绘图

切换到轴测投影模式后，用户进行绘图仍然可以使用基本的二维绘图命令。只是在轴测投影模式下绘图有轴测模式的特点，如水平和垂直的直线都将画成斜线，而圆在轴测模式下将画成椭圆。

### 9.3.1　在轴测投影模式下绘制直线

用户在轴测投影模式下通常使用以下 3 种方法绘制直线。

（1）利用极轴追踪、自动追踪功能绘制直线。

（2）在绘图状态区激活极轴追踪、对象捕捉和对象追踪功能，并在"草图设置"对话框的"极轴追踪"选项卡中将"增量角"设置为"30°"，如图 9-6 所示，这样就可以方便地绘制出与各极轴平行的直线；

（3）通过输入各点的极坐标来绘制直线。当绘制的直线与不同的轴测轴平行时，输入对应的极坐标的角度值将不相同。根据绘制的直线与不同的轴测轴互相平行，有以下三种情况。

① 当绘制的直线与 X 轴平行时，极坐标的角度为 30°或者－150°；

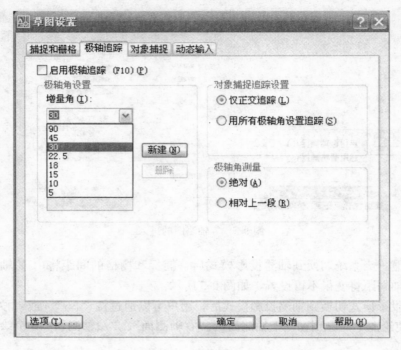

图 9-6　极轴追踪

② 当绘制的直线与 Y 轴平行时，极坐标的角度为－30°或者 150°；

③ 当绘制的直线与 Z 轴平行时，极坐标的角度为 90°或者－90°；

在绘图状态区激活"正交"功能辅助绘制直线。此时所绘制的直线将自动与当前轴测面内的某一轴测轴方向一致。例如，如若处于上轴测绘图且激活"正交"功能，那么所绘制的直线将沿着与水平线呈 30°或者 90°。在此状态下，用户可以在确定绘制直线方向的情况下，直接通过键盘输入数字，确定直线的长度去绘制出直线。

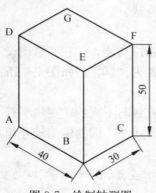

图 9-7　绘制轴测图

注意：当所绘制的直线与任何轴测轴都不平行时，为了绘图方便，应该尽量找出与轴测轴平行的点，然后再将这些点连接起来。

**例 9-1**　绘制一个长、宽、高分别为 40、30 和 50 的长方体的轴测图，如图 9-7 所示。

操作步骤如下：

（1）通过"草图设置"对话框、"捕捉和栅格"选项卡将投影模式设置为轴测投影模式；

（2）在绘图状态区单击"对象捕捉"按钮，激活这"对象捕捉"功能，通过输入各点的极轴坐标，完成长方体上表面的绘制：

命令：＜等轴测平面上＞

命令：_ line 指定第一点：

指定下一点或［放弃（U）］：@40＜150

指定下一点或［放弃（U）］：@30＜30

指定下一点或［闭合（C）/放弃（U）］：@40＜－30

指定下一点或［闭合（C）/放弃（U）］：

指定下一点或［闭合（C）/放弃（U）］：＊取消＊

（3）在绘图状态区单击"正交"按钮，激活"正交"功能，通过"正交"功能和"对象捕捉"功能辅助绘制直线：

命令：＜等轴测平面 左＞

命令：_ line 指定第一点：

指定下一点或［放弃（U）］：50

直接输入 D 点与 A 点的距离，绘制出直线 DA

指定下一点或［放弃（U）］：40

直接输入 A 点与 B 点的距离，绘制出直线 AB

指定下一点或［闭合（C）/放弃（U）］：

指定下一点或［闭合（C）/放弃（U）］：＊取消＊

（4）在绘图状态区单击"对象追踪"按钮，激活"对象追踪"功能。通过"对象追踪"功能找出 C 点位置，再分别连接 CB 和 CF，完成长方体右侧表面的绘制：

命令：＜等轴测平面 左＞

命令：_ line 指定第一点：

分别把光标移动到 B、F 点，

然后通过"对象追踪"功能

找出 C 点位置，如图 9-8 所示，

再分别连接 CB 和 CF，

完成长方体右侧表面的绘制。

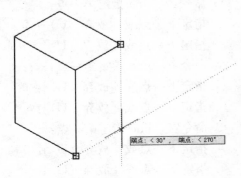

图 9-8　C 点的追踪

### 9.3.2　在轴测投影模式下绘制角

由于在轴测投影模式下，各坐标轴并不是互相垂直，投影角度值与实际角度值是不相符合的，所以在轴测投影模式下绘制角度时，不能按照实际角度直接进行绘制。用户也可以计算实际角度在各坐标轴成一定角度下的绘制角度，但计算起来很麻烦，不利于快速绘图。因此，用户可以先通过绘制直线确定角边上各点的轴测投影，然后通过连线命令获得角的轴测投影。

　　**例 9-2**　如图 9-9（a）所示，在该图的基础上，将该实体的一个边角倒角，使倒角角度为 45°，倒角长度为 5，倒角后如图 9-9（b）所示。

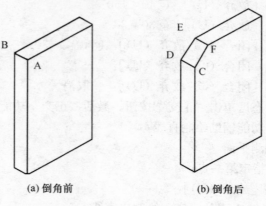

(a) 倒角前　　　　　　　　　　　(b) 倒角后

图 9-9　倒角

　　操作步骤如下：

　　在"草图设置"对话框中设置极轴追踪角度增量为 30°，并将"极轴追踪"、"对象捕捉"和"对象追踪"功能激活；

　　进入绘制直线命令，通过输入绘制直线长度，分别绘制出 F、E、C、D 四点：

　　命令：_ line 指定第一点：

　　指定下一点或［放弃（U）］：5

　　指定下一点或［放弃（U）］：＊取消＊

　　命令：_ line 指定第一点：

　　指定下一点或［放弃（U）］：5

　　指定下一点或［放弃（U）］：

　　命令：_ line 指定第一点：

　　指定下一点或［放弃（U）］：5

　　指定下一点或［放弃（U）］：

　　命令：_ line 指定第一点：

　　指定下一点或［放弃（U）］：5

　　指定下一点或［放弃（U）］：＊取消＊

　　连接 FC、ED、EF、DC，修剪多余的线段，结果如图 9-9（b）所示。

## 9.3.3　在轴测投影模式下绘制平行线

　　在绘制轴测图过程中，我们经常需要绘制平行线。但在轴测平面内绘制平行线与正交模式下绘制平行线的方法有所不同。如图 9-10 （a）所示，在上轴测平面内绘制直线 1 的平行线 2，使两条平行线之间沿 30°方向的间距为 50。用户可以通过使用"复制"命令方便地在轴测平面内完成平行线的绘制，如图 9-10 （b）所示。

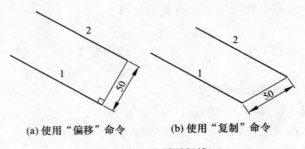

(a) 使用"偏移"命令　　　　　(b) 使用"复制"命令

图 9-10　绘制平行线

**例 9-3**　如图 9-11 （a）所示，在右轴测平面上绘制原有图案的所有线段的平行线，并使各平行线之间的间距为 5，绘制后如图 9-11 （b）所示。

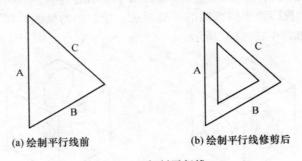

(a) 绘制平行线前　　　　　(b) 绘制平行线修剪后

图 9-11　复制平行线

操作步骤如下：

（1）在"草图设置"对话框种设置极轴追踪角度增量为 30°，并将"极轴追踪"、"对象捕捉"和"对象追踪"功能激活；

（2）激活复制命令，分别复制 3 条原有直线：

命令：_ copy

选择对象：找到 1 个　　　　　　　　　//选择直线 A

选择对象：

当前设置：复制模式＝多个

指定基点或 ［位移 （D）/模式 （O）］ ＜位移＞：

指定第二个点或＜使用第一个点作为位移＞：5

命令：_ copy

选择对象：找到 1 个　　　　　　　　//选择直线 B

选择对象：

当前设置：复制模式＝多个

指定基点或［位移（D）/模式（O）］＜位移＞：

指定第二个点或＜使用第一个点作为位移＞：5

命令：_copy

选择对象：找到 1 个　　　　　　　　//选择直线 C

选择对象：

当前设置：复制模式＝多个

指定基点或［位移（D）/模式（O）］＜位移＞：

指定第二个点或＜使用第一个点作为位移＞：5

（3）修剪多余的线段，结果如图 9-11（b）所示。

### 9.3.4　在轴测投影模式下绘制圆

根据轴测投影规律，空间的圆在轴测图中显示为椭圆。如图 9-12（a）所示，空间圆在不同的投影面上的椭圆的正确画法，绘制出的椭圆看起来就不像是圆的轴测投影了，如图 9-12（b）所示。

(a) 正确画法

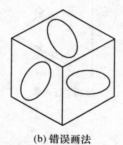
(b) 错误画法

图 9-12　空间圆的正确画法

1. 功能

在当前等轴测绘图平面绘制一个等轴测圆。

2. 格式

（1）命令：ellipse↙

（2）"绘图"工具栏；"绘图"菜单：椭圆（E）→中心点（C）

指定椭圆的轴端点或［圆弧（A）/中心（C）/等轴测圆（I）］：

注意：绘制圆的轴测投影椭圆时，应该在激活轴测投影模式的情况下选择"椭圆"命令的"等轴测圆（I）"选项。

例 **9-4**　如图 9-13（a）所示，在该正方体的各轴测平面上绘制一个半径为 4 的圆，绘制结果如图 9-13（b）所示。

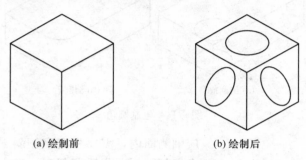

(a) 绘制前　　　　　　　　　　(b) 绘制后

图 9-13　绘制空间圆

操作步骤如下：

（1）激活轴测投影模式，通过 "F5" 键把当前投影面切换到上轴测平面；

（2）命令：_ ellipse

指定椭圆轴的端点或 [圆弧（A）/中心点（C）/等轴测圆（I）]：i

指定等轴测圆的圆心：

指定等轴测圆的半径或 [直径（D）]：4

命令：＜等轴测平面右＞

命令：_ ellipse

指定椭圆轴的端点或 [圆弧（A）/中心点（C）/等轴测圆（I）]：i

指定等轴测圆的圆心：

指定等轴测圆的半径或 [直径（D）]：4

命令：＜等轴测平面左＞

命令：_ ellipse

指定椭圆轴的端点或 [圆弧（A）/中心点（C）/等轴测圆（I）]：i

指定等轴测圆的圆心：

指定等轴测圆的半径或 [直径（D）]：4

在机械结构中，常常需要对锐角或者直角通过工艺处理使之成为圆角的。这样的结构在轴测图中经常需要将过渡圆弧绘制成椭圆弧。对于这样的情况，用户可以在相应位置绘制出一个完整的椭圆，然后通过 "修剪" 命令处理多余的线段，如图 9-14 所示。

### 9.3.5　在轴测投影模式下书写文字

无论是在机械图样还是在建筑图样，都需要相应的文字对图样进行必要的解释和说明。根据轴测投影的特点，为了使在各轴测投影面中的文字看起来像在对

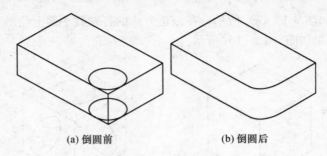

(a) 倒圆前　　　　　　　　　　(b) 倒圆后

图 9-14　绘制圆角

图 9-15　文字的写入

应轴测面内，需要将文字倾斜一定的角度，使它们与轴测图相协调起来。文字在不同的轴测图上采用适当的倾斜角的效果如图 9-15 所示。

各轴测投影面上的文字倾斜规律分别为：

（1）在上轴测投影面，当文字平行于 X 轴时，文字需要采用-30°的倾斜角；

（2）在上轴测投影面，当文字平行于 Y 轴时，文字需要采用 30°的倾斜角；

（3）在右轴测投影面上时，文字需要采用30°的倾斜角；

（4）在左轴测投影面上时，文字需要采用-30°的倾斜角；

提示：根据以上规律，文字在各轴测投影面上的倾斜角度均为 30°和－30°。为了在绘图方便，用户可以在书写文字前分别建立倾角为 30°和－30°两种文字样式。

**例 9-5**　如图 9-16（a）所示，在该长方体的上轴测投影面上分别书写与 X、Y 轴平行的文字，如图 9-16（b）所示。

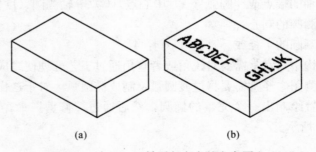

(a)　　　　　　　　　　(b)

图 9-16　与 X、Y 轴平行方向的文字写入

操作步骤如下：

（1）建立倾角分别为 30°和－30°的两种文字样式，并在文字样式对话框中设

置好字体、高度、宽度因子等参数，在此练习中设置样式名为"左＋X"的文字样式的倾斜角度为－30°，设置样式名为"右＋Y"的文字样式的倾斜角度为30°，以方便书写文字时直接调用。

（2）命令：text

当前文字样式："右＋Y"文字高度：1.0000 注释性：否

//调用倾斜角度为 30°"右＋Y"文字样式

指定文字的起点或［对正（J）/样式（S）］：

指定文字的旋转角度＜-30＞：

命令：TEXT

当前文字样式："右＋Y"文字高度：1.0000 注释性：否

指定文字的起点或［对正（J）/样式（S）］：S

输入样式名或［?］＜右＋Y＞：左＋X

当前文字样式："右＋Y"文字高度：1.0000 注释性：否

指定文字的起点或［对正（J）/样式（S）］：

指定文字的旋转角度＜30＞：

### 9.3.6　在轴测投影模式下标注尺寸

尺寸标注是机械、建筑图样非常重要的内容之一。在轴测图中，为了让各轴测平面内的尺寸标注与对应的投影平面的图样协调、统一，用户需要将尺寸标注的尺寸界线、尺寸线与尺寸标注的文字一样倾斜一定的角度。在轴测图中正确标注效果如图 9-17 所示。

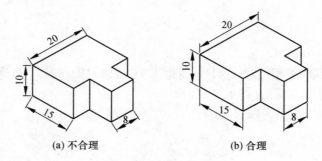

(a) 不合理　　　　　　　　　　　(b) 合理

图 9-17　轴测图的标注

在各轴测平面上进行标注，标注的文字、尺寸界线和尺寸线的倾斜角度分别如下：

（1）在上轴测平面内的标注，当尺寸线与 X 轴平行时，标注文字等图素的倾斜角度为－30°。

（2）在上轴测平面内的标注，当尺寸线与 Y 轴平行时，标注文字等图素的倾斜角度为 30°。

（3）在左轴测平面内的标注，当尺寸线与 Y 轴平行时，标注文字等图素的倾斜角度为－30°。

（4）在左轴测平面内的标注，当尺寸线与 Z 轴平行时，标注文字等图素的倾斜角度为 30°。

（5）在右轴测平面内的标注，当尺寸线与 X 轴平行时，标注文字等图素的倾斜角度为 30°。

（6）在右轴测平面内的标注，当尺寸线与 Z 轴平行时，标注文字等图素的倾斜角度为－30°。

为了更方便、快捷地在轴测图中进行尺寸标注，用户可以采用以下步骤：

分别创建倾斜角度为 30°和－30°的尺寸标注样式；

鉴于轴测投影的特点，在创建轴测图的尺寸标注时，用户应使用尺寸标注中的"对齐"标注方式；

标注完成后，用户还应修改尺寸界线的方向，使其与轴测轴的方向一致，以使尺寸标注与轴测图更协调。

用户使用"对齐"标注方式标注，这样的标注尺寸界线与轴测图的轴测轴并不重合。为了使标注外观更具有立体感，用户还需要使用"编辑标注"命令对标注进行编辑，使尺寸界线的方向与轴测轴的方向一致。

### 1. 功能

编辑标注对象上的标注文字和尺寸界线。

### 2. 格式

（1）命令：dimedit
输入标注编辑类型［默认（H）/新建（N）/旋转（R）/倾斜（O）］＜默认＞：
（2）"标注"工具栏：▲
（3）"标注"菜单：倾斜（F）

### 3. 选项

默认（H）：将旋转标注文字移回默认位置。
新建（N）：使用在位文字编辑器更改标注文字。
旋转（R）：旋转标注文字。
倾斜（O）：调整线性标注尺寸界线的倾斜角度。
用户可以通过使用"编辑标注"命令中的"倾斜（O）"选项使标注的尺寸界线的方向与轴测轴的方向一致。

**例 9-6**　如图 9-18（a）所示，将已有的尺寸标注进行编辑，使标注的尺寸界线与轴测图的轴测轴重合，如图 9-18（b）所示。

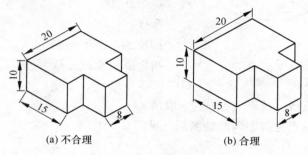

(a) 不合理　　　　　　　　　　　(b) 合理

图 9-18　尺寸标注的编辑

操作步骤如下：

（1）选择长度为 20 的标注，单击 ⌧，进入"编辑标注"命令；

（2）命令：_ dimedit

输入标注编辑类型［默认（H）/新建（N）/旋转（R）/倾斜（O）］＜默认＞：o

找到 1 个

输入倾斜角度（按回车表示无）：90

（3）然后分别选择 10、15、8 的标注，均单击 ⌧，进入"编辑标注"命令，选择"倾斜（O）"选项，分别输入倾斜角度为-30°、90°、90°。

**例 9-7**　绘制如图 9-19 所示的轴测图。

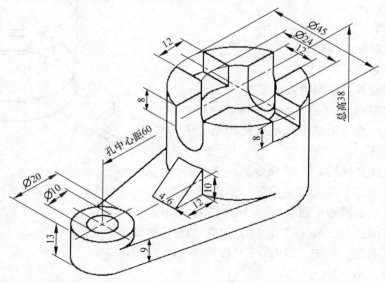

图 9-19　轴侧图示例

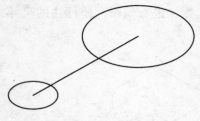

图 9-20　底部的轴测圆

操作步骤如下：

　　（1）进入轴测图状态，画长度为 60 的直线（见图 9-20）。

　　命令：l

　　LINE 指定第一点：

　　指定下一点或［放弃（U）］：＜正交开＞60

指定下一点或［放弃（U）］：＊取消＊

以直线两端点为圆心画两轴测圆（见图 9-20）。

命令：el

ELLIPSE

指定椭圆轴的端点或［圆弧（A）/中心点（C）/等轴测圆（I）］：i

指定等轴测圆的圆心：

指定等轴测圆的半径或［直径（D）］：＜等轴测平面左＞＜等轴测平面上＞10

命令：ELLIPSE

指定椭圆轴的端点或［圆弧（A）/中心点（C）/等轴测圆（I）］：i

指定等轴测圆的圆心：

指定等轴测圆的半径或［直径（D）］：22.5

　　（2）将轴测圆向上复制一定单位（如图 9-21）。

　　命令：co

　　COPY

　　选择对象：找到 1 个

　　选择对象：

　　当前设置：复制模式＝多个

　　指定基点或［位移（D）/模式（O）］＜位移＞：指定第二个点或＜使用第一个点作为位移＞：＞＞

　　正在恢复执行 COPY 命令。

　　指定第二个点或＜使用第一个点作为位移＞：＜等轴测平面右＞9（转换轴测平面按 F5）

　　指定第二个点或［退出（E）/放弃（U）］＜退出＞：13

　　指定第二个点或［退出（E）/放弃（U）］＜退出＞：

　　命令：co

　　COPY

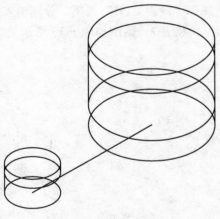

图 9-21　将轴测圆复制

选择对象：找到1个

选择对象：

当前设置：复制模式＝多个

指定基点或［位移（D）/模式（O）］＜位移＞：指定第二个点或＜使用第一个点作为位移＞：9

指定第二个点或［退出（E）/放弃（U）］＜退出＞：30

指定第二个点或［退出（E）/放弃（U）］＜退出＞：38

指定第二个点或［退出（E）/放弃（U）］＜退出＞：*取消*

（3）通过象限点画直线（如图9-21）。

命令：l

LINE 指定第一点：

指定下一点或［放弃（U）］：

指定下一点或［放弃（U）］：

（4）打开对象捕捉工具条，捕捉切点画切线（如图9-22）。

命令：_ line 指定第一点：_ tan 到

指定下一点或［放弃（U）］：

指定下一点或［放弃（U）］：

（5）将上面（或下面的切线）复制到下面（或上面）（如图9-22）。

命令：co

COPY

选择对象：找到1个

选择对象：

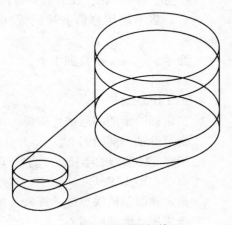

图9-22 画两圆切线

当前设置：复制模式＝多个

指定基点或［位移（D）/模式（O）］＜位移＞：指定第二个点或＜使用第一个点作为位移＞：9

指定第二个点或［退出（E）/放弃（U）］＜退出＞：*取消*

（6）修剪掉不要的线（如图9-23）。

命令：tr

TRIM

当前设置：投影＝UCS，边＝无

选择剪切边…

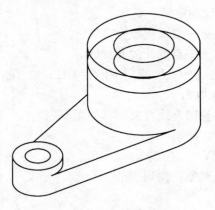

图9-23 修剪

选择对象或＜全部选择＞：指定对角点：找到 17 个

3 个不是有效的边或选择方法。

选择对象：

选择要修剪的对象，或按住 Shift 键选择要延伸的对象，或

［栏选（F）/窗交（C）/投影（P）/边（E）/删除（R）/放弃（U）］：

…

…

选择要修剪的对象，或按住 Shift 键选择要延伸的对象，或

［栏选（F）/窗交（C）/投影（P）/边（E）/删除（R）/放弃（U）］：＊取消＊

（7）将不能用修剪剪掉的线（相连不相交的线），用删除方式删除（如图 9-23）。

命令：_ . erase 找到 1 个

命令：el

ELLIPSE

指定椭圆轴的端点或［圆弧（A）/中心点（C）/等轴测圆（I）］：i

指定等轴测圆的圆心：

指定等轴测圆的半径或［直径（D）］：＜等轴测平面 左＞＜等轴测平面 上＞5

命令：ELLIPSE

指定椭圆轴的端点或［圆弧（A）/中心点（C）/等轴测圆（I）］：i

指定等轴测圆的圆心：

指定等轴测圆的半径或［直径（D）］：12

（8）在大圆柱上绘制直线（如图 9-34）。

命令：l

LINE 指定第一点：

指定下一点或［放弃（U）］：

指定下一点或［放弃（U）］：

指定下一点或［闭合（C）/放弃（U）］：＊取消＊

（9）相同直线可复制（如图 9-24）。

命令：co

COPY

选择对象：找到 1 个

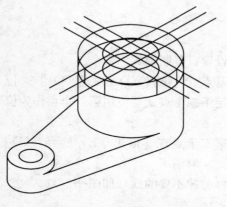

图 9-24 修剪大圆柱上部

选择对象：

当前设置：复制模式＝多个

指定基点或 ［位移（D）/模式（O）］＜位移＞：指定第二个点或＜使用第一个点作为位移＞：6

指定第二个点或 ［退出（E）/放弃（U）］＜退出＞：6

指定第二个点或 ［退出（E）/放弃（U）］＜退出＞：＊取消＊

命令：l

LINE 指定第一点：

指定下一点或 ［放弃（U）］：8

指定下一点或 ［放弃（U）］：

命令：LINE 指定第一个点：

指定下一点或 ［放弃（U）］：8

指定下一点或 ［放弃（U）］：＊取消＊

（10）修剪多余的线（如图 9-25）。

命令：tr

TRIM

当前设置：投影＝UCS，边＝无

选择剪切边 ...

选择对象或＜全部选择＞：指定对角点：
找到 24 个

选择对象：

选择要修剪的对象，或按住 Shift 键选择要
延伸的对象，或

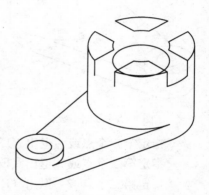

图 9-25　绘制直线修剪

［栏选（F）/窗交（C）/投影（P）/边（E）/删除（R）/放弃（U）］：

...

...

选择要修剪的对象，或按住 Shift 键选择要延伸的对象，或

［栏选（F）/窗交（C）/投影（P）/边（E）/删除（R）/放弃（U）］：＊取消＊

（11）不能用修剪剪掉的线（相连不相交的线），用删除方式删除（如图 9-25）。

命令：_.erase 找到 2 个

（12）再修剪（如图 9-25）。

命令：tr

TRIM

当前设置：投影＝UCS，边＝无

选择剪切边 ...

选择对象或＜全部选择＞：指定对角点：找到 9 个

选择对象：指定对角点：找到 2 个（1 个重复），总计 10 个
选择对象：
选择要修剪的对象，或按住 Shift 键选择要延伸的对象，或
［栏选（F）/窗交（C）/投影（P）/边（E）/删除（R）/放弃（U）］：
选择要修剪的对象，或按住 Shift 键选择要延伸的对象，或
［栏选（F）/窗交（C）/投影（P）/边（E）/删除（R）/放弃（U）］：

（13）复制所要的线（如图 9-26）。

命令：co

COPY

选择对象：指定对角点：找到 2 个

选择对象：指定对角点：找到 1 个，总计 3 个

选择对象：

当前设置：复制模式＝多个

指定基点或［位移（D）/模式（O）］＜位移＞：指定第二个点或＜使用第一个点作为位移＞：

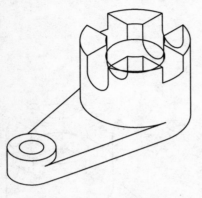

图 9-26　复制半圆柱

指定第二个点或［退出（E）/放弃（U）］＜退出＞：
指定第二个点或［退出（E）/放弃（U）］＜退出＞：
指定第二个点或［退出（E）/放弃（U）］＜退出＞：＊取消＊
（14）修剪多余的线（如图 9-27）。
命令：tr
TRIM
当前设置：投影＝UCS，边＝无
选择剪切边 ...
选择对象或＜全部选择＞：指定对角点：
找到 48 个
选择对象：
选择要修剪的对象，或按住 Shift 键选择要延伸的对象，或
［栏选（F）/窗交（C）/投影（P）/边（E）/删除（R）/放弃（U）］：
…
…
选择要修剪的对象，或按住 Shift 键选择要延伸的对象，或

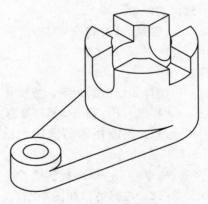

图 9-27　修剪线

［栏选（F）/窗交（C）/投影（P）/边（E）/删除（R）/放弃（U）］：*取消*

（15）删除多余的线（如图 9-27）。

命令：＿.erase 找到 1 个

命令：tr

TRIM

当前设置：投影＝UCS，边＝无

选择剪切边…

选择对象或＜全部选择＞：指定对角点：找到 2 个

选择对象：

选择要修剪的对象，或按住 Shift 键选择要延伸的对象，或

［栏选（F）/窗交（C）/投影（P）/边（E）/删除（R）/放弃（U）］：

选择要修剪的对象，或按住 Shift 键选择要延伸的对象，或

［栏选（F）/窗交（C）/投影（P）/边（E）/删除（R）/放弃（U）］：

命令：l

LINE 指定第一点：

指定下一点或［放弃（U）］：

指定下一点或［放弃（U）］：

命令：指定对角点：

（16）通过中心画直线（如图 9-28）。

命令：l

LINE 指定第一点：

指定下一点或［放弃（U）］：＜等轴测平

面 上＞6（转换平面按 F5）

指定下一点或［放弃（U）］：

指定下一点或［闭合（C）/放弃（U）］：

命令：l

LINE 指定第一点：

指定下一点或［放弃（U）］：12

指定下一点或［放弃（U）］：

命令：＿line 指定第一点：

指定下一点或［放弃（U）］：

指定下一点或［放弃（U）］：

命令：l

LINE 指定第一点：

指定下一点或［放弃（U）］：10

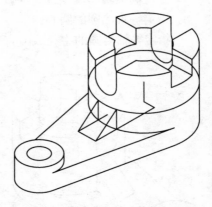

图 9-28　绘制小肋板

指定下一点或［放弃（U）］：

命令：l

LINE 指定第一点：

指定下一点或［放弃（U）］：＜等轴测平面 右＞10

指定下一点或［放弃（U）］：

指定下一点或［闭合（C）/放弃（U）］：

（17）做高度在 10 的位置面上的一小段圆弧（如图 9-28）。

命令：el

ELLIPSE

指定椭圆轴的端点或［圆弧（A）/中心点（C）/等轴测圆（I）］：i

指定等轴测圆的圆心：＊取消＊

命令：l

LINE 指定第一点：

指定下一点或［放弃（U）］：10

指定下一点或［放弃（U）］：

命令：el

ELLIPSE

指定椭圆轴的端点或［圆弧（A）/中心点（C）/等轴测圆（I）］：i

指定等轴测圆的圆心：

指定等轴测圆的半径或［直径（D）］：＜等轴测平面左＞＜等轴测平面上＞

22.5

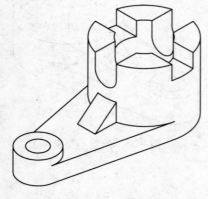

图 9-29　修剪出最终图形

（18）修剪掉不需要的线（如图 9-29）。

命令：tr

TRIM

当前设置：投影＝UCS，边＝无

选择剪切边 …

选择对象或＜全部选择＞：指定对角点：找到 14 个

选择对象：

选择要修剪的对象，或按住 Shift 键选择要延伸的对象，或

…

…

［栏选（F）/窗交（C）/投影（P）/边（E）/删除（R）/放弃（U）］：

选择要修剪的对象，或按住 Shift 键选择要延伸的对象，或

［栏选（F）/窗交（C）/投影（P）/边（E）/删除（R）/放弃（U）］：＊取消＊

（19）删除多余的线条（如图 9-29）。

命令：指定对角点：

命令：＿.erase 找到 2 个

命令：指定对角点：

命令：＿.erase 找到 1 个

命令：指定对角点：

命令：＿.erase 找到 3 个

命令：指定对角点：

# 本 章 小 结

本章主要介绍轴测图的绘制以及在轴测图上进行文字说明和尺寸标注等方面的知识，具体内容包括：

（1）轴测平面和轴测轴的相关知识。

（2）在轴测投影模式下绘制直线。

（3）在轴测投影模式下绘制角。

（4）在轴测投影模式下绘制平行线。

（5）在轴测投影模式下绘制圆。

（6）在轴测投影模式下书写文字。

（7）在轴测投影模式下标注尺寸。

## 习 题 九

1. 根据本节所学内容，绘制如题图 9-1 所示的三维实体的轴测图。

2. 如题图 9-2（a）所示，在已经将该实体倒了一个边角的基础上，将该实体的右上角倒角，使倒角长度为 8×10，倒角后如题图 9-2（b）所示。

3. 如题图 9-3 所示，在左轴测平面上绘制原有图案的所有线段的外向平行线，并使各平行线之间的间距为 6，剪切多余的线段使新绘制的平行线组成一个比原来图形大的多边形。

4. 如题图 9-4（a）所示，将该长方体的一个直角绘制成过渡圆弧，如题图 9-4（b）所示。

5. 如题图 9-5 所示，在该长方体的左、右轴测面上书写符合倾斜规律的文字。

6. 如题图 9-6 所示，将该轴测图进行标注，要求使用尺寸标注中的"对齐"方式进行标注，并使用

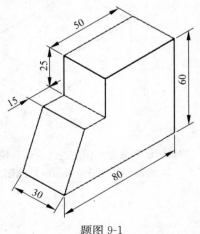

题图 9-1

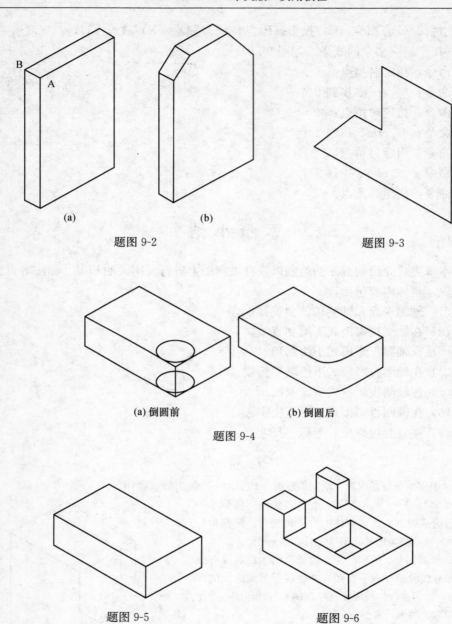

(a) (b)

题图 9-2

题图 9-3

(a) 倒圆前 (b) 倒圆后

题图 9-4

题图 9-5

题图 9-6

"编辑标注"命令对标注进行编辑，使标注外观更具有立体感。

7. 绘制如题图 9-7 所示的轴测图。

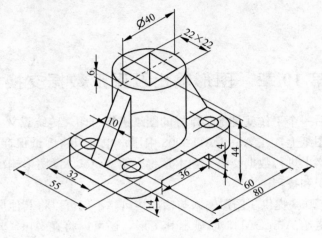

题图 9-7

# 第 10 章 图形输出及图形数据交换

绘图的最后一个工作就是把绘制好的图纸进行打印，传统意义上的打印就是把图形打印在图纸上，在 AutoCAD 2008 中用户也可以将图纸保存为电子图纸，以方便地在网络上进行数据交流。在本章将介绍 AutoCAD 图形输出及图形数据交换的相关知识和技巧。

AutoCAD 2008 提供了图形输入与输出接口。不仅可以将其他应用程序中处理好的数据传送给 AutoCAD，以显示其图形，还可以将在 AutoCAD 中绘制好的图形打印出来，或者把它们的信息传送给其他应用程序。

此外，为适应互联网的快速发展，使用户能够快速有效地共享设计信息，AutoCAD 2008 强化了其 Internet 功能，使其与互联网相关的操作更加方便、高效，可以创建 Web 格式的文件（DWF），以及发布 AutoCAD 图形文件到 Web 页。

## 10.1 图形的输入与输出

在系统中，可以导入或导出其他格式的文件。

### 10.1.1 导入图形

1. 功能

用于导入其他格式的文件。

2. 输入方法

（1）工具栏："插入点" → ▦按钮。
（2）下拉菜单："插入" → "3D Studio"
　　　　　　　　　　　　 → "ACIS 文件"
　　　　　　　　　　　　 → "Windows 图形文件"。
（3）命令：IMPORT。

3. 命令及提示

执行上述命令后，系统弹出"输入文件"对话框，在"文件类型"下拉列表框中选择要导入的图形文件名称，单击"打开"按钮即可完成"图元文件"、"ACIS" 或 "3D Studio" 图形格式的文件的输入。

### 10.1.2　输入与输出 dxf 文件

#### 1. 功能

dxf 格式文件是图形交换，AutoCAD 2008 可以把图形保存为 dxf 文件，也可以打开 dxf 格式文件。

#### 2. 格式

（1）下拉菜单："文件" → "打开" 或 "保存" → "保存" 或 "另存为"

（2）命令：DXFIN↙或 DXFOUT↙。

#### 3. 命令及提示

执行上述命令后，在弹出的对话框中选择 dxf 文件类型，完成 dxf 文件的输入与输出。

### 10.1.3　输出图形

#### 1. 功能

将图形文件以不同的类型输出。

#### 2. 输入方法

（1）下拉菜单："文件" → "输出"。

（2）命令：EXPORT↙。

#### 3. 命令及提示

执行上述命令后，系统弹出 "输出数据" 对话框，在其文件下拉列表框中包括 "图形文件（*．mf）"、"ACIS（*．sat）"、"平板印刷（*．stl）"、"封装 PS（*．esp）"、"DXX取（*．dxx）"、"位图（*．bmp）"、"3D Studio（*．3ds）"、及 "块（*．dwg）" 等，从中任选一个类型，即可完成图形的该种类型的传输。

## 10.2　模型空间和图纸空间

### 10.2.1　模型空间

AutoCAD 2008 设置了两种空间：模型空间和图纸空间。模型空间是完成绘图和设计工作的空间，不仅能自由地按照物体的实际尺寸绘制图形、进行尺寸标注和文字说明等，还可以完成二维或三维物体造型。在模型空间，用户可以创建多个不重叠的视口，每个视口可以展示物体的不同视图，如图 10-1 所示。

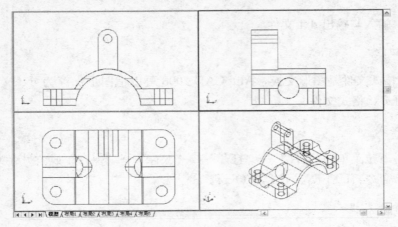

图 10-1　在模型空间创建三个视口

　　模型空间中的每一个视口都可以分别定义坐标。但改变一个视口中的对象，其他视口中的对象也会相应地改变，也就是说不同视口中的对象其实是同一个对象，只不过观察方向不同。

## 10.2.2　图纸空间

　　图纸空间可看做一张绘图纸，可以对绘制好的图形进行编辑、排列以及标注。在图纸空间可以设置视口，来展示模型不同部分的视图，每个视口可以独立的编辑，对视图进行标注或文字注释，如图 10-2 所示。

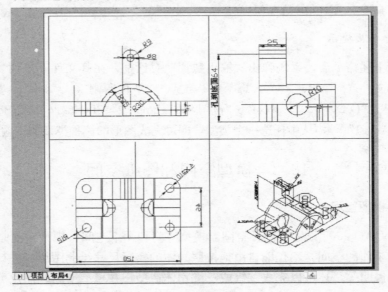

图 10-2　图纸空间

#### 10.2.3　模型空间和图纸空间的切换

模型空间和图纸空间可以自由的切换，其方式有以下两种。

（1）由系统变量来控制，当系统变量 TILEMODE 设置为 1 时，切换到"模型空间"；TILEMODE 设置为 0 时，打开"布局"标签，在"布局"标签的状态栏上有"模型空间"和"图纸空间"切换按钮，单击该按钮可以自由切换。

（2）在"布局"标签状态，在命令对话框输入"MSPACE"切换到模型空间，输入"PSPACE"切换到图纸空间。

## 10.3　创建、管理图形布局和页面设置

布局是一种图纸空间环境，它同时包括模型空间、可模拟图纸页面提供直观的打印设置。在 AutoCAD 2008 中可以创建多个布局，每个布局都代表一种单独的图纸。还可以在布局中创建多个浮动视口，各个视口独立，互不干涉。

#### 10.3.1　创建图形布局

1. 功能

使用布局向导来创建布局，并对页面进行设置，包括纸张大小、图形比例、打印设备以及打印方向等。

2. 格式

下拉菜单："工具"→"向导"→"创建布局"或"插入"→"布局"→"创建布局向导"。

3. 命令及提示

执行上述命令后，系统弹出"创建布局-开始"对话框，如图 10-3 所示。操作过程如下：

（1）在该对话框的"输入新布局名称"文本框中输入新创建布局的名称，如果不输入名称，系统会以默认的布局名"布局 N"来命名。

（2）单击"下一步"按钮，打开"创建布局-打印机"对话框，如图 10-4 所示。在该对话框右边的列表中选择系统配置的打印机。

（3）单击"下一步"按钮，打开"创建布局-图纸尺寸"对话框，如图 10-5 所示，在该对话框右边选择打印图纸的型号、单位尺寸。

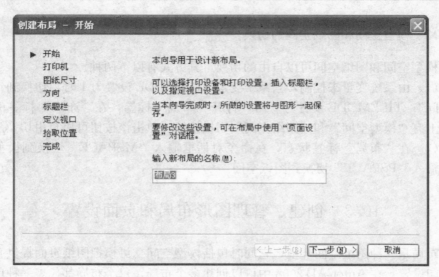

图 10-3　"创建布局-开始"对话框

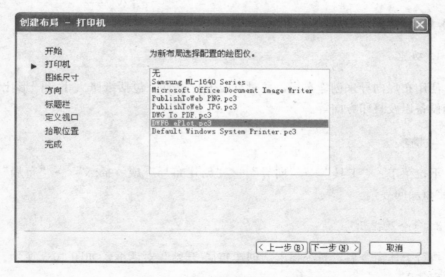

图 10-4　"创建布局-打印机"对话框

（4）单击"下一步"，打开"创建布局-方向"对话框，如图 10-6 所示，在该
对话框中可以设置图纸的打印方向：横向打印或纵向打印。

（5）单击"下一步"，打开"创建布局-标题栏"对话框，如图 10-7 所示，在
该对话框中的列表框中列出了各种标准的图纸标题，主要标准有"ANSI"（美国
国家标准）、"DLN"（德国国家标准）、"ISO"（国际标准）和"JIS"（日本国家
标准）等。可以从中选择图纸的边框和标题栏的样式。

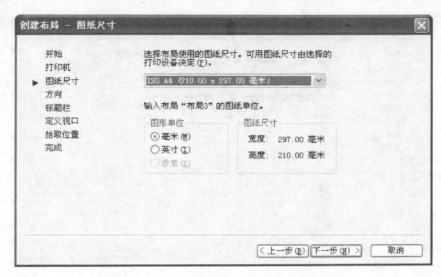

图 10-5  "创建布局-图纸尺寸"对话框

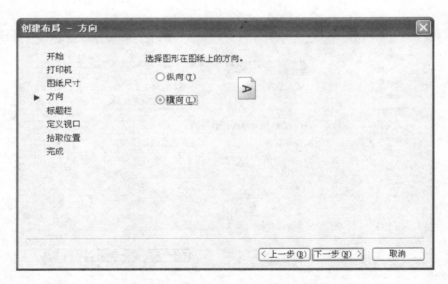

图 10-6  "创建布局-方向"对话框

（6）单击"下一步"，打开"创建布局-定义视口"对话框，如图 10-8 所示，在该对话框中可以设置布局的视口以及视口的比例。

（7）单击"下一步"，打开"创建布局-拾取位置"对话框，如图 10-9 所示，在该对话框中可以确定视口的大小和位置。单击"选择位置"按钮，切换到绘图窗口，通过指定的对角点，用矩形框确定视口的大小和位置。

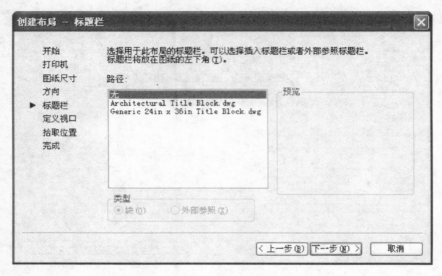

图 10-7　"创建布局-标题栏"对话框

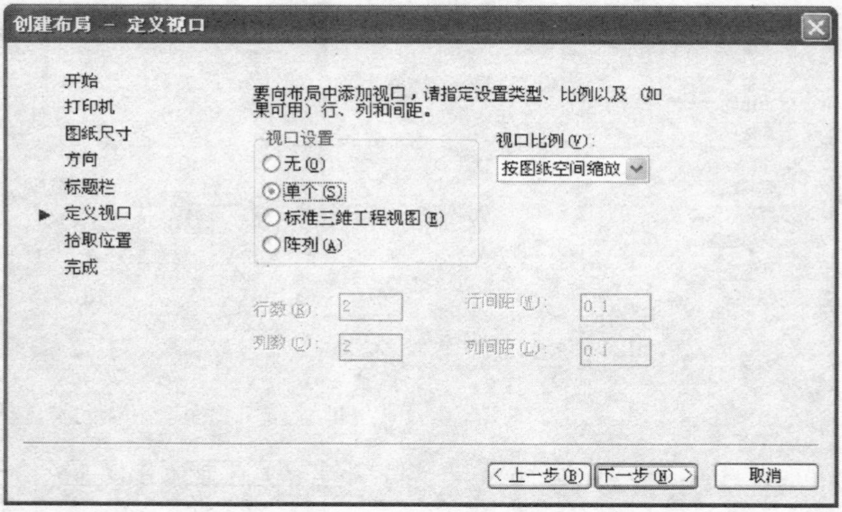

图 10-8　"创建布局-定义视口"对话框

（8）单击"下一步"，打开"创建布局-完成"对话框，单击"完成"按钮即可完成创建布局，系统自动进入新建的布局空间，如图 10-10 所示。

## 10.3.2　管理布局

在状态栏"布局"按钮单击鼠标右键，此时弹出快捷菜单，如图 10-11 所

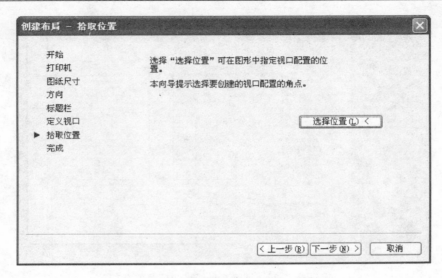

图 10-9 "创建布局-拾取位置"对话框

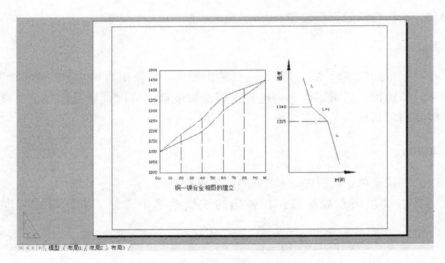

图 10-10 新建的图形布局

示。通过该快捷菜单中的选项,可以对图纸布局进行管理。

在默认情况下,单击某个新建布局按钮时,系统将自动显示"页面设置"对话框,用于设置页面布局。如果要修改页面布局时,可在图 10-11 所示的快捷菜单中选择"页面设置管理器"选项,通过修改布局的页面设置,将图形按照不同的比例打印到不同尺寸的图纸中。

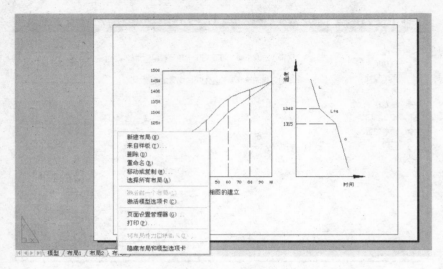

图 10-11　　图纸布局管理快捷菜单

### 10.3.3　图形布局的页面设置

**1. 功能**

在模型空间完成绘图工作后，就要输出图形，可使用布局功能创建多个图形布局来打印图形，还可以对布局进行页面设置或修改页面设置及保存页面设置，以应用到当前布局或其他布局中。

**2. 格式**

（1）下拉菜单：“文件”→“页面设置管理器”。
（2）右键单击布局标签，在弹出的快捷菜单中选择“页面设置管理器”选项。
（3）命令：PAGESETUP✓

**3. 命令及提示**

执行上述命令后，系统会弹出“页面设置管理器”，如图 10-12 所示。

**4. 说明**

该对话框显示当前页面设置的详细信息。各选项的功能如下：
（1）“页面设置”列表框：显示当前可选择的布局。
（2）“置为当前”按钮：将选项中的布局设置为当前布局。

图 10-12 "页面设置管理器"对话框

（3）"新建"按钮：单击该按钮，弹出"新建页面设置"对话框，如图 10-13 所示。可以从中创建新的布局。

（4）"修改"按钮：单击该按钮，打开"页面设置-布局"对话框，如图 10-14 所示，可修改选中的布局。

5."页面设置-布局"对话框中各选项的功能

（1）"页面设置"区：显示当前页面设置的名称。用户可以在"页面设置

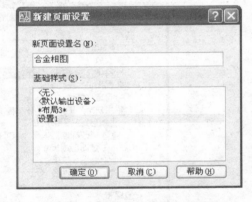

图 10-13 "新建页面设置"对话框

管理器"对话框中选择一个已命名的页面设置作为当前的页面设置。

（2）"打印机/绘图仪"区：选择打印机或绘图仪的名称，位置和说明。在"名称"下拉列表中列出了可以用于打印的系统打印机和 PC3 文件，如果要重新设置打印机，可以单击"特性"按钮，弹出"绘图仪配置编辑器"对话框进行设置，如图 10-15 所示。

（3）"打印样式表"区：在其下拉列表框中可选择当前配置于布局或视口的打印样式表，选定一个打印样式后。单击编辑按钮，打开"打印样式表编辑器"对话框。如图 10-16 所示。在该对话框中可以查看、修改打印样式。"显示

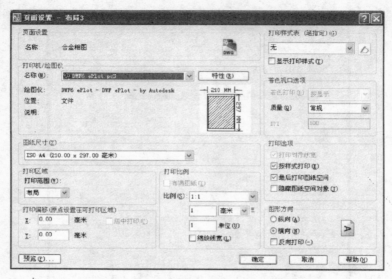

图 10-14　"页面设置-布局"对话框

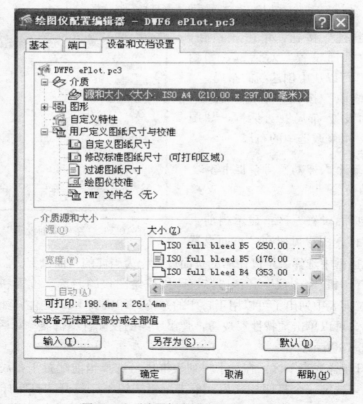

图 10-15　"绘图仪配置编辑器"对话框

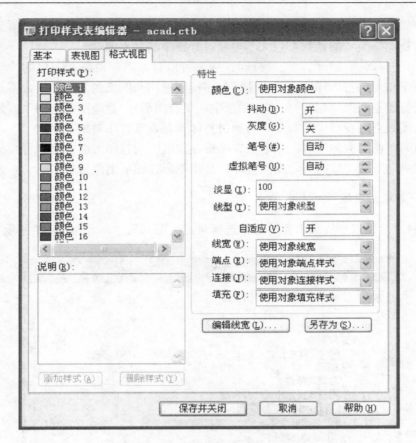

图 10-16　"打印样式表编辑器"对话框

打印样式"复选框用来确定是否在布局中显示打印样式。

（4）"图纸尺寸"区：用于选择图纸尺寸大小。

（5）"打印区域"区：用于设置布局打印区域。在"打印范围"下拉列表中，可以选择布局、视图、显示和窗口作为要打印的区域。

（6）"打印偏移"区：用于指定可打印区域的原点与打印区域之间的间距。如果选中"居中打印"复选框，系统会自动计算输入的偏移值，以使图形居中打印。

（7）"打印比例"区：用于设置打印比例。在其下拉列表框选择标准缩放时，或者直接输入比例值。打印布局空间时，布局的默认值是 1∶1。在模型空间打印时，默认为"按图纸空间缩放"。如果选中"缩放线宽"复选框，图形布局按比例缩放时，线宽也随之缩放。

（8）"着色视口选项区"用于选择着色和渲染视口的打印方式，确定分辨率的大小和 DPI 值。在"质量"下拉列表中以指定着色和渲染视口的打印分辨率，当在"质量"下拉列表中选择"自定义"时，DPI 文本才亮显，可直接输入着色和渲染视图每英寸的点数，最大不得超过分辨率的最大值。

（9）"打印选项"区：设置打印选项，可以打印图形对象和图层的线宽，打印应用于布局的打印样式，可以选择打印模型空间和图纸的先后顺序，不选"最后图纸打印空间"，默认为先打印图纸空间集合图形，"隐藏图纸空间"就是不打印作为图纸空间视口中的对象，可通过打印预览观察打印对象。

（10）"图形方向"区：用于设置图形在图纸上的打印方向。用户可根据需要选择"纵向"或"横向"，"反向打印"是指图形在图纸上倒置打印。

5. 自定义图纸

（1）"绘图仪配置编辑器"区：选择自定义图纸尺寸，如图 10-17 所示。

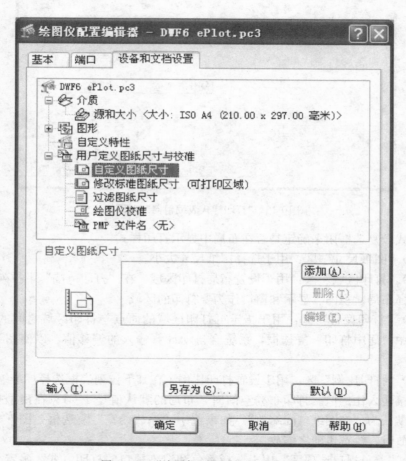

图 10-17　"绘图仪配置编辑器"对话框

　　（2）"自定义图纸尺寸-开始"区：选择创建新图纸。单击下一步。如图10-18所示。

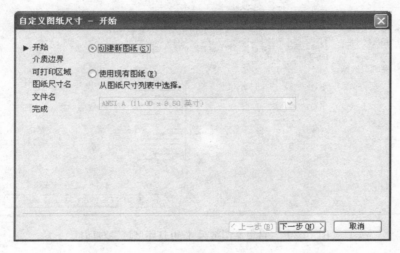

图 10-18　"自定义图纸尺寸-开始"对话框

　　（3）"自定义图纸尺寸-介质边界"区：选择单位为"毫米"，输入宽度为"420"，高度为"297"，单击下一步。如图 10-19 所示。

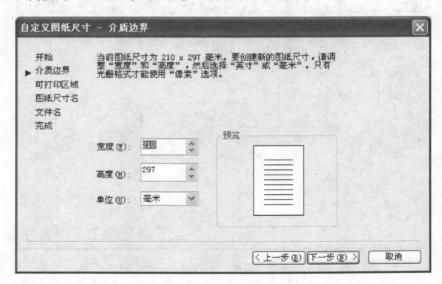

图 10-19　"自定义图纸尺寸-介质边界"对话框

　　（4）"自定义图纸尺寸-可打印区域"区：输入上为"5"，下为"5"，左为"25"，右为"5"，单击下一步。如图 10-20 所示。

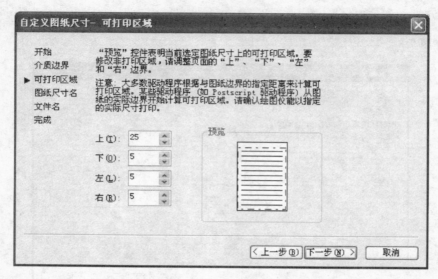

图 10-20　"自定义图纸尺寸-可打印区域"对话框

（5）"定义图纸尺寸-图纸尺寸名"区：将"用户名 1"改为"A4"，方便区别。单击下一步。如图 10-21 所示。

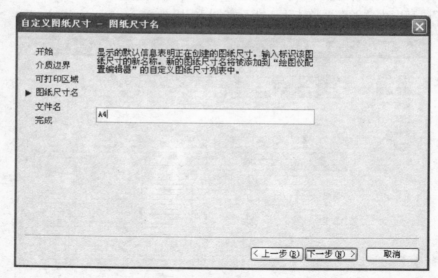

图 10-21　"自定义图纸尺寸-图纸尺寸名"对话框

（6）"自定义图纸尺寸-完成"区：单击"完成"。如图 10-22 所示。

（7）"绘图仪配置编辑器"区：选择"A4"后单击"确定"。如图 10-23 所示。

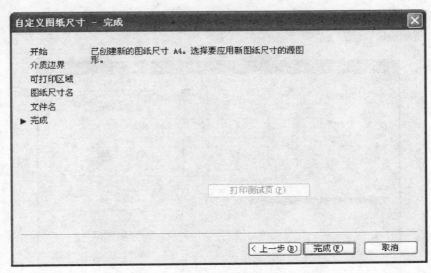

图 10-22　"自定义图纸尺寸-完成"对话框

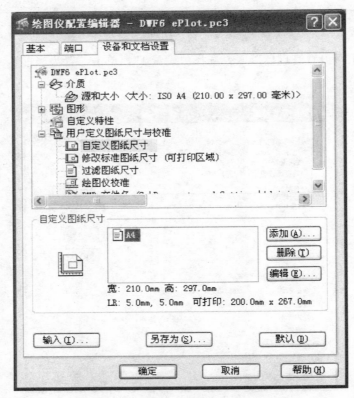

图 10-23　"绘图仪配置编辑器"对话框

　　（8）"页面设置-布局"区：在图纸尺寸区选择"A4"，单击"确定"。如图
10-24 所示。

图 10-24　"页面设置-布局"对话框

　　（9）"页面设置管理器"区：选择"设置 1"，单击"置为当前"，如图 10-25
所示。

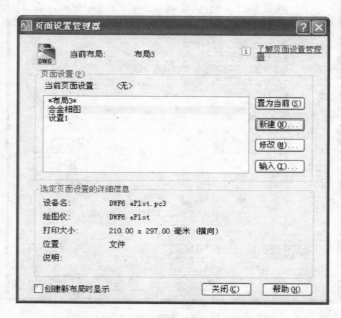

图 10-25　"页面设置管理器"对话框

# 10.4　浮　动　视　口

在设置布局时，其图纸空间可用浮动视口来构造，并可对浮动视口进行编辑，如移动、改变大小和形状等，多个浮动视口可重叠。浮动视口的编辑必须在图纸空间，图形的编辑要在模型空间进行，不过在图纸空间可以进行尺寸标注和文字注释。

## 10.4.1　新建、删除、编辑浮动视口

（1）新建浮动视口　在布局中，单击"视图"→"视口"→"新建视口"，选择新建视口的数量，排列方式以及视口的范围大小；图 10-26 为在一个布局建立三个浮动视口。

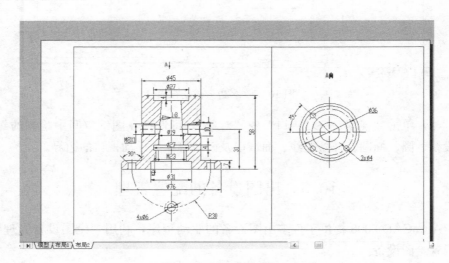

图 10-26　新建浮动视口

（2）删除浮动视口　在图纸空间单击浮动视口边界，按〈Delete〉键或删除键即可删除浮动视口。

（3）编辑浮动视口　在图纸空间，浮动视口中的图形是被绘制在当前层上的图形对象，且采用当前层的线性、线宽和颜色，用常用图形编辑方法都可以编辑浮动视口，通过拖动夹点来改变浮动视口的边界。多个浮动视口的图形在模型空间是各自独立的。可任意设置某个视口中的图形比例以及其他的编辑方法，也可在几个视口采用相同的比例，通过"特性"窗口的"标准比例"选择或直接输入比例值。

### 10.4.2　创建其他形状的视口

（1）单击"视图"→"视口"→"多边形视口"，可在图纸空间绘制多边形作为浮动视口，如图 10-27 所示。

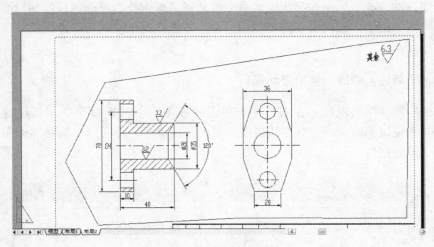

图 10-27　多边形浮动视口

（2）单击"视图"→"视口"→"对象"，可选择在图纸空间中绘制的封闭多段线、圆、椭圆、样条曲线、面域以及云线等作为浮动视口的边界。

# 10.5　出图设备的配置管理

AutoCAD 2008 提供了许多出图设备的驱动程序，利用"绘图设备管理器"可配置绘图设备。

1. 功能

用于出图设备管理，包括添加出图设备、设置网络打印服务器、配置系统出图设备等。

2. 格式

（1）下拉菜单"文件"→"绘图仪管理器"；"工具"→"选项"→"打印和设备"→"添加或配置绘图仪"。

（2）Windows 系统"开始"→"设置"→"控制面板"→"双击 Autodesk 打印机管理器图标"。

（3）命令：PLTTERMANAGER

3．命令及提示

执行上述命令后，系统弹出"Plotters（打印机）"对话框，如图 10-28 所示。

图 10-28　"Plotters（打印机）"对话框

4．说明

在该对话框中，双击"添加绘图仪向导"图标，弹出"添加绘图仪向导"对话框，根据提示可以设置添加新绘图仪。通过下拉菜单"工具"→"向导"→"添加绘图仪"，也可调出"添加绘图仪向导"对话框。

# 10.6　出图样式设置管理及编辑

## 10.6.1　出图样式设置管理

通常将某些属性（如颜色、线段、线条尾端、接头样式、灰度等级等）设置给实体、图层、视口、布局等，图层、视窗、布局等属性的集合就是出图样式。出图样式有两种模式：Color-Dependent（依赖颜色）和 Named（命名）。绘图样式定义在绘图样式表格中，可以把绘图样式定义与模板标签和布局相联系。为同一图形指定绘图样式后，如果删除或断开样式与图形的联系，绘图样式对图形不会产生影响。为同一图形指定多个绘图样式，可以创建不同的图形输出效果。

当图层处于 Color-Dependent 出图样式（系统变量 PSTYLEPOLICYHI 值 1），而不是 Named 出图样式（系统变量 PSTYLEPOLICY 值 0）时，则不能为图层设置出图样式。

### 1. 功能

用于改变输出图形的外观。通过修改图形的绘图样式，定义输出时的实体、线性颜色、线宽等。

### 2. 格式

（1）下拉菜单："文件"→"打印样式管理器或工具"→"选项"→"打印和发布"→"打印样式表设置按钮"→"添加或编辑打印样式表"。

（2）命令：STYLEMANAGER

另外可在 Windows 系统中选择："开始"→"设置"→"控制面板"→双击"Autodesk 打印样式管理器"图标。

### 3. 命令及提示

执行上述命令后，系统弹出"Plot Style（出图样式）"对话框，如图 10-29 所示。

### 4. 说明

在该对话框中，双击"添加打印样式表向导"图标，此时，弹出"添加打印样式表向导"对话框，通过对该对话框的操作，完成新打印样式的设置。通过下拉菜单"工具"→"向导"→"添加打印样式表 ..."（或添加颜色相关打印样式表…），也可进行打印样式的设置。

## 10.6.2　打印样式编辑

在输出图形时，有时需要对出图样式进行编辑、修改操作。

（1）颜色相关型打印样式编辑（Color-Dependent Plot Style Table）在"Plot Style"对话框中，双击任一个颜色相关型打印样式图标（文件后缀为"*.ctb"），此时弹出"打印样式表编辑器"对话框，在该对话框中有三个选项卡：基本、表现图和格式视图，如图 10-30 所示，可对颜色相关型打印样式进行编辑。

图 10-29　"Plot Styles（出图样式）"对话框

(a)

(b)

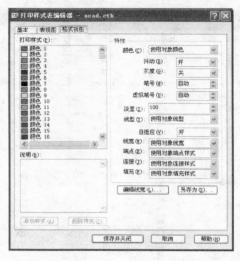

(c)

图 10-30　"打印样式表编辑器"对话框
(a)"基本"选项；(b)"表视图"选项；(c)"格式视图"选项

（2）命名型打印样式编辑（Named Plot Style Table）命名型打印样式不依赖于实体的颜色，可以把这种打印样式指定给任何颜色实体。更改实体颜色特性和其他实体特性一样不受限制。命名型打印样式保存在扩展名为"＊．stb"的文件中。

在"Plot Style"对话框中，双击任一命名型打印样式（Named Plot Style Table）图标（文件后缀为"＊．stb"，此时弹出"打印样式表编辑器"对话框，在该对话框中有三个选项卡：基本、表视图和格式视图，可对命名型打印样式进行编辑。

在"打印样式表编辑器"对话框中，"基本"选项卡显示打印样式的名称、描述、打印样式数目、保存路径名，在次选项卡中可以修改描述内容，指定非标准直线和填充模式的全局比例因子；"表视图"和"格式视图"选项卡提供了两种修改打印样式设置的途径，这两个选项卡形式都可以列出打印样式的设置内容，可以对线型、线宽、颜色等设置进行修改，当打印样式数目较少时，用"表视图"选项卡比较方便；打印样式数目较多时，使用"格式视图"选项卡修改较为方便。

### 10.6.3　打印图形

1. 功能

用于设置打印参数及控制出图设备，并用当前图形输出设备输出图形。

**2. 格式**

(1) 工具栏："标准"→按钮

(2) 下拉菜单："文件"→"打印"

(3) 命令：PROT✓（或 PRINT）

**3. 命令及提示**

执行上述命令后，系统弹出："打印"对话框，如图 10-31 所示。其内容及功能同图 10-14"页面设置-布局"对话框。

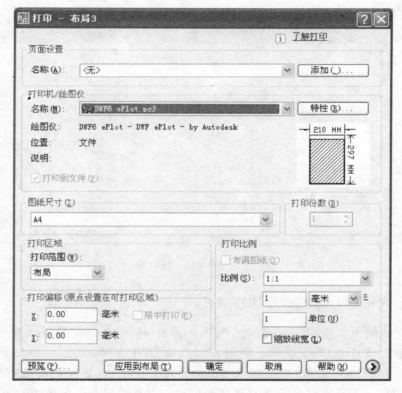

图 10-31 "打印"对话框

## 10.7 数据交换及 CAD 输入输出文件格式

AutoCAD 2008 提供了图形输入与输出接口。不仅可以将其他应用程序中处理好的数据传送给 AutoCAD，以显示其图形，还可以将在 AutoCAD 中绘制好的图形传送给其他应用程序。

　　此外，为适应互联网的快速发展，使用户能够快速有效地共享设计信息，Au-toCAD 2008 强化了其 Internet 功能，使其与互联网相关的操作更加方便、高效，可以创建 Web 格式的文件（DWF），以及发布 AutoCAD 图形文件到 Web 页。

### 10.7.1　输出 DWF 文件

　　选择"文件（F）菜单栏→发布（A）"，在弹出的"发布"对话框中的单击图标，如图 10-32 所示，选择需要输出 DWF 格式文件的已有文件，并按下图设置好相关参数，然后单击"发布"按钮，这样 AutoCAD 将会以". dwf"格式将图形保存。

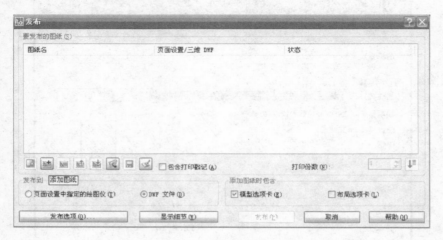

图 10-32　"发布"对话框

### 10.7.2　在外部浏览器中浏览 DWF 文件

　　任何人均可以使用 Autodesk DWF Viewer 或 Autodesk Design Review 打开、查看以及打印 DWF 文件。使用 Autodesk DWF Viewer 或 Autodesk Design Review，用户还可以在 Microsoft Internet Explorer 5.01 或更高版本中查看 DWF 文件。DWF 文件支持实时平移和缩放，以及图层和命名视图的显示，如图 10-33 所示，这就大大方便了电子图形的传递和共享。

### 10.7.3　将图形发布到 Web 页

　　在 AutoCAD 2008 中，用户即使不熟悉 HTML 代码，也可以方便、迅速地创建格式化 Web 页，该 Web 页包含有 AutoCAD 图形的 DWF、PNG 或 JPEG 等格式图像。一旦创建了 Web 页，就可以将其发布到 Internet 上。

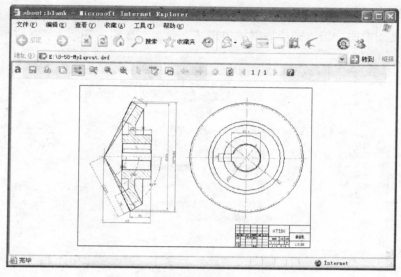

图 10-33　浏览 DWF 文件

**例 10-1**　把图创建新的 Web 页，并把其发布到 Internet 上。

操作步骤如下：

1. 选择"文件（F）菜单栏→网上发布（W）"，显示"网上发布"向导对话框，如图 10-34 所示。此向导创建用于显示来自图形文件的图像的 Web 页。用户通过从各种样板中进行选择，可以控制 Web 页的外观，而且用户创建 Web 页以后，也可以通过此向导对其进行更新。选择"创建新 Web 页"后单击"下一步"按钮。

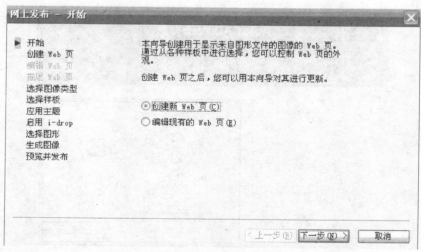

图 10-34　"网上发布"向导对话框

2. 在"创建 Web 页"对话框上，用户可以输入 Web 页的名称和提供在 Web 页上的说明。输入完毕后继续单击"下一步"按钮，如图 10-35 所示。

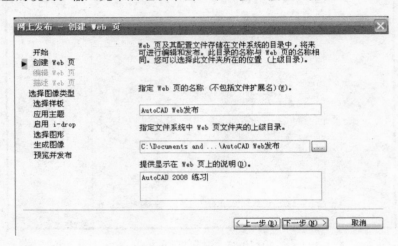

图 10-35　创建 Web 页

3. 在以后的对话框中，用户只需要一一设置发布图像的类型、选择 Web 页的样板、主体等参数就可以生成 Web 页。在发布 Web 页前用户还可以预览已生成的 Web 页，观察是否符合要求，如图 10-36 所示。

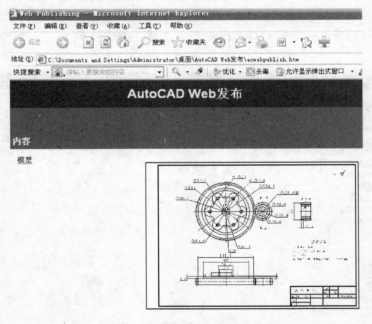

图 10-36　预览 Web 页

　　4. 若用户认为生成的 Web 页符合要求，就可以直接单击"立即发布"按钮发布已创建好的 Web 页，如图 10-37 所示。

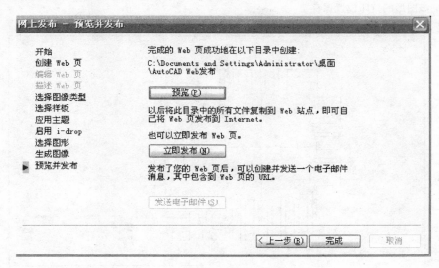

图 10-37　预览并发布 Web 页

# 本 章 小 结

　　本章主要介绍出图打印及数据交换、发布图形等方面的知识，具体内容包括：

　　（1）使用"打印"设置对话框，设置和管理打印样式及打印设置。

　　（2）使用"保存"命令设置保存文件的格式，方便用户进行数据交换。

　　（3）使用发布图形命令，使绘制的图形方便地在互联网上发布。

# 习 题 十

一、简答题

　　1. 输出图形的目的是什么？

　　2. 出图样式有什么用途？

　　3. 图形布局的作用是什么？

　　4. 有哪两种出图样式？

　　5. 模型空间和图纸空间的作用是什么？

　　6. 图纸集有什么用途和优点？

　　7. 视口有什么用途？

　　8. 如何创建布局？用向导创建布局的步骤有哪些？

9. 如何将图形进行打印输出？

二、如题图 10-1 所示，把该图形的所有内容使用 A3 图纸横向居中打印，并使图形布满图纸，最后把该图形的打印设置保存。

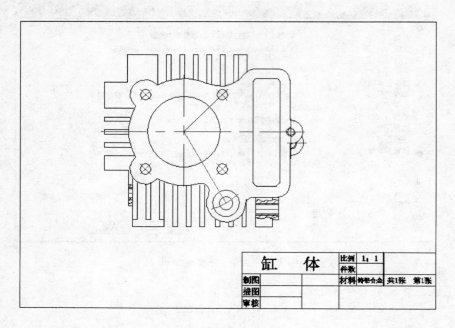

题图 10-1

# 第 11 章　设计中心与工具选项板

对一个绘图项目来讲，重用和分享设计内容，是管理一个绘图项目的基础，用 AutoCAD 2008 设计中心可以管理块、外部参照、渲染的图像以及其他设计资源文件的内容。此 AutoCAD 2008 设计中心提供了观察和重用设计内容的强大工具，用它可以浏览系统内部的资源，还可以从因特网上下载有关内容。

## 11.1　观察设计信息

使用 AutoCAD 设计中心可以很容易地组织设计内容，并把它们拖动到自己的图形中。可以使用 AutoCAD 设计中心窗口的内容显示框，来观察用 AutoCAD 设计中心的资源管理器所浏览资源的细目，如图 11-1 所示。在图 11-1 中，左边方框为 AutoCAD 设计中心的资源管理器，右边方框为 AutoCAD 设计中心窗口的内容显示框。其中上面窗口为文件显示框，中间窗口为图形预览显示框，下面窗口为说明文本显示框。

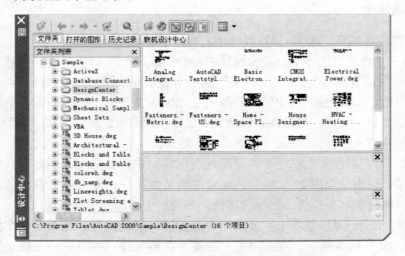

图 11-1　AutoCAD 设计中心的资源管理器和内容显示区

### 11.1.1　启动设计中心

1. 格式

（1）命令：ADCENTER

（2）菜单：工具→设计中心

（3）工具栏：标准—设计中心▩

（4）快捷键：Ctrl＋2

系统打开设计中心。第一次启动设计中心时，它默认打开的选项卡为"文件夹"。内容显示区采用大图标显示，左边的资源管理器采用 tree view 显示方式显示系统的树形结构，浏览资源的同时，在内容显示区显示所浏览资源的有关细目或内容，如图 11-1 所示。

可以依靠鼠标拖动边框来改变 AutoCAD 设计中心资源管理器和内容显示区以及 AutoCAD 绘图区的大小，但内容显示区的最小尺寸应能显示两列大图标。

如果要改变 AutoCAD 设计中心的位置，可在设计中心工具条的上部用鼠标拖动它，松开鼠标后，AutoCAD 设计中心便处于当前位置，到新位置后，仍可以用鼠标改变各窗口的大小。也可以通过设计中心边框左边下方的"自动隐藏"按钮来自动隐藏设计中心。

## 11.1.2　显示图形信息

在 AutoCAD 设计中心中，可以通过"选项卡"和"工具栏"两种方式显示图形信息。

### 1. 选项卡

如图 11-1 所示，AutoCAD 设计中心有以下 4 个选项卡。

（1）"文件夹"选项卡：显示设计中心的资源，如图 11-1 所示。该选项卡与 Windows 资源管理器类似。"文件夹"选项卡显示导航图标的层次结构，包括网络和计算机、web 地址（URL）、计算机驱动器、文件夹、图形和相关的支持文件、外部参照、布局、填充样式和命名对象以及图形中的块、图层、线型、文字样式、标注样式和打印样式。

（2）"打开的图形"选项卡：显示在当前环境中打开的所有图形，其中包括最小化了的图形，如图 11-2 所示。此时选择某个文件，就可以在右边的显示框中显示该图形的有关设置，如标注样式、布局块、图层外部参照等。

（3）"历史记录"选项卡：显示用户最近访问过的文件，包括这些文件的具体路径，如图 11-3 所示。双击列表中的某个图形文件，可以在"文件夹"选项卡中的树状视图中定位此图形文件并将其内容加载到内容区域中。

（4）"联机设计中心"选项卡：通过联机设计中心，用户可以访问数以万计的预先绘制的符号、制造商信息以及集成商站点。当然，前提是用户的计算机必须与网络链接。

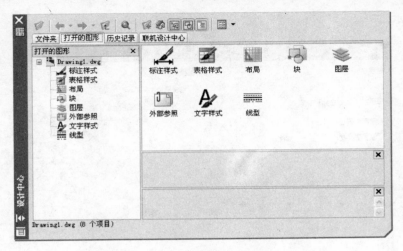

图 11-2 "打开的图形"选项卡

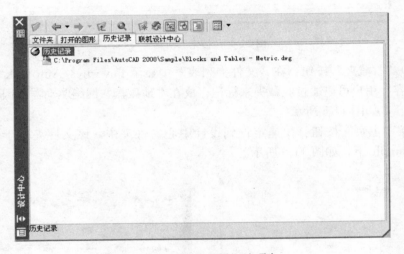

图 11-3 "历史记录"选项卡

2．工具栏

设计中心窗口顶部有一系列的工具栏，包括"加载"、"上一页（下一页或上一级）"、"搜索"、"收藏夹"、"主页"、"树状图切换"、"预览"、"说明"和"视图"等按钮。

（1）"加载"按钮：打开"加载"对话框，用户可以利用该对话框从 Windows 桌面、收藏夹或因特网加载文件。

（2）"搜索"按钮：查找对象。单击该按钮，打开"搜索"对话框，如图

11-4 所示。

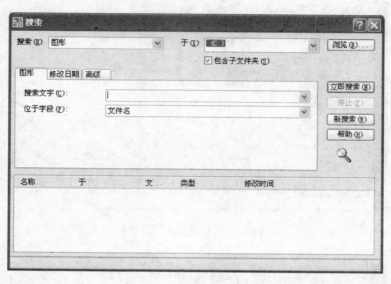

图 11-4 "搜索"对话框

（3）"收藏夹"按钮：在"文件夹列表"中显示 Favorites/Autodesk 文件夹中的内容，用户可以通过收藏夹来标记存放在本地磁盘、网络驱动器或因特网页上的内容，如图 11-5 所示。

（4）"主页"按钮：快速定位到设计中心文件夹中，该文件夹位于/Auto-CAD/Sample 下，如图 11-6 所示。

图 11-5 "收藏夹"按钮　　　　　图 11-6 "主页"按钮

### 11.1.3　查找内容

如图 11-4 所示，可以单击"搜索"按钮寻找图形和其他的内容，在设计中心可以查找的内容有：图形、填充图案、填充图案文件、图层、块、图形和块、外部参照、文字样式、线型、标注样式和布局等。

在"搜索"对话框中有 3 个选项卡，分别给出 3 种搜索方式：通过"图形"信息搜索、通过"修改日期"信息搜索、通过"高级"信息搜索。

# 11.2　向图形添加内容

## 11.2.1　插入图块

可以将图块插入到图形当中。当将一个图块插入到图形当中的时候，块定义就被复制到图形数据库当中。在一个图块被插入图形之后，如果原来的图块被修改，则插入到图形当中的图块也随之改变。

当其他命令正在执行时，不能插入图块到图形当中。例如，如果在插入块时，在提示行正在执行一个命令，此时光标变成一个带斜线的圆，提示操作无效。另外，一次只能插入一个图块。

系统根据鼠标拉出的线段的长度与角度确定比例与旋转角度。插入图块的步骤如下：

（1）从文件夹列表或查找结果列表选择要插入的图块，按住鼠标左键，将其拖动到打开的图形。

松开鼠标左键，此时，被选择的对象被插入到当前被打开的图形当中。利用当前设置的捕捉方式，可以将对象插入到任何存在的图形当中。

（2）按下鼠标左键，指定一点作为插入点，移动鼠标，鼠标位置点与插入点之间距离为缩放比例。按下鼠标左键确定比例。同样方法移动鼠标，鼠标指定位置与插入点连线与水平线角度为旋转角度。被选择的对象就根据鼠标指定的比例和角度插入到图形当中。

## 11.2.2　图形复制

### 1. 在图形之间复制图块

利用 AutoCAD 设计中心可以浏览和装载需要复制的图块，然后将图块复制到剪贴板，利用剪贴板将图块粘贴到图形当中。具体方法如下：

（1）在控制板选择需要复制的图块，右击打开快捷菜单，选择"复制"命令。

（2）将图块复制到剪贴板上，然后通过"粘贴"命令粘贴到当前图形上。

### 2. 在图形之间复制图层

利用 AutoCAD 设计中心可以从任何一个图形复制图层到其他图形。例如，如果已经绘制了一个包括设计所需的所有图层的图形，在绘制另外的新的图形的时候，可以新建一个图形，并通过 AutoCAD 设计中心将已有的图层复制的新的图形当中，这样可以节省时间，并保证图形间的一致性。

（1）拖动图层到已打开的图形：确认要复制图层的目标图形文件被打开，并且是当前的图形文件。在控制板或查找结果列表框选择要复制的一个或多个图层。拖动图层到打开的图形文件。松开鼠标后被选择的图层被复制到打开的图形当中。

（2）复制或粘贴图层到打开的图形：确认要复制的图层的图形文件被打开，并且是当前的图形文件。在控制板或查找结果列表框选择要复制的一个或多个图层。右击打开快捷菜单，在快捷菜单中选择"复制到粘贴板"命令。如果要粘贴图层，确认粘贴的目标图形文件被打开，并为当前文件。右击打开快捷菜单，在快捷菜单选择"粘贴"命令。

# 11.3　工具选项板

该选项板是"工具选项板"窗口中选项卡形式的区域，提供组织、共享和放置块及填充图案的有效方法。工具选项板还可以包含由第三方开发人员提供的自定义工具。

### 11.3.1　打开工具选项板

1. 格式

（1）命令：TOOLPALETTES。

（2）菜单：工具→工具选项板窗口。

（3）工具栏：标准→工具选项板。

（4）快捷键：Ctrl＋3。

系统自动打开工具选项板窗口，如图 11-7 所示。

2. 选项说明

在工具选项板中，系统设置了一些常用图形选项卡，这些常用图形可以方便用户绘图。

### 11.3.2　工具选项板的显示控制

1. 移动和缩放工具选项板窗口

用户可以用鼠标按住工具选项板窗口深色边框，拖动鼠标，即可移动工具选项板窗口。将鼠标指向工具选项板窗口边缘，出现双向伸缩箭头，按住鼠标左键拖动

图 11-7　工具选项板窗口

即可缩放工具选项板窗口。

2．自动隐藏

在工具选项板窗口深色边框下面有一个"自动隐藏"按钮，单击该按钮就可自动隐藏工具选项板窗口，再次单击，则自动打开工具选项板窗口。

3．"透明度"控制

在工具选项板窗口深色边框下面有一个"特性"按钮，单击该按钮，打开快捷菜单，如图 11-8 所示。选择"透明"命令，系统打开"透明"对话框，如图 11-9 所示。通过调节按钮可以调节工具选项板窗口的透明度。

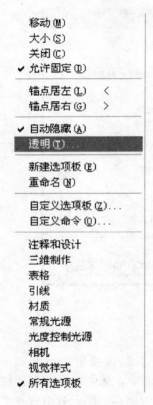

图 11-8　快捷菜单

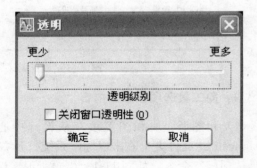

图 11-9　"透明"对话框

## 11.3.3　新建工具选项板

用户可以建立新工具板，这样有利于个性化作图。也能够满足特殊作图需要。

格式

（1）命令：CUSTOMIZE。

（2）菜单：工具→自定义→工具选项板。

（3）快捷菜单：在任意工具栏上单击右键，然后选择"自定义"。

（4）工具选项板："特性"按钮→自定义（或新建选项板）。

系统打开"自定义"对话框，如图 11-10 所示。在"选项板"列表框中单击鼠标右键，打开快捷菜单，如图 11-11 所示，选择"新建选项板"项，在对话框可以为新建的工具选项板命名。确定后，工具选项板中就增加了一个新的选项卡，如图 11-12 所示。

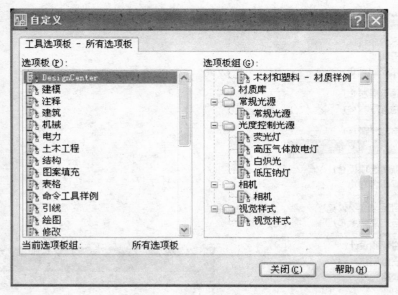

图 11-10　"自定义"对话框

### 11.3.4　向工具选项板添加内容

（1）将图形、块和图案填充从设计中心拖动到工具选项板上。例如，在 Designcenter 文件夹上右击鼠标，系统打开右键快捷菜单，从中选择"创建块的工具选项板"命令，如图 11-13（a）所示。设计中心中储存的图元就出现在工具选项板中新建的 Designcenter 选项卡上，如图 11-13（b）所示。这样就可以将设计中心与工具选项板结合起来，建立一个快捷方便的工具选项板。将工具选项板中的图形拖动到另一个图形中时，图形将作为块插入。

（2）使用"剪切"、"复制"和"粘贴"将一个工具选项板中的工具移动或复制到另一个工具选项板中。

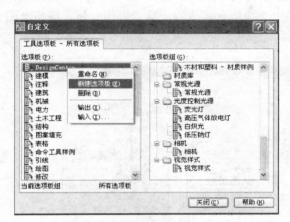

图 11-11　"选项板"对话框

图 11-12　新增选项卡

(a)

(b)

图 11-13　将储存图元创建成"设计中心"工具选项板

## 11.4　多文档界面

　　AutoCAD 系统提供了多文档设计环境，即同时可以打开多个绘图文件，如图 11-14 所示。每个绘图文档相互独立又相互联系，通过 AutoCAD 提供的各种操作，非常方便地在各个绘图文档中交换信息，节约大量的操作时间，提高绘图效率。

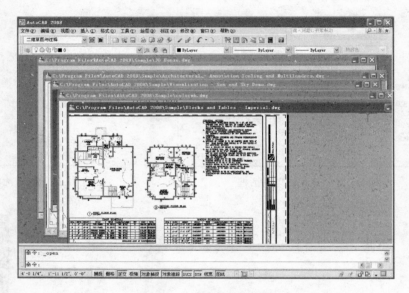

图 11-14　多文档绘图环境

### 11.4.1　多文档的屏幕显示"窗口（W）"菜单、当前活动文档设置及多文档关闭

　　所谓活动绘图文档，即指当前被选中的文档，所有绘图操作都在当前文档中进行。

　　1. "窗口（W）"下拉菜单

　　单击下拉菜单"窗口（W）"选项，弹出"窗口（W）"下拉菜单，如图 11-15 所示。该下拉菜单分为两个区，菜单的上半部分为文档窗口在屏幕上的排列方式，下半部分为已打开的绘图文档列表，在该列表中单击某一图形文件即可设置为当前活动文档。

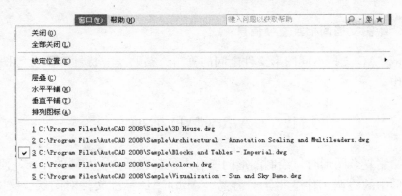

图 11-15　"窗口（W）"下拉菜单

## 2. 新打开的文档

当新建文件时，系统自动设置为当前活动文档。

## 3. 设置为当前文档

可通过以下三种方法把打开的某一文档设置为当前文档。

（1）在某个文档窗口的空白区域内或在图形文件的标题栏处单击鼠标左键。

（2）在"窗口（W）"下拉菜单的下半部分选择某一图形文件打开该图形文件。

（3）使用快捷键"Ctrl＋F6"、"Ctrl＋Tab"进行多文档之间的转换并设置当前活动文档。

### 11.4.2　关闭当前绘图文档（Close）

在多文档操作工作环境中，关闭当前正在绘图的图形文件。操作方法如下：

（1）键盘输入命令：Close。

（2）下拉菜单文件（F）→关闭（C）。

### 11.4.3　关闭全部多文档（Closeall）

在多文档操作工作环境中，关闭全部打开的图形文件。操作方法如下：

（1）键盘输入命令：Closeall。

（2）下拉菜单窗口（W）→全部关闭（L）。

### 11.4.4　多文档命令并行执行

AutoCAD 支持在不结束某绘图文档正在执行命令的情况下，切换到另一个文档进行操作，然后又回到该绘图文档继续执行该命令。

**11.4.5　绘图文档间相互交换信息**

　　AutoCAD 支持不同图形文件之间的复制、粘贴及"特性匹配"等图形信息交换操作。

# 11.5　AutoCAD 标准文件

　　在绘制复杂图形时，绘制图形的所有人员都遵循一个共同的标准，使大家在绘制图形中的协调工作变得十分容易。AutoCAD 标准文件对图层、文本式样、线型、尺寸式样及属性等命名对象定义了标准设置，以保证同一单位、部门、行业及合作伙伴在所绘制的图形中对命名对象设置的一致性。

　　当用 CAD 标准文件来检查图形文件是否符合标准时，图形文件中的所有命名对象都会被检查到。如果确定了一个对象使用了非标准文件，那么这个非标准对象将会被清除出当前图形。任何一个非标准对象都将会被转换成标准对象。

**11.5.1　创建 AutoCAD 标准文件**

　　AutoCAD 标准文件是一个后缀为 DWS 的文件。创建 AutoCAD 标准文件的步骤：

　　（1）新建一个图形文件，根据约定的标准创建图层、标注式样、线型、文本样式及属性等。

　　（2）保存文件，弹出的"图形另存为"对话框，在"文件类型（T）"下拉列表框中选择"AutoCAD 图形标准（＊．dws）"；在"文件名（N）"文本中，输入文件名；单击"保存（S）"按钮，即可创建一个与当前图形文件同名的 AutoCAD 标准文件。

**11.5.2　配置标准文件**

　　1. 功能

　　为当前图形配置标准文件，即把标准文件与当前图形建立关联关系。配置标准文件后，当前图形就会采用标准文件对命名对象（图层、线型、尺寸式样、文本样式及属性）进行各种设置。

　　2. 格式

　　（1）键盘输入命令：standards。
　　（2）下拉菜单 工具（T）→CAD 标准（S）→光标菜单→配置（C）。

（3）工具条在"CAD 标准"工具条中，单击"配置标准"图标按钮，如图 11-16 所示。

此时，弹出"配置标准"对话框。在该对话框中有两个选项卡："标准"和"插入模块"。

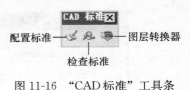

图 11-16 "CAD 标准"工具条

3．"标准"选项卡

在"配置标准"对话框中，单击"标准"选项卡，对话框形式如图 11-17 所示。把已有的标准文件与当前图形建立关联关系。

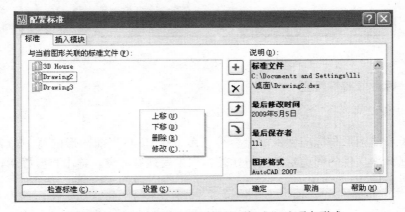

图 11-17 "配置标准"对话框的"标准"选项卡形式

（1）"与当前图形关联的标准文件（F）"显示列表框列出了与当前图形建立关联关系的全部标准文件。可以根据需要给当前图形添加新标准文件，或从当前图形中消除某个标准文件。

（2）"添加标准文件（F3）"按钮给当前图形添加新标准文件。单击该按钮，弹出"选择标准文件"对话框，用来选择添加的标准文件。

（3）"删除标准文件（Del）"按钮将在"与当前图形关联的标准文件（F）"显示列表框中选中的某一标准文件删除，即取消关联关系。

（4）"上移（F4）"和"下移（F5）"按钮将在"与当前图形关联的标准文件（F）"显示列表框中，使选择的标准文件上移或下移一个。

（5）快捷菜单在"与当前图形关联的标准文件（F）"显示列表框，单击鼠标右键，弹出一个快捷菜单，如图 11-17 所示。通过该菜单，完成有关操作。

（6）"说明（D）"栏对选中标准文件作简要说明。

4．"插入模块"选项卡

在"配置标准"对话框中，单击"插入模块"选项卡，对话框形式如图 11-18所示。显示当前标准文件中的所有命名对象。

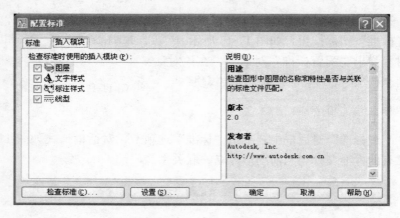

图 11-18　"配置标准"对话框的"插入模块"选项卡形式

### 11. 5. 3　标准兼容性检查

1. 功能

分析当前图形与标准文件的兼容性。AutoCAD 将当前图形的每一命名对象与相关联标准文件的同类对象进行比较，如果发现有冲突，给出相应提示，以决定是否进行修改。

2. 格式

（1）键盘输入命令：Checkstandards。

（2）下拉菜单 工具（T）→CAD 标准（S）→检查（K）。

（3）工具条在"CAD 标准"工具条中，单击"检查标准"图标按钮。

（4）对话框按钮。在"配置标准"对话框中，单击"检查标准（C）…"按钮时，弹出"检查标准"对话框，如图 11-19 所示。

3. 说明

（1）"问题（P）："列表框显示检查的结果，实际上是当前图形中的非标准的对象。单击"下一个（N）"按钮后，该列表框将显示下一个非标准对象。

（2）"替换为（R）："列表框显示了 CAD 标准文件中所有的对象，可以从中选择取代在"问题（P）："列表框中出现的有问题的非标准对象，单击"修复"按钮进行修复。

（3）"预览修改（V）："列表框显示了将要被修改的非标准对象的特性。

（4）"将此问题标记为忽略（I）"复选按钮可以忽略与标准中突出的问题。

（5）"设置（S）…"按钮（包括"配置标准"对话框中的"设置（S）…"按钮）单击该按钮，弹出"CAD 标准设置"对话框，如图 11-20 所示。利用该

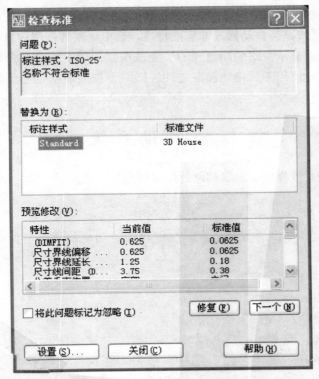

图 11-19　"检查标准"对话框

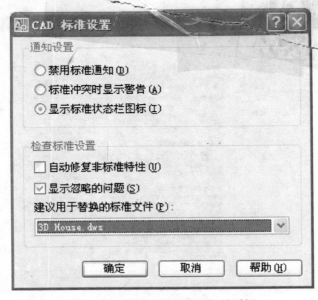

图 11-20　"CAD标准设置"对话框

对话框对"CAD 标准"的使用进行配置。"自动修复非标准特性（U）"复选按钮，用于确定系统是否自动修改非标准特性，选中该复选按钮后自动修改，否则根据要求确定；"显示忽略的问题（S）"复选按钮，用于确定是否显示已忽略的非标准对象；"建议用于替换的标准文件（P）"下拉列表框，用于显示和设置用于检查的 CAD 标准文件。

## 11.6　帮助系统

AutoCAD 系统提供了完善和便捷的帮助系统。

**使用帮助信息**

可以使用软件提供的帮助信息，获得对系统功能的掌握与使用。调用方法如下：

"快捷帮助"选项卡窗口

（1）命令：Help 或?

（2）下拉菜单："帮助"→"帮助"

（3）快捷键：F1 键

（4）工具条在"标准"工具条中，单击"帮助"图标按钮。此时，弹出"AutoCAD 2008 帮助"窗口，如图 11-21 所示。通过该对话框的操作，可获得系统的各种帮助信息。

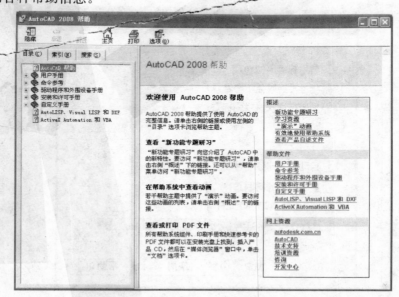

图 11-21　"AutoCAD 帮助"窗口

# 本 章 小 结

本章主要介绍设计中心与工具选项板等方面的知识，具体内容包括：

（1）浏览用户计算机、网络驱动器和 Web 页上的图形内容（例如图形或符号库）。

（2）在定义表中查看图形文件中命名对象（例如块和图层）的定义，然后将定义插入、附着、复制和粘贴到当前图形中。

（3）更新（重定义）块定义。

（4）创建指向常用图形、文件夹和因特网址的快捷方式。

（5）向图形中添加内容（例如外总参照、块和填充）。

（6）在新窗口中打开图形文件。

（7）将图形、块和填充拖动到工具选项板上以便于访问。

## 习　题　十一

一、简答题

1. 怎样打开和关闭设计中心？

2. 在绘图时，使用 AutoCAD 设计中心的优点是什么？

3. 怎样利用职权收藏夹组织自己的常用文件？

4. 如何把多文档绘图文件中某一个设置为当前活动文档？

5. 如何将资源管理器的一个图形文件插入到当前图形文件中？

6. 工具选项板的作用是什么？

7. CAD 标准文件的用途是什么？如何使用？

8. 如何通过对象样例创建工具板？

9. 如何用设置特性（如名称和图层）和添加弹出（嵌套的工具集）自定义命令工具板？信息选项板的作用是什么？

10. 什么是设计中心？设计中心有什么功能？

11. 什么是工具选项板？怎样利用工具选项板进行绘图？

12. 设计中心以及工具选项板中的图形与普通图形有什么区别？与图块又有什么区别？

13. 在 AutoCAD 设计中心中查找 D 盘文件名包含 "HU" 文字，大于 2KB 的图形文件。

二、填空题

1. "设计中心"窗口界面中，包括＿＿＿＿、＿＿＿＿、＿＿＿＿和＿＿＿＿四个选项。

2. 使用 AutoCAD 设计中心的搜索功能，通过＿＿＿＿对话框可以快速搜索如图形、图层及尺寸样式等图形内容或设置。

3. AutoCAD 系统默认的"工具选项板"由＿＿＿＿、＿＿＿＿、＿＿＿＿和＿＿＿＿选项卡组成。

4. 在多文档界面可以实现图形文件之间_____、_____和_____等图形信息交换操作。

5. AutoCAD 标准文件是一个后缀为_____的文件。

6. 在"配置标准"对话框中有_____和_____两个选项卡，它们分别用于_____、_____。

7. 使用_____对话框，可以分析当前图形与标准文件兼容性，并将发生冲突的当前图形每一命名对象与相关联标准文件的同类对象进行修改。

三、操作题

利用设计中心建立一个常用机械零件工具选项板，并利用选项板绘制如题图 11-1 所示的盘盖组装图。

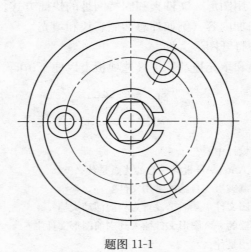

题图 11-1

提示：

（1）打开设计中心与工具选项板。

（2）建立一个新的工具选项板标签。

（3）在设计中心中查找已经绘制好的常用机械零件图。

（4）将这些零件图拖入到新建立的工具选项板标签中。

（5）打开一个新图形文件界面。

（6）将需要的图形文件模块从工具选项板上拖入到当前图形中，并进行适当组装。

# 附录　AutoCAD 快捷命令的使用

AutoCAD 提供的命令有很多，绘图时最常用的命令只有其中的百分之二十左右。采用键盘输入命令时由于有些常用命令较长，如 BHATCH（填充）、EX-PLODE（分解），在输入时使用键盘次数多，影响了绘图速度。虽然 AutoCAD 提供了完善的菜单和工具栏两种输入方法，但是要提高绘图速度，只有掌握 AutoCAD 提供的快捷的命令输入方法。

笔者在进行 AutoCAD 设计、培训和教学研究时，对于快捷命令的使用和管理积累了一些体验，现将其总结出来，以供大家使用 AutoCAD 时参考。

## 一、概述：

所谓的快捷命令，是 AutoCAD 为了提高绘图速度定义的快捷方式，它用一个或几个简单的字母来代替常用的命令，使我们不用去记忆众多的命令，也不必为了执行一个命令，在菜单和工具栏上寻找。所有定义的快捷命令都保存在 AutoCAD 安装目录下 SUPPORT 子目录中的 ACAD. PGP 文件中，可以通过修改该文件的内容来定义自己常用的快捷命令。

当新建或打开一个 AutoCAD 绘图文件时，CAD 本身会自动搜索到安装目录下的 SUPPORT 路径，找到并读入 ACAD. PGP 文件。当 AutoCAD 正在运行的时候，可以通过命令行的方式，用 ACAD. PGP 文件里定义的快捷命令来完成一个操作，比如要画一条直线，只需要在命令行里输入字母"L"即可。

## 二、快捷命令的命名规律

（1）快捷命令通常是该命令英文单词的第一个或前面两个字母，有的是前三个字母。比如，直线（Line）的快捷命令是"L"；复制（COPY）的快捷命令是"CO"；线型比例（LTScale）的快捷命令是"LTS"。

在使用过程中，试着用命令的第一个字母，或者前两个字母，最多用前三个字母，也就是说，AutoCAD 的快捷命令一般不会超过三个字母，如果一个命令用前三个字母都不行的话，只能输入完整的命令。

（2）另外一类的快捷命令通常是由"Ctrl 键 + 一个字母"组成的，或者用功能键 F1～F8 来定义。比如"Ctrl 键＋N"，"Ctrl 键＋O"，"Ctrl 键＋S"，"Ctrl 键＋P"分别表示新建、打开、保存、打印文件；F3 表示"对象捕捉"。

（3）如果有的命令第一个字母都相同的话，那么常用的命令取第一个字母，其他命令可用前面两个或三个字母表示。比如"R"表示 Redraw，"RA"表示 Redrawall；比如"L"表示 Line，"LT"表示 LineType，"LTS"表示 LTScale。

（4）个别例外的需要去记忆，比如"修改文字"（DDEDIT）就不是"DD"，而是"ED"；另外，"AA"表示 Area，"T"表示 Mtext，"X"表示 Explode。

### 三、快捷命令的定义

前面已经提到，AutoCAD 所有定义的快捷命令都保存 ACAD. PGP 文件中。ACAD. PGP 是一个纯文本文件，用户可以使用 ASCⅡ文本编辑器（如 DOS 下的 EDIT）或直接使用 WINDOWS 附件中的记事本来进行编辑。用户可以自行添加一些 AutoCAD 命令的快捷方式到文件中。

通常，快捷命令使用一个或两个易于记忆的字母，并用它来取代命令全名。快捷命令定义格式如下：

快捷命令名称，＊命令全名

如：CO，＊COPY

即键入快捷命令后，再键入一个逗号和快捷命令所替代的命令全称。Auto-CAD 的命令必须用一个星号作为前缀。

### 四、AutoCAD 常用快捷命令

A：绘圆弧

B：定义块

C：画圆

D：尺寸资源管理器

E：删除

F：倒圆角

G：对象组合

H：填充

I：插入

S：拉伸

T：文本输入

W：定义块并保存到硬盘中

L：直线

M：移动

X：炸开

V：设置当前坐标

U：恢复上一次操作

O：偏移

Z：缩放

dra：半径标注

ddi：直径标注

dal：对齐标注

dan：角度标注

AA：测量区域和周长（area）

AL：对齐（align）

AR：阵列（array）

SE：打开对相自动捕捉对话框

ST：打开字体设置对话框（style）

SO：绘制二围面（2dsolid）

S：拼音的校核（spell）

SC：缩放比例（scale）

SN：栅格捕捉模式设置（snap）

DT：文本的设置（dtext）

DI：测量两点间的距离

OI：插入外部对相

F1：获取帮助

F2：实现作图窗和文本窗口的切换

F3：控制是否实现对象自动捕捉

F4：数字化仪控制

F5：等轴测平面切换

F6：控制状态行上坐标的显示方式

F7：栅格显示模式控制

F8：正交模式控制

F9：栅格捕捉模式控制

F10：极轴模式控制

F11：对象追踪式控制

Ctrl＋B：栅格捕捉模式控制（F9）

Ctrl＋C：将选择的对象复制到剪切板上

Ctrl＋F：控制是否实现对象自动捕捉（F3）

Ctrl＋G：栅格显示模式控制（F7）

Ctrl＋J：重复执行上一步命令

Ctrl＋K：超级链接

Ctrl＋N：新建图形文件

Ctrl＋M：打开选项对话框

Ctrl＋1：打开特性对话框

Ctrl＋2：打开图像资源管理器

Ctrl＋6：打开图像数据

Ctrl＋O：打开图像文件

Ctrl＋P：打开打印对话框

Ctrl＋S：保存文件

Ctrl＋U：极轴模式控制（F10）

Ctrl＋V：粘贴剪贴板上的内容

Ctrl＋W：对象追踪式控制（F11）

Ctrl＋X：剪切所选择的内容

Ctrl＋Y：重做

Ctrl＋Z：取消前一步的操作

Alt＋A：排列

A：角度捕捉（开关）

N：动画模式（开关）

K：改变到后视图

Alt＋Ctrl＋B：背景锁定（开关）

．：前一时间单位

，：下一时间单位

T：改变到上（To）视图

B：改变到底（Bottom）视图

C：改变到相机（Camera）视图

F：改变到前（Front）视图

U：改变到等大的用户（User）视图

R：改变到右（Right）视图

Ctrl＋F：循环改变选择方式

Ctrl＋L：默认灯光（开关）

DEL：删除物体

D：当前视图暂时失效

Ctrl＋E：是否显示几何体内框（开关）

Alt＋1：显示第一个工具条

Ctrl＋X：专家模式 &am；♯0；全屏（开关）

Alt＋Ctrl＋H：暂存（Hold）场景

Alt＋Ctrl＋F：取回（Fetch）场景

6：冻结所选物体

END：跳到最后一帧

HOME：跳到第一帧

Shift＋C：显示隐藏相机（Cameras）

Shift＋O：显示隐藏几何体（Geometry）

G：显示隐藏网格（Grids）

Alt＋0：锁定用户界面（开关）

Ctrl＋C：匹配到相机（Camera）视图

M：材质（Material）编辑器

W：最大化当前视图（开关）

F11：脚本编辑器

Ctrl＋N：新的场景

Alt＋N：法线（Normal）对齐

一：向下轻推网格小键盘

＋：向上轻推网格小键盘

Alt＋L 或 Ctrl＋4：NURBS 表面显示方式

Alt＋Ctrl＋空格：偏移捕捉

Ctrl＋O：打开一个 MAX 文件

Ctrl＋H：放置高光（Highlight）

Shift＋Q：快速（Quick）渲染

Ctrl＋A：回到上一场景操作

Shift＋A：回到上一视图操作

Ctrl＋Z：撤销场景操作

Shift＋Z：撤销视图操作

1：刷新所有视图

Shift＋E 或 F9：用前一次的参数进行渲染

Shift＋R 或 F10：渲染配置

F5：约束到 X 轴

F6：约束到 Y 轴

F7：约束到 Z 轴

Ctrl＋R 或 V：旋转（Rotate）视图模式

Ctrl＋S：保存（Save）文件

Alt＋X：透明显示所选物体（开关）

page Up：选择父物体

page Down：选择子物体

H：根据名称选择物体

空格：选择锁定（开关）

F2：减淡所选物体的面（开关）

Shift＋G：显示所有视图网格（Grids）（开关）

3：显示隐藏命令面板

4：显示隐藏浮动工具条

Ctrl＋I：显示最后一次渲染的图画

Alt＋6：显示隐藏主要工具栏

Shift＋F：显示隐藏安全框

J：显示隐藏所选物体的支架

Y2：显示隐藏工具条

Shift＋Ctrl＋【】：百分比（percent）捕捉（开关）

S：打开关闭捕捉（Snap）

Alt＋空格：循环通过捕捉点

【】：声音（开关）

Shift＋I：间隔放置物体

Shift＋4：改变到光线视图

Ins：循环改变子物体层级

Ctrl＋B：子物体选择（开关）

Ctrl＋T：贴图材质（Texture）修正

＋：加大动态坐标

－：减小动态坐标

X：激活动态坐标（开关）

F12：精确输入转变量

7：全部解冻

5：根据名字显示隐藏的物体

Alt＋Shift＋Ctrl＋B：刷新背景图像（Background）

F4：显示几何体外框（开关）

Alt＋B：视图背景（Background）

Shift＋B：用方框（Box）快显几何体（开关）

1：打开虚拟现实数字键盘

2：虚拟视图向下移动数字键盘

4：虚拟视图向左移动数字键盘

6：虚拟视图向右移动数字键盘

8：虚拟视图向中移动数字键盘

7：虚拟视图放大数字键盘

9：虚拟视图缩小数字键盘

F3：实色显示场景中的几何体（开关）

Shift＋Ctrl＋Z：全部视图显示所有物体

E：视窗缩放到选择物体范围（Extents）

Alt＋Ctrl＋Z：缩放范围

Shift＋数字键盘＋：视窗放大两倍

Z：放大镜工具

Shift＋数字键盘－：视窗缩小两倍

Ctrl＋w：根据框选进行放大

［：视窗交互式放大

］：视窗交互式缩小

A：加入（Add）关键帧

E：编辑（Edit）关键帧模式

F3：编辑区域模式

F2：编辑时间模式

O：展开对象（Object）切换

T：展开轨迹（Track）切换

F5 或 F：函数（Function）曲线模式

空格：锁定所选物体

↙：向上移动高亮显示

↑：向下移动高亮显示

←：向左轻移关键帧

→：向右轻移关键帧

F4：位置区域模式

Ctrl＋A：回到上一场景操作

Ctrl＋Z：撤销场景操作

F9：用前一次的配置进行渲染

F10：渲染配置

Ctrl＋↙：向下收拢

Ctrl＋↑：向上收拢

F9：用前一次的配置进行渲染

F10：渲染配置

Ctrl＋Z：撤销场景操作

示意（Schematic）视图

Ctrl＋A：回到上一场景操作

Ctrl＋Z：撤销场景操作

D：绘制（Draw）区域

R：渲染（Render）

空格：锁定工具栏（泊坞窗）

视频编辑

Ctrl＋F：加入过滤器（Filter）项目

Ctrl＋A：加入（Add）新的项目

Ctrl＋s：加入场景（Scene）事件

Ctrl＋E：编辑（Edit）当前事件

Ctrl＋R：执行（Run）序列

Ctrl＋N：新（New）的序列

Ctrl＋Z：撤销场景操作

Alt＋N：CV 约束法线（Normal）移动

Alt＋U：CV 约束到 U 向移动

Alt＋V：CV 约束到 V 向移动

Shift＋Ctrl＋C：显示曲线（Curves）

Ctrl＋L：显示格子（Lattices）

Alt＋L：NURBS 面显示方式切换

Shift＋Ctrl＋s：显示表面（Surfaces）

Ctrl＋T：显示工具箱（Toolbox）

Shift＋Ctrl＋T：显示表面整齐（Trims）

Ctrl＋H：根据名字选择本物体的子层级

空格：锁定 2D 所选物体

Ctrl＋→：选择 U 向的下一点

Ctrl＋↑：选择 V 向的下一点

Ctrl＋←：选择 U 向的前一点

Ctrl＋↙：选择 V 向的前一点

H：根据名字选择子物体

Ctrl＋s：柔软所选物体

Alt＋Shift＋S：转换到 Surface 层级

Alt＋Shift＋T：转换到上一层级

Ctrl+X：转换降级

Alt+Shift+L：到格点（Lattice）层级

Alt+Shift+S：到设置体积（Volume）层级

Alt+Shift+T：转换到上层级

打开的 UVW 贴图

Ctrl+E：进入编辑（Edit）UVW 模式

Ctrl+B：打断（Break）选择点

Ctrl+D：分离（Detach）边界点

Ctrl+空格：过滤选择面

Ctrl+F：冻结（Freeze）所选材质点

Ctrl+H：隐藏（Hide）所选材质点

Alt+Shift+Ctrl+F：从堆栈中获取面选集

Alt+Shift+Ctrl+V：从面获取选集

Alt+Shift+Ctrl+N：水平镜像

Alt+Shift+Ctrl+M：垂直镜像

Alt+Shift+Ctrl+J：水平移动

Alt+Shift+Ctrl+K：垂直移动

Alt+Shift+Ctrl+V：垂直（Vertical）翻转

Alt+Shift+Ctrl+B：水平翻转

Alt+Shift+Ctrl+R：平面贴图面重设 UVW

Ctrl+空格键：平移视图

S：像素捕捉

Alt+Shift+Ctrl+I：水平缩放

Alt+Shift+Ctrl+O：垂直缩放

Q：移动材质点

W：旋转材质点

E：等比例缩放材质点

Alt+Ctrl+W：焊接（Weld）所选的材质点

Ctrl+W：焊接（Weld）到目标材质点

Shift+空格：缩放到 Gizmo 大小

Z：缩放（Zoom）工具

Alt+Ctrl+C：建立（Create）反应（Reaction）

Alt+Ctrl+D：删除（Delete）反应（Reaction）

Alt+Ctrl+s：编辑状态（State）切换

Ctrl+I：设置最大影响（Influence）

Alt＋I：设置最小影响（Influence）

Alt＋Ctrl＋V：设置影响值（Value）

Ctrl＋1：NURBS 调整方格 1

Ctrl＋2：NURBS 调整方格 2

Ctrl＋3：NURBS 调整方格 3

# 参 考 文 献

[1] 李力. AutoCAD 2006 中文版实用教程 [M]. 北京：北京理工大学出版社，2007.

[2] 赵国增. 计算机辅助绘图——AutoCAD 2006 中文版 [M]. 北京：机械工业出版社，2006

[3] 刘魁敏. 计算机绘图 AutoCAD 2008 中文版 [M]. 北京：机械工业出版社，2008.

[4] 王琳. AutoCAD2008 机械图形设计实用教程 [M]. 北京：清华大学出版社，2008.

[5] 王社敏. AutoCAD2008 中文版机械制图技术指导 [M]. 北京：电子工业出版社，2008.

[6] 席俊杰. AutoCAD2008 中文版机械设计快速入门实例教程 [M]. 北京：机械工业出版社，2008.

[7] 莫正波. AutoCAD2008 建筑制图实例教程 [M]. 山东：中国石油大学出版社，2008.

[8] 刘小伟. AutoCAD2007 中文版工程绘图实用教程 [M]. 北京：电子工业出版社，2007.

[9] 苏玉雄. AutoCAD 2008 中文版案例教程 [M]. 北京：中国水利水电出版社，2008.